핵심 효소학

Essentials of Enzymology

JN412032

Essentials of

Enzymology

핵심 효소학

김영재 지음

월드사이언스
worldscience.co.kr

핵심 **효소학**

초판 1쇄 **인쇄** | 2015년 7월 10일 2쇄 **인쇄** | 2017년 11월 20일
초판 1쇄 **발행** | 2015년 7월 20일 2쇄 **발행** | 2017년 11월 30일

저 자 | 김영재
발 행 인 | 박선진
발 행 처 | (주)도서출판 월드사이언스

주 소 | 서울특별시 서초구 방배4동 864-31 월드빌딩 1층
등록일자 | 1988년 2월 12일
등록번호 | 제 16-1601호
대표전화 | (02) 581-5811~3
팩 스 | (02) 521-6418

E-mail | worldscience@hanmail.net
U R L | http://www.worldscience.co.kr

정 가 | **23,000원**
I S B N | 978-89-5881-247-0

* 이 책의 국내 번역 출판권은 월드사이언스에 있으며, 무단 전제, 복제는 저작권법에 저촉됩니다.

이 도서의 국립중앙도서관 출판시도서목록(CIP)은 서지정보유통지원시스템 홈페이지 (http://seoji.nl.go.kr)와 국가자료공동목록시스템(http://www.nl.go.kr/kolisnet)에서 이용하실 수 있습니다. (CIP제어번호: CIP2015019817)

저자 주요약력

- 1979. 3. ~ 1983. 2. : 경북대학교 농화학과 졸업
- 1988. 4. ~ 1991. 3. : 일본국 Tokyo University 박사학위 취득(PhD)
- 미국 Wesleyan University에서 연구원
- 한국생명공학연구원(KRRIB)에서 연구원
- 1995. 3. 1. ~ 현재 : 창원대학교 자연과학대학 생명보건학부 교수
- 1996. 8. : 일본국 동경대학 객원교수
- 2005. 1. ~ 2006. 12. : 창원대학교 학생처장 및 종합인력개발원장
- 2006. 3. ~ 2007. 5. : 창원대학교 학생생활관장
- 세계 3대 인명사전 중 하나인 마르퀴스후즈후(Marquis Who's Who)에 4년 연속 등재: 2012년 29판(29th Edition)~2015년 32판
- 세계 3대 인명사전 기관 중 하나인 영국 케임브리지 국제인명센터(International Biographical Center, IBC)로부터 2012년도 '21세기의 우수 지식인 2000인' 및 '세계 100대 과학자(Top 100 Scientists)'에 선정
- IBC 아시아 지역 부의장(Deputy Director General of the IBC for Asia)에 선정
- 미국 인명 기관(American Biographical Institute, Inc., ABI)으로부터 2012년도 '21세기 위대한 지성인(Great Minds of 21st Century)'에 선정됨과 함께 국제업적상(Universal Award of Accomplishment)을 수상

저자 주요 저서 및 논문실적

1. 김영재. 2009. 최신미생물학. 월드사이언스.
   -2009년 문화체육관광부 우수학술도서-
2. 김영재. 2010. 병원미생물 및 항생물질. 월드사이언스.
3. 김영재. 2012. 생화학-생체분자의 세계. 월드사이언스.
4. N.-S. Choi, Song, J. J., Chung, D.-M., **Kim, Y. J.**, Maeng, P. J., and Kim, S.-H. 2009. Purification and characterization of a novel thermoacid-stable fibrinolytic enzyme from *Staphylococcus* strain AJ isolated from Korea salt-fermented Anchovy-jot. *J. Ind. Microbiol. Biotechnol*. **36:**417-426.
5. Y. J. Kim, Rajapandi, T., and Oliver, D. 1994. SecA Protein Is Exposed to the Periplasmic Surface of the *E. coli* Inner Membrane in Its Active State. *Cell* **78**:845-853.
6. **Y. J. Kim** and Oliver, D. 1994. Escherichia coli SecY and SecE proteins appear insufficient to constitute the SecA receptor. ***FEBS Lett*. 339:**175-180.
7. **Y. J. Kim**, Song, K., and Rhee, S. 1995. A Novel Aerobic Respiratory Chain-

Linked NADH Oxidase System in *Zymomonas mobilis*. ***J. Bacteriol*.** **177:**5176-5178.

8. **S. S.** Kim, Rhee, I. K., and **Kim, Y. J.** 2001. Purification and characterization of a novel extracellular protease from *Bacillus* cereus KCTC 3674 ***Arch. Microbiol.*** **175:**458-461.
9. **O. K.** Kim, Ham, K., Park, Y., and **Kim, Y. J.** 1999. cAMP-mediated catabolite repression and electrochemical potential-dependent production of an extracellular amylase in *Vibrio alginolyticus*. ***Biosci. Biotechnol. Biochem*.** **63:**288-292.
10. Y. M. Ha, Lee, D. G., Yoon, J. H., Park, Y. H., and **Kim, Y. J.** 2001. Rapid purification and enzymatic properties of a novel extracellular beta-amylase from *Bacillus* sp. ***Biotechnology Letters*** **23:**1435-1438.
11. **Y. J. Kim**, Mizushima, S., and Tokuda, H. 1991. Fluorescence Quenching Studies on the Characterization of Energy Generated at the NADH:Quinone Oxidoreductase and Quinol Oxidase Segments of Marine Bacteria. ***J. Biochem.*** **109:**616-621.
12. **K. H.** Cho and **Kim, Y. J.** 2000. Enzymatic and energetic properties of the aerobic respiratory chain-linked NADH oxidase system in the marine bacterium *Pseudomonas nautica*. ***Mol. Cells.*** **10:**432-436.
13. S. S. Kim, Park, Y., Rhee, I., and **Kim, Y. J.** 2000. Influence of Temperature, Oxygen, CCCP, Cerulenin, and Quinacrine on the Production of Extracellular Proteases in Bacillus cereus. ***J. Microbiol. Biotechnol.*** **10:**103-106.

PREFACE

머리말

원핵 및 진핵 세포를 불문하고 모든 생물체는 생을 영위하기 위하여 효율적으로 그리고 선택적으로 화학반응을 촉매할 수 있어야 한다. 이를 위하여 생물체는 고도로 특수화된 단백질인 효소를 도입하고 있다. 효소는 촉매력, 특이성, 조절이라는 공통적인 세 가지 특성을 가지고 있는 생물학적 촉매이다. 효소는 비촉매 반응에 비하여 반응속도를 적어도 10^6배(백만 배)에서 10^{17}배까지 향상시키는 엄청난 촉매력을 가지고 있다. 효소는 또한 자신의 기질에 대한 고도의 특이성을 가지며, 효소 활성의 조절은 대사 반응의 속도가 세포의 요구에 부응하도록 한다.

만약 효소의 촉매작용이 없다면, 포도당의 산화과정과 같은 화학반응은 필요한 시간대에 일어날 수 없고, 이로 인하여 생물체는 생명을 유지할 수 없게 된다. 효소는 이와 같이 세포에 에너지를 공급하는 반응뿐만 아니라 생체분자의 합성을 조절하고, 해독작용, 항염증작용 등도 촉매하는 중요한 역할을 수행한다. 즉 효소는 공유결합이 형성되거나 절단되는 세포 내의 모든 반응을 촉매한다. 이러한 이유 때문에 생화학자들은 그들의 노력 중 상당한 부분을 효소 연구에 헌신해 왔으며, 효소는 가장 정밀한 생화학적 측정의 대상이 되어 왔다.

효소는 또한 실용적인 측면에서도 대단히 중요하다. 즉 공업용, 의료용 그리고 가정용으로 시판되는 효소의 양은 그 동안 크게 증가하였다. 가장 오래된 효소제품의 이용의 예로 치즈 생산에 활용되는 카이모신이 있다. 카이모신은 예전에 레닌이라고 불렀는데, 젖먹이 송아지 등 반추동물의 제4위 내막에서 제조한 추출물이 이 효소를 함유하고 있다. 효소가 산업적으로 중요한 의미를 갖기 시작한 것은 19세기 중엽부터라고 한다. 1894년 일본인 타카미네(Takamine)는 코지 배양법에 의해 *Aspergillus oryzae*로부터 소화제 타카디아스테이스(Takadiastase: amylase의 일종)를 상업화하면서 미생물을 이용한 효소의 대량생산이 가능하게 되었다. 20세기에 접어들면서부터 효소의 산업적 수요가 확대됨에 따라 이에 따른 막대한 연구 투자가 이루어져 효소산업이 태동하게 되었다.

과거 수십 년 동안 효소학에 관한 여러 유형의 서적이 출판되어 왔다. 그러나 대부분이 원서와 그 번역서들이다. 이들 서적은 대학생들이 공부하기에 양적으로 너무 많고 그리고 너무 어렵게 기술되어 있다. 따라서 본 저자는 전문적인 내용을 독자들이 보다 쉽게 이해하도록 기술하고자 노력하였다. 또한 이 책은 효소학 관련 다른 서적과 비교하여 몇 가지 다른 특징을 제시하고자 하였다. 첫째, 효소학은 생화학에서 출발하였기 때문에 독자들이 보다 쉽게 효소학을 이해할 수 있도록 생화학적 기초 지식을 많이 첨가하였다. 둘째, 효소학의 중요 내용들 중에 많은 부분이 노벨상 수상자들에 의해 이루어진 업적들이다. 따라서 어떤 내용들이 노벨상 수상자들에 의해 규명되었는 지 상세히 수록하여, 효소학을 공부하는 독자들에게 흥미를 유발하고자 노력하였다. 셋째, 본 저서는 한글로 기술된 책이지만 원서를 접하는 느낌을 주기 위하여 전문 용어의 대부분을 영어와 함께 병행표기하였다. 그리고 외래어는 가능한 원어에 가까운 발음으로 표기하였다.

저자 개인의 부단한 노력에도 불구하고, 이 책은 아직도 부족함이 많을 것이다. 하지만 이후의 개정판에서 보다 새로운 학설을 바탕으로 보다 많은 내용을 보충하고자 한다. 아무쪼록 이 책이 효소학을 공부하는 분들에게 많은 도움이 되길 바란다.

끝으로 이 책의 출판을 쾌히 승낙하여 주신 월드사이언스 사장님과 이 책의 출판을 위해 성의를 다하여 수고하여 주신 정진열 부장님을 비롯한 사원 여러분께 심심한 감사를 드리는 바이다. 그리고 이 책의 출간을 위하여 지원을 아끼지 않은 창원대학교 산학협력단 소속 연구지원실에 깊은 감사의 말을 드리는 바이다.

2015년 2월
김 영 재

CONTENT

차 례

머리말 xii

Chapter 01 아미노산과 단백질 Amino acids and proteins 1

1-1 아미노산의 구조적 특성 3

1-2 아미노산의 물리 · 화학적 특성 6

1-3 아미노산의 분류 7

1-4 단백질의 3차원적 구조 13

1-4-1 단백질의 1차구조 14

1-4-2 단백질의 2차구조 15

1-4-3 단백질의 3차구조 27

1-4-4 단백질의 4차구조 28

1-5 단백질의 변성과 재생 30

Chapter 02 효소학 입문 Introduction of Enzymology 35

2-1 효소의 역사 37

2-2 효소의 특성 41

2-2-1 대부분의 효소는 단백질이다. 41

2-2-2 효소는 자신과 함께 작용할 반응물을 선택하는 특이성을 가진다. 42
2-2-3 효소는 대사반응의 속도를 세포의 요구에 부응하도록 그 활성을 조절한다. 46

2-3 효소의 명칭과 분류 47

2-4 효소의 촉매 메카니즘 53

2-4-1 효소는 활성화 에너지를 낮춤으로써 반응 속도를 향상시킨다. 54
2-4-2 결합 에너지는 활성화 에너지를 낮추는 데 사용된다. 58

2-5 화학 속도론 59

2-6 효소 반응의 속도론 63

2-6-1 효소 농도는 효소가 촉매하는 반응의 속도에 영향을 준다. 64
2-6-2 기질 농도는 효소가 촉매하는 반응의 속도에 영향을 준다. 65
2-6-3 pH와 온도는 효소가 촉매하는 반응의 속도에 영향을 준다. 66
2-6-4 미하엘리스-멘텐 속도론 69
2-6-5 라인위버-버크 방정식 77
2-6-6 k_{cat}와 효소 단위 그리고 비활성의 정의 78
2-6-7 k_{cat}/K_m 비율과 효소의 촉매 효율성 80

2-7 두 가지 이상의 다기질이 관여하는 효소 반응 82

2-7-1 순차적 메커니즘 83
2-7-2 무순차적 메커니즘 84
2-7-3 핑퐁 메커니즘 85

2-8 효소 저해제 87

2-8-1 비가역적 저해 88
2-8-2 가역적 저해 89

2-9 조절효소 98

2-9-1 알로스테릭 효소 99
2-9-2 공유결합적 변형과 알로스테릭 조절 양쪽 모두에 의해 활성이 조절되는 효소(Covalently regulated enzymes) 107

2-10 Cori 부부의 업적과 생애 114

2-11 자이모젠(Zymogen) 119

2-12 동질효소(isozymes)와 알로자임(allozymes) 120

2-13 보조인자(Cofactor) 122

2-14 라이보자임(Ribozyme) 125

Chapter 03 수용성 바이타민과 효소의 보조인자
Water soluble vitamins and enzyme cofactors 131

3-1 바이타민의 명칭과 분류 133

3-2 바이타민의 흡수 및 배설 134

3-3 바이타민 B_1(Thiamine 또는 Thiamin) 135

3-3-1 바이타민 B_1의 분포 및 결핍증 137

3-3-2 바이타민 B_1의 생화학적 기능 137

3-4 바이타민 B_2(Riboflavin) 139

3-4-1 바이타민 B_2의 분포 및 결핍증 143

3-4-2 바이타민 B_2의 생화학적 기능 143

3-5 바이타민 B_3(Nicotinic acid 또는 Niacin) 146

3-5-1 바이타민 B_3의 분포 147

3-5-2 바이타민 B_3의 생화학적 기능 148

3-6 바이타민 B_5(Pantothenic acid) 150

3-6-1 바이타민 B_5의 생화학적 기능 151

3-7 바이타민 B_6(Pyridoxine) 154

3-7-1 바이타민 B_6의 분포 및 결핍증 155

3-7-2 바이타민 B_6의 생화학적 기능 156

3-8 바이타민 B_9(Folic acid, folate) 159

3-8-1 바이타민 B_9의 분포 및 결핍증 161

3-8-2 바이타민 B_9의 생화학적 기능 162

3-9 바이타민 B_{12}(Cobalamin) 164

3-9-1 바이타민 B_{12}의 구조적 특성 166

3-9-2 바이타민 B_{12}의 분포 및 결핍증 169
3-9-3 바이타민 B_{12}의 생화학적 기능 169

3-10 바이오틴(Biotin) 171
3-10-1 바이오틴의 분포 및 결핍증 172
3-10-2 바이오틴의 생화학적 기능 172

3-11 리포산(Lipoic acid) 175
3-11-1 리포산의 분포 및 결핍증 177
3-11-2 리포산의 생화학적 기능 177

3-12 바이타민 C(Ascorbic acid) 178
3-12-1 바이타민 C의 분포 및 결핍증 180
3-12-2 바이타민 C의 생화학적 기능 180

Chapter 04 효소와 산업 Enzymes and Industry 185

4-1 아밀레이스(Amylase) 186
4-1-1 전분의 액화(liquefaction) 및 당화(saccharification) 188
4-1-2 아밀레이스(amylase)의 산업적 이용 190

4-2 포도당 이성화효소(Glucose isomerase) 190

4-3 단백질분해효소(Protease) 191
4-3-1 단백질분해효소(Protease)의 기질 특이성 193
4-3-2 단백질분해효소(Protease)의 산업적 이용 193

4-4 라이페이스(Lipase)의 분류 및 그 이용 196

4-5 라이소자임 197

4-6 제한효소와 제한메틸화효소 198

Chapter 05 대사와 효소 반응 Metabolism and Enzyme reactions 205

5-1 해당작용(Glycolysis) 206
5-1-1 제1단계: 준비단계 211

5-1-2 제2단계: 에너지 생성 단계 224
5-1-3 혐기적 상태에서 파이루베이트의 운명: 발효 238
5-1-4 파스퇴르 효과(Pasteur effect) 240

5-2 해당작용에서 글루코오스 이외의 탄수화물 이용 241

5-3 오탄당 인산 경로(Pentose Phosphate Pathway) 251

5-4 엔트너–도우도로프 경로 260

5-5 트리카복실산 회로 264

5-5-1 TCA 회로의 산화 에너지는 효율적으로 보존된다. 280
5-5-2 TCA 회로의 조절 280

5-6 보충반응(Anaplerotic Reaction) 283

5-7 글라이옥실산 회로(Glyoxylate cycle) 285

5-8 호흡쇄에서 전자전달과 산화적 인산화 287

5-9 화학삼투압설과 호흡쇄에서 전자 및 H^+ 이동 메카니즘 298

▮ 참고문헌 305

▮ 찾아보기 311

CHAPTER 01

아미노산과 단백질

›› Amino acids and proteins

1-1 아미노산의 구조적 특성

1-2 아미노산의 물리 · 화학적 특성

1-3 아미노산의 분류

1-4 단백질의 3차원적 구조

1-5 단백질의 변성과 재생

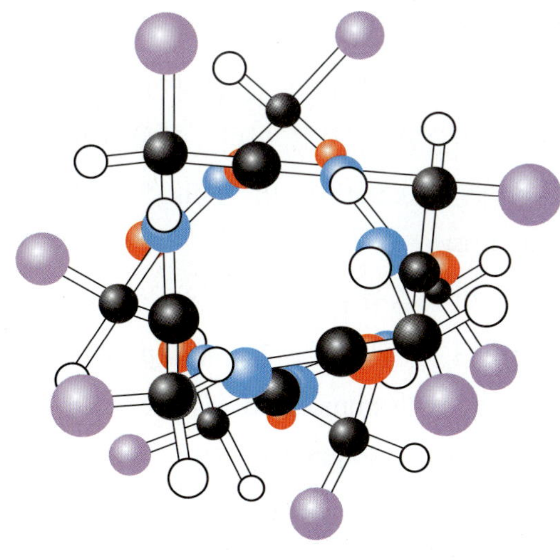

효소는 촉매 기능을 가진 단백질이다. 따라서 효소를 보다 잘 이해하기 위하여 이 장에서 단백질과 단백질의 구성성분인 아미노산에 관해 간단히 알아 보기로 한다.

단백질은 그 종류가 다양하며 살아 있는 세포 중에 가장 풍부한 생체분자이다. 실제로 1개의 세포 중에 몇 천 가지의 서로 다른 단백질이 존재하며, 건조한 세포 무게(dry weight of cells)의 약 50% 이상이 단백질이다. 단백질의 종류가 다양하고 풍부하다는 것은 세포의 구조 및 기능을 포함한 모든 면에서 단백질이 실질적으로 중심적인 역할을 한다는 것을 의미한다. 『Protein(단백질)』이란 말은 스웨덴의 화학자 베르셀리우스(Berzelius)에 의해 제안되어졌는데, 『holding the first place(첫 번째 자리)』를 의미하는 그리스어 『*protios*』로부터 유래되었다.

단백질은 생물학적 역할에 따라 ① 촉매작용(catalysis)을 하는 효소(enzyme), ② 물질의 전달 및 수송(conduction or transport)에 관여하는 수송단백질(transport protein), ③ 세포와 생물체들로 하여금 수축하게 하고 형태를 변화시키는, 즉 운동하는 능력을 부여하는 수축 및 운동성 단백질(contractile or motile protein), ④ 생육에 필요한 영양분을 공급하고 저장하는 영양과 저장 단백질(nutrition and storage protein), ⑤ 생물학적 구조나 보호 기능을 부여하는 구조 단백질(structural and protective protein), ⑥ 다른 종의 침입으로부터 생물체를 보호 역할을 하는 방어 단백질(defense protein), ⑦ 생리활성 및 대사를 조절하는 조절단백질(regulatory protein) 등으로 구분할 수 있다.

단백질은 또한 그들의 형태나 물리적 성질에 따라 크게 두 가지로 나눌 수 있다. 즉 구상 단백질(**globular protein**)과 섬유상 단백질(**fibrous protein**)로 나눌 수 있다. 구상 단백질에서 폴리펩타이드 사슬(polypeptide chain)은 꽉 찬 공 모양으로 단단하게 접혀 있으며 대개 수용성이다. 거의 모든 효소(enzymes)와 헤모글로빈(hemoglobin)과 같은 혈액 수송 단백질, 항체, 영양 저장 단백질 등이 여기에 속한다. 섬유상 단백질은 한 축을 따라 뻗어난 폴리펩타이드 사슬을 가진, 물에 불용성의 실과 같이 긴 분자이다. 대부분의 섬유상 단백질은 구조적 역할을 하거나 보호 기능을 가지고 있다. 전형적인 섬유상 단백질의 예로서 머리카락과 양털의 알파-켈라틴(α-keratin), 명주(silk)의 피브로인(fibroin), 힘줄(tendon)의 콜라젠(collagen) 등이 있다.

이와 같이 여러 가지 생물학적 기능을 가진 단백질들은 구성 단위물질(building block)인 아미노산들이 펩타이드결합에 의해 연결된 아미노산의 중합체들(polymers)이다(그림 1-1). 다시 말하면, 단백질은 각 아미노산 잔기(amino acid residue)가 특별한 유형의 공유결합(펩타이드결합)에 의해 다음 아미노산 잔기와 연결되어 형성된 탈수 중합체(dehydration polymer)이다.

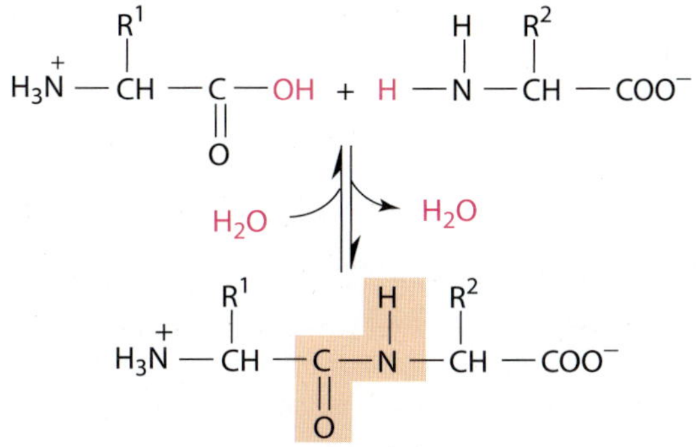

$$H_3\overset{+}{N}-\underset{}{\overset{R^1}{CH}}-\underset{\|O}{C}-OH + H-\overset{H}{N}-\overset{R^2}{CH}-COO^-$$

$$\rightleftharpoons \; (H_2O)$$

$$H_3\overset{+}{N}-\overset{R^1}{CH}-\underset{\|O}{C}-\overset{H}{N}-\overset{R^2}{CH}-COO^-$$

그림 1-1 축합반응(Condensation reaction)에 의한 펩타이드결합의 형성. 이 반응은 가역적이지만 반응의 평형은 생성물(dipeptide)보다 오히려 반응물(amino acids) 쪽에 더 유리하다. 이 반응을 열역학적으로 보다 쉽게 일어나게 하려면, 수산기(−OH)가 보다 쉽게 제거될 수 있도록 카복실기(−COOH)를 화학적으로 변형시키거나 활성화시켜야 한다.

『Residue(잔기)』라는 용어는 하나의 아미노산이 다른 아미노산과 결합되어질 때 물분자의 소실을 반영한다. 간단한 단세포인 세균에서부터 가장 복잡한 다세포인 고등생물에 이르기까지 모든 단백질들은 20가지의 아미노산으로 구성되어 있다. 이들 아미노산의 각각은 특유의 화학적 특성을 가지는 곁사슬(side chain)을 가지고 있기 때문에, 단백질의 전구체 분자(precursor molecule)인 20개의 아미노산들은 단백질 구조의 언어로 사용된 알파벳이라고 생각할 수 있다. 가장 주목할 만한 점은 세포가 많은 다른 조합(combination)과 서열(sequence)로 동일한 20종류의 아미노산들을 서로 연결하여 현저하게 다른 성질과 활성을 가진 단백질을 생산할 수 있다는 것이다. 아미노산은 아미노기(amino group)를 가지고 있기 때문에 질소는 단백질의 필수적인 성분이다. 단백질의 질소 함량은 무게당 대략 15~18%로서 비교적 높은 편이다.

1-1 아미노산의 구조적 특성

프롤린(Proline)과 같은 고리형 구조의 아미노산을 제외한 단백질의 구성 성분으로 발견되는 모든 아미노산들은 전형적인 정사면체 구조(tetrahedral structure)를 취하고 있으며, 그 중심에 알파-탄소 원자(α-carbon atom)가 위치해 있다(그림 1-2). 이 알

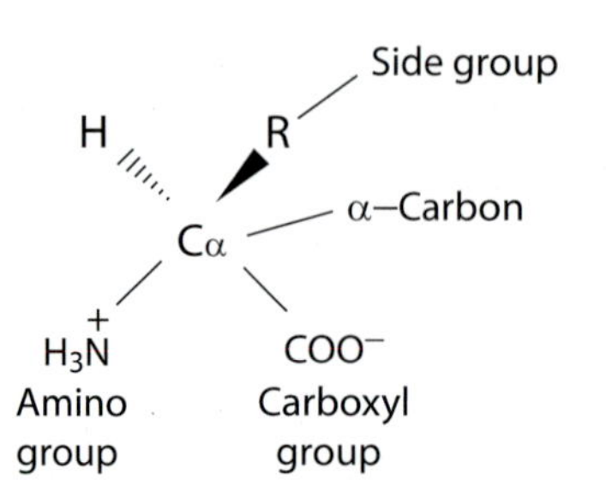

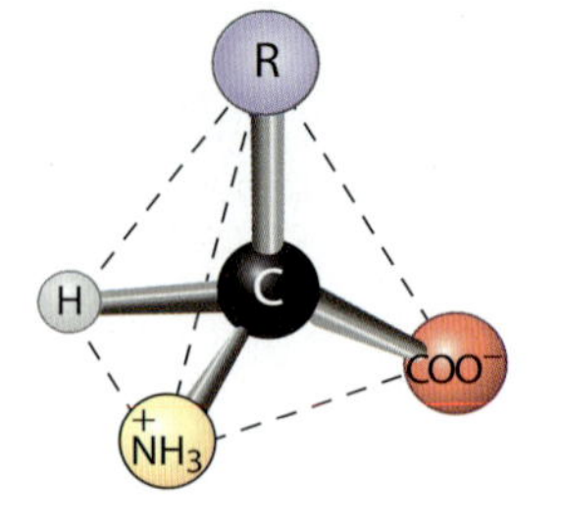

그림 1-2 아미노산의 일반적 구조와 정사면체 구조

파-탄소(α-carbon)에 아미노산의 아미노기(amino group)와 카복실기(carboxyl group) 그리고 수소 원자와 다양한 곁사슬(side group or side chain)이 공유결합되어 있다. 각 아미노산의 특성은 알파-탄소에 결합되어 있는 **『R 그룹(R group)』**이라는 곁사슬(**side group)**의 성질에 기인한다. 글라이신(**Glycine)**을 제외한 **19**개의 모든 표준 아미노산들은 키랄성 분자(**chiral molecule)**이다. 즉, 알파-탄소에 서로 다른 작용기가 4개 붙어 있기 때문에 알파-탄소는 비대칭탄소원자(asymmetric carbon atom)임과 동시에 키랄 중심(chiral center)이 된다. 따라서 알파-탄소에 대하여 두 가지 입체배위(configuration)가 가능하며, 이들 둘은 서로 겹쳐질 수 없는 거울상이성질체(enantiomer)의 관계에 있다(그림 1-3).

아미노산을 알파-아미노산(**α-amino acid)**이라고 부르는 이유는 아미노기가 알파-탄소에 결합되어 있기 때문이다. 아미노산을 알파-아미노산이라고 부르는 이유를 카복실산의 명명법을 이용하여 조금 더 상세히 살펴 보기로 하자. 가지-사슬 산(Branched-chain

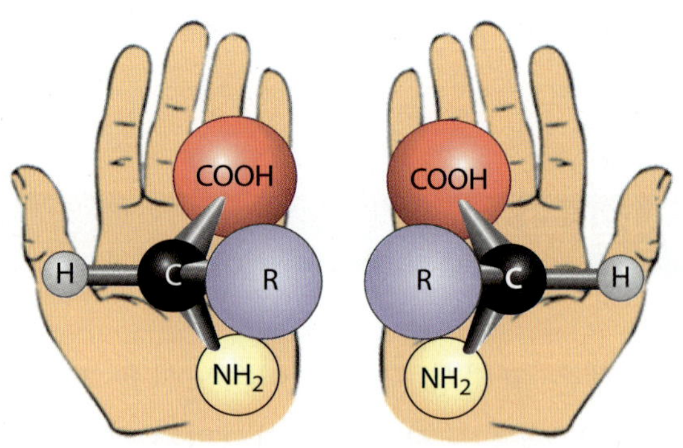

그림 1-3 일반적인 아미노산의 거울상이성질체들

acid)과 치환산(substituted acid)은 곧은-사슬 산(straight-chain acid)의 유도체다. 따라서 이들 산은 그 결합위치를 표시하기 위하여 그리스 문자 α-, β-, γ-, δ- 등을 사용한다. 그리고 IUPAC 명명법(International Union of Pure and Applied Chemistry name)에서 알파-탄소는 카복실기와 결합하고 있기 때문에 2번 탄소가 된다.

$$\overset{\delta}{C}-\overset{\gamma}{C}-\overset{\beta}{C}-\overset{\alpha}{C}-COOH \quad \text{Used in common names} \qquad \overset{5}{C}-\overset{4}{C}-\overset{3}{C}-\overset{2}{C}-\overset{1}{COOH} \quad \text{Used in IUPAC names}$$

아미노기가 알파-탄소가 아닌 베타-탄소 또는 감마-탄소(γ-carbon)의 위치에 결합된 아미노산의 예도 있다. 바이타민인 팬토쎈산(pantothenic acid), 코엔자임 A(coenzyme A) 그리고 아실기 운반체 단백질(acyl carrier protein)의 성분으로서 발견되는 알라닌(alanine)의 이성질체인 **베타-알라닌(β-alanine)**과 포유동물의 소뇌와 갑각류의 신경근접합부 등에 많이 존재하는 억제성 신경전달물질인 감마-아미노부티르산(γ-aminobutyric acid)의 구조는 다음과 같다.

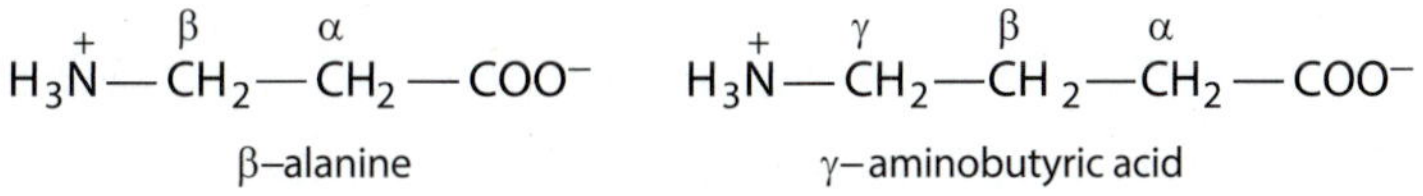

$$H_3\overset{+}{N}-\overset{\beta}{CH_2}-\overset{\alpha}{CH_2}-COO^- \qquad H_3\overset{+}{N}-\overset{\gamma}{CH_2}-\overset{\beta}{CH_2}-\overset{\alpha}{CH_2}-COO^-$$

β-alanine　　　γ-aminobutyric acid

한편, 그림 1-4에 나타낸 바와 같이 탄수화물의 표준화합물인 D-글리세르알데하이드(D-glyceraldehyde)를 기준으로 하면, **단백질 내에 존재하는 모든 아미노산들은 L-입체배위(L-configuration)를 갖는다.** 즉, 표준화합물인 L-세린(L-serine)의 경우 카복실기(-COOH)를 식의 윗쪽에 놓게 되면 아미노기($-NH_2$)는 왼쪽에 있게 된다.

자연계에서 D-입체배위(D-configuration)를 하고 있는 아미노산들도 종종 접할 수 있다. 그러나 이들 아미노산은 L-입체배위(L-configuration)를 갖는 아미노산과 달리 단백질의 구성성분으로 존재하지는 않는다. D-입체배위를 하고 있는 아미노산

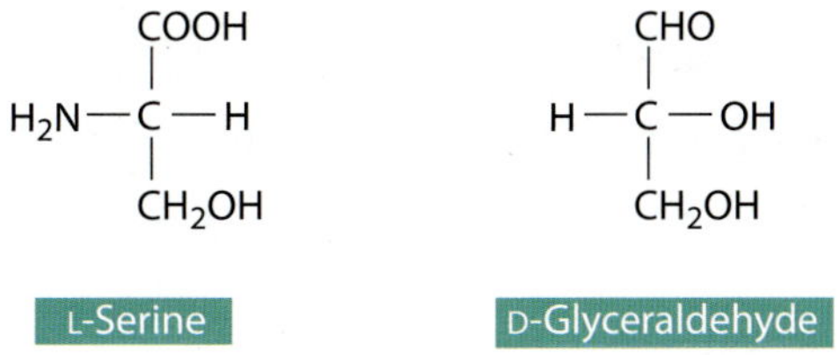

COOH	CHO
H_2N-C-H	$H-C-OH$
CH_2OH	CH_2OH
L-Serine	D-Glyceraldehyde

그림 1-4 L-Serine과 D-Glyceraldehyde의 구조

들은 주로 작은 고리 펩타이드(cyclic peptide) 또는 세균 세포벽의 펩티도글라이칸(peptidoglycan)의 성분으로 존재한다. 펩타이드 항생제(**Peptide antibiotic**)이자 이온투과담체(ionophore)인 타이로시딘(**tyrocidin**)과 그라미시딘-S(**gramicidin-S**)는 D-아미노산인 **D-페닐알라닌(D-phenylalanine)을 2**개 함유하고 있다. 그람-양성 세균인 바실러스 브레비스(*Bacillus brevis*)가 생산하는 타이로시딘(tyrocidin)은 10개의 아미노산으로 이루어진 고리형 데카펩타이드(cyclic decapeptide)이다. 세포질막에 작용하여 이온의 투과성에 문제를 일으키는 타이로시딘은 그람-양성 및 그람-음성 세균에 유효하다. 그라미시딘-S(Gramicidin Soviet)는 바실러스 브레비스의 균종에 의해 생산되는 그라미시딘(gramicidin)의 유도체이다. 그라미시딘-S는 펩타이드 항생물질(peptide antibiotic)로서 몇몇 그람-양성 및 그람-음성 세균뿐만 아니라 몇몇 균류(fungi)에도 유효하다. 그라미시딘-S(Gramicidin-S)도 타이로시딘(tyrocidin)과 같이 세포질막에 작용하여 이온의 투과성에 문제를 일으켜서 세균을 사멸하게 한다. 그라미시딘-S는 2개의 동일한 펜타펩타이드(pentapeptide)가 연결된 사이클로데카펩타이드(cyclodecapeptide)이다[cyclo(-Val-Orn-Leu-D-Phe-Pro-)$_2$]. 타이로시딘(tyrocidin)과 그라미시딘-S(gramicidin-S)는 또한 비단백질성 아미노산(nonprotein amino acid)인 L-오르니씬(L-ornithine)을 함유하고 있는데, L-오르니씬은 아저닌(D-arginine)의 생합성과 요소 회로(urea cycle)에 있어서 중요한 중간체이다. **D-배린(D-valine)은 RNA** 합성의 강력한 억제제인 액티노마이신-**D(actinomycin-D)**에 존재하며 **D-알라닌(D-alanine)**과 **D-글루탐산(D-glutamic acid)**은 세균의 펩티도글라이칸에서 발견된다.

1-2 아미노산의 물리·화학적 특성

몇몇 아미노산들의 이온성 R기(ionizable R group)와 함께 아미노산들의 아미노기와 카복실기는 약산 또는 약염기로 작용한다. 즉, 아미노산이 물에 용해되면 이온화되어져서 산(acid) 또는 염기(base)로 작용할 수 있다. 아미노산의 산-염기적 성질은 단백질의 여러 성질을 이해하는 데 매우 중요하다. R 그룹(곁사슬)이 메틸기인 알라닌(alanine)을 이용하여 아미노산의 산-염기적 성질을 살펴보기로 하자. 알라닌은 카복실기(−COOH)와 아미노기(−NH_2) 모두를 가지고 있기 때문에 산 또는 알카리와 반응할 수 있다.

$$CH_3-CH(NH_3^+)-COOH \xleftarrow{+H^+} CH_3-CH(NH_3^+)-COO^- \xrightarrow{+OH^-} CH_3-CH(NH_2)-COO^-$$

Predominant form at low pH | Predominant form at neutral pH | Predominant form at high pH

위의 그림에서 보는 바와 같이, 낮은 pH(산성)에서 알라닌의 아미노기와 카복실기는 모두 양성자화된 형태(protonated form: $-NH_3^+$와 $-COOH$)로 존재하는 반면, 높은 pH(알카리)에서 아미노기와 카복실기는 카복실산 음이온(carboxylate anion: $-COO^-$)과 양성자화되지 않은 아민(unprotonated amine: $-NH_2$)의 형태로 존재한다. 이와 같이 산 또는 알카리로서 반응할 수 있는 분자를 양쪽성 물질 또는 양쪽성 전해질(**amphoteric substance** 또는 **ampholytes**)이라고 부른다. 알라닌은 중성 pH에서 전하를 갖지 않는 분자 즉 등전위형(**isoelectric form**)이기 때문에 전기장 내에서 이동하지 않는다. 따라서 알라닌은 쯔비터이온(Zwitterion)으로 표시할 수 있다. 『A hybrid of positive and negative ionic group』이라는 뜻을 가진 **Zwitterion(dipolar ion: 쌍극성이온)**이라는 용어는 『hybrid(혼성물)』라는 뜻을 가진 독일어 『Zwitter』에서 유래되었다. 일반적으로 유리 아미노산의 알파-카복실기(α-carboxyl group)와 알파-아미노기(α-amino group)의 pKa 값은 각각 1.7~2.4와 9~11의 범위에 있다. 이러한 알파-카복실기와 알파-아미노기뿐만 아니라 아미노산의 곁사슬(side chain)에 존재하는 이온성기(ionizable group)도 상응하는 pKa 값을 갖는다. 표 1-1에 나타낸 바와 같이 라이신(Lysine), 아저닌(arginine), 아스파트산(aspartic acid), 글루탐산(glutamic acid) 등의 아미노산들은 이온성 곁사슬(ionizable side chain)을 가지고 있다.

1-3 아미노산의 분류

단백질 내에서 발견되는 20종류의 표준 아미노산은 R group(side chain)의 화학적 성질, 특히 극성[**polarity**: 생물학적 pH(pH 7.0)에서 물과 상호작용하는 경향]에 따라 다음과 같이 네 그룹으로 분류할 수 있다.

- Group 1: Nonpolar(hydrophobic) R groups
- Group 2: Polar but uncharged R groups
- Group 3: Positively charged R groups
- Group 4: Negatively charged R groups

표 1-1 20 아미노산의 pKa 값

Amino acid	pK_a of α-cooH	pK_a of α-NH_3^+	pK_a of ionizing side chain
Ala(A)	2.34	9.69	
Val(V)	2.32	9.62	
Leu(L)	2.36	9.68	
Ile(I)	2.36	9.68	
Pro(P)	1.99	10.60	
Phe(F)	1.83	9.13	
Trp(W)	2.38	9.39	
Met(M)	2.28	9.21	
Gly(G)	2.34	9.60	
Ser(S)	2.21	9.15	
Thr(T)	2.63	10.43	
Cys(C)	1.71	10.78	8.33(sulfhydryl group)
Gln(Q)	2.17	9.13	
Tyr(Y)	2.20	9.11	10.07(hydroxyl group)
Asn(N)	2.02	8.80	
Lys(K)	2.18	8.95	10.53(ε-amino group)
Arg(R)	2.17	9.04	12.48(guanidinium group)
His(H)	1.82	9.17	6.00(imidazole group)
Asp(D)	2.09	9.82	3.86(β-carboxyl group)
Glu(E)	2.19	9.67	4.25(γ-carboxyl group)

Group 1: 비극성 또는 소수성 R기를 가진 아미노산들

이 그룹에 소수성 지방족(aliphatic)과 방향족(aromatic) 잔기(residue)를 가진 아미노산인 L-알라닌(L-alanine), L-배린(L-valine), L-루신(L-leucine), L-아이소루신(L-isoleucine), L-프롤린(L-proline), L-페닐알라닌(L-phenylalanine), L-트립토판(L-tryptophan), L-메싸이오닌(L-methionine)이 포함되어 있다. L-알라닌, L-배린, L-루신 그리고 L-아이소루신의 곁사슬(side chain)은 단백질 내부에서 서로 다발(cluster)을 형성하는 경향이 있으며, 이 소수성 상호작용(hydrophobic interaction)에 의해 단백질 구조를 안정화시킨다. 한편, 고리 구조(cyclic structure)를 가지는 프롤린(proline)은 그

질소 원자가 일차아민(primary amine)인 다른 아미노산들과 달리 이차아민(secondary amine)이다. 따라서 프롤린은 아미노산(amino acid)이라기 보다 이미노산(imino acid)으로 간주된다. 프롤린의 이미노기는 경직된 구조로 되어 있기 때문에 프롤린이 존재하는 폴리펩타이드 부분은 구조적으로 유연성이 감소된다. Group 1에 속하는 아미노산들 중 곁사슬의 길이가 비교적 짧은 아미노산들은 물에 대한 용해도가 높다. 즉, 프롤린은 물에 매우 잘 녹으며, 알라닌과 배린도 Group 3의 아저닌(arginine)과 Group 2의 세린(serine)의 용해도와 비슷하다. 메싸이오닌(Methionine)은 시스테인(cysteine)과 함께 황을 함유하고 있는 아미노산(sulfur-containing amino acid)인데 곁사슬에 비극성 싸이오이써기(thioether group)를 가지고 있다. 트립토판(Tryptophan)은 인돌 고리(indole ring) 구조에 있는 N-H 부분이 물 분자와 상호작용할 수 있기 때문에 때때로 비극성 아미노산과 극성 아미노산의 경계선에 속하는 아미노산으로 여겨진다.

Group 2: 극성이지만 전하를 갖지 않는 R기를 가진 아미노산들

이 그룹에 속하는 아미노산으로 L-글라이신(L-glycine), L-세린(L-serine), L-쓰레오닌(L-threonine), L-시스테인(L-cysteine), L-글루타민(L-glutamine), L-타이로신(L-

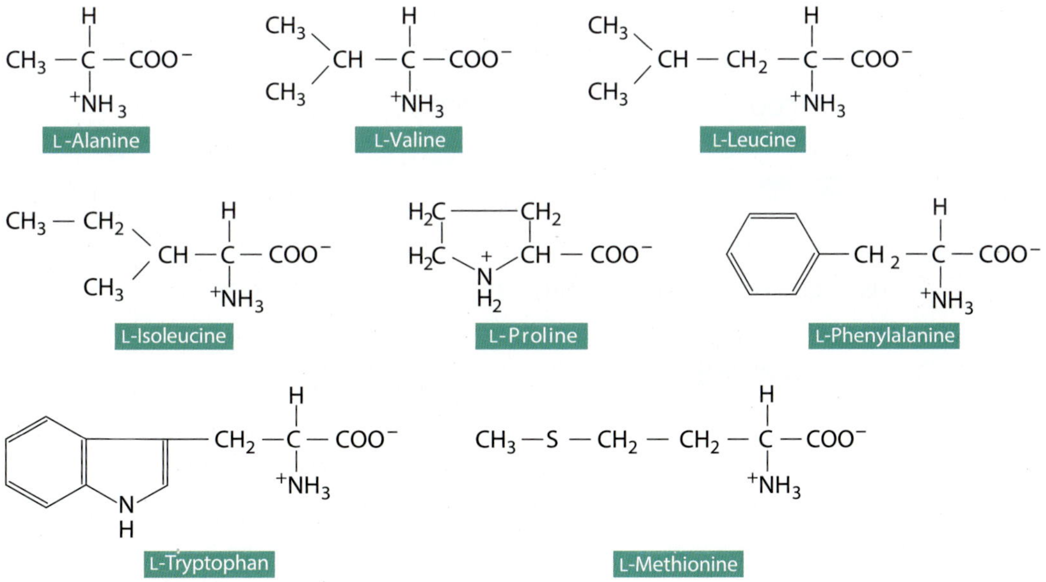

L-Alanine

L-Valine

L-Leucine

L-Isoleucine

L-Proline

L-Phenylalanine

L-Tryptophan

L-Methionine

그림 1-5 비극성 또는 소수성 R기를 가진 아미노산들의 분자 구조

tyrosine), L-아스파라진(L-asparagine)이 있다. 글라이신을 제외한 이 그룹의 아미노산들은 물 분자와 수소결합을 형성할 수 있는 극성 R기를 가지고 있다. 이 극성 R기는 하이드록실기[hydroxyl group(-OH)], 설프하이드릴기[sulfhydryl group(-SH: thiol group)]이라고도 함) 또는 아마이드기[amide group(-$CONH_2$)]를 포함하고 있으며, 중성 pH에서 전기적으로 중성이다. 이러한 특성을 가지고 있는 아미노산들은 보편적으로 비극성 아미노산들보다 물에 잘 녹는다. 그러나 몇 가지 예외적인 사항에 주의해야 한다. 타이로신은 방향족 고리 때문에 비극성 성질을 상당히 지니고 있으며, 20가지 아미노산 중에서 물에 대한 용해도가 가장 낮다(25°C에서 0.453g/L). 따라서 타이로신은 비극성 아미노산으로 분류될 수도 있지만, 자신의 페놀 고리에 있는 하이드록실기(-OH)의 pKa 값이 10.07이기 때문에 높은 pH에서 전하를 띄는 극성이다. 또한, 상기에서 설명된 프롤린, 알라닌 그리고 배린은 비극성 아미노산이지만 물에 대한 용해도가 비교적 높다. 구조적으로 가장 간단한 아미노산인 글라이신의 R기(곁사슬)는 수소 원자이지만, 이 수소 원자는 수소결합을 잘 형성하지 못한다. 그러나 글라이신의 용해성(solubility property)은 주로 극성의 아미노기와 카복실기에 영향을 받는다. 따라서 글라이신은 극성이면서 전하를 띠지 않는 가장 좋은 예의 아미노산으로 생각된다. 그러나 몇몇 생화학자들은 글라이신이 비극성 R기를 포함하고 있지 않지만 C-H 결합이 비극성이기 때문에 group 1에 포함시키기도 한다. 시스테인(cysteine)은 산화되

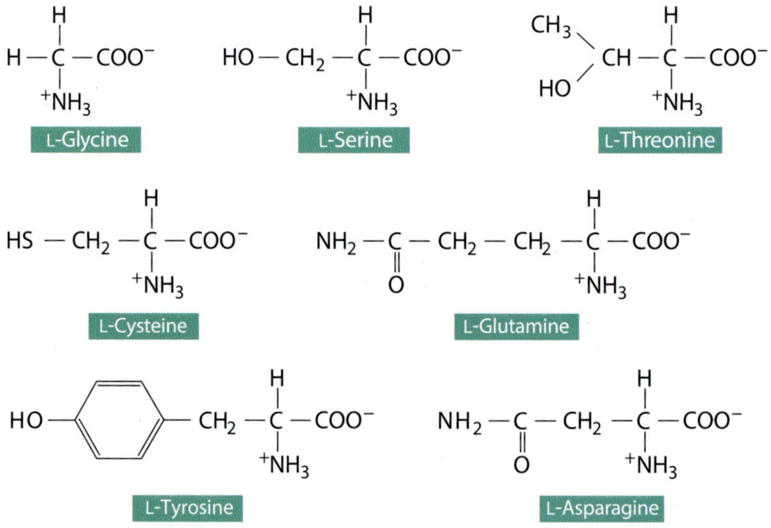

L-Glycine L-Serine L-Threonine

L-Cysteine L-Glutamine

L-Tyrosine L-Asparagine

그림 1-6 극성이지만 전하를 갖지 않는 R기를 가진 아미노산들의 분자 구조

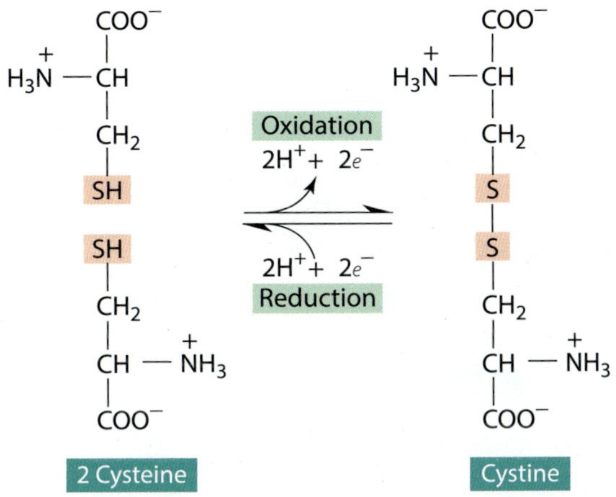

그림 1-7 이황화결합(Disulfide linkage)에 의한 시스테인(cysteine)으로부터 시스틴(cystine)의 형성. 2분자의 시스테인이 산화되면 이황화결합에 의해 시스틴이 형성되고, 환원제의 존재하에 시스틴의 이황화결합이 파괴되면 시스테인으로 환원된다.

면 두 분자가 이황화결합(disulfide linkage)에 의해 연결되어 시스틴(cystine)을 형성하게 된다(그림 1-7). 방향족 곁사슬(Aromatic R group)을 가지고 있는 Group 1의 페닐알라닌과 트립토판 그리고 Group 2의 타이로신은 다른 아미노산들과 비교하여 상대적으로 비극성이다. 따라서 이들은 소수성 상호작용(hydrophobic interaction)에 관여할 가능성이 높다. 또한 타이로신의 경우 페놀 고리의 수산기가 수소결합을 형성할 수도 있기 때문에 어떤 효소의 활성에 중요한 기능기(functional group)로서 작용하기도 한다. 타이로신과 트립토판이 페닐알라닌보다 극성이 높은 이유는 타이로신의 페놀 고리에 있는 수산기(-OH)와 트립토판의 인돌 고리에 있는 질소 원자로부터 기인된다.

Group 3: 양전하로 하전된 R기를 가진 아미노산들–염기성 아미노산

이 그룹은 중성 pH 부근에서 양으로 하전된 염기성 곁사슬(basic side chain)을 소유하고 있는 세 가지 염기성 아미노산(**basic amino acids**)을 포함하고 있다. 상기에서 언급한 바와 같이 라이신(lysine)의 엡시론-아미노기[ε(epsilon)-amino group]는 pKa 값이 10.5이고 아저닌(arginine)의 구아니디늄기(guanidinium group)의 pKa 값은 12.5이다. 한편, 히스티딘(histidine)의 이미다졸기(imidazole group)의 pKa 값은 6.0이기 때문에, 히스티딘은 중성 **pH** 영역에서 해리되는 양성자를 가진 유일한 아미노산이다. 따라서 히스

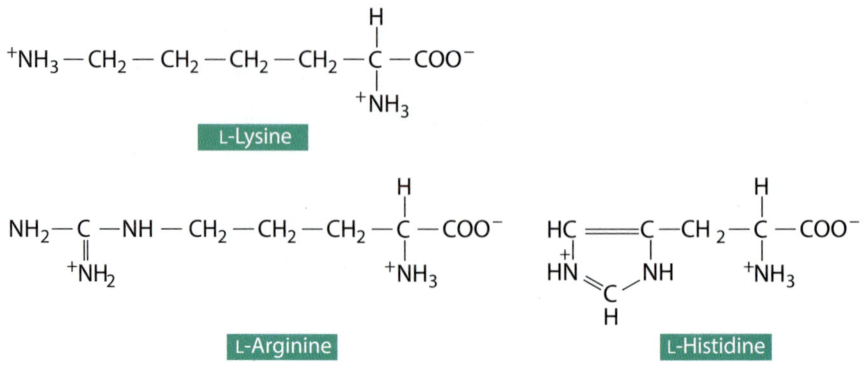

$^{+}NH_3-CH_2-CH_2-CH_2-CH_2-CH(^{+}NH_3)-COO^-$

L-Lysine

$NH_2-C(=^{+}NH_2)-NH-CH_2-CH_2-CH_2-CH(^{+}NH_3)-COO^-$

L-Arginine

HC=C—CH_2—CH($^{+}NH_3$)—COO^- (imidazolium ring: $H\overset{+}{N}$, NH, C—H)

L-Histidine

그림 1-8 양전하로 하전된 R기를 가진 아미노산들의 분자 구조

티딘은 많은 효소반응에서 양성자의 공여체(**proton donor**)와 수용체(**proton acceptor**)로서 중요한 역할을 한다. pH 7.0에서 라이신과 아저닌(arginine)의 곁사슬에 존재하는 양성자는 100% 결합되어 있지만, 히스티딘의 경우 10% 정도의 양성자만이 결합되어 있다. 생리적 조건 하에서(pH 7.0), 라이신과 아저닌의 곁사슬에 존재하는 양성자는 100% 결합되어 있기 때문에, 단백질 내에서 이들은 서로 정전기적 상호작용에 관여한다.

Group 4: 음전하로 하전된 R기를 가진 아미노산들–산성 아미노산

이 그룹에 아스파트산(aspartic acid)과 글루탐산(glutamic acid) 2개의 산성 아미노산이 포함되어 있다. 이들 아미노산은 R 그룹(곁사슬)의 카복실기와 알파-카복실기(α-COOH)를 함유하고 있기 때문에 2개의 카복실기를 가진 아미노산(dicarboxylic amino acid)이 된다. 곁사슬에 존재하는 카복실기는 알파-카복실기보다 산의 성질이 약하지만, 중성 pH에서 이온의 형태($-COO^-$)로 존재할 수 있을 만큼 충분히 산의 성질을 가지고 있다. 중성 pH에서 아스파트산(aspartic acid)과 글루탐산(glutamic acid)의 알짜 전하(net charge)는 −1이 된다. 이렇게 음전하를 띤 아미노산들은 단백질 내에서 몇 가지 중요한 역할을 한다. 구조적 또는 기능적 목적을 위하여 금속 이온을 결합하는 많은 단백질들은 금속 결합 부위(metal-binding site)로서 1개 이상의 아스파트산(aspartic acid) 또는 글루탐산(glutamic acid)을 함유하고 있다. 카복실기는 또한 특정 효소 반응에서 친핵체(nucleophiles)로서 작용하기도 하고, 다양한 정전기적 상호작용에 관여하기도 한다.

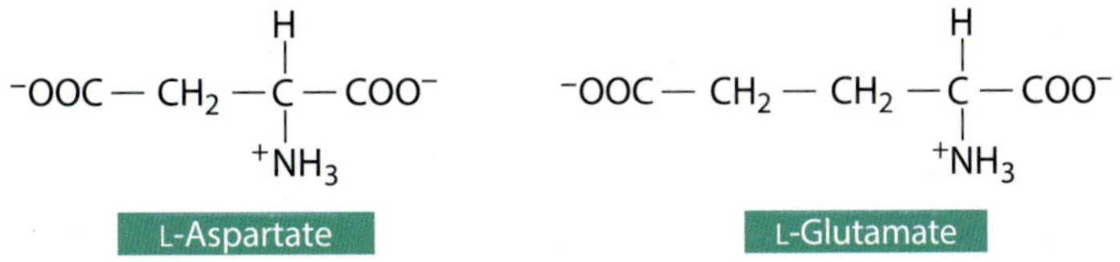

$$^{-}OOC - CH_2 - \underset{^{+}NH_3}{\overset{H}{C}} - COO^{-}$$

L-Aspartate

$$^{-}OOC - CH_2 - CH_2 - \underset{^{+}NH_3}{\overset{H}{C}} - COO^{-}$$

L-Glutamate

그림 1-9 음전하로 하전된 R기를 가진 아미노산들의 분자 구조

상기에서 설명된 20종류의 표준 아미노산들은 모든 생물의 단백질에서 발견되는 아미노산들이다. 단백질 내에 존재하는 이들 아미노산의 배열을 표기하기 위하여 세 글자 표기법이나 보다 간편한 한 글자 표기법이 따로 정해져 있다. 이들을 표 1-2에 나타내었다.

1-4 단백질의 3차원적 구조

효소를 비롯한 단백질은 펩타이드결합(공유결합)을 통해 단량체 단위(monomer unit)인 아미노산들이 서로 연결되어 있는 선형 중합체(linear polymer)이다. 개개의 단백질

표 1-2 20개 표준 아미노산의 표기법

Amino Acid	Three-Letter Symbol	One-Letter Symbol	Amino Acid	Three-Letter Symbol	One-Letter Symbol
Alanine	Ala	A	Threonine	Thr	T
Valine	Val	V	Cysteine	Cys	C
Leucine	Leu	L	Glutamine	Gln	Q
Isoleucine	Ile	I	Asparagine	Asn	N
Proline	Pro	P	Tyrosine	Tyr	Y
Phenylalanine	Phe	F	Lysine	Lys	K
Tryptophan	Trp	W	Arginine	Arg	R
Methionine	Met	M	Histidine	His	H
Glycine	Gly	G	Aspartate	Asp	D
Serine	Ser	S	Glutamate	Glu	E

은 아미노산들을 연결하는 공유결합 주위에서 자유 회전(free rotation)이 가능하기 때문에, 수 많은 컨포메이션(conformation), 즉 3차원적 구조를 취할 수 있다. 그러나 개개의 단백질은 자발적으로 접혀서 고유한 3차원적 구조(three-dimensional structure)를 형성하며, 이에 상응하는 특별한 화학적 또는 구조적 기능을 가지고 있다. 이러한 3차원적 구조는 단백질 중합체의 아미노산 배열순서(amino acid sequence)에 의해 결정된다. 단백질의 기능은 이러한 3차원적 구조에 직접 영향을 받는다. 따라서 단백질은 아미노산 배열의 1차원적 세계로부터 다양한 활동을 하는 3차원적 세계까지 역동적인 변화를 구체적으로 표현하고 있다.

효소를 비롯한 단백질의 3차원적 구조를 종합적으로 표현하면 다음과 같다. 첫째, 단백질의 3차원적 구조는 아미노산의 배열순서에 의해 결정된다. 둘째, 각 단백질들은 자발적으로 접혀서 고유한 3차원적 구조를 형성한다. 셋째, 단백질의 기능은 3차원적 구조에 직접 영향을 받는다. 넷째, 어떤 단백질에 의해 유지되는 특유의 구조를 안정화시키는 가장 중요한 힘은 비공유결합적 상호작용이다.

1-4-1 단백질의 1차구조

어떤 단백질에서 원자들의 공간적 배열(spatial arrangement)을 **컨포메이션(conformation)**이라고 부른다. 공유결합(Covalent bond)은 폴리펩타이드의 컨포메이션을 유지시키는 데 매우 중요한 역할을 한다. 단백질의 1차구조(primary structure)는 폴리펩타이드에서 아미노산 잔기들의 직선적 배열(linear sequence)을 의미하며(그림 1-12), 펩타이드결합(공유결합) 이외의 어떤 힘도 관여하지 않는다. 그림 1-10에서 붉은 색의 평면 부분은 펩타이드결합을 나타낸 것이며, 이론적으로 평면 펩타이드결합(planar peptide bond)에 대한 두 가지 컨포메이션(conformation)이 가능하다. 그림 1-10와 같은 **트랜스 배열(*trans* configuration)의 경우**, 2개의 알파-탄소 원자들(α-carbon atoms)은 펩타이드결합의 반대쪽에 위치해 있다. 그러나 시스 배열(*cis* configuration)에서 이 원자단들(groups)은 펩타이드결합의 같은 쪽에 위치해 있다. **폴리펩타이드에서 시스 배열보다 트랜스 배열을 우선적으로 선택하는 것은 알파-탄소 원자에 부착되어 있는 원자단들(bulky groups) 간의 입체적 충돌에 기인한다.** 폴리펩타이드에서 시스 배열의 경우, 알파-탄소 원자에 부착되어 있는 덩치가 큰 R기가 같은 방향에 위치해 있기 때문에 입체적 충돌에 의한 불안정성이 유발된다.

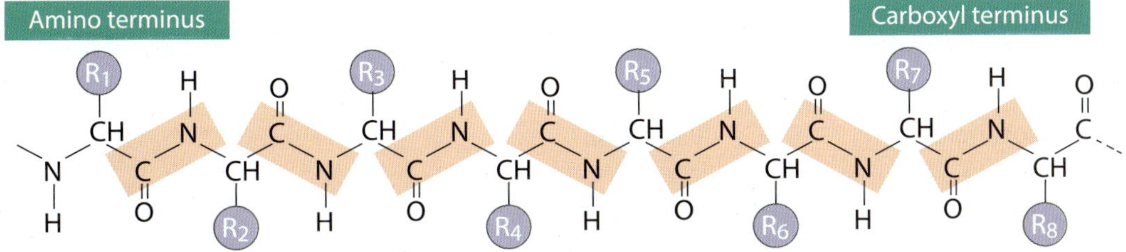

그림 1-10 단백질의 1차구조와 트랜스 배열의 펩타이드결합(peptide bond of *trans* configuration).

펩타이드결합에서 전자들은 공명구조로 표시된 것과 같이 자리옮김을 하므로 C-N 결합은 상당한(약 40% 정도) 이중결합의 성격을 띤다. 따라서 펩타이드결합은 그림 1-11과 같이 표시된다.

1-4-2 단백질의 2차구조

2차구조(secondary structure)라는 용어는 폴리펩타이드 사슬 내에서 지역적인 컨포메이션(local conformation)을 나타낸다. **2**차구조의 예로서 알파-나선(**α-helix**), 베타-주름진 판(**β-pleated sheet**) 그리고 베타-회전(**β turn**)이 있으며, 알파-나선과 베타-주름진 판은 구형 단백질이나 섬유상 단백질 양쪽 모두에서 발견된다. 이러한 **2**차구조는 폴리펩타이드 사슬에서 펩타이드결합의 펩타이드 이미드기[**peptide imide group(—NH—)**]와 인접한 다른 펩타이드결합의 카보닐기[**carbonyl group(—CO—)**] 사이의 수소결합과 펩타이드결합 상에 존재하는 회전에 있어서 입체적인 제한에 의해 형성된 구조이다.

앞에서 설명된 바와 같이 펩타이드결합은 이중결합의 성격을 띠기 때문에 평면구조(**planar structure**)를 취하고 있다. 따라서 **C-N** 결합을 축으로 한 회전은 상당한 제약을 받게 된다. 그러나 그림 1-12에서 보는 바와 같이 알파-탄소(α-carbon)와 카보닐 탄소

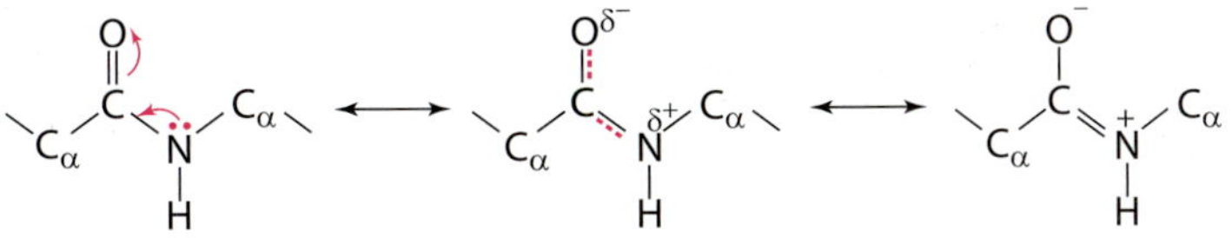

그림 1-11 펩타이드결합(peptide bond)의 공명구조

참고 이미드(Imide)

이미드(Imide)는 질소 원자에 결합되어 있는 2개의 카보닐기(carbonyl group)로 구성된 작용기(functional group)이다. 그 구조는 아래와 같다.

(carbonyl carbon) 사이의 결합(C_α-C) 그리고 펩타이드 이미드 질소(peptide imide nitrogen)와 알파-탄소 사이의 결합(N-C_α)은 순수한 단일결합이기 때문에 이 결합을 축으로 한 회전은 자유롭다. 따라서 이 결합을 중심으로 서로 이웃한 2개의 견고한 펩타이드 단위체들(rigid peptide units)이 자유롭게 회전하게 되면, 폴리펩타이드들은 다양한 입체형태를 취할 수 있을 것이다. 이들 결합 주위에서 회전은 **비틀림각(torsion angle)**으로 정의된다. 질소와 알파-탄소 원자 사이에 존재하는 결합(N-C_α) 주위의 회전각을 파이(ϕ)라고 부르는 반면, 알파-탄소 원자와 카보닐 탄소 원자 사이에 존재하는 결합(C_α-C) 주위의 회전각을 프사이(Φ)라고 부른다. 그림 1-12 a와 같이 폴리펩타이드가 완전히 펼쳐진 입체형태(fully extended conformation)를 취하고 모든 펩타이드기(peptide group)가 동일한 평면 내에 존재할 때 파이와 프사이는 모두 180°로 정의된다. 반면에 그림 1-12 b와 같이 하나의 알파-탄소 원자에 연결된 2개의 펩타이드결합이 동일 평면상에 위치할 때 파이와 프사이는 모두 0°라고 정의한다. 그리고 원칙적으로 파이와 프사이는 −180°와 +180° 사이의 어떤 값도 취할 수 있다. 그러면 파이와 프사이의 모든 조합(combination)은 가능한 것인가? 그렇지 않다. 많은 가능한 조합들이 입체적 장애(steric interference) 때문에 허용되지 않는다. 즉, 가능한 파이와 프사이 조합들의 3/4은 국부적인 입체적 장애에 의해 제외된다. 한 예로서, 파이와 프사이 양쪽 모두 0°가 되는 단백질의 입체구조(conformation)는 알파-카보닐 산소와 알파-아미노 기 수소 원자 사이에 입체적 겹침(steric overlap)에 의해 불가능하게 된다(그림 1-12 b). 이와 같은 입체적 배제(steric exclusion)가 단백질의 강력한 구성 원리가 되고 있다. 따라서 펩타이드 단위의 경직성(**rigidity**)과 허용되는 파이와 프사이 각들(**angles**)의 수 제한이 펼쳐진 형태(**unfolded form**)로 접근하는 구조의 수를 충분히 제한하므로 단백질의 접힘(**protein folding**)이 허용되는 것이다. 한편, 펼쳐진 단백질(Unfolded protein)은 무작위

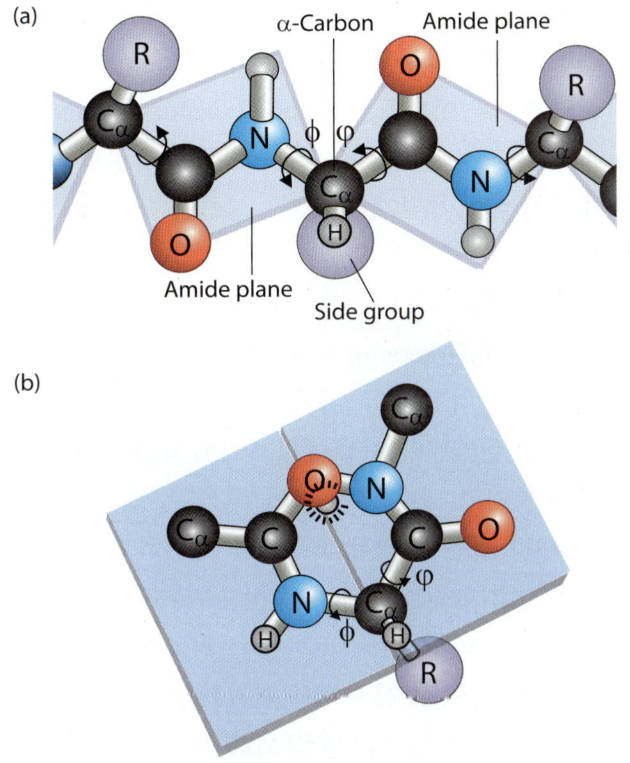

그림 1-12 (a) 폴리펩타이드 사슬에 있어서 결합 주위의 회전도와 (b) 하나의 알파-탄소 원자에 연결된 2개의 펩타이드결합이 동일 평면상에 위치하는 입체구조. 펩타이드결합에 의해 연결된 한 쌍의 아미노산의 경우, 총 6개의 원자들이 동일한 평면상에 놓여 있다. 그리고 알파-탄소들은 3개의 결합을 사이에 두고 서로 떨어져 있다. 비틀림각(Torsion angle)은 보통 −180°와 +180° 사이에 있다고 생각한다.

적 나선(random coil)의 형태로 존재하기 때문에 펼쳐진 단백질의 각각은 서로 다른 입체형태(conformation)를 가질 것이다. 이로 인하여 많은 가능한 입체형태들의 혼합물을 양산하게 된다. 이러한 혼합물과 관련된 엔트로피는 단백질의 접힘 구조를 방해한다. 따라서 입체적으로 가능한 많은 컨포메이션을 가지는 유연한 구조의 단백질은 유일한 구조로 접히지 못한다.

알파-헬릭스(α-Helix)

폴리펩타이드 사슬은 규칙적으로 반복되는 구조로 접힐 수 있을까? 1951년에 캘리포니아공과대학의 라이너스 폴링(Linus pauling)과 로버트 코리(Robert Corey)는 기본적인 화학 원리와 몇 가지 실험적 관측을 이용하여 단백질 구조에 있어서 획기적인 새로운 나선형 모델을 제시하였다. 즉, 폴링과 코리는 폴리펩타이드 사슬에서 펩타이드결합의 펩타이드 이미드기[peptide imide group(—NH—)]와 카보닐기[carbonyl group(—CO—)] 같은 극성 화학기들을 일정한 방향으로 위치시키는 데 있어서 수소결합의 중요성을 깨닫게 되었다. 그들은 또한 1930년대에 단백질의 X-선 분석에 관한 연구를 선도한 영국의 생물물리학자 윌리엄 애스트베리(William Thomas Astbury)의 실험 결과도 활용하였다. 애스트베리(Astbury)는 머리카락과 양털에 존재하는 섬유상 단백질인 켈라틴(keratin)의 X-선 분석을 통하여, 켈라틴은 구조가 서로 다른 알파-켈라틴과 베타-켈라틴의 두 가지 유형으로 존재한다는 것을 제시하였다. 그리고 애스트베리는 또한 켈라틴이 5.15에서 5.2Å(Ångström: 1Å은 0.1nm)마다 반복되는 규칙적인 구조를 가지고 있다는 것을 밝혔다. 폴링과 코리는 이러한 실험적 결과를 이용하여 그림 1-13과 같은 단백질의 구조를 예측하고, 이러한 구조를 알파-헬릭스(**α-helix**)라고 불렀다. 알파-헬릭스 구조에서 반복 단위(**repeating unit**)는 긴 축 방향을 따라 약 **5.4Å** 뻗어나 있는 나선의 **1**회전(**a single turn of the helix**)에 해당된다. 이것은 애스트베리가 머리카락켈라틴의 X-선 분석에서 관찰한 주기성(periodicity)보다 조금 더 크다. 나선의 **1**회전은 **3.6**개의 아미노산 잔기(**5.4Å**)로 이루어져 있으며(매 회전당 **3.6**개의 아미노산)**,** 모든 단백질에서 발견되는 알파-헬릭스(**α-helix**)의 나선 비틀림(**helical twist**)은 오른쪽 감기(**right-handed**)이다**.** 모형-조립 실험(Model-building experiment)을 해 보면, L- 또는 D-아미노산은 양쪽 모두 알파-헬릭스(α-helix)를 형성할 수 있다는 것을 알 수 있다. 그러나 α-헬릭스를 형성하는 모든 아미노산 잔기들은 L- 또는 D-아미노산 어느 한 종류의 입체이성질체만으로 이루어져야 한다. 만약 L-아미노산으로 이루어져 있는 정상적인 구조에 D-아미노산이 유입되면 알파-헬릭스의 구조는 파괴될 것이다. 자연적으로 발생하는 L-아미노산들은 오른손 감기(right-handed) 또는 왼손 감기(left-handed) 알파-헬릭스 양쪽 모두를 형성할 수 있지만, 단백질 내에서 연장된 왼손 감기 나선(extended left-handed helix)은 아직 발견된 적이 없다. 그림 1-14는 오른손 감기와 왼손 감기를 나타낸 모식도이다. 오른손 감기 알파-헬릭스(right-handed α-helix)는 알파-켈라틴(α-keratin)에서 발견되는 주된 구조이다. 그러나 단백질들의 알파-나선의 함량은 0~100%까지 그 비율이 단백질 마다 크게 다르다.

왜 알파-헬릭스(α-helix)가 다른 가능한 입체구조(conformation)보다 더 용이하게 형성되는가? 이에 대한 해답의 한 가지로서 알파-헬릭스 구조가 내부의 수소결합을 보다 적절히 잘 이용할 수 있기 때문일 것이다. 폴리펩타이드 사슬에서 알파-헬릭스는 각

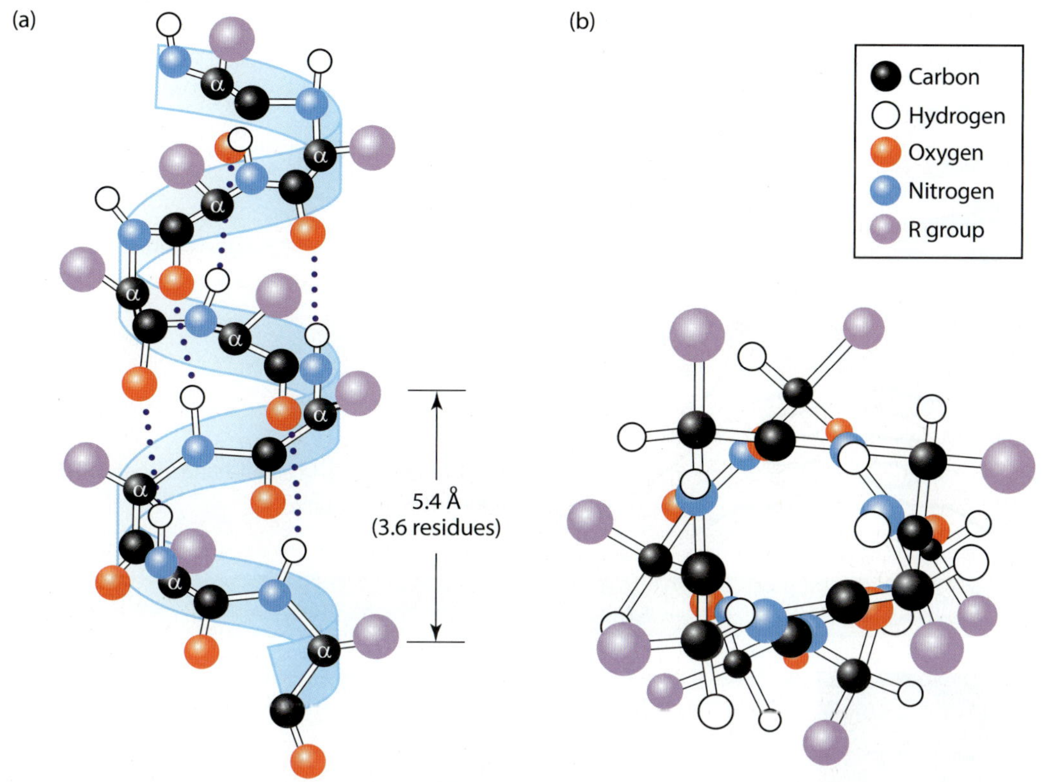

그림 1-13 단백질의 α-helix 구조. (a) 폴링이 1960년에 화학결합의 성질(*The Nature of the Chemical Bond*)에서 처음으로 나타낸 알파-헬릭스(right-handed α-helix)의 공-막대 모형. —NH—와 —CO— 원자단(group) 간의 수소결합들을 점선으로 나타내었다. (b) 알파-헬릭스를 장축 방향으로부터 아래로 내려다 본 그림이다. 폴리펩타이드의 감긴 골격(coiled backbone)은 나선(helix)의 안쪽에 위치해 있고, 아미노산 잔기의 R기는 나선 모양인 골격으로부터 바깥쪽으로 돌출되어 있다.

펩타이드결합의 이미드기[**imide group(—NH—)**]와 같은 사슬에서 네 잔기 떨어진 위치에 있는 카보닐기[**carbonyl group(—CO—)**] 간의 거의 직선인 수소결합에 의해 안정화되어 있다(그림 1-13 참조).

한편, 아미노산 서열(amino acid sequence)은 알파-헬릭스의 안정성에 영향을 미친다. 즉, 아미노산 곁사슬 간의 상호작용은 알파-헬릭스 구조를 안정화시키든지 불안정화시킬 수 있다. 따라서 모든 폴리펩타이드가 전부 알파-헬릭스를 형성할 수 있는 것은 아니다. 알파-헬릭스(**α-Helix**)의 안정성에 영향을 미치는 **5**가지 유형의 제약(**constraint**)이 있다.

첫째, 하전된 **R**기를 가지고 있는 아미노산 간의 정전기적 반발 또는 인력(**the electrostatic repulsion or attraction between amino acid residues with charged R groups**):

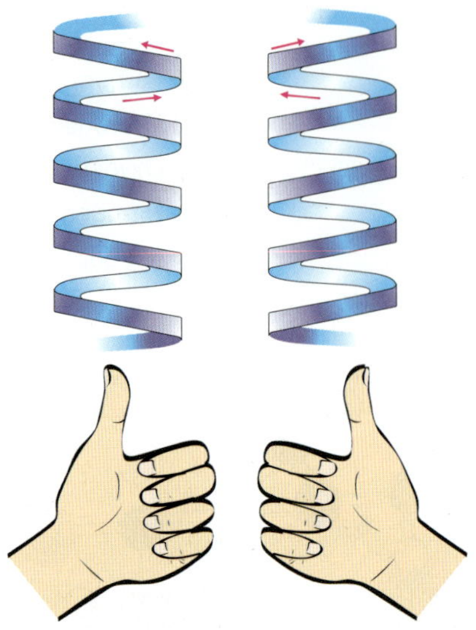

그림 1-14 왼손 감기 나선(left-handed helix)와 오른손 감기 나선(Right-handed helix)

참고 Linus Carl pauling과 Robert Brainard Corey

Linus Carl pauling
(1901. 2. 28~1994. 8. 19)

Robert Brainard Corey
(1897. 8. 19~1971. 4. 23)

라이너스 폴링(Linus Carl Pauling)은 1954년 노벨 화학상(화학 결합의 성질에 관한 연구)과 1962년 노벨 평화상(핵실험 반대 운동)을 수상한 미국의 저명한 물리화학자였다. 라이너스 폴링은 1901년 2월 28일 미국의 오리건(Oregon) 주 포틀랜드(Portland)에서 태어났다. 그의 아버지는 약사였지만, 돈을 잘 벌지는 못했다. 더욱이 궤양으로 아버지가 사망한 후(1910년), 어머니 홀로 폴링과 다른 두 자녀를 부양해야 했다. 어린 시절부터 대단한 독서광이었던 폴링은 공립 초등 및 고등학교를 졸업한 후 1917년에 당시 오리건농과대학(Oregon Agricultural College)으로 알려진 오리건주립대학(Oregon State University)에 입학하여 1922년에 화학공학(chemical engineering) 학사 학위를 받았다. 대학 재학시절 그는 원자의 전자 구조와 분자를 형성하기 위한 그들의 결합에 관한 길버트 뉴턴 루이스(Gilbert Newton Lewis, 1875. 10. 23~1946. 3. 23: 미국의 물리화학자인 루이스에 의해 확립된 전자쌍 이론은 공유 결합의 이해와 산과 염기에 대한 정의의 확장에 큰 영향을 끼쳤다)와 어빙 랭뮤어(Irving Langmuir: 표면화학에 대한 발견과 연구의 업적으로 1932년 노벨 화학상을 수상)의 연구를 깨닫기 시작하였다. 1922년에 캘리포니아공과대학(California Institute of Technology, Caltech)에 입학하여 구조화학을 공부한 후 1925년 이학박사 학위를 취득하였다. 그는 박사과정 때 X–선 회절(X–ray diffraction)을 이용하여 무기질(mineral)의 결정 구조를 연구하였다. 박사 학위를 받은 후 2년 동안 폴링은 유럽에서 박사 후 과정 연구원으로 있으면서 뮌헨의 아르놀트 조머펠트, 코펜하겐의 닐스 보어, 취리히의 에르빈 슈뢰딩거 및 런던의 윌리엄 헨리 브래그 같은 유명한 과학자의 연구실에서 일했다. 그는 1927년 화학과 조교수로서 캘리포니아공과대학으로 돌아와 1931년에 정교수가 되었으며, 1936~1958년에 게이츠 앤드 크렐린 화학연구소 소장을 지냈다.

물질의 구조와 화학결합의 성질에 대한 폴링의 연구는 물질의 물리적 · 화학적 특성을 규명하는 데 많은 도움을 주었다. 그의 화학적 연구는 간단한 무기분자로부터 복잡한 유기분자인 단백질에 걸친 분자구조의 여러 양상을 다루는 것이었다. 오리건주립대학 재학시절부터 양자이론(quantum theory)과 양자역학(quantum mechanics)에 관한 개념에 관심을 가졌던 폴링은 양자역학의 원리를 분자구조에 적용(quantum chemistry)한 최초의 인물 가운데 한 사람이었다. 그는 원자간 거리와 화학결합 사이의 각을 계산하기 위하여 X-선 회절(원자나 원자단의 간섭에 의한 X선 직선 경로의 변화), 전자회절(원자에 의한 전자경로 방해), 자기효과와 화합물의 생성열을 효과적으로 이용했다. 그는 화학결합 사이의 거리와 각을 분자의 특성과 분자간의 상호작용에 관련시키는 데 성공하였다. 1931년에 폴링은 그의 논문 중 가장 중요한 논문으로 간주되는 한 논문을 발표하였다. 이 논문에서 그는 처음으로 원자 궤도(atomic orbital)의 혼성화(hybridization)의 개념을 기획하였고, 탄소 원자의 4가[tetravalency: the state of an atom with four electrons available for covalent chemical bonding in its valence(outermost electron shell).]를 분석하였다. 1934년부터 그는 분자구조에 관한 지식을 생체고분자, 특히 단백질에 적용하기 시작하여, 마침내 단백질 구조와 거대분자 간의 상호작용에서 수소결합의 중요성을 발견하였다. **1951년 폴링은 미국의 화학자 로버트 B. 코리(Robert Brainard Corey)와 함께 아미노산과 폴리펩타이드 구조에 관한 연구에서 특정 단백질이 나선 구조(helical structure)를 하고 있다는 사실을 밝혀냈다. 그들은 이러한 구조를 알파-나선(α-helix)이라고 불렀다. 그들은 또한 단백질의 베타 주름진 판(β-pleated sheet) 구조도 규명하였다.** 어린시절에 소아마비 희생자이기도 한 로버트 B. 코리는 피츠버그대학(University of Pittsburgh)을 졸업하고 코넬대학(Cornell University)에서 이학박사 학위를 받았다.

DNA의 이중나선 구조를 규명하여 1962년 노벨 생리 · 의학상을 수상한 제임스 왓슨(James Watson)은 자신이 쓴 『이중나선(Double Helix)』에서 라이너스 폴링을 "당시 생화학 분야의 권위자였으며, 가장 높은 수준의 연구를 진행하고 있었다."고 평가할 정도로 폴링은 분자생물학 분야에도 큰 영향을 끼쳤다.

만약 폴리펩타이드 사슬이 긴 영역에 걸쳐서 다수의 글루탐산(glutamate) 또는 아스파트산(aspartate) 잔기를 가지고 있다면, 이 부분은 pH 7.0에서 알파-헬릭스를 형성하지 못한다. 왜냐하면 인접한 이들 아미노산의 음으로 하전된 카복실기들(carboxyl groups)은 서로 반발력이 매우 강하여, 알파-헬릭스의 안정화에 필요한 수소결합의 형성이 방해를 받기 때문이다. 그러나 pH 1.5~2.5에서 아스팔트산 중합체나 글루탐산 중합체의 곁사슬은 전하를 갖지 않기 때문에 이들의 중합체는 알파-헬릭스를 형성한다. 비슷한 방식으로 라이신(lysine)이나 아저닌(arginine) 잔기가 많이 인접해 있으면 pH 7.0에서 양전하(positive charge)의 R기가 서로 반발하여 알파-헬릭스의 형성을 방해한다. 라이신 중합체의 경우, pH 12가 되면 중성 펩타이드 사슬이 되기 때문에 바로 알파-헬릭스 구조를 형성한다.

둘째, 인접한 R기의 모양과 양적인 정도(the bulkiness and shape of adjacent R groups): 만약 폴리펩타이드 사슬에서 아스파라진(asparagine), 쓰레오닌(threonine)과 같은 잔기가 서로 근접해 있으면 이들 아미노산의 크기(bulk)와 모양(shape) 즉 양적인 정도(bulkiness) 때문에 알파-헬릭스의 형성이 방해를 받는 경향이 있다.

셋째, 3잔기(또는 4잔기) 떨어진 아미노산 곁사슬과의 상호작용(the interactions between amino acid side chains spaced three (or four) residues apart): 특정 아미노산의 곁사슬과 그것보다도 3잔기(때때로 4잔기) 떨어진 곁사슬 간의 결정적인 상호작용이 일어나면, 알파-헬릭스의 비틀림 현상이 발생한다. 예를 들면, 라이신과 같은 양으로 하전된 아미노산이 3잔기 떨어진 글루탐산과 같은 음으로 하전된 아미노산과 상호작용하여 이온쌍이 형성되면 알파-헬릭스의 비틀림 현상이 일어난다. 또한, 2개의 방향족 아미노산 잔기들은 종종 유사하게 공간배치되어 소수성 상호작용(hydrophobic interaction)을 유발하기도 한다.

넷째, 프롤린(proline)과 글라이신(glycine) 잔기의 존재(the occurrence of proline and glycine residues): 프롤린이 알파-헬릭스에 참여하지 못하는 두 가지 이유가 있다. 첫째, 프롤린(proline)의 질소 원자는 견고성이 있는 고리(rigid ring)의 일부분이기 때문에, N-C_α 결합 주위에서 회전이 불가능하다. 둘째, 프롤린 잔기의 질소 원자는 다른 잔기와 수소결합을 형성하는 수소가 없다(그림 1-15). 따라서 폴리펩타이드 사슬 내에서 프롤린의 알파-아미노기는 수소결합에 참여할 수 없다. 한편, 곁사슬이 결여된 글라이신(glycine)은 다른 아미노산 잔기들보다 구조적 유연성이 더 크다. 글라이신의 중합체(polymer)는 알파-헬릭스와는 아주 다른 나선 구조(coiled structure)를 형성한다. 이런 이유로 해서 프롤린(proline)과 글라이신(glycine)은 알파-헬릭스 중에서 거의 찾아보기 어렵다.

다섯째, 헬릭스의 양쪽 끝 부분에서 아미노산 잔기의 상호작용과, 알파-헬릭스 원래의 전기 쌍극자의 성질(the interaction between amino acid residues at the ends of the helical segment and the electric dipole inhirent to the a-helix): 폴리펩타이드 사슬에서 알파-헬릭스의 안정성에 영향을 주는 결정적인 요인은 알파-헬릭스 단편의 말단 근처에 어떤 아미노산 잔기가 존재하느냐 하는 것이다. 각 펩타이드결합에 작은 전기 쌍극자

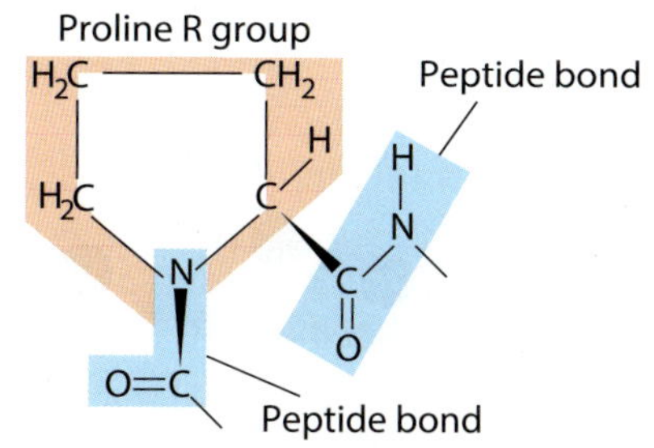

그림 1-15 폴리펩타이드 사슬에서 펩타이드 결합을 하고 있는 프롤린 잔기. 폴리펩타이드 사슬에서 프롤린 잔기는 구조적 특성에 기인하는 굽혀짐(bend)을 발생시킨다.

(electric dipole)가 존재하며, 이들 쌍극자는 헬릭스 중의 수소결합을 통해 연결되어 있다. 이것은 헬릭스(나선)의 축을 따라 헬릭스의 길이와 함께 증가하는 알짜 쌍극자(net dipole)를 양산한다. **헬릭스(나선)의 양쪽 끝에 존재하는 4개의 아미노산은 헬릭스(나선) 중의 수소결합에 완전히 관여하는 것은 아니다.** 헬릭스 쌍극자(helix dipole)의 부분적인 양전하(δ^+)와 음전하(δ^-)는 실질적으로 헬릭스의 N-말단과 C-말단 부근의 아미노기와 카복실기에 존재한다. 이러한 이유 때문에, 음으로 하전된 아미노산들이 종종 헬릭스의 N-말단 부근에서 발견된다. 이들은 헬릭스 쌍극자의 양전하(positive charge)과 안정한 상호작용을 하게 된다. N-말단 부분에서 양으로 하전된 아미노산들은 헬릭스를 불안정하게 한다. 이와 반대의 현상이 헬릭스의 C-말단 부분에서 일어난다.

알파-헬릭스 이외에 몇 가지 흔하지 않는 유형의 나선 구조가 단백질 내에서 발견되기도 한다. 이들 중 가장 흔한 예가 3_{10} 헬릭스(3_{10} helix)이다. **3_{10} 헬릭스(3_{10} Helix)는** 나선 1회전당 10개의 원자로 구성된 3개 아미노산 잔기의 헬릭스(helix)를 의미한다(그림 1-16). 3_{10} 헬릭스의 경우, 사슬 내에서 3개만큼 떨어져 있는 아미노산 잔기들 간에 수소결합이 형성된다. 따라서 이 구조는 알파-헬릭스보다 아미노산 서열의 길이가 짧다. 이러한 예에 상응하게 **알파-헬릭스(α-Helix)는 3.6_{13} 헬릭스(3.6_{13} helix: 1회전당 13개의 원자로 구성된 3.6개 아미노산 잔기의 helix)**라고도 한다. 그 밖의 나선 구조(helical structure)에 2_7 리본(2_7 ribbon)과 파이 헬릭스(π helix 또는 4.4_{16} helix)가 있다. 파이 헬릭스(π Helix)는 나선 1회전당 4.4개의 아미노산과 16개의 원자가 포함되어 있기 때문에 4.4_{16} 헬릭스(4.4_{16} helix)라고도 부른다.

베타-주름진 판(β-Pleated sheet)

단백질 내에서 알파-헬릭스 이외의 다른 유형의 구조도 보편적으로 발견된다. 그 이유는 국부적으로 그리고 협동적으로 잘 형성되는 수소결합의 성질 때문이다. 이러한

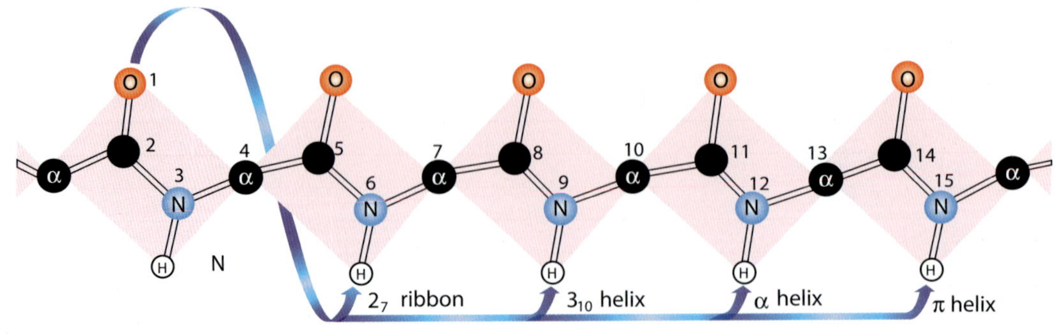

그림 1-16 서로 다른 4가지 나선(helix)에 대한 수소결합의 양식(hydrogen bonding pattern).

구조가 바로 **베타-주름진 판(β-pleated sheet)**이다(그림 1-17). 이 구조 역시 1951년에 폴링과 코리에 의해 제안되어졌고, 지금은 많은 천연 단백질에서 관측되고 있다. 이 구조에서 폴리펩타이드 사슬의 골격은 나선 구조라기보다 오히려 **지그재그(zigzag)형**으로 뻗어나 있다. 지그재그형의 폴리펩타이드 사슬은 일련의 주름(pleat)을 닮은 구조를 형성하기 위하여 나란히 정렬되어질 수 있다. 베타-주름진 판(β-pleated sheet) 구조에서 수소결합은 대게 인접한 폴리펩타이드 사슬 간에 형성된다. 폴리펩타이드 사슬들이 N-말단과 C-말단을 기준으로 모두 같은 방향으로 배열되면 **평행 베타-주름진 판(parallel β-pleated sheet)** 구조를 형성하는 반면, 역방향으로 배열되면 **역평행 베타-주름진 판(antiparallel β-pleated sheet)** 구조를 형성한다. 몇몇 단백질 구조들은 베타-주름진 판(β-pleated sheet) 내에 존재할 수 있는 아미노산의 종류를 제한한다. 2개 이상의 베타-주름진 판(β-pleated sheet)이 한 종류의 단백질 내에서 서로 근접하여 층을 만들 때, 접촉면상에서 아미노산 잔기의 R기는 비교적 작아야 한다. 명주(silk)의 피브로인(fibroin)이나 거미줄(spider web)의 피브로인(fibroin)과 같은 베타-켈라틴(β-keratin)은 글라이신(glycine)과 알라닌(alanine)의 함량이 매우 높다. 글라이신과 알라닌은 아미노산들 중 가장 작은 R기를 가진 아미노산들이다. 역평행 베타-주름진 판 구조를 형성하는 명주의 피브로인은 아미노산 서열의 많은 부분에 걸쳐 번갈아 존재하는 글라이신과 알라닌을 함유하고 있다. 역평행 베타-주름진 판 구조는 또한 면역글로불린 G(immunoglobulin G), 소 적혈구의 수퍼옥사이드 디스뮤테이스(superoxide dismutase), 소 췌장의 알파-카이모트립신(α-chymotrypsin) 등에서도 발견된다.

알파-헬릭스(α-Helix)와 베타-주름진 판(β-pleated sheet) 구조는 구상 단백질(globular

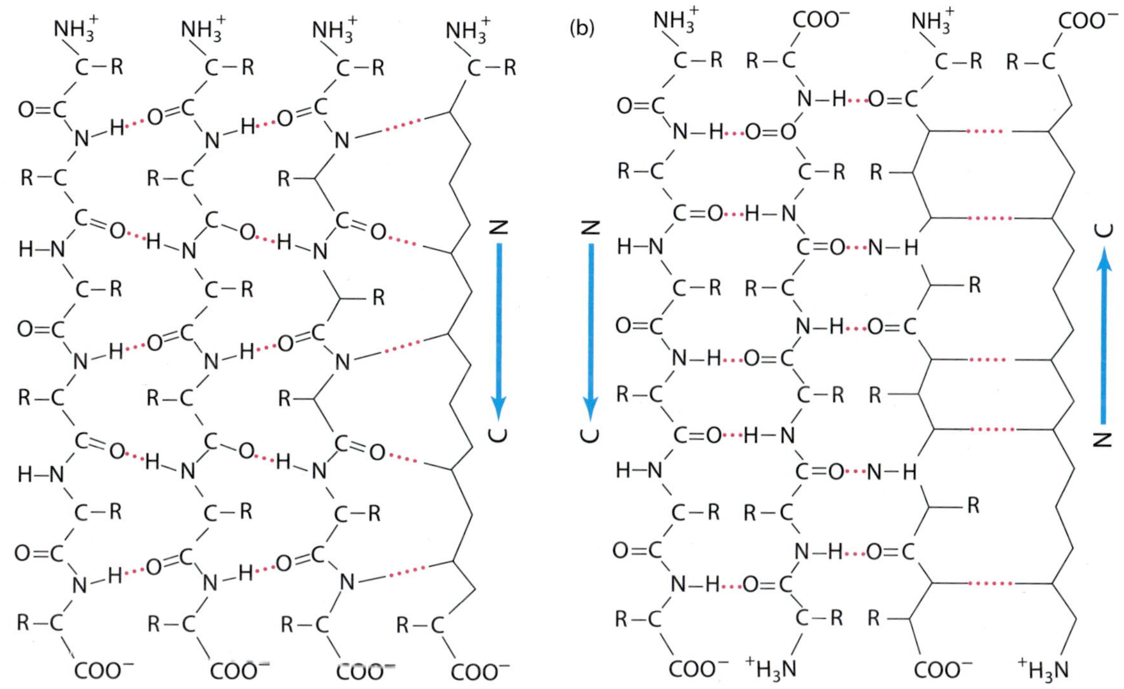

Parallel chain β-pleated sheet

Antiparallel β-pleated sheet

그림 1-17 (a) 평행 베타-주름진 판(Parallel β-pleated sheet)과 (b) 역평행 베타-주름진 판(Antiparallel β-pleated sheet).

protein)이나 섬유상 단백질(fibrous protein) 모두에서 발견된다. 알파-켈라틴(α-Keratin)과 파라마이오신(paramyosin)은 알파-헬릭스의 구조를 가진 전형적인 섬유상 단백질의 예이다. 반면에 늘어난 베타-켈라틴(stretched β-keratin)은 평행 베타-주름진 판 구조를 하고 있다. 구상 단백질에서 평행 베타-주름진 판 구조의 예로 글루터싸이오운 환원효소(glutathione reductase)가 있다. 탄산무수화효소(Carbonic anhydrase: CO_2 + H_2O ↔ HCO_3^- + H^+의 반응을 촉매하는 효소), 계란 흰자의 라이소자임(egg lysozyme), 글리세르알데하이드 인산 탈수소효소(glyceraldehyde phosphate dehydrogenase) 등을 비롯한 많은 종류의 단백질들은 한 가지 폴리펩타이드 사슬 안에 알파-헬릭스와 베타-주름진 판 구조를 모두를 가지고 있다. 대게 한 종류의 2차구조로 이루어져 있는 섬유상 단백질들은 2차구조로 접힌 대단히 긴 연속된 폴리펩타이드 사슬을 가지고 있다. 반면에, 여러 2차구조를 가지고 있는 구상 단백질에서 알파-헬릭스와 베타-주름진 판 구조는 섬유상 단백질의 크기보다 작다. 구상 단백질에서 20개 이상의 잔기로 된 알파-헬릭스의 단편(segment)은 불과 소수에 지나지 않으며, 평균 길이가 약 11잔기 정도(헬릭스의 3회전 정도)의 것이 대부분이다. 또한 구상 단백질에서 베타-주름진 판 구조의 한 가닥(one strand)에 관여하는 아미노산 잔기의 수가 10개 이상 연속되는 경우도 드물다. 그럼에도 불구하고 2차구조는 구상 단백질에서 상당한 공헌을 하고 있다.

베타-회전(β-Turn)

폴리펩타이드 사슬은 압축된(compact) 구형 구조를 만들기 위하여 굽고(bend), 회전하고(turn) 그리고 그 자체를 새롭게 순응시킬 수 있는 능력을 가지고 있어야 한다. 압축된 접힌 구조를 갖는 구형 단백질에서 아미노산 잔기 중 거의 1/3이 펩타이드 사슬의 방향을 뒤집는 회전(turn) 또는 고리(loop) 상태로 존재한다. 많은 구형 단백질에서 이와 같은 베타-회전(**β-turn**) 또는 베타-굽은 구조(**β-bend**)라고 부르는 역회전(**reversing turn** 또는 **reversing bend**)이 있다. 이것은 알파-헬릭스(**α helix**) 또는 베타-주름진 판(**β-pleated sheet**)이 연속적으로 이어지도록 연결해주는 연결인자가 된다. 2개의 인접한 역평행 β-주름진 판(antiparallel β-pleated sheet)의 단편들의 끝을 연결시키는 베타-회전(β-turn) 구조가 특히 흔하게 발견된다. 그림 1-18에 나타낸 바와 같이, 베타-회전은 4개의 아미노산 잔기를 함유하고 있는 180° 회전 구조로서, 크게 I형과 II형 두 가지 유형으로 구분된다. I형과 II형의 구분은 3번째 아미노산 잔기에 있다. 즉, II형의 베타-회전에서 3번째 아미노산 잔기는 반드시 글라이신이 위치해 있다. I형은 II형보다 두 배 정도 더 자주 발생된다. 베타-회전(β-Turn) 구조에서 첫 번째 아미노산 잔기의 카르보닐 산소 원자가 4번째 아미노산 잔기의 아미노기 수소 원자와 수소결합을 형성한다. 이 수소결합으로 인해 베타-회전은 비교적 안정한 구조가 된다. 중앙에 위치해 있는 2개의 아미노산 잔기들은 잔기간의 수소결합을 형성하지 않는다. 글라이신(**Glycine**)과 프롤린(**proline**)은 베타-회전(**β-turn**)에서 흔히 볼 수 있는 아미노산이다. 글라이신은 곁사슬이 없는 작은 분자로서 유연하기 때문이고, 프롤린은 이미노 질소(imino nitrogen)가 관여한 펩타이드결합이 용이하게 시스 입체배위를 취하기 때문에 베타-회전에서 자주 발견된다. 그림 1-19에 프롤린의 시스 입체배위(*cis* configuration)와 트랜스 입체배위(*trans* configuration)를 나타내었다. 이와 같은 베타-회전은 단백질의 표면에서 흔히 볼 수 있는데, 이 베타-회전을 통하여 펩타이드 사슬의 방향을 바꿀 수 있다.

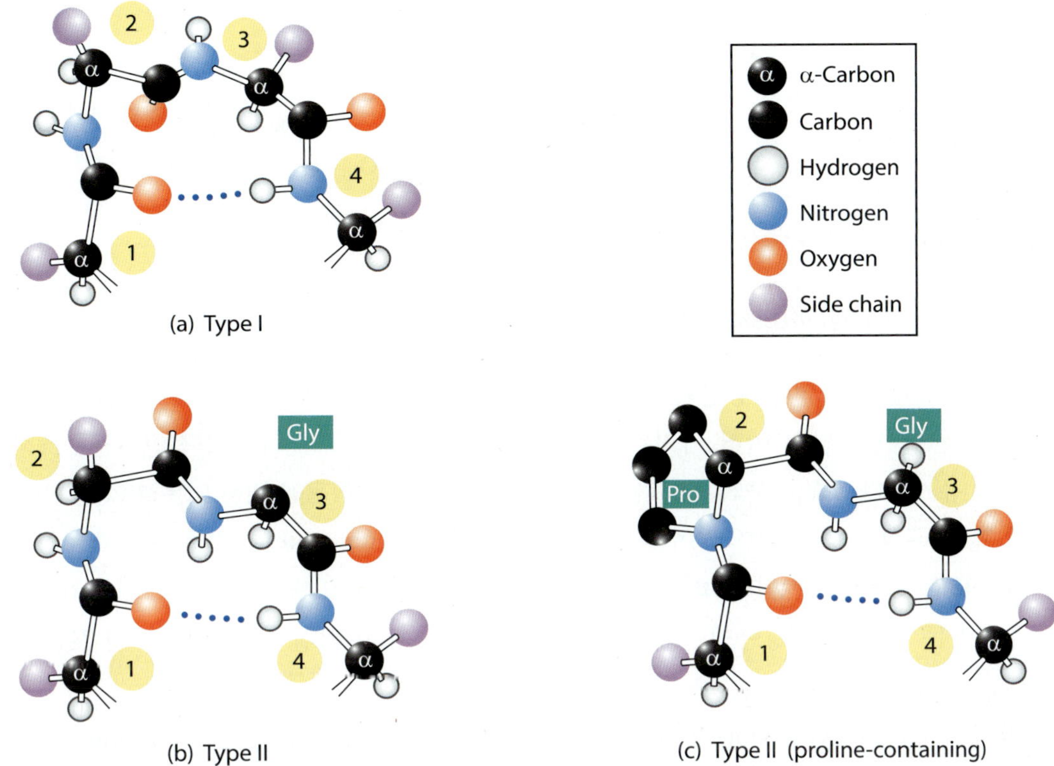

그림 1-18 베타-회전(β-Turn)의 구조. (a) I형에서 3번째 위치에 있는 아미노산 잔기의 곁사슬(side chain)은 고리(loop)의 바깥쪽에 놓여 있으며, 어떤 아미노산이라도 이 위치에 올 수 있다. (b) II형에서 3번째 위치에 있는 아미노산 잔기의 곁사슬은 I형의 위치로부터 180도 회전하여 있으므로 고리(loop)의 안쪽에 위치한다. 글라이신의 수소 곁사슬만이 이 공간에 들어갈 수 있기 때문에 II형의 3번째 아미노산 잔기는 반드시 글라이신이다. (c) 프롤린의 오각형 고리는 베타-회전(β-turn)을 위한 적절한 기하학적 구조를 가지고 있다. 이 잔기는 보통 베타-회전의 2번째 아미노산 잔기로서 발견된다. 이 유형도 3번째 아미노산 잔기가 글라이신이기 때문에 II형으로 분류된다.

1-4-3 단백질의 3차구조

3차원 공간에서 단일 폴리펩타이드 사슬의 접힘(folding)을 단백질의 3차구조(tertiary structure)라고 한다. 2차구조라는 용어는 1차구조에서 인접한 아미노산 잔기들의 공간적 배열을 언급하는 반면, 3차구조는 보다 긴 범위(longer-range)의 아미노산 서열을 포함한다. 단백질이 고유한 3차구조(native tertiary structure)로 접히는 데 필요한 모든 정보는 펩타이드 사슬 자체의 1차구조 내에 함유되어 있다. 단백질의 3차구조는 펩타이드 서열에서 멀리 떨어져 있는 아미노산들과 다른 종류의 2차구조 내에 존재하는 아미노산들이 완전히 접혀진 구조의 단백질 내에서의 상호작용과 2차구조를 안정

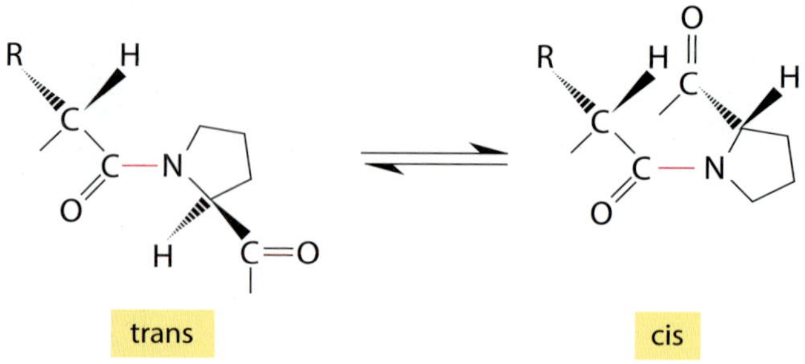

trans

cis

그림 1-19 프롤린의 이성질체

화하는 수소결합에 의해 형성되는 구조이다. 폴리펩타이드 사슬에서 상호작용하는 단편들은 각 단편들 간의 여러 가지 결합의 상호작용에 의해 그들의 특징적인 3차구조적 위치를 유지한다. 즉, **단백질의 3차구조는 ① 정전기적 상호작용에 의한 이온결합, ② 수소결합, ③ 비극성 곁사슬들간의 소수성 상호작용, ④ 시스테인(cysteine) 잔기들 간의 이황화결합(disulfide bond), ⑤ 반데르바알스 상호작용과 같은 힘들에 의해 유지된다(그림 1-20).** 3차구조라는 용어는 구형단백질에는 적용되지만 섬유상 단백질에 적용되는 경우는 드물다.

마이오글로빈(Myoglobin)의 경우, 3차구조의 내부는 거의 완전히 배린(valine), 루신(leucine), 메싸이오닌(methionine) 그리고 페닐알라닌(phenylalanine)과 같은 비극성 아미노산 잔기들로 이루어져 있는 반면에, 아스팔트산(aspartic acid), 글루탐산(glutamic acid), 라이신(lysine) 그리고 알지닌(arginine)과 같은 전하를 띄는 잔기들(charged residues)은 내부에 존재하지 않는다. 내부에 존재하는 유일한 극성 잔기는 2개의 히스티딘(histidine)뿐인데, 이들은 헴(heme)이 산소에 결합할 때 결정적인 역할을 한다. 마이오글로빈(Myoglobin)의 외부는 극성 및 비극성 잔기 모두를 가지고 있지만, 전하를 띈 아미노산 잔기들이 더 많이 분포되어 있다. 마이오글로빈(Myoglobin)의 예로부터 알 수 있듯이, **구형 단백질에서 폴리펩타이드 사슬의 소수성 곁사슬들은 내부로 묻히는 반면, 극성 및 하전된 곁사슬들은 표면상으로 위치하도록 접힌다.**

1-4-4 단백질의 4차구조

많은 단백질들은 여러 개의 소단위체(subunit)를 가지고 있다. 단백질의 **소단위체(subunit)란** 구조 생물학(structural biology)에서 단백질 복합체(a multimeric or oligomeric protein)를 형성하기 위하여 다른 단백질 분자들과 결합(assembly)하는 단

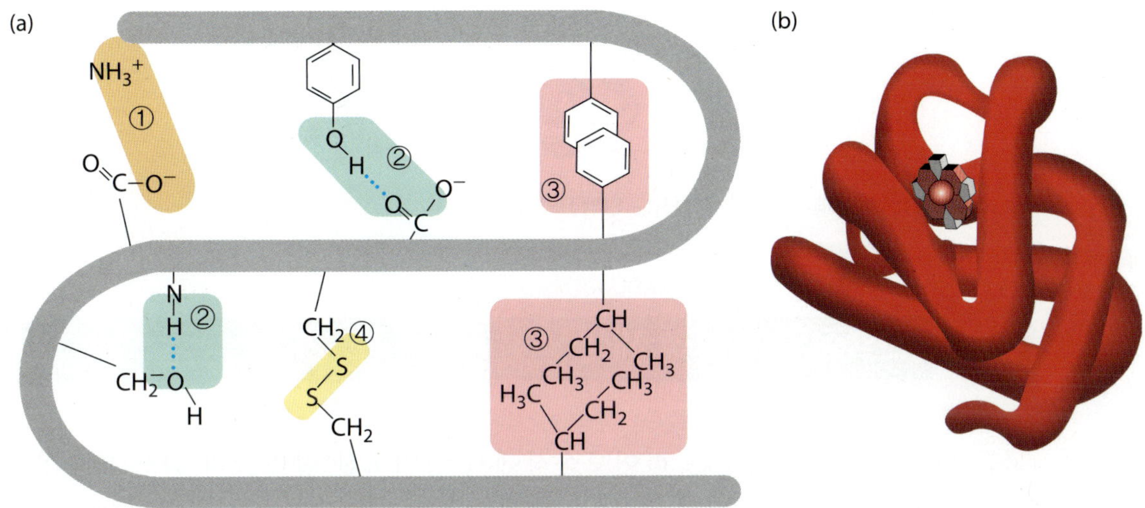

그림 1-20 단백질의 3차구조를 안정화시키는 결합들과 마이오글로빈의 구조. (a) ① 이온결합, ② 수소결합, ③ 소수성 상호작용, ④ 이황화결합 (b) 3차구조로 접혀진 마이오글로빈(myoglobin)의 구조: 마이오글로빈은 근육의 산소 운반체로서 153개의 아미노산들로 구성된 단일 폴리펩타이드 사슬이다.

일 단백질 분자(a single protein molecule)를 일컫는다. 단백질의 4차구조(quaternary structure)는 1개 이상의 소단위체(subunit)를 함유한 단백질의 독립된 폴리펩타이드 단위체(polypeptide unit)간의 상호작용에서 비롯된 구조이다. 동일한 소단위체로 이루어진 구조를 **동종 4차구조(homogeneous quaternary structure)**라고 하며 동일하지 않은 소단위체(subunit)로 이루어진 구조를 **이종 4차구조(heterogeneous quaternary structure)**라고 한다. 2개의 소단위체를 가진 단백질을 이량체(dimer) 그리고 4개의 소단위체 가진 단백질을 사량체(tetramer)라고 한다. 단백질의 4차구조에서 여러 개의 소단위체들을 가지는 단백질을 다합체 단백질(multimeric protein)이라고 하며, 단지 몇 개의 소단위체들을 가지는 다합체(multimer)를 특히 올리고머 단백질(oligomeric protein, 소중합체 단백질)이라고 한다. 다합체 단백질(Multimeric protein)에서 단일 소단위체(a single subunit) 또는 한 그룹의 소단위체로 이루어진 반복되는 구조 단위(repeating structural unit)를 **프로토머(protomer)**라고 부른다. 척추동물의 적혈구 세포 내에서 산소를 운반하는 헤모글로빈(hemoglobin)은 2개의 알파-사슬(α-chain)과 2개의 베타-사슬(β-chain)로 구성되어 있다. 따라서 헤모글로빈은 4개의 소단위체($\alpha_2\beta_2$)로 구성된 이종사합체(heterotetramer)이다. 즉, **헤모글로빈은 2개의 알파 · 베타-프로토머(αβ-protomer)의 이량체(dimer)이다.**

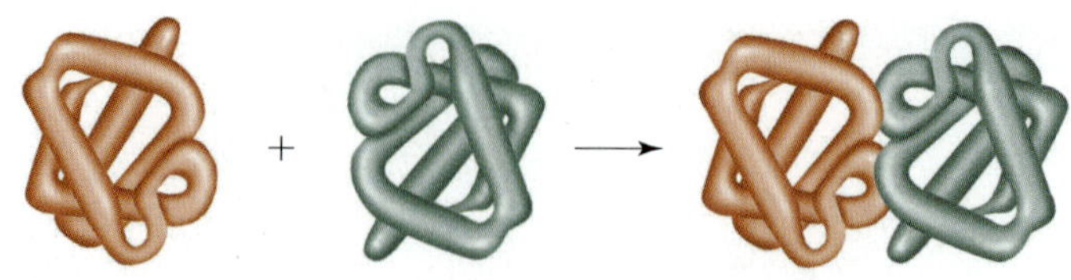

그림 1-21 이량체(Dimer)를 형성하는 단백질의 4차구조.

1-5 단백질의 변성과 재생

모든 단백질들의 생합성은 라이보솜상에서 아미노산 잔기들의 직선 배열(linear sequence)의 형태로 시작된다. 그러나 단백질은 그 고유의 입체형태(conformation)를 취하기 위하여 합성과정 동안 또는 그 후에 접혀져야 한다. 만약 이러한 활성형 단백질의 주변에 환경적 변화가 일어난다면, 단백질의 기능에 영향을 미칠 수 있는 구조적 변화를 초래할 수 있다. 단백질의 3차구조를 지탱하는 비공유결합은 약하기 때문에, 그들이 쉽게 파괴된다는 것은 놀라운 일이 아니다. 그리고 공유결합인 이황화결합(disulfied linkage)의 환원은 3차구조를 더욱 심하게 풀리게 한다. 이와 같은 단백질의 기능 상실을 초래하는 단백질 구조의 풀림(unfolding) 현상을 **변성(denaturation)**이라고 한다. 변성된 상태가 반드시 단백질의 완전한 풀림과 입체형태의 헝클어짐(randomization)을 뜻하는 것은 아니다. 대부분의 조건하에서, 변성된 단백질들은 부분적으로 접힌 형태로 존재한다.

단백질은 다양한 방법으로 변성될 수 있는데 그 중 하나가 열(heat)에 의한 변성이다. 대부분의 단백질들은 단백질 내의 약한 상호작용(주로 수소결합)에 영향을 주는 열(heat)에 의해 변성될 수 있다. 단백질은 또한 극도로 높거나 낮은 pH(extremes of pH), 알코올과 아세톤 같은 유기용매, 8M 요소(8M urea)나 6M 염산 구아니딘(6M guanidine hydrochloride)과 같은 변성제, sodium dodecyl sulfate(SDS)와 같은 계면활성제(detergent) 등에 노출시켜도 변성이 된다. 이들은 폴리펩타이드 사슬의 공유결합을 파괴하지 않는다는 점에서 비교적 온화한 처리법이라고 할 수 있다. 유기용매, 요소 그리고 계면활성제는 주로 단백질의 소수성 상호작용을 파괴하는 역할을 한다. 극도로 높거나 낮은 pH(extremes of pH)는 단백질의 알짜 전하(net charge)를 변화시켜 정전기적 반발을 유발하거나 부분적으로 수소결합을 파괴한다. 구상 단백질의 3차구조가 아미노산 서열에 의해 결정된다는 가장 중요한 증거는 몇몇 단백질의 변성이 가역적이라는 사실을 제시한 실험 결과로부터 나왔다. 소의 췌장으로부터 정제된 리보핵산 가수분해효소 A(RNase A, pancreatic ribonuclease)와 같은 몇몇 구상 단백질들은 특정 조건 하에서 변성되지만, 이들을 원래의 입체구조(native conformation)가 유지될 수 있는 조건으로 되돌리면 원래의 입체구조와 생물 활성을 다시 회복하게 된다. 이 과정을 **재생(renaturation)**이라고 부른다.

1950년대에 크리스찬 베이머 앤펀슨(Christian Boehmer Anfinsen)과 그의 동료들은 변성되어 풀어진 리보핵산 가수분해효소 A(RNase A)의 폴리펩타이드 사슬이 자발적으로 접혀서 활성효소가 된다는 것을 증명하였다. 정제된 리보핵산 가수분해효소 A(RNase A)는 2-머캅토에탄올(2-mercaptoethanol or β-mercaptoethanol) 또는 다이싸이오쓰레이톨(dithiothreitol, DTT)과 같은 환원제 존재하에, 고농도의 요소 용액(8M urea)으로 처리하면 완전히 변성된다(그림 1-22). 리보핵산 가수분해효소 A(RNase A)는 4개의 이황화결합(disulfide linkage)을 형성하는 8개의 시스테인 잔기(cysteine residue)를 가지고 있다. 따라서 환원제는 4개의 이황화결합을 절단하여 8개의 시스테인 잔기로 환원시킨다. 고농도의 요소 용액은 극성이 낮은 화합물에 대해 순수한 물보다 더 뛰어난 용매이다. 따라서 구상 단백질의 내부에서 소수성 상호작용에 의한 안정화 효과가 소수성 아미노산 곁사슬을 녹일 수 있는 요소 용액에 의해 약화되거나 소멸될 수 있다. 이와 같은 리보핵산 가수분해효소 A(RNase A)의 변성은 촉매 활성의 완전한 상실로 이어진다.

리보핵산 가수분해효소 A의 재생(renaturation)에 있어서 요소를 먼저 제거할 경우, RNase A의 폴리펩타이드 사슬은 거의 정상적인 형태로 접혀지는 반면 시스테인 잔기는 환원된 상태로 남아 있다. 마지막으로 반응계로부터 환원제를 제거하면, 시스테인 잔기(cysteine residue)가 시스틴 잔기(cystine residue)로 산화되어 변성된 RNase A가 원래의 입체형태(native conformation)로 회복된다. 이렇게 재생된 RNase A는 효소 활성이나 구조적 측면에서 원래의 RNase A와 구분이 되지 않는다. 한편, 반응계로부터 요소를 제거하기 전에 먼저 환원제를 제거하여 시스테인 잔기부터 산화시키면, 시스테인 잔기들이 무작위적으로 결합하여 『scrambled ribonuclease』가 생성된다.

크리스찬 베이머 앤펀슨은 『리보핵산 가수분해효소 A(RNase A) 내에 아미노산의 직선적 서열이 효소의 생물학적 활성형태를 결정한다.』는 선구적인 연구 성과로 1972년에 노벨 화학상을 수상하였다.

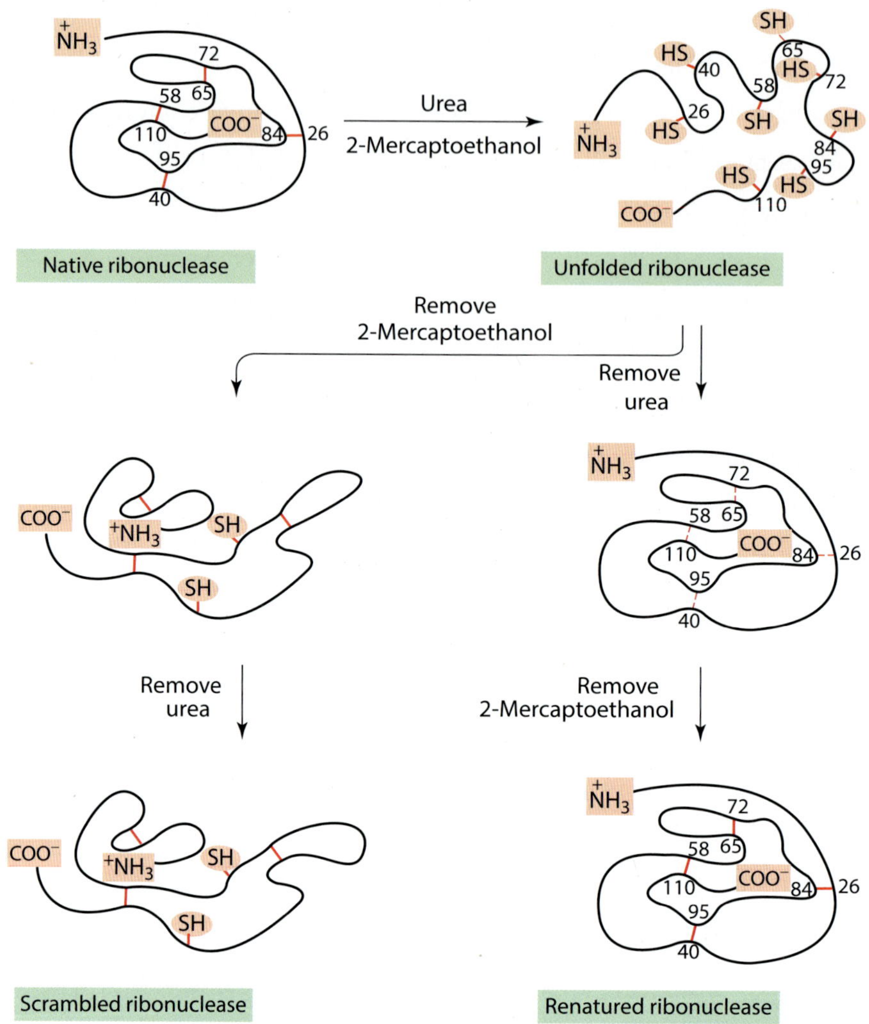

그림 1-22 췌장 리보핵산 가수분해효소(Pancreatic ribonuclease, ribonuclease A, RNase A)의 변성(denaturation)과 재생(renaturation). RNase A는 124개의 아미노산 잔기로 이루어진 분자량 13.7kDa 정도의 비교적 작은 염기성 단백질(pI = 8.63)이다. RNase A는 4개의 이황화결합(disulfide linkage)을 형성하는 8개의 시스테인 잔기(cysteine residue)를 가지고 있다: Cys26-Cys84, Cys58-110, Cys40-95 그리고 Cys65-72. Cys26-Cys84, Cys58-110은 입체형태적 접힘(conformational folding)에 필수적이다.

참고 Christian Boehmer Anfinsen, Stanford Moore와 William Howard Stein

Christian Boehmer Anfinsen
(1916. 3. 26~1995. 5. 14)

Stanford Moore
(1913. 9. 4~1982. 8. 23)

William Howard Stein
(1911. 6. 25~1980. 2. 2)

미국의 생화학자 크리스천 베이머 앤핀슨(Christian Boehmer Anfinsen), 스텐퍼드 무어(Stanford Moore) 그리고 윌리엄 하워드 스테인(William Howard Stein)은 1972년 노벨 화학상을 공동 수상하였다.

앤핀슨은 1943년에 하버드 대학에서 박사학위를 취득하였으며, 하버드 대학교 및 노벨 의학연구소 등에서 활동하였다. 앤핀슨은 『RNase의 아미노산 서열과 생체 활성형태의 연관성에 관한 연구』로 노벨상을 수상하였다.

스텐퍼드 무어(Stanford Moore)는 1938년 위스콘신대학에서 박사학위를 취득하였으며, 뉴욕에 있는 록펠러 의학연구소 연구원 및 교수로 활동하였다. 그리고 윌리엄 하워드 스테인(William Howard Stein)은 뉴욕에 있는 컬럼비아 의과대학에서 박사학위를 취득하였으며, 뉴욕에 있는 록펠러 의학연구소 연구원 및 교수로 활동하였다. 무어와 스테인은 『RNase의 촉매 활동에 있어서 기초적인 연관관계, 화학구조와 촉매활동 간의 연관성』을 규명하여 노벨 화학상을 수상하였다. 1958년에 무어와 스테인은 아미노산 자동분석기(automated amino acid analyzer)를 최초로 개발하여 단백질의 아미노산 서열의 결정을 용이하게 하였다. 1959년에 무어와 스테인은 최초로 RNase의 완전한 아미노산 서열을 결정하여 발표하였다.

CHAPTER 02

효소학 입문

Introduction of Enzymology

2-1 효소의 역사
2-2 효소의 특성
2-3 효소의 명칭과 분류
2-4 효소의 촉매 메카니즘
2-5 화학 속도론
2-6 효소 반응의 속도론
2-7 두 가지 이상의 다기질이 관여하는 효소 반응
2-8 효소 저해제
2-9 조절효소
2-10 Cori 부부의 업적과 생애
2-11 자이모젠(Zymogen)
2-12 동질효소와 알로자임
2-13 보조인자
2-14 라이보자임

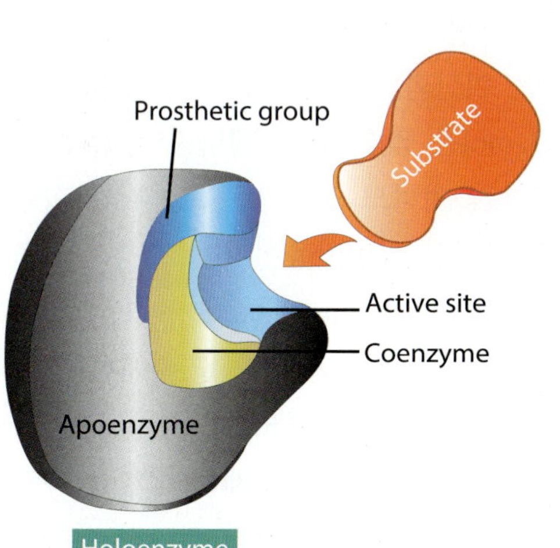

생물체는 생을 영위하기 위하여 효율적으로 그리고 선택적으로 화학반응을 촉매할 수 있어야 한다. 이를 위하여 생물체는 고도로 특수화된 단백질(highly specialized protein)인 효소를 도입하고 있다. 효소는 **촉매력(catalytic power)**, **특이성(specificity)**, **조절(regulation)**이라는 공통적인 세 가지 특성을 가지고 있는 생물학적 촉매(biological catalyst)이다. 효소는 비촉매 반응에 비하여 반응 속도를 적어도 10^6배(백만 배)에서 10^{17}배까지 향상시키는 엄청난 촉매력을 가지고 있다. 반면에 비효소적 촉매는 보통 10^2에서 10^4배 정도로 반응을 촉진시킨다. 이와 같이 효소의 촉매력은 일반적인 합성 촉매나 무기 촉매보다 훨씬 더 크다. 효소는 온화한 조건의 온도와 pH를 갖는 수용액에서 이러한 엄청난 촉매력을 발휘한다. 예를 들어 작두콩(jack bean)의 요소가수분해효소(urease)는 20°C에서 비촉매 반응과 비교하여 10^{14}배 더 빠르게 반응을 촉매한다. 촉매력은 어떤 반응의 효소-촉매 반응 속도(enzyme-catalyzed rate)와 비촉매 반응 속도(uncatalyzed rate)의 비율로 정의된다. 따라서 요소가수분해효소의 촉매력은 10^{14}이다. 효소는 또한 자신의 기질에 대한 고도의 특이성(specificity)을 가지며, 효소 활성의 조절은 대사 반응의 속도가 세포의 요구에 부응하도록 한다. 효소의 특이성과 조절(regulation)에 관한 내용은 『효소의 일반적 성질』에서 상세히 설명할 예정이다.

우리들 대부분은 대게 당이 첨가된 음식이나 음료수의 형태로 생체 연료의 일종인 포도당(glucose)을 소비한다. 생체 내에 흡수된 포도당은 산소의 존재하에서 신속하게 이산화탄소와 물로 전환된다. 이 과정은 높은 발열과정(exergonic process)으로서 우리들이 생활하는 데 필요한 자유에너지(−2870 kJ/mol)를 방출한다.

$$C_6H_{12}O_6\text{(glucose)} + 6\ O_2 \rightarrow 6\ CO_2 + 6\ H_2O + 2870\ \text{kJ의 에너지}$$

그러나 실험실의 선반위에 놓여 있는 포도당은 이산화탄소와 물로 전환되지 않고 거의 무한정 그 상태를 유지할 수 있다. 2870 kJ/mol은 많은 양의 에너지이며, 상온에서 포도당이 세포 밖에서 산소와 쉽게 반응하지 않을지라도 포도당은 고에너지 화합물이라고 할 수 있다. 즉 포도당과 산소의 반응은 강력한 발열반응이지만 일반적인 조건하에서 반응이 일어나지 않기 때문에 열역학적 잠재력(thermodynamic potentiality)을 가지고 있다고 표현한다. 효소는 이러한 열역학적으로 유리한 반응을 촉매하여 매우 빠른 속도로 진행되게 한다. 만약 효소의 촉매작용이 없다면, 포도당의 산화과정과 같은 화학반응은 필요한 시간대에 일어날 수 없고, 이로 인하여 생물체는 생명을 유지할 수 없게 된다. 효소는 이와 같이 세포에 에너지를 공급하는 반응뿐만 아니라 생체분자의 합성을 조절하고, 해독작용, 항염증작용 등도 촉매하는 중요한 역할을 수행한다. 즉 효소는 공유결합이 형성되거나 절단되는 세포 내의 모든 반응을 촉매한다. 이러한 이유 때문에 생화학자들은 그들의 노력 중 상당한 부분을 효소 연구에 헌신해 왔으며, 효소는 가장 정밀한 생화학적 측정의 대상이 되어 왔다.

효소는 또한 실용적인 측면에서도 대단히 중요하다. 즉 공업용, 의료용 그리고 가정용으로 시판되는 효소의 양은 그동안 크게 증가하였다. 가장 오래된 효소제품의 이용의 예로 치즈 생산에 활용되는 카이모신(chymosin)이 있다. 카이모신(Chymosin)은 예전에 레닌(rennin)이라고 불렀는데, 젖먹이 송아지 등 반추동물의 제4위 내막(abomasum)에서 제조한 추출물(rennet)이 이 효소를 함유하고 있다. 효소가 산업적으로 중요한 의미를 갖기 시작한 것은 19세기 중엽부터라고 한다. 1894년 일본인 타카미네(Takamine)는 코지(Koji) 배양법에 의해 아스퍼질러스 오리재(*Aspergillus oryzae*)로부터 소화제 타카디아스테이스(Takadiastase: amylase의 일종)를 상업화하면서 미생물을 이용한 효소의 대량생산이 가능하게 되었다. 20세기에 접어들면서부터 효소의 산업적 수요가 확대됨에 따라 이에 따른 막대한 연구투자가 이루어져 효소산업이 태동하게 되었나.

이 장에서는 효소의 역사, 효소의 여러 가지 성질과 촉매력의 원리, 이어서 효소의 반응 속도론(enzyme kinetics), 조절효소(regulatory enzyme), 자이모젠(zymogen), 동질효소(isozyme) 그리고 많은 효소의 활성에 꼭 필요한 보조인자(cofactor) 등에 관한 내용이 소개되어 있다.

2-1 효소의 역사

생물학적 촉매인 효소에 관한 연구가 생화학 분야에 미친 영향은 지대하다. 따라서 효소의 발견에서부터 출발하여 그 역사를 살펴보는 것은 생화학을 이해하는 데 크게 도움이 될 것이다.

1700년대 말경에 위의 분비액에 의한 육류의 소화에 관한 연구 결과가 알려져 있었다. 그리고 1800년대 초에 여러 가지 식물 추출액과 침(saliva)에 의해 녹말이 당으로 전환된다는 연구 결과가 알려져 있었다. 그러나 그 당시에 이들 반응이 일어나는 메카니즘은 확인되지 않았었다.

1850년대에 루이 파스퇴르(Louis Pasteur)는 효모에 의해 당이 발효되어 알코올로 전환되는 반응은 『발효소(ferments)』라고 불리는 효모세포 내에 함유되어 있는 생명력(vital force)에 의해 촉매된다고 결론을 내렸다. 그는 이 『발효소(ferments)』는 살아 있는 생물체 내에서만 작용한다고 생각했다. 이 이론이 20세기 초까지 자연과학을 지배했던 생기론(vitalism; 생명 현상의 발현은 비물질적인 생명력이라든지, 자연법칙으로는 파악할 수 없는 원리에 지배되고 있다는 이론)이었다.

1877년에 독일의 생리학자 빌헬름 퀴네(Wilhelm Friedrich Kühne; 1837~1900)는 처음으로 『enzyme』이라는 용어를 만들어 사용하였다. 이 『enzyme』이라는 용어는 『효모 속에(in leaven)』를 뜻하는 그리스어에서 유래되었다. 그 후에 『enzyme』이라는 용어는 펩신(pepsin)과 같은 『nonliving substances』를 언급하기 위하여 사용되었으며, 『ferment』라는 용어는 생물체에 의해 생성되는 화학 활성을 언급하기 위하여 사용되었다.

한편, 1897년에 에두아르트 부흐너(Eduard Büchner)는 살아있는 효모세포가 결여된 효모의 추출물(yeast extracts)이 당을 발효하여 알코올로 전환하는 능력을 가지고 있다는 것을 발견하였다. 이것은 발효(fermentation)가 세포로부터 분리되어도 여전히 그 기능을 유지하는 분자들에 의해 촉진된다는 것을 입증한 것이다. 그는 효모의 무세포추출액(a cell-free extract of yeast cells) 중에 있는 당을 발효하여 알코올로 전환하는 효소를 『찌마제(**zymase**)』라고 명명하였다. 이 효소는 단일효소가 아닌 여러 가지 효소의 혼합물이다. **1907년에 부흐너(Büchner)는 『무세포성 발효의 발견과 생화학적 연구(for his biochemical research and his discovery of cell-free fermentation)』로 노벨 화학상을 수상하였다.** 이 연구 결과에 의해 생명의 생기론적 이론이 무너지고, 과학의 한 분야로서 생화학이 더욱 발전하는 계기가 되었다.

효소가 살아있는 세포 밖에서도 제 기능을 발휘할 수 있다는 것이 입증되어짐에 따라, 과학자들은 당연히 다음 단계로 효소의 생화학적 성질을 규명하려고 시도하였다. 초기의 많은 과학자들은 효소의 활성이 단백질과 관련되어 있을 것으로 생각하였다. 그러나 『클로로필을 포함한 식물 색소의 구조 연구』로 1915년 노벨 화학상을 수상한 리하르트 빌슈테터(Richard Willstätter)를 비롯한 몇몇 과학자들은 단백질은 진짜 효소(true enzymes)의 운반체(carriers)에 불과하며 촉매로서의 기능은 없다고 주장하였다.

1926년에 제임스 B. 섬너(James B. Sumner)는 요소가수분해효소(urease)를 순수하게 분리하여 그것을 결정화하는 데 성공하였다. 이것은 효소가 단백질이라는 최초의 실험이었으며, 초기 효소 연구에 있어서 획기적인 진전이였다. 그는 요소가수분해효소의 결정이 단백질로만 되어 있다는 것을 발견하고 모든 효소는 단백질이라고 가정하였다. 그러나 그 당시에 이 이론은 곧 바로 받아들여지지 않았다. 1929년에 존 노쓰럽(John H. Northrop)이 펩신(pepsin)을 분리 및 결정화하고 이들도 단백질이라는 것을 밝혀낸 뒤에야 섬너(Sumner)의 생각은 널리 받아들여지게 되었다. 1937년에 섬너는 두 번째 효소인 캐터레이스(catalase)의 분리 및 결정화에 성공하기도 하였다. **1946년에 제임스 B. 섬너(James B. Sumner)는 존 H. 노쓰럽(John H. Northrop), 웬델 M. 스탠리(Wendell M. Stanley)와 함께 노벨 화학상을 공동 수상하였다.**

이론 효소학에 있어서 에밀 피셔(Emil Fischer)는 1894년에 **열쇠와 자물쇠 이론(lock and key theory)을 발표하여 효소와 기질 간의 특이성(specificity)을 강조하였다.** 1903년 프랑스의 물리화학자 빅토르 앙리(Victor Henri)는『효소의 촉매반응에 있어서 효소-기질 복합체[Enzyme-Substrate complex(ES complex)]의 형성은 필수적인 단계이다.』라는 이론을 제안하였다. 이 효소-기질 복합체(ES complex) 이론은 1913년에 제안된 **미하엘리스-멘텐 속도론(Michaelis-Menten kinetics)**의 중심이 되었다. 1930년 영국의 생물학자 홀데인(John Burdon Sanderson Haldane)은『효소(Enzyme)』라는 제목의 학술 보고서(treatise)를 썼다. 이 학술 보고서에서 홀데인(J. B. S. Haldane)은 효소의 분자적 성질에 관하여 완전하게 평가하지는 않았지만, **효소와 기질 간의 약한 결합에 의한 상호작용이 반응의 촉매작용에 이용**된다는 주목할 만한 내용을 제안하였다. 1946년에 라이너스 폴링(Linus pauling)은 홀데인(Haldane)의 이론을 더욱 정교하게 다듬었다. 그는『효소란 그 효소가 촉매하는 반응의 활성화된 복합체와 구조적으로 상보적인 분자라고 생각한다. 따라서 효소분자가 활성화된 복합체를 끌어당김으로써 에너지의 감소를 초래한다. 이로 인하여 반응의 활성화 에너지가 감소되며 반응 속도가 증가한다.』라고 말하면서 효소의 촉매작용에 있어서 중요한 개념 하나를 남겼다. 1958년 다니엘 코쉬랜드(Daniel Koshland)는 효소와 기질의 상호관계에 관한 축적된 지식을 바탕으로 열쇠와 자물쇠 이론을 수정하여 **유도적합 이론(induced-fit theory)**을 제안하였다.

효소가 결정화될 수 있다는 발견은 궁극적으로 x-선 결정학(x-ray crystallography)에 의해 효소의 구조를 밝힐 수 있게 하였다. **x-선 결정학에 의해 구조가 밝혀진 최초의 효소는 라이소자임(lysozyme)이다.** 라이소자임의 구조 결정은 데이비드 차일턴 필립스(David Chilton Phillips) 연구진에 의해 이루어져 1965년에 발표되었다. 라이소자임의 고해상도 구조(high-resolution structure)에 관한 연구는 구조 생물학(structural biology) 분야의 시작을 알렸으며, 효소가 원자 레벨에서 어떻게 작용하는 지를 상세히 이해하도록 해 주었다.

참고 **Eduard Büchner**

(1860. 5. 20~ 1917. 8. 13)

독일의 화학자이자 발효학자인 에두아르트 부흐너(Eduard Büchner)는 1860년 5월 20일 뮌헨에서 출생하였다. 그의 형은 세균학자로 이름을 떨쳤던 한스 에른스트 아우구스트 부흐너(Hans Ernst August Büchner)였다. 1884년에 그는 인디고(indigo)를 합성하여 1905년 노벨 화학상을 수상한 아돌프 폰 바이어(Adolf von Baeyer)의 지도하에 화학을 그리고 뮌헨 식물연구소의 칼 폰 네겔리(Carl von Naegeli) 교수와 함께 식물학을 공부하기 시작하였다. 그 후 그는 1888년 뮌헨대학에서 박사학위를 받았다. 1897년에 그는 튀빙겐(Tübingen)대학에서 분석 및 제약 화학의 부교수로 재직중에 효모의 무세포 추출물에 의한 당의 발효를 관찰하였다. 이 발견은 발효화학에 신기원을 이룬 공적으로서, 그 당시에 당의 발효는 반드시 살아 있는 세포에 의해서만 일어난다는 생기론(vitalism)을 단번에 무너뜨린 사건이었다. 1907년에 부흐너(Büchner)는 『무세포성 발효의 발견과 생화학적 연구(for his biochemical research and his discovery of cell-free fermentation)』로 노벨 화학상을 수상하였다.

에두아르트 부흐너는 1900년 40세의 나이에 로테 슈탈(Lotte Stahl)과 결혼하였으며, 제1차세계대전에 참전하여 최전선 야전병원의 소령으로 근무하던 중 부상을 입고 57세의 젊은 나이로 생을 마감하였다.

참고 **James Batcheller Sumner**

(1887. 11. 19~ 1955. 8. 12)

미국의 생화학자인 제임스 B. 섬너(James B. Sumner)는 1887년 11월 19일 매사추세츠주 켄턴(canton)에서 태어났다. 그의 조상은 1636년 보스톤에 정착한 영국의 비스터(Bicester)로부터 온 청교도였다. 그의 할아버지는 농장과 목화 공장을 가지고 있었으며, 그의 아버지는 시골에 많은 부동산을 소유하고 있는 부자였다. 어린 섬너(Sumner)는 몇 년 동안 『Eliot Grammar School』에 다닌 후 『Roxbury Latin school』에 보내졌다. 그는 학교에서 물리와 화학을 제외하고 거의 모든 과목을 따분하게 생각했다. 그는 무기에 관심을 가져 가끔 사냥을 다녔는데, 17세 때 친구에 의한 사고로 왼쪽 팔에 총상을 입었다. 원래 왼손잡이였던 그는 팔을 절단한 후 오른손으로 물건을 다루는 법을 배우기 시작했다. 1906년 하버드대학에 입학하여 1910년에 졸업한 후, 짧은 기간 동안 그의 삼촌이 경영하는 면직공장에서 일을 하였다. 그 후 뉴브런즈윅(New Brunswick)의 색빌(Sackville)에 있는 마운트 앨리선 대학(Mount Allison College)에서 강사로 일을 하다가 1912년 하버드 의과대학(Harvard Medical School)의 오토우 폴린(Otto Folin) 교수의 지도하에 생화학을 공부하기 시작했다. 오토우 폴린(Otto Folin) 교수는 한 쪽 팔만 가지고 있는 섬너가 결코 과학자로 성공할 수 없다고 생각하였지만, 섬너는 1914년 6월에 이학박사학위를 취득하였다. 그 후 코넬대의과대학에서 생화학 조교수가 된 후 1929년에 생화학 정교수가 되었다. 코넬대학에서 그는 당시에 그 어느 누구도 달성하지 못했던 순수한 형태의 단백질을 분리하기로 결심했다. 몇 년간의 실패와 『단백질은 순수한 형태로 결코 분리될 수 없다』는 주위의 차가운 시선을 뒤로 하고 요소가수분해효소(urease)의 분리 · 정제에 힘을 쏟았다. 드디어 1926년 섬너(Sumner)는 요소가수분해효소(urease)를 순수하게 분리하여 그것을 결정화하는 데 성공하였다. 이것은 효소가 단백질이라는 최초의 실험이었으며, 초기 효소 연구에 있어서 획기적인 진전이였다. 1937년에 섬너(Sumner)는 두 번째 효소인 캐터레이스(catalase)를 분리 및 결정화에 성공하기도 하였다. 1946년에 제임스 B. 섬너(James B. Sumner)는 『urease의 분리 및 결정화』의 공로로, 존 H. 노쓰럽(John H. Northrop)은 『펩신의 분리 및 결정화와 1938년 박테리오파지(bacteriophage)의 분리 및 결정화』의 공로로 그리고 웬델 M. 스탠리(Wendell M. Stanley)는 『담배 모자이크 바이러스의 분리 및 결정화』의 공로로 노벨 화학상을 공동 수상하였다.

20세기 후반기에 이르러 생물체 내에서 여러 가지 반응을 촉매하는 효소에 대한 광범위한 연구가 이루어졌다. 그 결과 과학 기술의 진보와 더불어 수천 가지의 효소가 순수하게 분리되어졌고, 그중 많은 효소의 구조와 작용 기전(mechanism)이 밝혀지게 되었다.

2-2 효소의 특성

효소는 **촉매력(catalytic power), 특이성(specificity) 그리고 조절(regulation)**이라는 공통적인 세 가지 특성을 가지고 있는 단백질로 이루어진 생물학적 촉매이다. 효소의 촉매적 특성은 상기에서 설명되었고, 여기서는 효소의 단백질적 특성과 함께 효소의 특이성 및 조절에 관해 상술하기로 한다.

2-2-1 대부분의 효소는 단백질이다.

촉매 활성을 가지고 있는 **RNA 분자(ribozyme)**를 제외하면, 모든 효소는 단백질로 이루어져 있다. 따라서 대부분의 효소는 열, 강산, 강염기, 단백질 변성제 등에 의해 입체구조가 변하여 비가역적으로 변성되면 촉매 활성을 잃게 된다. 특히 pH의 변화는 단백질의 아미노기, 카르복실기 그리고 다른 이온화될 수 있는 잔기(residue)들의 이온화에 크게 영향을 미친다. 이온화될 수 있는 아미노산 잔기가 효소의 활성부위에 존재할 수 있으며, 이온화될 수 있는 기타 잔기가 단백질의 구조를 지탱하는 역할을 하고 있는 경우도 있기 때문에 용액의 pH가 효소의 활성에 크게 영향을 미친다는 것은 짐작 가능한 일이다.

효소들 중에 촉매 활성을 갖기 위하여 폴리펩타이드 사슬(polypeptide chain)뿐만 아니라 **1개 이상의 보조인자(cofactor)를 필요로 하는 경우도 있다. 효소의 보조인자(cofactor)란** 효소의 생물학적 활성을 위하여 효소의 단백질 부위에 결합되어 있는 비단백성 화학물질(non-protein chemical compound)을 말한다. **효소의 보조인자(cofactor)는 보조효소(coenzyme), 보결원자단(prosthetic group) 그리고 금속 이온(metal ion) 세 가지로 구분되며,** 2-13에서 상세히 설명하기로 한다.

2-2-2 효소는 자신과 함께 작용할 반응물을 선택하는 특이성을 가진다.

무기 촉매와는 달리 효소는 **활성부위(active site)**라는 기질(substrate)과 결합하는 특별한 영역을 가지고 있다. 이 활성부위에서 효소의 촉매작용이 일어난다. 효소의 활성부위와 결합하여 효소의 촉매작용을 받는 반응물을 **기질(substrate)**이라고 부른다. 효소가 화학 반응을 촉매하는 기본적인 작용기전은 효소의 활성부위에 기질의 결합과 함께 시작된다. 활성부위에 기질이 결합되면 기질의 화학 결합에 존재하는 전자의 분포에 변화가 발생하고, 최종적으로 생성물의 형성을 유도하는 반응이 일어난다. 반응물은 효소의 표면으로부터 방출되며, 효소는 또 다른 반응의 순환을 위하여 재생된다.

이와 같은 **효소는 자신의 기질에 대한 고도의 특이성(specificity)을 가지고 있다.** 효소의 **기질 특이성(substrate specificity)**이란 효소가 특정한 기질하고만 결합하여 반응을 촉매하는 성질을 말한다. 효소의 기질 특이성을 논할 때 가장 많이 언급되는 이론이 **열쇠와 자물쇠 이론(lock and key theory)**과 **유도적합 이론(induced-fit theory)**이다. **열쇠와 자물쇠 이론**은 1894년 에밀 피셔(Emil Fischer)에 의해 제안된 이론으로서 자물쇠(lock)는 효소(enzyme), 자물쇠의 열쇠 구멍(key hole)은 활성 부위(active site) 그리고 열쇠(key)는 기질(substrate)을 나타내고 있다. 이 이론에 의하면, 효소와 기질은 서로 정확히 꼭 맞는 상보적인 기하학적 형태를 가진다. 즉 열쇠와 자물쇠처럼 효소의 작용 부위는 기질에 대하여 일정한 형태를 가지고 있기 때문에 자신만의 기질하고 반응한다. 그러나 효소의 특이성(enzyme specificity)은 이 모델에 의해 설명 가능하지만, 효소에 의한 전이상태(transition state)의 안정화(stabilization) 등은 설명이 되지 않는다. 즉 열쇠와 자물쇠 이론은 효소의 촉매작용에 적용될 때 문제의 여지가 있다는 것이다. 왜냐하면 차후에 상세히 설명이 되겠지만 기질에 대하여 완전히 상보적인 효소는 효소와 기질 간의 상호작용에 문제를 발생시키기 때문이다. 이런 이유로 인하여 지금부터

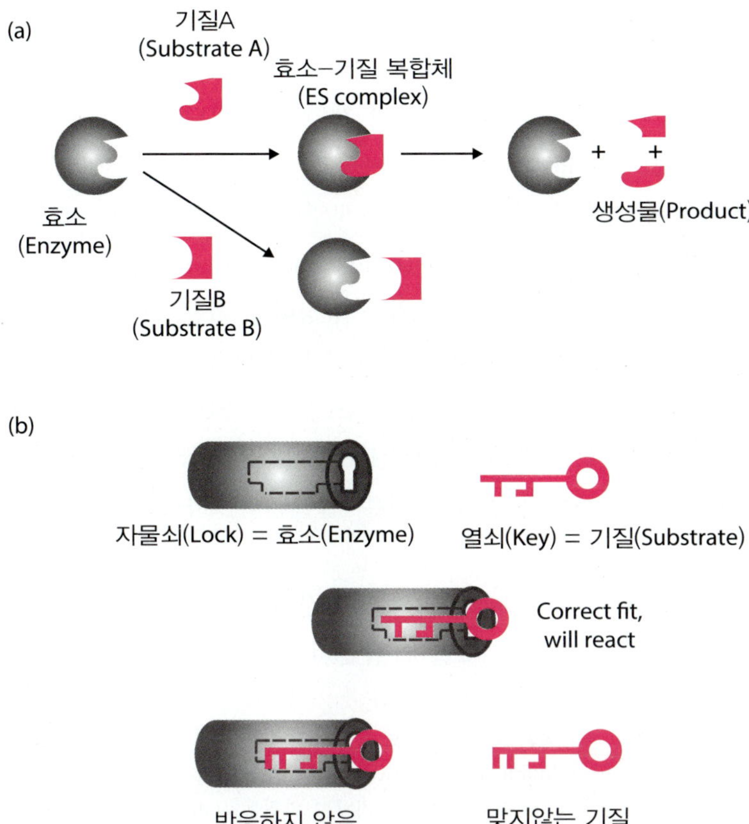

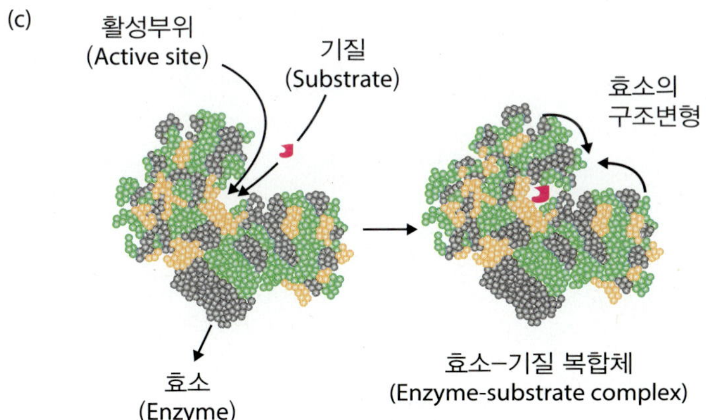

그림 2-1 (a) 효소의 기질 특이성, (b) 열쇠와 자물쇠 이론(lock and key theory), (c) 유도적합 이론(induced-fit theory). (a) 효소의 활성부위와 기질은 서로 상보적으로 결합하여 높은 특이성을 나타낸다. 즉 효소의 활성부위와 상보성을 나타내지 않는 기질은 효소와 결합할 수 없다. 효소 단백질의 입체구조, 활성중심의 특수한 구조, 기질분자의 입체배치 등에 의해 특정한 기질에만 작용한다. (b) 효소는 기질의 D-형과 L-형의 광학 이성체까지도 구별하여 어느 한쪽에만 작용하는 고도의 특이성을 나타낸다. — 열쇠와 자물쇠 이론. (c) 기질이 효소의 활성부위에 근접하면 활성부위의 입체구조가 변화하여 효소는 기질과 상보적인 복합체를 형성한다. — 유도적합 이론.

설명할 유도적합 이론(induced-fit theory)이 열쇠와 자물쇠 이론보다 더 널리 받아들여지고 있다. 유도적합 이론(**induced-fit theory**)은 1958년 미국의 생화학자 다니엘 코쉬랜드(Daniel Koshland)가 열쇠와 자물쇠 이론을 수정하여 제안한 것이다. 이 이론에 의하면 효소는 다소 유연성이 있는 구조(flexible structure)를 가지고 있기 때문에 효소의 활성부위는 기질과의 상호작용에 의해 끊임없이 새로운 모양으로 변경된다는 것이다. 만약 효소의 활성부위가 유연성이 결여되어 있다면(rigid structure), 활성부위에 기질의 정확한 결합은 어려울 것이다. 즉 효소의 활성부위를 형성하고 있는 아미노산의 곁사슬은 효소가 촉매활성을 수행할 수 있도록 정확한 위치로 맞춰진다. 글라이코시데이스(Glycosidase)와 같은 몇몇 효소의 경우에, 기질 분자 또한 효소의 활성부위에 들어갈 때 자신의 모양을 약간 변경시킨다. 유도적합 이론(Induced-fit theory)의 좋은 예로서 헥소카이네이스(hexokinase)가 촉매하는 반응이 자주 언급된다. 따라서 이와 관련된 내용을 제5장에서 상세히 소개하기로 한다.

효소는 기질에 대하여 입체특이성(**stereospecificity**)을 가진다. 즉 효소가 2개 이상의 키랄형(chiral form)의 기질을 구분하려면 기질과 결합하는 효소의 부위가 적어도

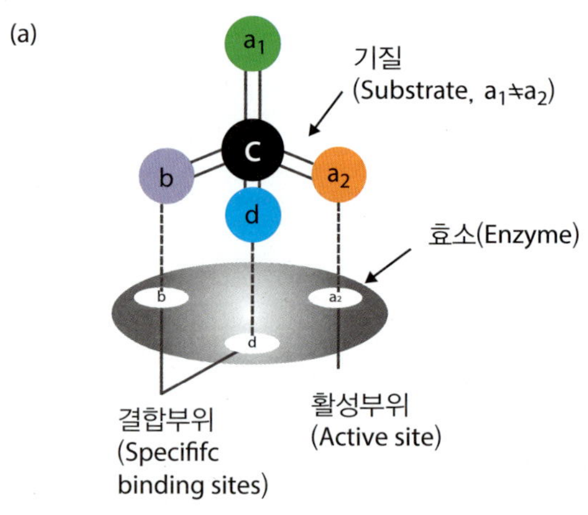

그림 2-2 효소와 기질 사이의 입체특이성(three-point attachment의 개념)

(a) 효소 단백질에 키랄성 기질분자(chiral substrate)가 결합하는 부위를 나타낸 모식도. (b) 비키랄성 기질분자인 시트르산(citric acid)이 효소 단백질인 아코니테이스(aconitase)에 결합하는 부위를 나타낸 모식도.

세 곳 이상은 되어야 한다. 따라서 대부분의 기질들은 효소가 촉매하는 반응의 효율성과 특이성 양쪽 모두를 충족시키기 위하여 세 곳 이상에서 효소와 결합한다. 그림 2-2 (a)는 세 부위 부착(three-point attachment)의 개념이 효소로 하여금 기질이 아닌(nonsubstrate) 잘못된 키랄 형을 어떻게 배제하는 지를 나타낸 것이다. 그림 2-2 (a)에서 원자단 a_1과 a_2는 같을 수도 있고 다를 수도 있으며, 키랄성 기질(chiral substrate)에서 a_1, a_2, b, d는 모두 다르다. a_1과 a_2가 다를 경우에 그림 (a)에 표시된 입체 배열의 결합만이 가능하고, a_1과 a_2가 바뀐 기질은 결코 효소에 결합할 수 없다. 세 부위 부착(three-point attachment)은 효소로 하여금 $a_1 = a_2$로 표시되는 비키랄성 기질(achiral substrate)조차도 키랄 방법(chiral fashion)으로 작용하게 한다. 즉 그림 2-2 (b)에서 보는 바와 같이 효소는 한 기질(citric acid) 내의 동일한 두 원자단[$a_1(CH_2COOH)$ = $a_2(CH_2COOH)$]에 대해서 조차 다르게 취급한다. 효소 아코니테이스(aconitase)는 시트르산(citric acid)의 중심 탄소 원자(C)에 결합된 수산기(**–OH**)와 2개의 아세트산 원자단(a_1과 a_2) 중 한쪽 원자단(a_2)의 양성자(**H**)와 상호교환을 촉매한다. 즉 a_1과 a_2가 동일하던지 아니면 동일하지 않던지 간에 기질이 효소의 활성부위에 결합할 수 있는 곳은 오로지 한 곳 밖에 없다. 시트르산(Citric acid)은 광학불활성인 비키랄성 화합물인 반면에 효소 아코니테이스(aconitase)의 반응 산물인 아이소시트르산(isocitric acid)은 광학활성인 키랄성 화합물이다. 따라서 아이소시트르산(isocitric acid)은 비대칭탄소원자(asymmetric carbon atom: C^*)를 갖는다.

키랄 특이성 반응의 예로, 효소는 키랄성 화합물(chiral compound) 중 D-형과 L-형 어느 한쪽에만 작용한다. 예를 들면 아스파테이스(aspartase)는 L-아스파테이스(L-aspartate)에만 작용하여 탈아미노반응을 촉매하고 D-아미노산 산화효소(D-amino acid oxidase)는 D-아미노산(D-amino acid)만을 산화하여 알파-케토산(α-keto acid)을 생성한다. 그러나 두 광학 이성질체의 평형을 촉매하는 라세미화효소(racemase)와 같은 몇몇 효소들은 D-형과 L-형 기질 양쪽 모두를 인식한다.

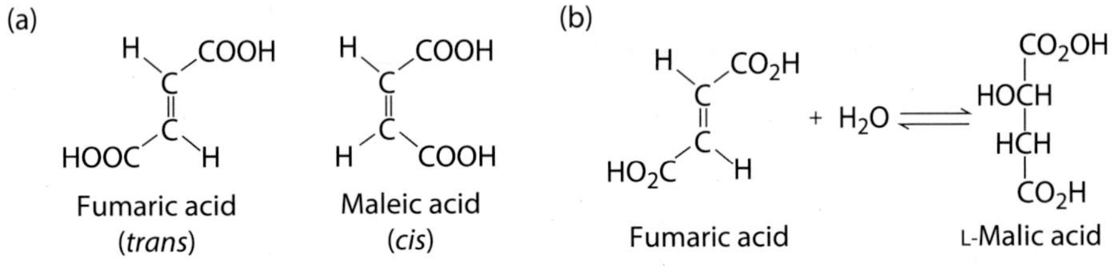

(a) Fumaric acid (*trans*) Maleic acid (*cis*)

(b) Fumaric acid + H_2O ⇌ L-Malic acid

그림 2-3 (a) 푸마르산(Fumaric acid: *trans* form)과 말레산(maleic acid: *cis* form)의 구조. (b) 푸머레이스(Fumarase)가 촉매하는 반응

기하학적 이성질체(*cis-trans* isomer)에 대해 특이성을 갖는 효소도 있다. 즉 기하학적 특이성(geometric specificity)은 효소가 기질인 시스-아이소머(*cis*-isomer) 또는 트랜스-아이소머(*trans*-isomer) 어느 한쪽에만 작용하는 것을 일컫는다. 예를 들면 푸머레이스(fumarase)는 트랜스(*trans*) 형인 푸마르산(fumaric acid)의 이중결합에 물분자를 첨가하여 L-말산(L-malic acid)의 생성을 촉매하지만, 시스(*cis*) 형인 말레산(maleic acid)에는 작용하지 않는다.

앞서 설명한 바와 같이 효소는 기질에 대한 고도의 특이성을 나타낸다. 그러나 이러한 특이성의 정도는 기질에 따라 달리 표현될 수 있다. 만약 효소가 특별한 한 가지 기질에 대해서만 작용한다면 절대적 그룹 특이성(**absolute group specificity**)을 갖는다고 말하고, 효소가 유사한 작용기(similar functional groups)나 곁사슬(side chains)을 가진 일련의 관련성 있는 기질 군(group)만을 선택하여 공격한다면 상대적 그룹 특이성(**relative group specificity**)을 갖는다고 말한다. 이와 같이 효소는 대게 한 군의 화합물을 기질로 이용하는 그룹 특이성(**group specificity**)을 나타낸다. 예를 들면 포도당(glucose)을 비롯한 일련의 6탄당들(aldohexoses)은 포도당을 이용하는 모든 세포 내에 존재하는 헥소카이네이스(hexokinase: 6탄당인산화효소)에 의해 인산화되어 헥소오스 6-포스페이트(hexose 6-phosphate)를 형성하는 반면, 거의 간세포(hepatocyte)에서만 발견되는 글루코카이네이스(glucokinase 또는 hexokinase D)는 포도당(glucose)만을 선택적으로 인산화하여 글루코오스 6-포스페이트(glucose 6-phosphate)를 형성한다. 헥소카이네이스(Hexokinase)와 글루코카이네이스(glucokinase)는 동질효소라고 불려지는데 동질효소(**isozyme,** 아이소자임)는 동일한 생물체 내에서 동일한 반응을 촉매하는 효소가 두 가지 이상 존재할 때 사용되는 용어이다. 동질효소에 관한 내용은 2-12에 상세히 수록되어 있다.

$$\text{Glucose} + \text{ATP} \xrightarrow{Mg^{2+}} \text{Glucose 6-phosphate} + \text{ADP}$$

2-2-3 효소는 대사반응의 속도를 세포의 요구에 부응하도록 그 활성을 조절한다.

효소 활성의 조절은 세포 대사(cellular metabolism)의 통합(integration)과 조절(regulation)에 있어서 필수적이다. 세포 내에서 효소 활성의 조절은 다양한 방법으로 이루어지고 있다. 즉 세포에 의해 생산되는 효소 단백질의 양을 조절하는 방법과 대사 저해제(inhibitor) 및 활성인자(activator)와 효소가 보다 빠르게 그리고 가역적으로 상

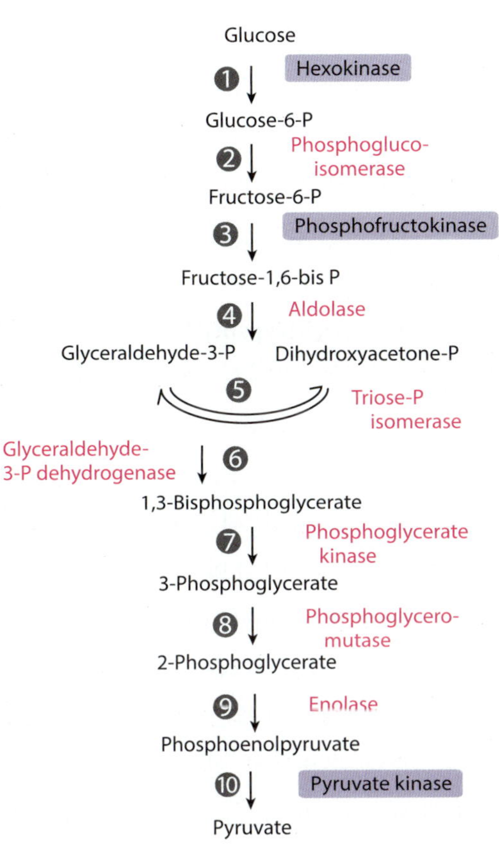

그림 2-4 해당과정(Glycolysis)에 의한 포도당의 분해. 핵소카이네이스(Hexokinase, 육탄당인산화효소), 포스포플락토카이네이스-1(phosphofructokinase-1) 그리고 파이루베이트 카이네이스(pyruvate kinase, 피루브산 인산화효소)는 조절효소(allosteric enzyme)로서 해당과정의 속도를 조절한다.

호작용하는 방법 등이다. 효소 활성의 조절에 관해서는 조절 효소(regulatory enzyme)를 다룰 때 상세히 알아보도록 하자. 효소 활성의 조절을 통한 세포 대사의 조절에 관한 가장 좋은 예가 그림 2-4의 해당과정(glycolysis)이다. 해당과정에 관련된 10가지 효소들은 제5장에서 상세히 다루기로 한다.

2-3 효소의 명칭과 분류

많은 효소들은 전통적으로 자신과 반응하는 기질의 명칭 또는 효소의 활성을 나타내는 명칭에 『에이스(-ase)』라는 접미사를 붙여 명명되고 있다. 예를 들면 요소가수분해효소(urease), 단백질가수분해효소(proteinase), 인산가수분해효소(phosphatase), 캐털레이스(catalase), DNA 중합화효소(DNA polymerase) 등이 그 예이다. 그러나 이러한 명명법이 항상 통용되는 것은 아니다. 효소들 중에 펩신(pepsin), 트립신(trypsin),

카이모트립신(chymotrypsin)과 같이 기질의 명칭과는 관계없이 붙여진 것도 있다. 이들은 촉매되는 특별한 반응이 알려지기 전에 폭 넓은 기능을 설명하기 위하여 발견자들에 의해 이름이 붙여진 것들이다. 예를 들면 음식물의 소화에 작용하는 것으로 알려진 효소인 펩신(pepsin)은 소화(digestion)라는 의미의 그리스어 『*pepsis*』로부터 유래되었고, 라이소자임(lysozyme)은 세균의 세포벽을 용해(lysis)시키는 자신의 기능에 의해 붙여졌다. 췌장에서 십이지장으로 분비되는 트립신(trypsin)은 『to wear down(닳다)』을 뜻하는 그리스어 『*tryein*』으로부터 유래되었다. 즉 트립신(trypsin)의 어원은 글리세린(glycerin)으로 췌장 조직을 문질러 닳게 하면 얻어진다는 것에서 유래되었다. 가끔 효소들 중에 동일한 효소가 두 가지 이상의 이름을 가지는 경우도 있고, 두 가지 서로 다른 효소가 동일한 이름을 가지는 경우도 있다.

이와 같은 명칭상의 애매모호함을 피하기 위하여, 그리고 새로이 발견되는 효소의 수가 계속 증가함에 따라, 국제 생화학 · 분자생물학 연합의 명명 위원회(the nomenclature committee of the International Union of Biochemistry and Molecular Biology, IUBMB)는 효소를 명명하고 분류하기 위한 체계적인 방식을 권장하고 있다. 이 방식은 모든 효소들을 자신이 촉매하는 반응의 유형에 따라 **6**가지 주요 군**(class)**으로 대별하고, 각 군(class)을 다시 여러 가지 아군(sub-class)으로 구분하고 있다(표 2-1).

각각의 효소는 4개의 숫자로 된 분류번호(four-digit classification number)와 효소가 촉매하는 반응을 나타내는 계통명이 할당되어 있다. 그러면 다음의 반응을 촉매하는

표 2-1 효소의 국제 분류법

Class	Type of reaction catalyzed
EC1 Oxidoreductases	Transfer of H and O atoms or electrons from one substrate to another
EC2 (Transferases)	Transfer of a functional group from one substrate to another
EC3 Hydrolases	Hydrolysis reaction (transfer of functional group to water)
EC4 Lyases	Addition of group to double bond, or formation of double bonds by removal of groups
EC5 Isomerases	Intramolecular rearrangement to yield isomeric forms
EC6 Ligases	Formation of C—C, C—S, C—O, and C—N bonds by condensation reactions coupled to cleavage to ATP or similar cofactor

효소의 공식적인 계통명을 예로서 들어 보자.

ATP + D-glucose ⟶ ADP + D-glucose 6-phosphate

상기의 반응을 촉매하는 효소의 계통명(**systematic name**)은 ATP: 글루코오스 인산기전달효소(ATP: glucose phosphotransferase)이다. 이 효소의 분류번호(Enzyme Commission number: E. C. number)는 2. 7. 1. 1이다. 처음 숫자 2는 6개 군(class)의 명칭 중 하나인 전달효소(transferase)를 나타낸 것이고, 두 번째 숫자 7은 아군(sub-class)인 인산기전달효소(phosphotransferase)를 나타낸 것이다. 전달효소(Transferase)에 있어서 아군(sub-class)은 특정 기(group)를 제공하는 공여체(donor)의 기(group)의 유형을 나타낸다. 예를 들면 2. 1은 transferring one-carbon group을, 2. 7은 transferring phosphorus-containing group을 뜻한다. 세 번째 숫자 1은 아군(sub-class)을 다시 세분화한 것(sub-sub-class)으로 수산기(−OH)를 수용체(acceptor)로 가진 인산기전달효소(phosphotransferase with a hydroxyl group as acceptor)를, 네 번째 숫자 1은 인산기의 수용체로서 D-글루코오스(D-glucose as phosphoryl group acceptor)를 나타낸 것이다. 많은 효소들의 경우, 계통명(**systematic name**)보다 일반명(**commnon name**)이 보다 친숙하게 사용되고 있는데 **ATP: glucose phosphotransferase**의 일반명은 헥소카이네이스(**hexokinase:** 육탄당인산화효소)이다. 지금부터 효소의 6가지 군(class)을 구체적으로 살펴 보기로 하자.

1 산화환원효소(Oxidoreductase): 이 군(class)의 효소들은 모두 산화환원반응을 촉매한다. 산화되어지는 기질은 수소 공여체(hydrogen donor) 또는 전자 공여체(electron donor)로 작용하고, 다른 쪽 기질은 환원되어진다. 산화환원효소에는 단일결합을 이중결합으로 전환하는 탈수소효소(**dehydrogenase**), 전자 수용체(electron acceptor)로서 산소 분자(O_2)를 이용하는 산화효소(**oxidase**), 산화제(oxidant)로서 H_2O_2를 이용하는 과산화효소(**peroxidase:** $H_2O_2 + AH_2 \rightarrow 2H_2O + A$), 기질 분자에 이중결합 대신 산소 원자를 직접 도입하여 새로운 수산기(−OH) 또는 카복실기(−COOH)를 형성하는 옥시저네이스(**oxygenase**)가 있다.

탈수소효소(**Dehydrogenase**)는 때때로 리닥테이스(reductase)로 불리기도 한다. 탈수소효소는 기질로부터 수소음이온(hydride: H^-)을 이탈시켜 수용체(acceptor)로 전이함으로써 기질을 산화시키는 산화환원효소의 총칭이다. 이 반응에서 수소음이온(H^-)의 수용체는 대개 NAD^+/$NADP^+$ 또는 FAD/FMN이며, 기질은 수소음이온(H^-)의 이탈로 단일결합이 이중결합으로 전환된다. 젖산 탈수소효소(Lactate dehydrogenase, LDH)의 반응을 통해서 보면 다음과 같다.

$$CH_3-\overset{\overset{\large O}{\|}}{C}-COOH \underset{NADH \quad NAD^+}{\overset{LDH}{\rightleftharpoons}} CH_3-\overset{\overset{\large OH}{|}}{CH}-COOH$$

Pyruvate　　　　Lactate

산화효소(Oxidase)는 전자 수용체(electron acceptor)로서 산소 분자(O_2)와 연관된 반응을 촉매하는 효소의 총칭이다. 산화효소에 의하여 기질이 산화됨과 동시에 산소가 환원되는데, 이때 산소가 물 분자(H_2O)로 환원되는 것과 과산화수소(H_2O_2)로 환원되는 것으로 구분할 수 있다. 물로 환원되는 예로서 사이토크롬 *c* 산화효소(cytochrome *c* oxidase), 폴리페놀산화효소(laccase), 사이토크롬 P450 산화효소(cytochrome P450 oxidase) 등이 있다. 이들 효소는 보조인자(cofactor)로서 모두 중금속(철, 구리 등)을 함유하는 것이 특색이다. 과산화수소로 환원되는 예로서 글루코오스 산화효소(glucose oxidase), 잔틴 산화효소(xanthine oxidase), L-굴로노락톤 산화효소(L-gulonolactone oxidase), D-아미노산 산화효소(D-amino acid oxidase) 등이 알려져 있다. 이들 효소는 보조인자(cofactor)로서 FAD 또는 FMN을 함유하고 있다.

과산화효소(peroxidase)는 ROOR′ + electron donor(2 e^-) + $2H^+ \rightarrow$ ROH + R′OH의 반응을 촉매하는 효소의 총칭이다. 많은 과산화효소들은 최적 기질로서 과산화수소(hydrogen peroxide: H_2O_2)를 선택하지만, 다른 과산화효소들은 과산화지질(lipid peroxides)과 같은 유기성 하이드로퍼옥사이드(organic hydroperoxide)에 보다 활성적이다. 기질의 탈수소반응에서 산화제(oxidant: 수소 수용체)로 과산화수소(H_2O_2)를 이용할 경우 $\mathbf{H_2O_2 + AH_2 \rightarrow 2H_2O + A}$의 반응을 촉매한다. 일반적으로 과산화효소는 동물조직에서 적은 양으로 존재하지만, 식물조직에서 널리 분포되어 있다. 특히 고추냉이에 다량으로 함유되어 있다. 과산화효소의 종류로서 할로퍼옥시데이스(haloperoxidase), 미엘로퍼옥시데이스(myeloperoxidase), 캐털레이스(catalase), 갑상선 과산화효소(thyroid peroxidase), 락토퍼옥시데이스(lactoperoxidase) 등이 있다. 캐털레이스(Catalase)는 혐기성 생물체를 제외한 산소에 노출되는 거의 모든 생물체에서 발견되는 효소이다. 이 효소는 과산화수소 2분자를 물과 산소로의 분해를 촉매한다.

$2\ H_2O_2 \rightarrow 2\ H_2O + O_2$. 락토퍼옥시데이스(Lactoperoxidase)는 유선(mammary glan), 침선(salivary gland) 등에서 분비되는 천연 항세균제(natural antibacterial agent)로 작용하는 퍼옥시데이스(peroxidase)의 한 유형이다.

옥시저네이스(Oxygenase)는 다이옥시저네이스(dioxygenase)와 모노옥시저네이스(monooxygenase) 두 종류가 있다. 다이옥시저네이스는 산소 분자(O_2) 중 산소 원자 2개 모두를 기질 분자에 도입하는 반응을 촉매한다. 예로서 O_2와의 반응에 의해 카테콜(catechol)의 고리 열림 반응을 촉매하는 파이로캐터케이스(pyrocatechase)가 있는데 다음과 같다.

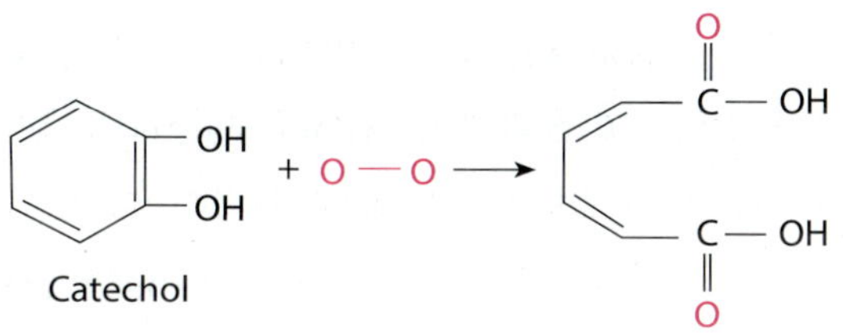

OH
OH
Catechol
+ O—O →
O
‖
C— OH
C— OH
‖
O

모노옥시저네이스(Monooxygenase)의 반응에서 2개의 산소 원자 중 단 1개만이 기질 분자에 도입되고 다른 하나는 H_2O로 환원된다. 즉, 모노옥시저네이스(monooxygenase)의 반응에서 2개의 기질이 관여하는데, 이들 중 주 기질(main substrate)은 2개의 산소 원자 중 하나를 받아 산화된다. 반면에, 보조기질(cosubstrate)은 나머지 다른 산소 원자에 수소 원자를 제공하여 물로 환원시킨다. 그 화학식은 다음과 같다.

$$AH(\text{main substrate}) + BH_2(\text{cosubstrate}) + O{-}O \longrightarrow A{-}OH + B + H_2O$$

[2] 전이효소(Transferase): 전달효소라고도 하는 전이효소는 1개의 탄소 기(one-carbon group: 예를 들면 methyl), 알데하이드기(aldehydic group) 또는 케톤기(ketonic group), 인산기(phosphoryl group), 아미노기(amino group) 등을 한 기질(donor)로부터 다른 기질(acceptor)로 전달하는 반응을 촉매하는 효소이다. 특히, ATP와 같은 고에너지 분자로부터 인산기를 전달하는 효소[**인산기전달효소(phosphotransferase)**]를 **카이네이스(kinase)**라고 부른다.

[3] 가수분해효소(Hydrolase): 가수분해효소는 C-O, C-N, C-C, P-O 및 기타 단일결합의 가수분해[hydrolytic(water-adding) cleavage]를 촉매하는 효소이다. 이 부류

의 효소로서 펩티데이스(peptidase: 펩타이드가수분해효소), 에스터레이스(esterase: 에스터가수분해효소), 아밀레이스(amylase: 전분분해효소), 프로티에이스(protease: 단백질분해효소), 라이페이스(lipase), 글라이코시데이스(glycosidase) 등이 있다.

라이페이스(Lipase)는 고급지방산 트리아실글리세롤(triacylglycerol)의 에스터결합을 가수분해하는 에스터가수분해효소에 속하는 효소이다. 보통 트리아실글리세롤 라이페이스를 지칭한다. 에스터레이스(Esterase)는 라이페이스(lipase)와 구분하기 위하여 좁은 뜻으로 저급지방산의 에스터결합을 가수분해하는 효소로 정의되기도 한다. 글라이코시데이스(glycosidase)는 글라이코사이드결합(glycosidic bond)을 가수분해하여 단당류를 유리하는 효소의 총칭이다. 유리되는 단당류의 종류에 따라 글루코시데이스(glucosidase), 만노시데이스(mannosidase), 갈락토시데이스(galactosidase), 프락토시데이스(fructosidase) 등이 있다. 포스패테이스(Phosphatase)는 탈인산가수분해효소라고도 하며, 인산에스터 및 폴리인산의 가수분해를 촉매하는 에스터레이스의 일종이다. 포스패테이스(Phosphatase)는 포스포에스터레이스와 폴리포스패테이스로 구별되는데, ATPase는 후자에 속한다. 아래 그림은 인산 에스터(phosphate ester)와 카복실산 에스터(carboxylate ester)의 가수분해 반응을 나타낸 그림이다.

인산 에스터

$$R{-}O{-}P(=O)(O^-){-}O^- + H_2O \rightleftharpoons R{-}OH + HO{-}P(=O)(O^-){-}O^-$$

카복실산 에스터

$$R^1{-}C(=O){-}OR^2 + H_2O \rightleftharpoons R^1{-}C(=O){-}OH + HO{-}R^2$$

④ 분해효소(Lyase): 이 효소는 가수분해에 의하지 않고 어떤 기를 제거시켜(elimination reaction) 이중결합이나 고리(ring)를 남기는 반응을 촉매한다. 반응은 가역적으로 일어나는데 역반응에서는 이중결합이나 환에 어떤 기들의 첨가가 이루어진다. 일반적으로 C=C, C=O, C=N 결합상에서 이루어진다. 이 부류의 효소로는 탈카복실화효소(decarboxylase), 알돌레이스(aldolase), 디하이드라테이스(dehydratase) 및 엔올레이스(enolase) 등이 있으며, 생합성을 중요시하는 경우에는 신쎄이스(**synthase**)라고 부르기도 한다.

5 이성화효소(Isomerase): 이성질체 간의 상호전환을 촉매하는 효소로서, 라세메이스(racemase), 에피머레이스(epimerase), 시스-트랜스 아이소머레이스(*cis-trans* isomerase), 뮤테이스(mutase) 등이 포함된다. 즉, 한 분자 내에서 한 곳으로부터 다른 곳으로 기(group)를 이동시켜 기질의 구조를 변경시키는 효소들이다.

6 연결효소(Ligase): 일명 신써테이스(**synthetase**)로 알려진 이 효소는 ATP 또는 다른 뉴클레오사이드 트리포스페이트(nucleoside triphosphate) 내에 존재하는 파이로포스페이트(pyrophosphate) 결합의 가수분해와 공역하여 두 분자를 연결시키는 반응을 촉매한다. 예로서 DNA 라이게이스(DNA ligase)와 RNA 라이게이스(RNA ligase)가 있다.

2-4 효소의 촉매 메카니즘

생물체 내부에서 일어나는 화학반응의 조건은 일반적인 시험관 내에서 일어나는 화학반응의 조건과는 많이 다르다. 따라서 생물체는 생명 활동에 필요한 많은 화학반응들을 적절하게 진행시킬 수 있는 방법을 필요로 한다. 촉매 역할을 하는 효소는 이러한 화학반응에 요구되는 조건 중 절대적인 존재이다. 만약 효소가 존재하지 않는다면 생물체 내에서 일어나는 화학반응들은 매우 느리게 진행될 것이다. 그리고 이로 인하여 생물체는 결코 생명을 유지할 수 없을 것이다. 인체 내에서 일어나는 음식물의 소화, 신경 신호의 전달, 근육의 수축 등에 관여하는 반응들은 촉매작용 없이 결코 적절한 속도로 일어날 수 없다. 효소는 특정 반응이 보다 빠르게 일어나도록 특별한 환경을 만들어 줌으로써 이러한 문제를 해결하고 있다.

생물체의 생명 활동에 있어서 대부분의 화학반응들은 에너지를 필요로 한다. 실험실에서 이 에너지는 보통 열로 공급된다. 모든 분자들은 절대 영도(−273.15°C: 기체의 운동 에너지가 0인 상태이고, 기체 분자의 운동속도도 0일 때를 말한다. 즉 기체 분자가 존재하지 않는 온도로 정의된다.)보다 높은 온도에서 진동 에너지를 가지며, 이 에너지는 분자에 열을 가하면 증가한다. 일반적으로 화학반응을 일으키기 위하여 온도를 증가시키는 방법을 이용한다. 반응계에 온도를 증가시키면 분자들 간에 충돌이 활발해지고, 이 분자들이 활성화 에너지를 가질 때 화학 반응이 일어난다. 그러나 모든 충돌이 다 화학 반응을 일으키는 것은 아니다. 왜냐하면 분자들 중 일부만이 반응할 수 있

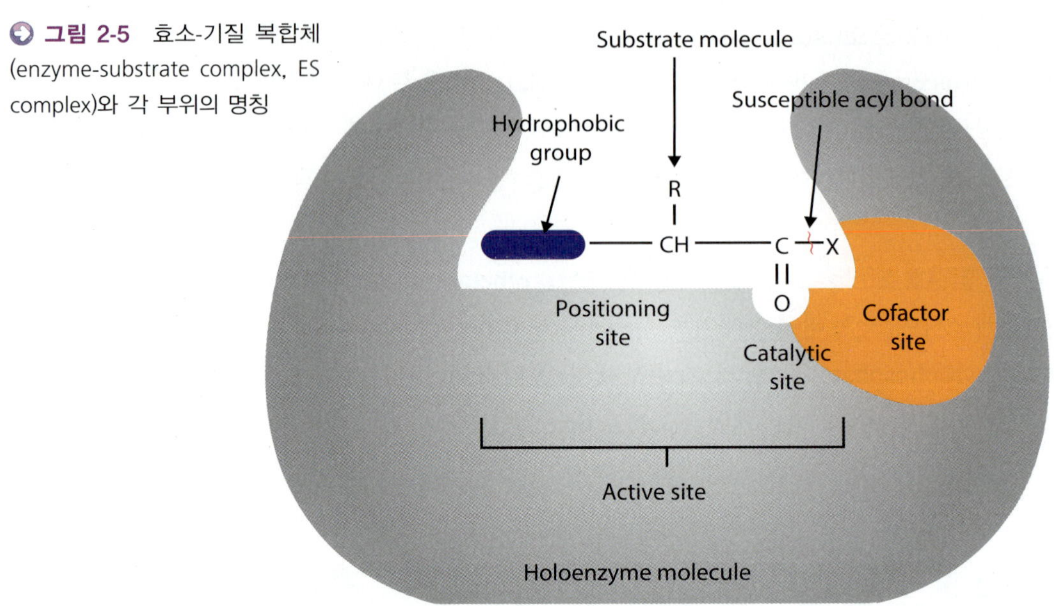

그림 2-5 효소-기질 복합체(enzyme-substrate complex, ES complex)와 각 부위의 명칭

는 충분한 에너지를 가지고 있기 때문이다. 화학에서, **활성화 에너지(activation energy)라는 용어**는 1889년 스웨덴의 물리화학자 스반테 아레니우스[Svante Arrhenius(1859. 2. 19~1927. 10. 2)]는 1903년에 노벨 화학상을 수상]에 의해 도입되어졌는데, 화학반응이 일어나기 위하여 극복해야 할 최소 에너지로 정의된다. 즉 **활성화 에너지(activation energy, $\Delta G^{\ddagger}$)란** 주어진 온도에서 반응물 1몰(1 mole)을 바닥상태(ground state)에서 에너지 장벽(energy barrier)의 꼭대기에 있는 전이상태(transition state)까지 끌어올리는 데 필요한 에너지의 양을 일컫는다. 단위는 kJ mol^{-1}이다. 다른 말로 표현하면, **바닥상태(ground state)**와 **전이상태(transition state)** 간의 에너지 차를 **활성화 에너지(activation energy, $\Delta G^{\ddagger}$)**라고 부른다. 분자들 간의 충돌을 증가시키는 또 다른 방법은 반응물질의 농도를 증가시키는 것이다.

한편, 생물체에 있어서 고온(high temperature)은 단백질과 같은 열에 약한 물질들을 파괴시키며, 세포 내에서 반응물의 농도도 일반적으로 낮다. 따라서 생물체는 이러한 문제들을 효소를 이용하여 해결하고 있다.

2-4-1 효소는 활성화 에너지를 낮춤으로써 반응 속도를 향상시킨다.

효소는 활성부위에서 자신의 기질과 결합하여 효소-기질 복합체(enzyme-substrate

complex, ES complex)를 형성함으로써 반응의 활성화 에너지를 낮추는 역할을 한다. 앞서 설명한 바와 같이 효소는 자신의 활성부위에 알맞게 결합할 수 있는 특정 기질하고만 상호작용하는 특이성(specificity)을 가지고 있다. 이러한 **효소의 특이성은 효소들 마다 각기 다른 형태의 활성부위(active site)를 가지고 있기 때문에 발생한다. 따라서 효소의 활성부위의 입체구조와 기질의 입체구조가 서로 꽉 맞물릴 수 있는 형태일 때에만 상호결합이 가능하다.** 효소의 활성부위 표면은 기질의 화학적 변환을 촉매하는 작용기(functional group)를 가진 아미노산 잔기들로 배열되어 있다. 1880년 프랑스의 유기화학자 샤를-아돌프 뷔르츠(Charles-Adolphe Wurtz: 1817. 11. 26 ~ 1884. 5. 10)에 의해 처음으로 제안된 효소-기질 복합체(enzyme-substrate complex, ES complex)는 효소의 작용에 있어서 핵심이며, 효소가 촉매하는 반응의 속도론적 해석을 정의하는 수학적 처리나 효소의 반응 메카니즘의 이론적 설명을 위한 기초가 되고 있다.

$$E + S \rightleftharpoons ES \rightleftharpoons EP \rightleftharpoons E + P \quad (2\text{–}1)$$

2-1의 반응식은 간단한 효소가 촉매하는 반응을 나타낸 것이다. E는 효소, S는 기질, P는 반응의 생성물, ES는 효소와 기질의 일시적 복합체 그리고 EP는 효소와 생성물의 일시적 복합체를 나타낸다.

어떤 화학반응에서도 반응 중간체(reaction intermediates)라고 불리는 일시적인 화학종(transient chemical species)의 형성 및 붕괴와 관련되는 몇몇 단계들이 존재한다. 이 반응 중간체는 특정 반응 경로에서 일시적으로 존재하는 화학종이다. 식 2-1과 같은 S $\rightleftharpoons$ P 반응(기질이 생성물로 전환되는 반응)에서 기질(S)과 생성물(P)은 안정된 바닥상태(ground state)에 있는 화학종(chemical species)이며, ES와 EP 복합체가 반응 중간체에 해당된다.

생물계에서 에너지는 자유에너지(free energy, *G*)로 나타낸다. 일반적으로 기질(S) $\rightleftharpoons$ 생성물(P)과 같은 반응은 그림 2-6과 같이 반응의 진행에 따른 자유에너지의 변화로 나타낼 수 있다. 정반응(forward reaction)이나 역반응(reverse reaction)의 시작점을 **바닥상태 또는 기저상태(ground state)**라고 부른다. 이것은 주어진 조건 하에서 기질 또는 생성물에 의해 계(system)에 주어지는 자유에너지로서 가장 낮은 에너지 상태를 나타낸다. 반응에 대한 자유에너지(free energy)의 변화를 기술하기 위하여 화학자들은 온도 298K, 기체의 부분압력 1atm 또는 101.3kPa, 용질의 농도 1M과 같은 일련의 표준 조건을 규정하였다. 그리고 이러한 조건에서 반응하는 계(system)에 대한 자유에너지 변화를 표준 자유에너지 변화(ΔG^o)로 표시한다. **표준 자유에너지 변화(standard free energy change, ΔG^o)**란 표준 조건에서 일어나는 반응에서 반응물의 에너지(the initial state)와 생성물의 에너지(the final state) 간의 차(difference)를 일컫는다. 어떤 반응의 자발성은 표준 자유에너지 변화(ΔG^o)에 의존한다. 세포 내에서 수소 이온(H^+)의 농도는 1M보다 훨씬 낮기 때문에 생화학자들은 pH 7.0에서 표준 자유에너지 변화를 **생화학적 표준 자유에너지 변화(biochemical standard free-energy change, $\Delta G'^o$)**로 정의하고 있다. 그림 2-6을 예로 들어 S $\rightleftharpoons$ P 반응의 평형과 진행 방향에 관하여 살펴보기로 하자. **기질(S)의 바닥상태에서 자유에너지와 생성물(P)의 바닥상태에서 자유에너지의 차(difference)가 둘 사이의 평형(equilibrium)을 결정한다.** 생성물(P)의 바닥상태의 자유에너지는 기질(S)의 자유에너지보다 더 낮다. 따라서 반응에 대한 $\Delta G'^o$는 음(negative)이고, 평형은 생성물(P) 방향으로 유리하게 치우쳐져 있다. 이 **평형의 위치와 방향은 어떤**

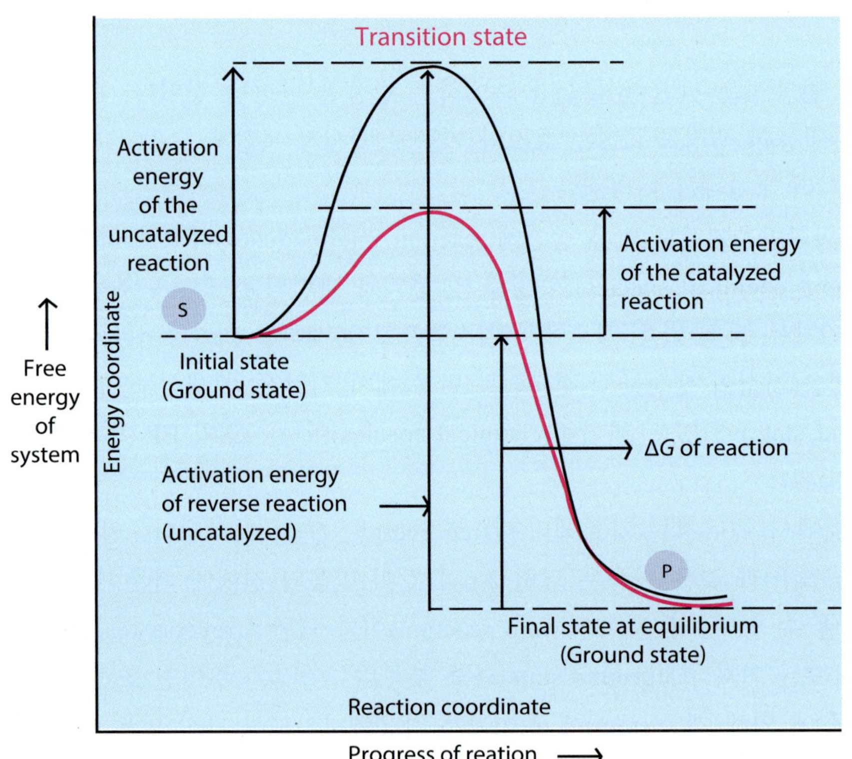

그림 2-6 촉매 반응과 비촉매 반응을 비교한 반응 좌표도(reaction coordinate diagram). 활성화 에너지는 반응 속도에 직접적인 영향을 준다. 활성화 에너지가 높을 수록 반응 속도는 늦어지게 된다. 촉매가 존재하는 반응계는 활성화 에너지를 낮출 수 있기 때문에 반응 속도가 빨라진다.

촉매에 의해서도 영향을 받지 않는다. 그리고 평형이 유리하다는 것(**favorable equilibrium**)과 반응 속도와의 관계는 완전히 별개의 문제이다. 결론부터 말하면 반응의 평형은 반응의 표준 자유에너지 변화($\Delta G'^{\circ}$)와 관련되는 반면, 반응 속도는 활성화 에너지와 관련된다. 기질(S)과 생성물(P) 사이에 에너지 장벽(energy barrier)이 존재한다. 반응의 진행을 위하여 반응물들은 반드시 이 에너지 장벽을 넘어야 하기 때문에 보다 높은 에너지 상태로 높여 주어야 한다. 에너지 장벽의 꼭대기에서 반응물(기질) 또는 생성물 쪽으로의 붕괴가 동등한 확률로 일어날 수 있는 지점이 있다. 효소가 촉매하는 반응의 경우, 효소-기질 복합체(ES complex)가 이곳에서 전이상태로 존재한다. 전이상태(**transition state**)는 에너지 장벽의 꼭대기에 존재하는 반응의 중간 복합체라고 불리는 일시적인 화학종(transient chemical species)의 형성 및 붕괴와 관련되는 단계이며, 시간적으로 대단히 짧다. 전이상태 종(Transition state species)은 아주 특이하고 만들기 어려우며, 쉽게 생성물 또는 반응물로 분해되는 고에너지의 입체형태(conformation)를 가지고 있다. 촉매작용에서 전이상태 종의 농도를 증가시키는 것이 본질적인 요인이며, 화학 반응의 속도는 전이상태 종의 농도에 비례한다. 효소가 촉매하는 반응의 경우 에너지 장벽의 높이가 아주 낮기 때문에 상대적으로 비효소 반응과 비교하여 반응 속도가 훨씬 빠르다. 이러한 효소의 촉매력의 상당한 부분은 효소-기질 복합체에서 효소로 하여금 기질을 전이상태의 형성을 증진시키기 위한 유리한 배향(orientation)으로 모으는 것으로부터 유래된다. 즉, 기질 분자들이 효소-기질 복합체의 형태로서 에너지가 풍부한 전이상태에 많이 존재한다면 반응 속도는 높을 것이고, 적게 존재한다면 반응 속도는 느릴 것이다. 아래에서 상세히 설명하겠지만, 전이상태에서 효소와 기질 복합체 간의 약한 결합은 효소 반응의 주요한 에너지원이 된다.

앞에서 설명한 바와 같이 활성화 에너지(**activation energy,** $\Delta G^{\ddagger}$)는 전이상태(**transition state**)와 바닥상태(**ground state**) 간의 에너지 차이다. 화학 반응의 속도는 이 활성화 에너지에 의해 좌우되며, 활성화 에너지가 높을수록 반응 속도는 늦어지게 된다. 활성화 에너지를 낮추는 방법으로서 두 가지가 알려져 있다. 하나는 온도를 높여주는 것이고, 다른 하나는 반응계에 촉매를 첨가하는 것이다. 온도는 분자들의 열운동(thermal motion)을 향상시켜 운동에너지를 증가시킨다. 따라서 충분한 내부 에너지를 가진 보다 많은 반응물 분자들(기질)이 전이상태에 도달할 수 있게 된다. 실제로, 반응물의 바닥상태의 에너지를 증가시키면 바닥상태의 에너지와 전이상태의 에너지 간의 에너지 차가 감소된다. 일반적으로 화학 반응의 속도는 온도가 10°C씩 증가함에 따라 대략 2배씩 증가한다. 즉, Q_{10} = 2이다. Q_{10}은 10°C 차이나는 두 온도에서 활성 비율로 정의된다. 그러나 단백질로 이루어진 효소는 온도 상승에 매우 민감하다. 일반적으로 효소가 촉매하는 반응계의 반응 속도는 45°C까지 온도와 함께 상승하지만, 45°C 이상이 되면 효소 단백질의 열변성이 일어나기 시작한다. 그리고 55°C 이상이 되면 급격한 열변성과 함께 효소의 촉매 기능이 파괴된다. 비록 대부분의 효소들이 55°C 이상의 온도에서 불활성화된다고 할지라도, 몇몇 효소들은 보다 높은 온도(어떤 것은 85°C 이상의 온도)에서도 안정하며 활성을 유지한다. 촉매는 반응의 활성화 에너지($\Delta G^{\ddagger}$)를 낮추어 줌으로써 반응 속도를 증가시키고, 반응을 빠르게 평형상태에 도달하게 한다. 효소는 촉매의 일종인 생물학적 촉매로서 단지 기질(S)과 생성물(P)의 상호변환을 촉진시킬 뿐이며, 반응 과정에서 소비되지도 않고 또한 평형의 위치를 바꾸지도 않는다.

2-4-2 결합 에너지는 활성화 에너지를 낮추는 데 사용된다.

효소는 활성부위를 가지며, 여기서 특이적인 효소-기질 복합체(enzyme-substrate complex)를 형성한다는 점에서 많은 다른 촉매들과 구별된다. 그리고 활성화 에너지를 크게 낮출 수 있는 효소의 원동력은 효소-기질 복합체 간의 결합 에너지(binding energy)에 있다. 결합 에너지(**binding energy**)란 효소와 기질 간에 많은 약한 상호작용의 형성으로부터 방출되는 자유에너지(free energy)이다. 효소가 활성화 에너지를 낮추는 데 필요한 대부분의 에너지는 효소와 기질 간의 약한 비공유결합으로부터 얻어지는 결합 에너지이다. 효소-기질 복합체에서 효소와 기질 간의 상호작용은 단백질 분자의 구조를 안정화시키는 요인이기도 하는 수소결합, 소수성 상호작용, 이온결합에 의한다. 이들은 내부에 약한 결합을 형성함으로써 효소-기질 복합체 간의 상호작용의 ① 안정화에 도움을 줄 뿐만 아니라 ② 활성화 에너지($\Delta G^{\ddagger}$)를 저하시키는 데 사용되는 자유에너지의 중요한 공급원으로 활용되기도 한다. 즉 효소-기질 복합체 간의 결합이 형성될 때에 방출되는 결합 에너지(**binding energy**)의 일부가 에너지 장벽의 꼭대기까지 도달하는 데 필요한 에너지로 사용된다.

활성화 에너지는 화학 반응에 있어서 에너지 장벽이긴 하지만, 세포가 살아가는 데 있어서 대단히 중요한 것이다. 즉 분자는 활성화 에너지($\Delta G^{\ddagger}$)가 높을수록 안정하며, 만약 이러한 에너지 장벽이 없다면 복잡한 구조를 가지고 있는 생체고분자들(biopolymers)은 자발적으로 보다 단순한 형태의 분자로 변화될 것이다. 슈크로오스와 산소로부터 이산화탄소와 물이 되는 반응을 예로서 활성화 에너지를 이해해 보도록 하자.

$$C_{12}H_{22}O_{11}(\text{sucrose}) + 12\ O_2 \rightleftharpoons 12\ CO_2 + 11\ H_2O$$

생체 내에서 일련의 효소 반응을 통하여 일어나는 이 반응은 아주 큰 음의 값의 $\Delta G'^{o}$를 가지며, 평형점에서 슈크로스의 양은 매우 적어진다. 그러나 슈크로오스는 산소와 반응하기 전에 활성화 에너지의 장벽을 넘어야 하기 때문에 생체 밖에서는 안정된 화합물이다. 따라서 반응이 일어나지 않는다면 슈크로오스는 용기 내에서 산소와 함께 거의 무한대로 보관될 수 있다.

지금까지 간략히 살펴본 화학 반응에 적용한 열역학의 원리는 반응이 자발적으로 일어나는 지 아닌 지를 예측할 수 있게 하지만 반응 속도에 관한 정보는 전혀 제공하지 못한다. 따라서 효소의 반응 속도론을 이해하기 위하여 먼저 화학 반응 속도론부터 간단히 살펴보기로 하자.

2-5 화학 속도론

속도론(Kinetics)은 원래 『movement or to move』를 뜻하는 고대 그리스어로부터 유래된 용어로서 물리, 화학, 약학 등 다방면에 활용되고 있다. 화학 속도론(Chemical kinetics)은 『반응 속도론(reaction kinetics)』으로도 알려져 있는데 화학 반응의 속도를 연구하는 학문이다. 화학 반응의 속도는 기본적으로 ① 반응물의 농도, ② 압력, ③ 온도, ④ 촉매, ⑤ 활성화 에너지, ⑥ 반응물이 접촉하는 표면적(surface area) 등에 영향을 받는다. 반응물의 농도는 화학 반응의 충돌 이론(collision theory)에 따라 반응에서 매우 중요한 역할을 한다. 즉 분자들은 반응을 위하여 서로 충돌해야 하기 때문에 반응물의 농도가 증가하면 단위 시간 당 분자들의 충돌 빈도가 증가하여 반응 속도는 더욱 빠르게 된다. 압력은 액체 상태에서 일어나는 반응보다 기체 상태에서 일어나는 반응의 요인이다. 기체 상태의 반응에서 압력을 증가시키면 반응 분자들 간에 충돌의 빈도가 증가하게 된다. 그 이유는 압력의 증가로 인하여 반응 분자들이 차지하는 공간이 크게 줄어들어 부피가 클 때 보다 충돌할 확률이 더욱 증가하기 때문이다. 이러한 조건하에서 반응 속도는 당연히 증가하게 된다. 이것은 반응물의 농도를 증가시키는 효과와 유사하다. 온도는 반응 분자들에게 열 에너지(thermal energy)를 갖게 하여 운동에너지를 증가시킨다. 따라서 반응 분자들은 보다 높은 온도에서 보다 높은 충돌 빈도를 갖게 된다. 촉매는 반응의 활성화 에너지를 낮추어 반응 속도를 증가시킨다. 앞서 설명한 바와 같이 높은 활성화 에너지를 갖는 반응 분자들은 반응을 일으키기 어렵다. 따라서 촉매는 이러한 활성화 에너지를 낮추어 반응 속도를 향상시킨다. 반응 분자들이 접촉하는 표면적도 반응 속도에 영향을 미친다. 즉 부피에 비하여 표면적이 클 수록 주어진 시간 내에 보다 많은 반응 분자들이 반응을 할 수 있어서 보다 빠른 반응이 일어난다.

화학 반응의 속도(**velocity or rate,** v)는 단위 시간당 반응물 또는 생성물의 농도 변화율을 말한다. A가 반응물이고 P가 생성물인 A → P 반응의 반응 속도(v)는 2-2식과 같다.

$$v = \lim_{\Delta t \to 0} \frac{-\Delta[\mathrm{A}]}{\Delta t} = \lim_{\Delta t \to 0} \frac{-\Delta[\mathrm{P}]}{\Delta t} = \frac{-d[\mathrm{A}]}{dt} = \frac{-d[\mathrm{P}]}{dt} \quad \textbf{(2–2)}$$

[A] = 기질의 농도

[P] = 생성물의 농도

t = 시간

반응 속도와 반응물 농도 사이의 수학적 상관관계를 속도 법칙(**rate law**) 또는 속도 방정식(**rate equation**)이라고 한다. 2-2식을 속도 법칙으로 나타내면 다음과 같다.

$$v = \frac{-d[\mathrm{A}]}{dt} = k[A]^x \quad \textbf{(2–3)}$$

v = 반응 속도

k = 속도상수 또는 비례상수(온도, pH, 이온 세기에 따라 변한다)

x = 반응의 차수(reaction order)

반응 속도는 항상 양(+)의 값이고, 음(−)의 부호는 반응물 농도의 감소를 나타낸다.

2-3식을 보면 반응 속도는 반응물 A의 농도에 비례한다. 만약 [A]가 2배가 되면 반응 속도도 2배가 되고, [A]를 반으로 줄이면 반응 속도도 반으로 줄어든다. x(반응 차수)가 1인 일차반응(first-order reaction)에서 반응 물질의 농도는 시간의 함수이고 속도상수 k의 단위는 (시간)$^{-1}$이며 보통 sec^{-1}로 표시한다. 속도상수의 단위는 반응의 전체 차수(order)에 의존한다. 즉 **n**차반응(**n-order reaction**)에서 속도상수의 단위는 **mol**$^{1-n}$ · **L**$^{n-1}$ · **s**$^{-1}$이기 때문에 영차반응(zero-order reaction)에서 속도상수의 단위는 mol · L^{-1} ·

s^{-1}이고, 일차반응(first-order reaction)에서 속도상수의 단위는 s^{-1}, 이차반응(second-order reaction)에서 속도상수의 단위는 $L \cdot mol^{-1} \cdot s^{-1}$이 된다. 반응의 차수($x$)가 1인 경우에 v는 [A]에 대한 1차함수이고 반응 속도론적 용어를 사용하면 v는 A에 대해 1차(first-order)이다. 반응물의 차수(order)는 실험에 의해 결정되며 반응식에서 지수(exponent)로 표시한다. 방금 설명한 반응은 1개의 반응물이 관여하는 단분자 반응(**unimolecular reaction**)이고, 2개의 반응물이 관여하는 이분자 반응(**bimolecular reaction**)은 조금 더 복잡하다.

$$aA + bB \rightarrow pP + qQ \tag{2-4}$$

소문자(lowercase letters: a, b, p, q)는 화학양론 계수(stoichiometric coefficients)를 나타내고, 대문자(capital letters: A, B, C, D)는 반응물(A과 B)과 생성물(P과 Q)을 나타낸다. IUPAC's Gold Book의 정의에 따르면, 일정한 부피하의 폐쇄계(closed system)에서 일어나는 화학 반응에 대한 반응 속도(v)는 다음과 같이 정의된다.

$$v = -\frac{1}{a}\frac{d[A]}{dt} = -\frac{1}{b}\frac{d[B]}{dt} = \frac{1}{p}\frac{d[P]}{dt} = \frac{1}{q}\frac{d[Q]}{dt} \tag{2-5}$$

화학양론 계수(stoichiometric coefficients)를 무시한 화학반응 A + B → P + Q를 속도 법칙(속도 방정식)으로 나타내면 다음과 같다.

$$v = k[A]^n [B]^m \tag{2-6}$$

반응 속도 계수(*Reaction rate coefficient*, k) 또는 속도 상수(*rate constant*, k)는 반응 속도에 영향을 미치는 모든 매개변수들(parameters)을 포함하기 때문에 일정치가 않으며, 모든 매개변수들 중에서 온도가 가장 중요하다. 단순하게 표현하면 속도상수는 초당 한 반응에서 일어나는 반응물의 충돌 횟수를 일컫는다. 지수 n과 m은 반응의 차수(reaction order)로서 반응의 메카니즘에 의존한다. 반응물 A와 B는 반응하기 위하여 서로 충돌해야 하기 때문에 반응 속도는 A와 B의 농도 모두에 비례해야 한다. A와 B의 반응차수가 각각 1이면 전체 반응은 총 2차(second-order)가 된다. 분자수(molecularity)가 2보다 큰 경우는 드물며, 3보다 큰 경우는 전혀 없다. 세 분자가 동시에 충돌할 확률은 매우 낮다. 반응의 총 화학양론(stoichiometry)이 2보다 크면(예를 들면 A + B + C →, 또는 2A + B →) 반응은 거의 항상 단분자 또는 이분자 단계를 경유하여 진행되며 반응의 전체 속도는 단순한 1차 또는 2차 속도법칙을 따르게 된다.

이 부근에서 상기에서 언급된 0차반응(zero-order reactions), 1차반응(first-order reactions), 2차반응(second-order reactions)에 관하여 간략히 설명하기로 한다. **0차반응(zero-order reactions)**에서 반응 속도는 반응물의 농도 증가와 무관하게 이루어지며, 반응물의 농도가 증가되더라도 반응 속도는 더 이상 증가하지 않는다. 전형적인 0차반응(zero-order reactions)은 촉매와 같은 물질이 반응물에 완전히 포화될 때 발견된다. 0차반응(zero-order reactions)의 속도 법칙은 다음과 같다. $v = k$. **1차반응(first-order reactions)**에서 반응 속도는 단 1개의 반응물의 농도에 의존한다(단분자 반응; unimolecular reaction). 다른 반응물도 존재할 수 있지만, 각각은 영차(zero-order)이다. 반응물 A에 관한 일차인 반응의 속도법칙은 다음과 같다. $v = k[A]$. 이 식으로부터 1차반응의 반응 속도는 반응물의 농도에 비례한다는 것을 알 수 있다. **2차반응(second-order reactions)**에서 반응 속도는 1개의 이차 반응물(second-order reactant) 또는 2개의 일차 반응물(two first-order reactants)의 농도에 의존한다. 이차반응에서 속도 법칙은 다음과 같다. $v = k[A]^2$ 또는 $v = k[A][B]$ 또는 $v = k[B]^2$

다음은 화학 반응의 속도상수와 아레니우스 방정식의 상관관계를 한 번 살펴보기로 하자. 2-7의 아레니우스 방정식(**Arrhenius equation**)은 화학 반응의 속도상수는 온도 및 활성화 에너지에 의존한다는 것[the dependence of the rate constant *k* of chemical reactions on the temperature T and activation energy Ea]을 나타낸 방정식이다.

$$k = Ae^{-Ea/RT} \qquad \textbf{(2-7)}$$

A는 선지수인자(pre-exponential factor) 또는 빈도인자(frequency factor)로서 실험에 의해 결정되며, *e*는 자연로그의 밑(the base of natural logarithm)으로 그 값은 대략 2.718281828459045...이다. R은 기체상수(gas constant)로서 그 값은 8.314 J mol^{-1} K^{-1}이고, T는 kelvin 온도와 같은 절대온도이다. 선지수인자(Pre-exponential factor)의 단위는 속도상수의 단위와 동일하고 반응의 차수에 의존한다. 속도상수(*k*)는 초당 반응을 유발하는 충돌 횟수를 나타내는 반면에, 선지수인자(pre-exponential factor)는 반응을 유도하던지 또는 그렇지 않던 간에 초당 총 충돌 횟수를 나타낸다. 즉 선지수인자(pre-exponential factor)는 주어진 충돌이 반응을 일으킬 확률(probability)을 나타낸다. 활성화 에너지가 몰 단위(molar unit) 대신에 분자 단위(molecular unit)로 주

어지면(예를 들면, joules/mole 대신에 joules/molecule) 기체상수 대신에 볼츠만상수 (Boltzmann constant)가 이용된다.

지금부터 아레니우스 방정식(**Arrhenius equation**)을 이용하여 속도상수에 온도와 활성화 에너지가 미치는 영향을 계산을 통해 살펴보기로 하자. 만약 활성화 에너지가 50 kJ mol^{-1}인 반응계의 온도가 20°C에서 30°C로 10°C 상승했을 경우를 가정해 보자. 선지수인자(pre-exponential factor; A)는 이와 같은 작은 온도 변화에 대략 일정하다. 따라서 $e^{-Ea/RT}$값의 변화만 비교하면 된다. 20°C(273 + 20°C = 293K)에서 $e^{-Ea/RT}$값은 다음과 같다.

$$e^{-\frac{Ea}{RT}} = e^{-\frac{50000}{8.31 \times 293}} = 1.21 \times 10^{-9}$$

30°C(273 + 30°C = 303K)에서 $e^{-Ea/RT}$값은 다음과 같다.

$$e^{-\frac{Ea}{RT}} = e^{-\frac{50000}{8.31 \times 303}} = 2.38 \times 10^{-9}$$

이 결과를 보면, 온도가 10°C 증가하면 반응할 수 있는 분자들의 수는 2배로 증가함을 알 수 있다. 한편, 촉매의 존재 하에 활성화 에너지가 25 kJ mol^{-1}로 떨어졌다고 가정해 보자. 이때 $e^{-Ea/RT}$값은 다음과 같다.

$$e^{-\frac{Ea}{RT}} = e^{-\frac{25000}{8.31 \times 293}} = 3.47 \times 10^{-5}$$

활성화 에너지가 50 kJ mol^{-1}일 때의 값과 비교해 보면 반응할 수 있는 분자의 수가 많이 증가해 있음을 알 수 있다.

이상의 결과로부터 우리들은 온도가 증가하거나 촉매의 존재 하에 활성화 에너지가 감소하면 반응 속도가 증가함을 알 수 있다.

2-6 효소 반응의 속도론

생화학자들은 고도로 정제된 효소의 작용 메카니즘을 연구하기 위하여 몇 가지 방법을 사용하고 있다. 이들 중 단백질의 3차원적 구조에 관한 연구는 효소의 구조와 작용에 있어서 개개 아미노산의 역할을 이해하는 데 큰 역할을 하였다. 그러나 효소의 작용기전을 이해하는 데 있어서 가장 오래된 방법은 반응의 속도를 측정하는 것과 그것이 실험적 매개변수(experimental parameters)에 따라 어떻게 변화에 응하여 변화하는지를 알아보는 것이다. 이러한 연구 분야를 효소 반응의 속도론(enzyme kinetics)이라고 한다. 즉 **효소 반응의 속도론(enzyme kinetics)은** 효소가 촉매하는 반응의 속도에 영향을 미치는 인자들을 다루는 효소학의 한 분야이다. 효소의 반응 속도에 영향을 미치는 인자들로서 ① 효소의 농도, ② 리간드[ligand: 기질(substrate), 생성물(product), 저해제(inhibitor), 활성인자(activator)]의 농도, ③ pH, ④ 온도, ⑤ 이온의 세기(ionic strength) 등이 있다.

2-6-1 효소 농도는 효소가 촉매하는 반응의 속도에 영향을 준다.

효소가 촉매하는 반응의 속도는 원칙적으로 효소량에 비례한다(그림 2-7). 즉, 두 분자의 효소가 반응계에 적용되면 한 분자의 효소가 적용될 때보다 2배의 변화를 촉매할 수 있다. 그러나 효소를 극단적으로 희석하여 저농도로 반응시키면 비례관계에서 예상되는 것보다 낮은 활성을 나타내는 경우가 있다. 반면에 반응계에 효소의 농도를 너무 높게 첨가하면 반응 속도가 너무 빨라지기 때문에 정확한 반응 속도의 측정이

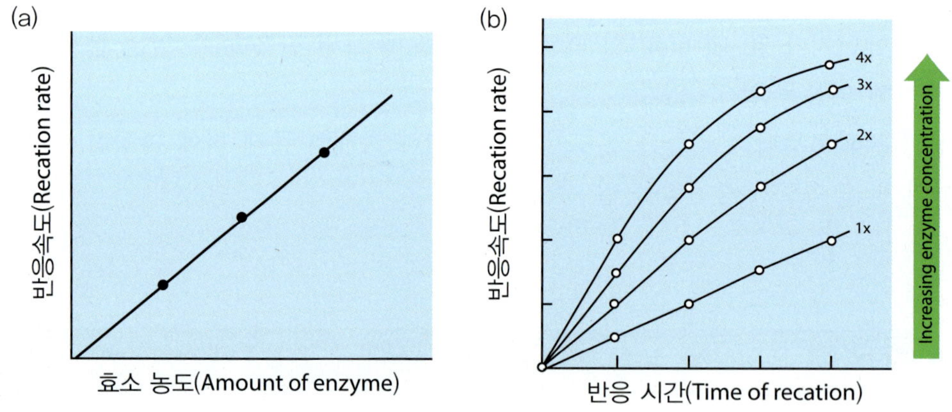

그림 2-7 반응 속도에 있어서 효소 농도의 효과. (a) 반응 시간과 기질 농도를 일정하게 한 후, 증가하는 효소 농도별로 반응 속도를 측정한다. (b) 기질 농도를 일정하게 한 후, 효소 농도를 1배, 2배, 3배, 4배 증가시킨 반응계를 이용하여 시간별로 반응 속도를 측정한다.

어렵게 된다. 따라서 효소 반응의 속도론을 연구하기 전에 반응 속도와 효소의 농도가 정확하게 비례하는 조건을 찾는 것이 무엇보다 중요하다. 이론적으로 반응 속도가 효소의 농도에 비례하는 것은 당연한 것이기 때문에 효소의 농도를 일정하게 유지시키면서 반응 속도에 대한 다른 인자들의 영향을 고찰하여야 한다. 그림 2-7의 (b)와 같이 반응 시간이 지나감에 따라 반응의 속도가 저하하는 이유는 ① 반응에 의해 기질이 감소되고, ② 생성물이 축적되어 역반응이나 반응의 저해(product inhibition)가 일어나며, ③ 반응이 진행됨에 따라 pH의 변동 등 반응 조건이 변화되고 그리고 ④ 효소가 실활되는 등의 원인에 기인한다.

2-6-2 기질 농도는 효소가 촉매하는 반응의 속도에 영향을 준다.

효소가 촉매하는 반응의 속도에 영향을 주는 또 다른 중요 인자는 기질 농도이다. 그러나 기질 농도의 효과를 조사하는 것은 실제로 복잡한 편이다. 왜냐하면 *in vitro* 실험계에서 효소 반응이 진행되는 동안 기질이 생성물로 변환되어 기질의 농도가 변하기 때문이다. 속도론적 실험에 있어서 한 가지 단순화된 접근방법은 **초기 속도(initial rate, 또는 initial velocity)**를 측정하는 것이다. 전형적인 효소 반응에서 기질 농도는 효소 농도보다 훨씬 더 높게 존재한다. 만약 극히 짧은 시간 내의 반응의 초기 과정이 추적된다면, 기질 농도의 변화는 거의 없고, 일정하다고 볼 수 있다. 그림 2-8은 효소 농도가 일정할 때, 기질 농도의 변화가 반응의 초기 속도에 미치는 영향을 나타낸 것이다.

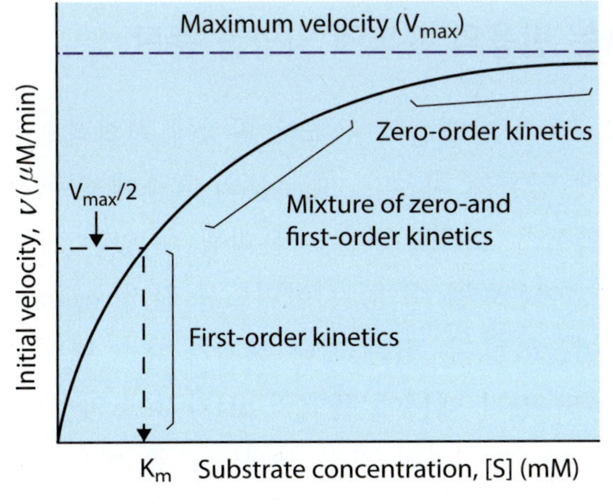

그림 2-8 효소가 촉매하는 반응에서 기질 농도의 변화가 초기 속도에 미치는 영향.

그림 2-8에서 보는 바와 같이, 기질 농도가 비교적 낮을 때($K_m \gg [S]$일 때), 반응의 초기 속도는 거의 기질 농도에 비례한다. 즉, **1차 속도론(first-order kinetics)**의 예에서 예상되듯이 기질 농도가 증가함에 따라 반응 속도는 거의 직선적으로 증가한다. 그러나 기질 농도가 더 높은 곳($[S] \gg K_m$일 때)에서, 반응 속도는 비례적으로 증가하지 않고 기질 농도가 증가함에 따라 점진적으로 떨어지게 된다. 그리고 결국 기질 농도를 더욱 높이면 반응 속도는 거의 증가하지 않고 일정하게 된다. 이 극한치에 가까운 속도를 최대 속도(**maximum velocity, V_{max}**)라고 한다. 이처럼 높은 기질 농도에서 반응 속도는 더 이상 기질 농도에 의존하지 않으므로 효소 반응은 **0차 속도론(zero-order kinetics)**에 따른다. 반응 속도가 기질 농도에 대해 독립적일 때 이러한 현상을 기질의 포화 효과(saturation effect of substrate)라고 한다. 즉 기질 농도가 증가함에도 불구하고 반응 속도가 증가하지 않을 때, 모든 효소가 기질에 의해 완전히 포화되었다고 하며, 모든 효소는 효소-기질 복합체로 존재한다. 이러한 상태를 나타낸 도표(plot)를 기질 포화 곡선(**substrate saturation curve**)이라고 한다(그림 2-8). 그림 2-8에서 나타낸 바와 같이, **K_m** 값은 반응 속도가 최대 속도의 **1/2**이 될 때의 기질 농도와 같다. 즉 반응 속도가 최대 속도(V_{max})의 1/2이 될 때 K_m = [S]이다. 이 **K_m** 값은 효소와 기질 간의 친화도(affinity)를 나타내는 척도이다. 즉 **K_m** 값이 커질수록 효소와 기질 간의 친화력은 떨어지는 반면, 작아질수록 효소와 기질 간의 친화력은 높아진다.

효소와 작용하는 리간드(ligand)로서 기질(substrate) 이외에 생성물(product), 저해제(inhibitor) 그리고 활성인자(activator)의 농도도 효소의 활성에 영향을 미쳐 반응 속도에 영향을 준다. 이에 관한 내용은 2-8 효소 저해제와 2-9 조절 효소에서 상세히 살펴보기로 한다.

2-6-3 pH와 온도는 효소가 촉매하는 반응의 속도에 영향을 준다.

효소는 단백질이다. 따라서 pH와 온도는 효소 단백질의 구조와 활성에 직접적으로 영향을 주어 효소가 촉매하는 반응의 속도에 영향을 미친다. 대부분의 효소에 있어서 pH의 변화는 효소 단백질의 아미노기, 카복실기 그리고 다른 이온화될 수 있는 잔기(residue)들의 이온화에 크게 영향을 미친다. 이온화될 수 있는 아미노산 잔기(residue)가 효소의 활성부위에 존재할 수 있으며, 이온화될 수 있는 기타 잔기가 효소 단백질의 구조를 지탱하는 역할을 하고 있는 경우도 있기 때문에 용액의 pH가 효소의 활성에 크게 영향을 미친다는 것은 짐작 가능한 일이다. 또한 기질 자체도 종종 이온화될 수 있는 작용기들(ionizing groups)을 가지고 있으며, 이러한 이온 형태들 중의 하나가 효소와 우선적으로 상호작용할 수도 있다. 이와 같은 pH의 영향은 K_m 값이나 V_{max} 값 또는 두 가지 모두에 대해 영향을 미칠 수 있다. 상기에서 상세히 설명한 대부분의 화학 반응과 마찬가지로 효소가 촉매하는 반응의 속도도 온도에 영향을 받는다. 일반적으로 화학 반응의 속도는 온도가 10°C 증가함에 따라 2배 증가한다. 그러나 효소가 안정하고 활성을 유지할 수 있는 온도 범위 내에서 효소 반응은 일반적인 화학 반응과 같이 온도가 10°C 증가함에 따라 반응 속도가 2배 증가하지만, 고온(대개 50°C 이상)에서 효소 반응은 효소 단백질의 변성에 의한 활성 감소를 나타낸다.

일반적으로 효소는 제한된 pH와 온도 범위 내에서만 활성을 가지며, 대부분 효소는 자신의 촉매 활성이 최적인 특정 pH와 온도를 가진다. 즉 알카리 용액에서 최적 활성을 가지는 효소를 알카리성 효소(alkaline enzymes), 산성 용액에서 최적 활성을 가지는 효소를 산성 효소(acidic enzymes), 중성 용액에서 최적 활성을 가지는 효소를 중성 효소(neutral enzymes)라고 한다. 그리고 고온에서 최적 활성을 가지는 효소를 호열성 효소(thermophilic enzymes), 중온에서 최적 활성을 가지는 효소를 호중온성 효소(mesophilic enzymes), 저온에서 최적 활성을 가지는 효소를 호저온성 효소(psychrophilic enzymes)로 각각 불려진다.

대부분의 효소들은 중성 pH 및 중온에서 최적 활성을 나타낸다. 그러나 온화한 조건을 벗어난 조건에서 최적 활성을 갖는 효소들도 있다. 알카리성 효소(alkaline

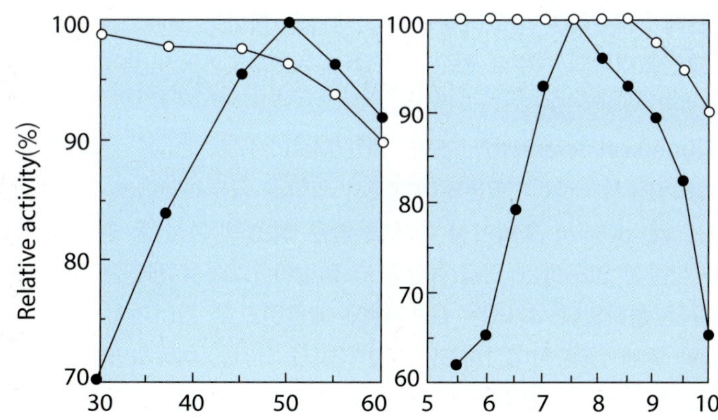

그림 2-9 호중온성 세균인 *Bacillus* spp가 생산하는 베타-아밀레이스(β-amylase)의 활성에 있어서 온도 및 pH의 효과. (a) 온도의 효과 (b) pH의 효과. ●: 효소 활성(enzyme activity), ○: 열 안정성(thermal stability) 및 pH 안정성(pH stability). 효소의 열 안정성과 pH 안정성에 관한 실험 값은 효소 반응이 시작되기 전에 효소 용액을 각각의 해당하는 실험계의 온도와 pH에서 30분간 프리인큐베이션(preincubation)시킨 후 얻은 것이다.

enzymes)의 예로는 호염성 세균의 호흡쇄에 존재하는 NADH:quinone oxidoreductase (pH 8.0~9.0), bacterial alkaline phosphatase(pH 8.0 부근), 다양한 세균들의 체외분비 단백질 가수분해효소(bacterial extracellular proteases: pH 8.0~12) 등이 있고, 산성 효소(acidic enzymes)의 대표적인 예로서 위장관 내에 존재하는 펩신(pepsin: pH 1.5~2.0) 등이 있다. 호열성 효소(thermophilic enzymes)의 예로는 호열성균(thermophiles: 생육최적온도, 55~65°C) 및 극호열성균(hyperthermophiles: 생육최적온도, 80~113°C)이 생산하는 효소들이 있으며, 호저온성 효소(psychrophilic enzymes)의 예로는 호냉성균(psychrophiles: 생육최적온도, 15°C 이하)이 생산하는 효소들이 있다.

참고 Leonor Michaelis와 Maud Menten

Leonor Michaelis
(1875. 1. 16~1949. 10. 8)

Maud Menten
(1879. 3. 20~1960. 7. 26)

독일 태생 미국의 생화학자인 레오노르 미하엘리스(Leonor Michaelis)는 독일의 베를린에서 태어나 프라이부르크(Freiburg)에서 의학을 공부하여 1897년에 졸업을 한 후, 같은 해에 베를린대학에서 박사학위를 받았다. 그 후 1906년부터 1922년까지 베를린 시립병원의 실험실에서 연구를 수행하였다. 1922년에 그는 일본 나고야대학 의과대학의 생화학 교수가 된 후, 1926년 미국으로 이민하여 존스 홉킨스대학의 교수로 연구 활동을 계속하였다. 1929년부터 1940년 은퇴까지 록펠러대학 의학부 교수로 재직하였다.

캐나다의 의학자(medical scientist)인 모드 멘텐(Maud Menten)은 온타리오(Ontario)주 포트 램턴(Port Lambton)에서 태어나 토론토대학에서 의학을 공부하였다(B.A. 1904, M.B. 1907, M.D. 1911). 그녀는 캐나다에서 의학박사 학위를 받은 최초의 여성 중 한 명이었다. 그러나 그 당시에 캐나다는 여성들이 연구하는 것을 허용하지 않았다. 그래서 멘텐은 미국의 시카코대학에서 박사학위 논문을 완성하였다. 그녀는 1912년에 베를린으로 건너가서 레오노르 미하엘리스(Leonor Michaelis)와 함께 일을 하며 1916년에 이학박사 학위도 취득하였다. 멘텐(Menten)은 피츠버그대학에서(1923~1950년) 병리학자로서 그리고 브리티쉬 컬럼비아주에 있는 의학연구소(British Columbia Medical Research Institute: 1951~1953년)에서 연구원으로 연구 활동을 하였다. 1913년 미하엘리스(Michaelis)와 멘텐(Menten)은 공동 연구를 통하여 빅토르 앙리(Victor Henri)에 의해 서술된 효소-기질 복합체 이론(1903년)을 기초로 하여 제안된 효소학사에 길이 남을 미하엘리스-멘텐 방정식(Michaelis-Menten equation)을 만들었다.

2-6-4 미하엘리스-멘텐 속도론

효소-기질 복합체(ES complex)는 효소의 촉매작용뿐만 아니라 속도론(kinetics)을 이해하는 데 있어서도 대단히 중요하다. 1903년 프랑스의 물리화학자 빅토르 앙리(Victor Henri: 1872. 6. 6.~1940. 6. 21)는『효소의 촉매 반응에 있어서 효소-기질 복합체(ES complex)의 형성은 필수적인 단계이다.』라는 이론을 제안하였다. 이 효소-기질 복합체(ES complex) 이론은 1913년에 제안된 **미하엘리스-멘텐 속도론(Michaelis-Menten kinetics)**의 중심이 되고 있다.

미하엘리스와 멘텐은『효소는 먼저 가역적으로 기질과 결합하여 반응 2-8과 같은 비교적 빠른 가역적 단계에서 효소-기질 복합체(ES complex)를 형성하고, 그 다음에 ES 복합체는 두 번째 단계에서 보다 느린 속도로 유리 효소(free enzyme)와 생성물을 생성하기 위하여 분해된다.』는 2단계 반응메카니즘을 제창하였다.

$$E + S \underset{k_{-1}}{\overset{k_1}{\rightleftharpoons}} ES \tag{2-8}$$

$$ES \underset{k_{-2}}{\overset{k_2}{\rightleftharpoons}} E + P \tag{2-9}$$

$$E + S \underset{k_{-1}}{\overset{k_1}{\rightleftharpoons}} ES \underset{k_{-2}}{\overset{k_2}{\rightleftharpoons}} E + P \tag{2-10}$$

반응 2-9는 전체 반응의 속도를 제한하기 때문에 **전체 반응의 속도는 ES 복합체의 농도에 비례하게 된다.** 반응 2-10은 반응 2-8과 반응 2-9를 합친 전체 반응식이다. 그들은 반응 2-8을 평형 반응식이라 생각하고, 2-11로 표시되는 속도 방정식을 얻어 **미하엘리스-멘텐 방정식(Michaelis-Menten equation)**이라고 이름을 붙였다. 미하엘리스-멘텐 방정식에서 효소 반응의 속도-제한 단계(rate-limiting step)는 ES 복합체가 분해되어 생성물과 유리 효소를 만드는 단계가 된다는 기본적인 가정에 기초를 둔 것이다. 그 식은 다음과 같다.

$$v = \frac{V_{max}[S]}{K_s + [S]} \tag{2-11}$$

이 방정식에서 v는 반응 속도, Ks는 ES의 해리상수, V_{max}는 최대 2도, [S]는 기질의 농도를 나타낸다.

반응의 초기 단계(생성물이 의미있을 정도로 축적되기 전)에서, 생성물의 농도 [P]는 아주 낮기 때문에 k_{-2}(E와 P가 반응하여 ES를 형성하는 역반응)는 무시될 수 있다. 따라서 효소가 촉매하는 전체 반응은 다음과 같이 나타낼 수 있다.

$$E + S \underset{k_{-1}}{\overset{k_1}{\rightleftharpoons}} ES \xrightarrow{k_2} E + P \tag{2-12}$$

k_1 = E와 S로부터 ES의 형성에 관여하는 반응의 속도상수

k_{-1} = ES가 E와 S로 해리되는 반응의 속도상수

k_2 = 생성물의 형성과 활성부위로부터 방출에 관여하는 반응의 속도상수. 즉, k_2는 촉매 속도상수(catalytic rate constant)이다.

속도 방정식(velocity equation)은 두 가지 방법으로 유도할 수 있는데, 그 하나가 빠른 평형 조건을 이용하는 방법이다(**Rapid equilibrium approach**). 이 방법은 효소-기질 복합체(ES complex)가 효소(E) + 생성물(P)로 분해되는 속도에 비하여 효소(E), 기질(S) 그리고 효소-기질 복합체(ES complex)가 매우 빠르게 평형을 이룬다는 가정을 이용한 것이다. 어떤 시간대에 순간적인 속도(instantaneous velocity)는 효소-기질 복합체의 농도에 의존한다. 따라서 반응 속도는 다음과 같이 나타낼 수 있다.

$$v = k_2[ES] \tag{2-13}$$

효소가 촉매하는 반응에 있어서 전체 효소(total enzyme: $[E_t]$)는 기질과 결합되어 있지 않은 유리형(free form)의 [E]와 결합형(combined form)인 [ES]의 두 가지 형태로 존재한다.

$$[E_t] = [E] + [ES] \tag{2-14}$$

2-13식을 2-14식으로 나누면 다음과 같은 식이 얻어진다.

$$\frac{v}{[E_t]} = \frac{k_2[ES]}{[E] + [ES]} \tag{2-15}$$

빠른 평형을 가정(assumption)으로 했기 때문에 [ES]는 [S], [E] 그리고 K_s의 관점에서 표현될 수 있다.

$$K_s = \frac{[E][S]}{[ES]} = \frac{k_{-1}}{k_1} \quad \therefore [ES] = \frac{[S]}{K_s}[E] \tag{2-16}$$

2-15식에 2-16식의 [ES]를 대입하면 다음과 같다.

$$\frac{v}{[E_t]} = \frac{k_2\frac{[S]}{K_S}[E]}{[E] + \frac{[S]}{K_S}[E]} \tag{2-17}$$

2-17식의 양변에 $1/k_2$를 곱하고, 오른쪽 식의 분자와 분모에 1/[E]을 곱하여 2-17식을 정리하면 다음과 같다.

$$\frac{v}{k_2[E_t]} = \frac{\frac{[S]}{K_S}}{1 + \frac{[S]}{K_S}} \tag{2-18}$$

$V_{max} = k_2[E_t]$이기 때문에 2-18식은 다음과 같이 나타낼 수 있다.

$$\frac{v}{V_{max}} = \frac{\frac{[S]}{K_S}}{1 + \frac{[S]}{K_S}} \tag{2-19}$$

2-19식의 양변에 V_{max}를 곱하고, 오른쪽 식의 분자와 분모에 K_s를 곱하여 2-19식을 정리하면 다음과 같다.

$$v = \frac{V_{max}[S]}{K_S + [S]}$$

빠른 평형 조건 하의 모든 속도 방정식은 상기에서 설명된 방법으로 유도될 수 있다. 이러한 조건 하의 속도 방정식은 기질 농도가 일정하게 유지될 만큼 충분히 짧은 시간 내에 반응 속도를 측정할 수 있을 때 유효하다. 기질 농도가 낮을 때 대부분의 효소는 유리형인 [E]로 존재하고, 기질의 농도가 증가함에 따라 반응 2-8의 평형은 ES를 형성하는 방향으로 진행되기 때문에 반응의 초기 속도(initial velocity)는 기질 농도에 비례하여 상승하게 된다. 최대 속도(V_{max})는 기질 농도가 매우 높고 모든 유리형의 효소가 ES 복합체의 형태로 존재할 때 관찰된다.

속도 방정식(velocity equation)을 유도하는 두 가지 방법 중 다른 한 가지는 정상 상태 가정(steady-state assumption)을 이용하는 방법이다(**Steady-state approach**). 효소-기질 복합체(ES complex)로부터 생성물을 형성하는 속도가 E + S로 해리되는 속도보다 빠르다면, 효소와 기질 그리고 효소-기질 복합체 간의 평형상태는 도달하지 못할 것이다. 따라서『평형상태 수준의 ES가 축적되지 않는다.』는 것이다. 만약 처음부터 기질 농도가 효소 농도보다 훨씬 높다면($[S] \gg [E_t]$), 효소 반응시 시간에 관계없이 ES의 농도가 일정하게 유지되는 정상상태(**steady-state:** 동적평형 상태라고도 함)가 확립될 것이다. 정상상태가 확립되기 전에, 효소-기질 복합체가 형성되는 동안 전-정상상태(**Pre-steady state**)라고 하는 대단히 짧은 유도단계(induction phase)가 존재한다. 이 기간은 보통 너무 짧기 때문에 쉽게 관찰되지 않으며, 정상상태 속도론(steady state kinetics)에서 무시되어진다. 측정된 반응 과정의 초기 속도(v)는 일반적으로 정상상태의 속도를 반영하기 때문에 이와 같은 반응의 초기 속도의 분석을 정상상태 속도론(**steady state kinetics**)이라고 말한다. 정상상태(**Steady state**)에 대한 개념은 1924년 브릭스(**George E. Briggs**)와 홀데인(**J. B. S. Haldane**)에 의해 처음으로 도입되었다. 정상상태 가정을 이용한 속도 방정식은 앞에서 서술한 빠른 평형 조건을 이용한 방법과 매우 유사한 방법으로 유도할 수 있다.

$$E + S \underset{k_{-1}}{\overset{k_1}{\rightleftharpoons}} ES \xrightarrow{k_2} E + P$$

효소가 촉매하는 전체 반응을 나타내는 위의 식으로부터 초기 속도 v는 ES 복합체가 분해되어 생성물을 만드는 반응에 의하여 결정된다.

$$v = k_2[ES]$$

ES 복합체 농도 [ES]는 실험적으로 쉽게 측정할 수 없기 때문에 [ES]를 다른 형태로 나타내는 식을 유도하지 않으면 안 된다. 따라서 전체 효소 농도를 나타내는 $[E_t]$라는 용어를 도입하면, $\mathbf{[E_t] = [E] + [ES]}$로 나타낼 수 있다. 이것으로부터 유리 효소 농도 $\mathbf{[E] = [E_t] - [ES]}$로 표시할 수 있다. 또한 기질 농도 [S]는 보통 $[E_t]$보다 훨씬 크기 때문에 어떤 주어진 시간에서 효소에 결합되는 기질의 양은 전체 기질 농도에 비하면 무시할 수 있다. 이러한 조건을 염두에 두고, 쉽게 측정할 수 있는 매개변수(parameters)의 관점에서 초기 속도(v)를 나타내어 보기로 하자.

ES의 형성과 분해 속도는 속도 상수 k_1(생성)과 $k_{-1} + k_2$(분해)에 의해 좌우되는 단계에 의해 결정되며 다음과 같은 식들로 표시할 수 있다.

1 ES 형성 속도(The rate of formation of ES)

ES의 형성 속도는 $k_1[E][S]$이다. 이 식에 $[E] = [E_t] - [ES]$를 대입하면 $k_1([E_t] - [ES])[S]$가 된다.

따라서 $k_1[E][S] = k_1([E_t] - [ES])[S]$ **(2–20)**

2 ES 분해 속도(The rate of breakdown of ES)

ES의 분해 속도 $= k_{-1}[ES] + k_2[ES]$ **(2–21)**

다음 단계에서 정상상태라는 중요한 가정을 도입해 보자. 반응의 초기 속도는 ES의 농도가 일정하게 유지되는 정상상태를 반영한다. 즉 **[ES]**의 형성 속도와 분해 속도는 같게 되는 것을 정상상태(**steady-state**)라고 한다. 따라서 정상상태에서 다음과 같은 식이 유도된다.

3 정상상태(The steady state)

$k_1([E_t] - [ES])[S] = k_{-1}[ES] + k_2[ES]$ **(2–22)**

일련의 대수적 단계로 전환하기 위하여 윗 식을 [ES]에 대해 풀어 보기로 하자. 먼저 왼쪽 식을 전개하고, 오른쪽 식을 단순하게 정리하면 다음과 같이 된다.

4 속도상수 분리(Separation of the rate constant)

$k_1[E_t][S] - k_1[ES][S] = (k_{-1} + k_2)[ES]$ **(2–23)**

$k_1[ES][S]$의 항을 양변에 더해 주어 식을 더욱 간단하게 정리하면 다음과 같이 된다.

$$k_1[E_t][S] = (k_1[S] + k_{-1} + k_2)[ES] \qquad (2\text{–}24)$$

이 식으로부터 [ES]를 구하면 다음과 같다.

$$[ES] = \frac{k_1[E_t][S]}{k_1[S] + k_{-1} + k_2} \qquad (2\text{–}25)$$

2-25식에서 속도상수를 정리하면 더욱 간단하게 된다. 즉 오른쪽 식의 분자와 분모를 k_1으로 나누면 다음과 같이 된다.

$$[ES] = \frac{[E_t][S]}{[S] + (k_{-1} + k_2)/k_1} \qquad (2\text{–}26)$$

속도상수들의 비 $(k_2 + k_{-1})/k_1$은 그 자체가 상수이기 때문에 미하엘리스 상수 **(Michaelis constant) K_m**으로 정의된다. 따라서 이 식에 K_m을 대입하여 정리하면 다음과 같이 나타낼 수 있다.

$$[ES] = \frac{[E_t][S]}{K_m + [S]} \qquad (2\text{–}27)$$

상기에서 설명한 바와 같이 초기 속도 v는 [ES]를 사용해서 표시한다. 즉, $v = k_2[ES]$. 따라서 $[ES] = v / k_2$. 그리고 $V_{max} = k_2[E_t]$로 나타낼 수 있다.

5 ES에 관하여 초기속도 정의[Definition of initial velocity(v) in terms of ES]

2-27식에 $[ES] = v / k_2$를 대입하면 다음과 같다.

$$\frac{v}{k_2} = \frac{[E_t][S]}{K_m + [S]} \qquad (2\text{–}28)$$

2-28식의 양변에 k_2를 곱하면, 2-29식과 같이 된다.

$$v = \frac{k_2[E_t][S]}{K_m + [S]} \qquad (2\text{–}29)$$

최종적으로 2-29식에 $V_{max} = k_2[E_t]$를 대입하면 다음과 같은 식이 된다.

$$v = \frac{V_{max}[S]}{K_m + [S]} \quad (2\text{–}30)$$

미하엘리스-멘텐 방정식(Michaelis-Menten equation) 또는 브릭스-홀데인 방정식(Briggs-Haldane equation)이라고 부르는 위의 식은 한 가지 기질에 대한 효소-촉매 반응의 속도 방정식(the rate equation for a one-substrate enzyme-catalyzed reaction)이다. 미하엘리스와 멘텐은 『효소(촉매)와 기질(반응물)이 반응하여 효소-기질 복합체를 형성한 후 이들은 빠른 평형상태로 존재하며, 그 다음에 생성물과 유리 효소(free enzyme)로 해리된다.』고 가정하였다. 브릭스-홀데인 방정식은 미하엘리스-멘텐 방정식과 동일한 대수적 형태를 취하지만, 유도 방식에 있어서 차이가 있다. 즉, 브릭스-홀데인 방정식은 『효소-기질 복합체의 농도는 변하지 않는다.』고 표현되는 정상 상태(steady state)를 기초로 하여 유도되었다. 결과적으로, 미하엘리스상수(K_m)의 미시적인 의미(microscopic meaning)만이 다를 뿐이다. 오늘날 효소 속도론(enzyme kinetics)을 논할 때 일반적으로 미하엘리스-멘텐 속도론(Michaelis-Menten kinetics)을 언급하지만, 실제적인 방정식의 유도는 브릭스-홀데인 유도법(Briggs-Haldane derivation)을 이용하고 있다. 이 식은 초기 속도(v), 최대 속도(V_{max}), 기질의 초기 농도([S]) 간의 정량적인 관계를 나타내고, 이들은 미하엘리스 상수(K_m)를 통한 관계식을 갖게 된다.

초기 속도(v)가 정확히 최대 속도(V_{max})의 절반이 되는 경우에 미하엘리스-멘텐 방정식으로부터 한 가지 중요한 수치 관계가 유도된다.

$$\frac{V_{max}}{2} = \frac{V_{max}[S]}{K_m + [S]} \quad (2\text{–}31)$$

2-31식을 V_{max}로 나누면 다음과 같은 식을 얻을 수 있다.

$$\frac{1}{2} = \frac{[S]}{K_m + [S]} \quad (2\text{–}32)$$

2-32식을 K_m에 대하여 풀면 $K_m + [S] = 2[S]$가 된다. 따라서

$v = 1/2\ V_{max}$일 때 $K_m = [S]$가 된다.

기질 농도가 비교적 낮을 때($K_m \gg [S]$일 때), 미하엘리스-멘텐 방정식에서 분모 [S]

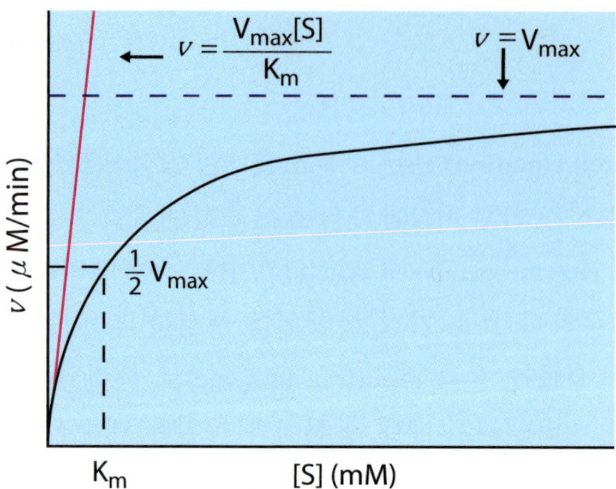

그림 2-10 기질 농도 [S]에 대한 초기 속도 v의 의존성

참고 John Burdon Sanderson Haldane

John Burdon Sanderson Haldane
(1892. 11. 5~1964. 12. 1)

잭 홀데인(Jack Haldane)으로도 알려져 있는 영국의 유전학자 J. B. S. 홀데인(John Burdon Sanderson Haldane)은 영국의 옥스퍼드(Oxford)에서 생리학자인 존 스콧 홀데인(John Scott Haldane)의 아들로 태어났다. 홀데인은 유전학자이자 진화 생물학자(evolutionary biologist)였으며, 또한 집단 유전학(population genetics)의 창시자이기도 하였다. Eton College(which is a British independent school for boys aged 13 to 18.)를 졸업한 후 옥스포드대학의 뉴 칼리지(New College)에서 고전을 공부한 잭 홀데인은 과학 분야의 학위를 받지 않았지만, 스스로의 노력으로 여러 분야에 뛰어난 업적을 남겼다. 1919년부터 1922년 사이 그는 옥스포드대학 뉴 칼리지(New College)의 연구원으로 지냈으며, 그 후 캠브리지대학으로 옮겨 1932년까지 생화학을 강의하였다. 9년간 캠브리지대학에 있을 동안, 그는 수학과 관련된 효소학과 유전학을 연구하였다. 그리고 1933년부터 1957년까지 그는 런던대학교 교수로 재직했었다.

제1차 세계대전 동안 영국 육군으로 복무하기도 했던 그는 정치적으로 마르크스주의자였다. 그는 스페인 내전(Spanish Civil War) 동안 공산주의자가 되었고, 열렬하고 이상적인 마르크스주의자(Marxist)였지만 후일 공산당과 결별하였다. 1957년 이후 그는 인도로 이주하여 그곳에서 살다가 사망하였다. 홀데인은 글쓰기에도 남다른 재능을 보여 많은 대중적인 과학 수필을 썼다. 1927년에 그는 자신의 글을 모아 『*Possible Worlds*』라는 제목의 책을 출간하기도 하였다.

는 무시될 수 있다. 따라서 방정식은 v = V_{max}[S]/K_m로 단순화될 수 있고, 초기 속도(v)는 기질 농도([S])의 증가에 비례하여 직선적으로 증가한다. 이때 효소 반응은 **1차 속도론(zero-order kinetics)**에 따른다. 한편, 기질 농도가 비교적 높을 때([S] ≫ K_m일 때), 미하엘리스-멘텐 방정식에서 분모 K_m은 무시될 수 있다. 따라서 방정식은 v = V_{max}으로 단순화될 수 있고, 반응 속도는 일정한 극한치를 나타낸다. 이때 효소 반응은 **0차 속도론(zero-order kinetics)**에 따른다.

2-6-5 라인위버-버크 방정식

기질 농도 [S]에 대한 반응 속도 v의 도표는 그림 2-10과 같은 쌍곡선(hyperbolic curve)이다. 따라서 정확한 K_m 값과 V_{max} 값은 이 도표로부터 직접 결정될 수 없다. 즉, 반응 속도는 기질 농도가 증가함에 따라 어떤 한계치에 접근하게 되기 때문에, V_{max} 값은 이를 연장시켜 근사치만을 구할 수 있다. 그리고 K_m 값도 v = 1/2 V_{max}인 지점의 [S] 값으로부터 구해야 하기 때문에 근사치라고 할 수 있다.

한편, 미하엘리스-멘텐 방정식(Michaelis-Menten equation)은 실험 데이터를 나타내는 데 있어서 매우 유용한 선형 방정식(straight-line equation)으로 변형될 수 있다. 가장 일반적인 변형은 간단히 미하엘리스-멘텐 방정식의 양쪽 변에 역수(double reciprocal)만을 취함으로써 유도된다.

$$v = \frac{V_{max}[S]}{K_m + [S]}$$

위의 미하엘리스-멘텐 방정식의 양쪽 변에 역수를 취하면 다음과 같은 식을 얻을 수 있다.

$$\frac{1}{v} = \frac{K_m + [S]}{V_{max}[S]} \qquad (2-33)$$

그 다음에, 2-33식의 오른쪽 항에서 분자의 각 성분을 분리하면 다음과 같은 식이 된다.

$$\frac{1}{v} = \frac{K_m}{V_{max}[S]} + \frac{[S]}{V_{max}[S]} \qquad (2-34)$$

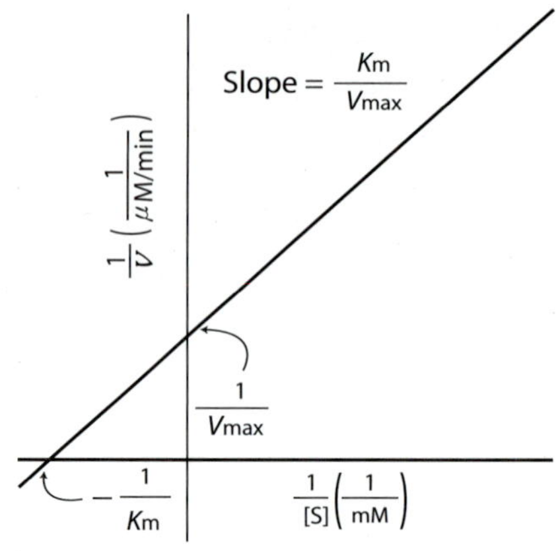

그림 2-11 라인위버-버크 플롯(Lineweaver-Burk plot)

이 식을 보다 알기 쉽게 y = ax + b의 형태로 고치면 다음과 같다.

$$\frac{1}{v} = \frac{K_m}{V_{max}}\frac{1}{[S]} + \frac{1}{V_{max}} \tag{2-35}$$

2-35식이 미하엘리스-멘텐 방정식(Michaelis-Menten equation)을 변형시켜 유도한 라인위버-버크 방정식(**Lineweaver-Burk equation**)이다. 미하엘리스-멘텐 속도론을 따르는 효소의 경우, 1/[S]에 대한 1/v의 도표(plot)를 작성하면 그림 2-11과 같은 직선 그래프를 얻을 수 있다. 이 도표는 [S]에 대한 v 도표(plot)의 양변의 역수(**double reciprocal**)로서 라인위버-버크 플롯(**Lineweaver-Burk plot**) 또는 이중 역수 도표(**double reciprocal plot**)라고 불린다.

이중 역수 그래프는 1차 함수 그래프이다. 즉 y = ax + b의 그래프이다.

기울기 a = tanθ이기 때문에 a = $1/V_{max}/1/k_m$이다. 따라서 기울기 a는 K_m/V_{max}가 된다. 이 그래프에서 x의 절편(intercept)은 $-1/K_m$이고 y의 절편 b는 $1/V_{max}$이다.

2-6-6 k_{cat}와 효소 단위 그리고 비활성의 정의

효소가 촉매하는 반응에 있어서 반응 단계(reaction step)의 수와 속도-제한 단계(rate-limiting step)는 각 효소마다 다를 수 있다. 한 예로, 2-36식과 같이 EP → E + P가 속도-제한 단계인 일반적인 반응을 고려해 보자.

$$E + S \underset{k_{-1}}{\overset{k_1}{\rightleftharpoons}} ES \underset{k_{-2}}{\overset{k_2}{\rightleftharpoons}} EP \xrightarrow{k_3} E + P \qquad (2\text{–}36)$$

이 경우에, 대부분의 효소는 포화상태에서 EP 복합체를 형성하고 있으며, 최고 속도 $V_{max} = k_3[E_t]$가 된다. 포화상태에서 어떤 효소가 촉매하는 반응의 속도-제한 단계를 나타내는 속도상수를 k_{cat}(**turnover number,** 전환수)로 정의하면 유용하다. 만일 반응이 몇 단계로 구성되어 있으며 그 중의 하나가 확실한 속도-제한 단계라면, k_{cat}는 그 제한 단계의 속도상수(**rate constant**)에 해당된다. 따라서 2-36식과 같은 반응에서 $k_{cat} = k_3$가 된다. 만약 아래의 2-37식과 같이 어떤 효소가 2단계 미하엘리스-멘텐 메카니즘에 의해 반응한다면, 최고 속도 $V_{max} = k_2[E_t]$로 나타낼 수 있다. 여기서 속도-제한 단계의 속도상수는 k_2이며, $k_{cat} = k_2$가 된다.

$$E + S \underset{k_{-1}}{\overset{k_1}{\rightleftharpoons}} ES \underset{k_{-2}}{\overset{k_2}{\rightleftharpoons}} E + P \qquad (2\text{–}37)$$

미하엘리스-멘텐 방정식에서 $V_{max} = k_2[E_t]$이므로 2-37식에서 k_{cat}는 다음과 같이 나타낼 수 있다.

$$k_2 = \frac{V_{max}}{[E_t]} = k_{cat} \qquad (2\text{–}38)$$

여기서 상수 k_{cat}는 시간의 역수를 단위(min^{-1})로 가지고 있는 1차 속도상수이며, 효소의 전환수(**turnover number**) 또는 효소의 분자활성(**molecular activity**)이라고도 한다. 전환수는 최적 조건 하에서 효소가 기질로 포화되어졌을 때 **1**개의 효소 분자에 의해 단위 시간당 생성물로 전환되는 기질 분자의 수를 가리킨다[**Turnover number is the number of moles of substrate transformed per minute per mole of enzyme(units per micromole of enzyme) under optimum conditions.**]. 효소의 전환수(k_{cat})는 최대 촉매 활성을 측정한 값이며, K_m 값과 함께 효소의 촉매 효율성(catalytic efficiency)을 평가하는 데 이용된다. 표 2-2에서 보는 바와 같이 캐터레이스(catalase)는 알려진 전환수(turnover number) 중 가장 높은 전환수를 보이며, 각 효소 분자는 초당 4천만 개의 H_2O_2를 분해할 수 있다.

많은 경우에 효소의 실제 몰 농도는 알지 못하지만, 관찰된 활성으로 효소량을 표현하고 있다. 국제 효소 위원회는 주어진 조건 하에서 **1**분당 **1**마이크로몰(**1 μ mole**)의 기질을 생성물로 전환하는 반응을 촉매하는 효소의 양을 **1**국제단위(**One International unit**)로 규정하고 있다. 효소 활성의 단위(unit)에 또 다른 정의로 카탈(**katal, kat**)이 있다. 1카탈(1

표 2-2 몇 가지 효소의 k_{cat}(전환수)

효소	기질	$k_{cat}(Sec^{-1})$
Catalase	H_2O_2	40,000,000
Carbonic anhydrase	CO_2	1,000,000
	HCO_3^-	400,000
Acetylcholinesterase	Acetylcholine	14,000
β-Lactamase	Benzylpenicillin	2,000
Fumarase	Fumarate	800
RecA protein(an ATPase)	ATP	0.5

katal)은 주어진 조건 하에서 1초당 1몰의 기질을 생성물로 전환하는 반응을 촉매하는 효소의 양으로 정의된다. 1카탈은 6×10^7 국제단위(I.U.)와 같다. 그러나 이와는 다른 아주 작은 효소 활성의 단위들도 자주 사용되고 있다. 왜냐하면 현재 효소 활성분석(enzyme assay)의 감도가 1마이크로몰(1 μ mole)보다 훨씬 작은 기질의 변화도 측정할 수 있기 때문이다.

세포로부터 효소를 정제하는 과정에서 목표로 하는 효소 이외의 많은 다른 단백질들이 존재할 수 있다. 이 경우 효소 활성의 단위는 **단백질 1밀리그램(1 mg) 당 효소 단위(enzyme unit)로 표시될 수 있으며, 이를 비활성(specific activity)이라고 한다.** 정제 과정(Purification process)을 통해 다른 단백질들이 제거될수록 효소 정제물의 비활성은 증가하게 된다. 따라서 **비활성(specific activity)은 정제된 단백질의 순도(purity)를 나타낸다.**

2-6-7 k_{cat}/K_m 비율과 효소의 촉매 효율성

속도론(Kinetics)의 매개변수(Kinetic parameter)인 k_{cat}와 K_m은 여러 가지 효소의 연구와 비교에 있어서 매우 유용하다. 각각의 효소는 표 2-3에 나타낸 바와 같이 자신의 특성을 나타내는 k_{cat} 값과 K_m 값을 가지고 있다. **매개변수 k_{cat}와 K_m은 효소의 속도론적 효율성(kinetic efficiency)을 평가하는 데 이용**되지만, 두 가지 매개변수 중 한 가지만으로는 불충분하다. 생리적인 조건 하에서 포화상태의 기질 농도는 드물며, $[S]/K_m$의 비율은 보통 0.01에서 1.0 사이에 있다. 따라서 k_{cat} 값 자체는 별로 정보를 주지 못한다. 한편, 실험적으로 어떤 효소에 대한 K_m 값은 그 기질의 세포 내의 농도와 비슷한 경향이 있다. 대게 세포 내에서 매우 낮은 농도로 존재하는 기질에 작용하는 효소는 보다 많은 기질에 작용하는 효소보다 더 낮은 K_m 값을 갖는다.

서로 다른 효소의 촉매 효율성(catalytic efficiency) 또는 동일한 효소에 의한 다른 기질의 전환수(turnover number)를 비교하는 가장 좋은 방법은 두 반응의 k_{cat}/K_m 비를 비교하는 것이다. 이 매개변수(k_{cat}/K_m)는 때때로 특이성 상수(**specificity constant**)로 불려진다. $V_{max} = k_2[E_t]$일 때 미하엘리스-멘텐 방정식은 다음과 같이 나타낼 수 있다.

$$v = \frac{k_{cat} + [E_t][S]}{K_m + [S]} \tag{2-39}$$

$K_m \gg [S]$일 때, 유리 효소(free enzyme)의 농도 [E]는 대략 $[E_t]$와 같아지므로 2-39식은 다음과 같은 형으로 전환될 수 있다.

$$v = \left(\frac{k_{cat}}{K_m}\right)[E][S] \tag{2-40}$$

이 경우에, 반응 속도(v)는 두 가지 반응물의 농도, [E]와 [S]에 의존한다. 따라서 이 식은 2차 속도식이고, k_{cat}/K_m은 효소(E)와 기질(S)이 반응하여 생성물을 만드는 반응의 겉보기 2차 반응의 속도상수(apparent second-order rate constant)로서 $M^{-1}sec^{-1}$의 단위를 가진다. 2-40식을 보면, K_m 값은 기질에 대한 효소의 친화력에 반비례하고, k_{cat} 값은 효소의 속도론적 효율성(kinetic efficiency)에 정비례한다. 따라서 k_{cat}/K_m 값은 실질적으로 포화 농도에 미치지 못하는 기질 농도에서 작용하는 효소의 촉매 효율성(catalytic efficiency)에 대한 지표(index)를 제공한다. $K_m = k_2 + k_{-1}/k_1$이기 때문에, $k_{cat} = k_2$라면 다음과 같은 흥미로운 식이 유도된다.

$$\frac{k_{cat}}{K_m} = \frac{k_1 k_2}{k_{-1} + k_2} \tag{2-41}$$

이 경우 k_1은 항상 $k_1k_2/k_2 + k_{-1}$와 같거나 더 커야 한다. 즉, 『반응은 효소(**E**)와 기질(**S**)이 결합하는 속도보다 더 빠를 수 없다.』는 의미이다. 따라서 $\boldsymbol{k_1}$이 $\boldsymbol{k_{cat}/K_m}$의 상한선(**upper limit**)을 정한다. 다른 말로 표현하면, 이 상한선은 수용액 중에서 효소와 기질이 서로 확산되는 속도에 의해 결정된다. 따라서 효소의 촉매 효율성(catalytic efficiency)은 효소와 기질이 결합하여 ES 복합체를 형성하는 반응의 확산 속도(diffusion rate)를 초과할 수 없다. 수용액 내에서 글리세르알데하이드-3-포스페이트(glyceraldehyde-3-phosphate)와 같은 작은 기질에 대한 확산 속도상수는 약 10^9 $M^{-1}sec^{-1}$이며, 뉴클레

표 2-3 몇 가지 효소의 k_{cat}, K_m 그리고 k_{cat}/K_m 값

효소	기질	$k_{cat}(sec^{-1})$	$K_m(M)$	$k_{cat}/K_m(M^{-1}sec^{-1})$
Acetylcholinesterase	Acetylcholine	1.4×10^4	9×10^{-5}	1.6×10^8
Carbonic anhydrase	CO_2	1×10^6	0.012	8.3×10^7
	HCO_3^-	4×10^5	0.026	1.5×10^7
Catalase	H_2O_2	4×10^7	1.1	4×10^7
Crotonase	Crotonyl-CoA	5.7×10^3	2×10^{-5}	2.8×10^8
Fumarase	Fumarate	800	5×10^{-6}	1.6×10^8
	Malate	900	2.5×10^{-5}	3.6×10^7
Triosephosphate isomerase	Glyceraldehyde-3-phosphate	4.3×10^3	1.8×10^{-5}	2.4×10^8
β-Lactamase	Benzylpenicillin	2×10^3	2×10^{-5}	1×10^8

오타이드(nucleotide) 크기의 기질에 대한 확산 속도상수는 10^8 $M^{-1}sec^{-1}$ 정도이다. 수용액 내에서 효소와 기질이 서로 확산되는 속도에 의해 결정되는 k_{cat}/K_m 값의 상한선(upper limit)은 10^8에서 10^9 $M^{-1}sec^{-1}$ 정도이며, 많은 효소들이 이 범위 부근의 k_{cat}/K_m 값을 가지고 있다(표 2-3). 이와 같은 효소들은 완벽한 촉매 역할을 수행한다고 말할 수 있다. 표 2-3에서 보듯이 k_{cat}와 K_m이 서로 다른 값을 가질 경우 최대의 비를 만들어 낼 수 있음을 주목하라.

2-7 두 가지 이상의 다기질이 관여하는 효소 반응

지금까지 효소가 단 하나의 기질에만 작용하는 단순한 촉매 반응만을 살펴 왔다. 그러나 효소 전체를 보면 단일 기질에만 작용하는 경우는 아주 드물다. 대부분의 효소 반응에서 두 가지 이상의 서로 다른 기질 분자가 효소와 결합하여 반응에 참여하고 있다. 예를 들면, 알코올 탈수소효소(alcohol dehydrogenase)에 의해 촉매되는 반응의 경우 에탄올(ethanol, CH_3CH_2OH)과 NAD^+가 기질 분자이고 아세트알데하이드(acetaldehyde, CH_3CHO)와 NADH + H^+가 생성물이다. 이와 같이 두 가지 기질이 관여하는 효소 반응을 특별히 쌍기질 반응(**bisubstrate reaction**)이라고 한다. 이와 같은 쌍기질 반응의 속도도 미하엘리스-멘텐 방법(Michaelis-Menten approach)으로 분석할 수 있다. 헥소카이네이스(Hexokinase)는 두 가지 기질 D-글루코오스(D-glucose)

및 ATP와 반응하여 ADP와 글루코오스 6-포스페이트(glucose 6-phosphate)를 생산한다. 이 반응에서 기질 ATP에 대한 K_m 값은 0.4이고, 기질 D-글루코오스(D-glucose)에 대한 K_m 값은 0.05가 된다. 헥소카이네이스(Hexokinase)는 기질로서 D-글루코오스 대신에 D-플락토오스(D-fructose)와도 반응하는데, D-플락토오스에 대한 K_m 값은 1.5이다. 두 가지 기질이 존재하는 효소 반응(bisubstrate reaction)에서 원자 또는 기능기(functional group)가 하나의 기질로부터 또 다른 기질로 전이되는 것이 일반적이다. 속도론을 연구하는 학자들(Kineticists)은 두 가지 이상의 기질이 관여하는 다기질 효소계(**multisubstrate enzyme system**)에서 일반적으로 세 가지 메커니즘(**mechanism**), 즉 순차적 메커니즘(**ordered mechanism**), 무순차적 메커니즘(**random mechanism**) 그리고 핑퐁 메커니즘(**ping-pong mechanism**)을 인정하고 있다. 이들 메커니즘은 기질들이 반응 과정의 어떤 시점에서 동시에 효소에 결합하여 비공유결합성 3성분 복합체(noncovalent ternary complex)를 형성하는 경우와 그렇지 않는 경우로 나뉘어진다. 그리고 3성분 복합체를 형성하는 메커니즘은 기질이 효소의 활성부위에 특이적으로 정해진 순서에 따라 결합하는 형과 무순차적으로 결합하는 형으로 구분된다.

2-7-1 순차적 메커니즘

순차적 메커니즘(Ordered mechanism)에서 효소의 활성부위에 결합되는 기질의 순서는 일정하고도 정확하게 지켜진다. 즉, 특정 기질부터 먼저 효소의 활성부위에 결합된 후 그 다음 기질이 효소에 결합된다. 또한 생성물도 효소의 활성부위에서 반응이 종료된 후 특정 반응물부터 순차적으로 방출된다.

$$E + S_1 \rightleftharpoons ES_1 \xrightarrow{S_2} ES_1S_2 \rightleftharpoons EP_1P_2 \xrightarrow{P_1} EP_2 \rightleftharpoons E + P_2$$

위의 반응을 보면, 첫 번째 기질인 S_1이 효소(E)의 활성부위에 결합된 후 두 번째 기질인 S_2가 결합하여 $E \cdot S_1 \cdot S_2$의 비공유결합성 3성분 복합체(noncovalent ternary complex)를 형성한다. 촉매 반응이 진행됨에 따라 순차적으로 첫 번째 생성물인 P_1이 방출되고, 그 다음에 두 번째 생성물인 P_2가 방출된다. 이 반응을 월리스 클릴랜드(Wallace Cleland)가 개발한 약식표기법(short-hand notation)으로 표시하면 다음과 같다.

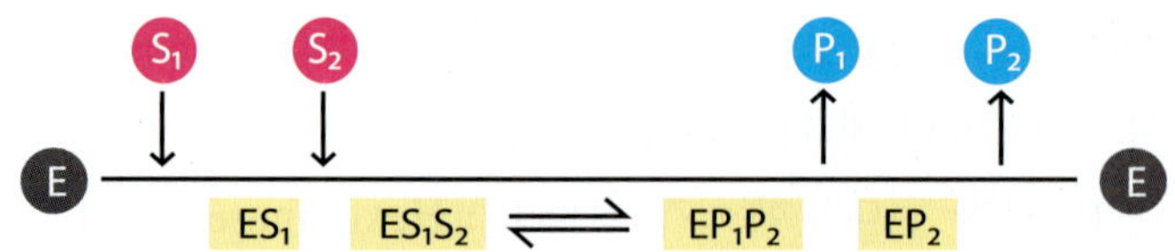

순차적 메커니즘(Ordered mechanism)의 가장 좋은 예는 알코올 탈수소효소(alcohol dehydrogenase)에 의해 촉매되는 반응이다.

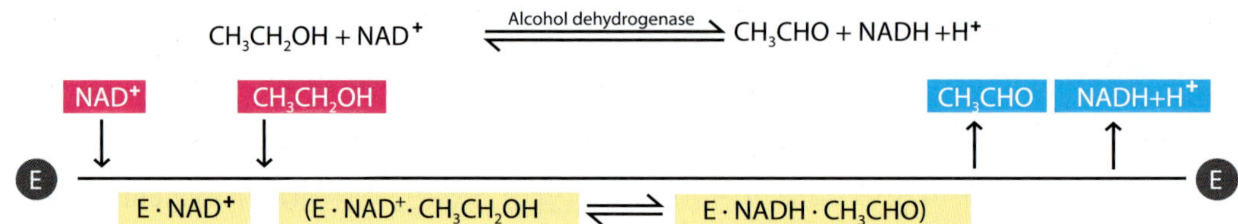

순차적 반응에서 보조효소(**coenzyme**), 즉 보조기질(**cosubstrate**)이 항상 먼저 결합한 후에 그 다음 기질이 결합한다. 그러나 생성물의 방출은 그 반대이다. 알코올 탈수소효소(alcohol dehydrogenase)의 경우, NAD^+가 반드시 먼저 결합되고 아세트알데하이드(CH_3CHO)가 반드시 먼저 방출된다. 이 반응에서 발생되는 양성자(H^+)는 반응이 H^+의 농도가 일정한 완충용액 내에서 진행된다면 무시될 수 있다.

2-7-2 무순차적 메커니즘

이 메커니즘에서 두 가지 기질 S_1 및 S_2는 무순차적으로 효소의 활성부위에 결합되고, 생성물 P_1과 P_2도 일정한 순서없이 방출된다. 무순차적 메커니즘(Random mechanism)도 순차적 메커니즘(ordered mechanism)과 같이 효소의 활성부위에서 $E \cdot S_1 \cdot S_2$의 비공유결합성 3성분 복합체(noncovalent ternary complex)를 형성한다.

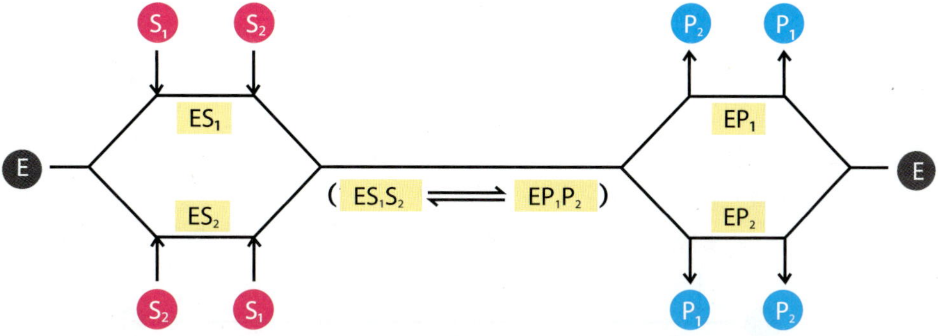

무순차적 메커니즘(Random mechanism)의 대표적인 예로 글라이코젠 가인산분해효소(glycogen phosphorylase)가 촉매하는 반응이 있다. 글라이코젠 가인산분해효소가 촉매하는 반응의 반응식에서 무기인산은 Pi로 표시하고, 생성된 글라이코젠 [$(\text{glucose})_{n-1}$]은 기질 글라이코젠[$(\text{glucose})_n$]보다 글루코오스 단위가 1개 더 적은 것으로 표시하였다.

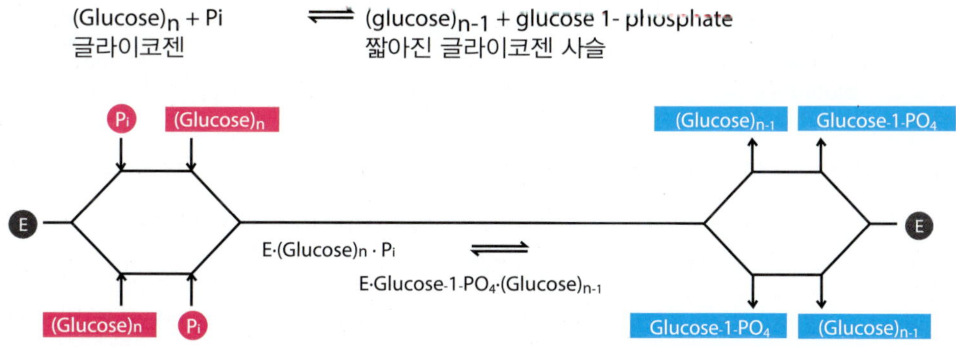

2-7-3 핑퐁 메커니즘

첫 번째 기질이 효소의 촉매작용에 의해 활성부위에서 생성물로 변환된 후 두 번째 기질이 효소에 결합되기 전에 바로 방출되면, 3성분 복합체(ternary complex)는 형성되지 않는다. 이러한 경우를 핑퐁 메커니즘(ping-pong mechanism) 또는 **이중치환 메커니즘(double displacement mechanism)**이라고 한다.

$$E + S_1 \rightleftharpoons ES_1 \longrightarrow EP_1 \xrightarrow{\;P_1\;} E' \xrightarrow{\;S_2\;} E'S_2 \rightleftharpoons EP_2 \rightleftharpoons E + P_2$$

위의 반응서열(sequence)을 통해 핑퐁 메커니즘을 살펴보면, 첫 번째 기질인 S_1이 효소와 결합한 후 반응하여 화학적으로 변형된 효소(E′)와 생성물 P_1을 생성한다. 그 다음에 두 번째 기질인 S_2가 E′과 반응하여 E′을 E로 재생한 후 또 다른 생성물 P_2를 생성한다. 핑퐁 메커니즘의 약식표기법은 다음과 같다.

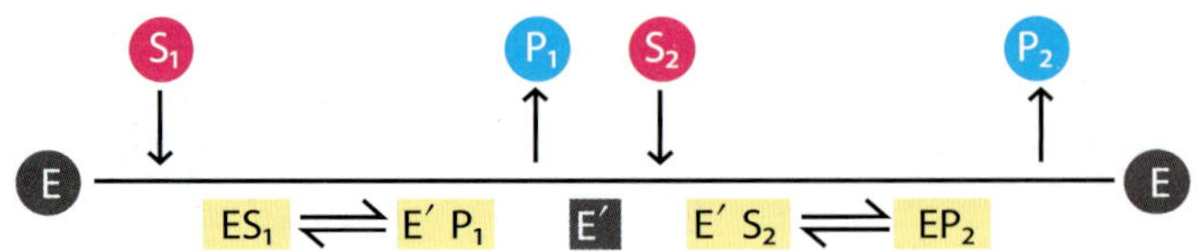

핑퐁 메커니즘의 예로서 쥐의 간에 존재하는 아세틸-CoA 카복실레이스(acetyl-CoA carboxylase)에 의해 촉매되는 반응이 있는데 다음과 같다.

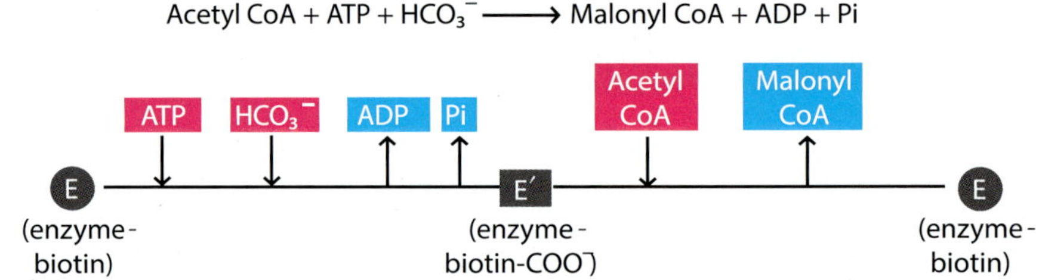

아세틸-CoA 카복실레이스(**Acetyl-CoA carboxylase**)는 두 가지 촉매 활성(**biotin carboxylase**와 **carboxyltransferase**)을 통해 아세틸-CoA(acetyl-CoA)의 비가역적인 카복실화를 촉매하여 말로닐-CoA(malonyl-CoA)를 형성하는 바이오틴-의존 효소(biotin-dependent enzyme)이다. 아세틸-**CoA** 카복실레이스(**Acetyl-CoA carboxylase**)의 가장 중요한 생화학적 기능은 지방산의 생합성을 위한 기질로서 말로닐-**CoA(malonyl-CoA)**를 제공하는 것이다.

핑퐁 메커니즘(**ping-pong mechanism**)의 두 가지 특징은 변형된 효소 중간체(modified enzyme intermediate) E′의 필수적인 형성(obligatory formation)과 이중역수 도표(double-reciprocal plot)에서 그래프의 선들이 평행선을 이룬다는 것이다[그림 2-12 (a)]. 그림 2-12에 나타낸 바와 같이, 쌍기질 반응에서 정상-상태 속도론적 분석으로부터 반응 중에 3성분 복합체가 형성되는 지의 여부를 알 수 있다.

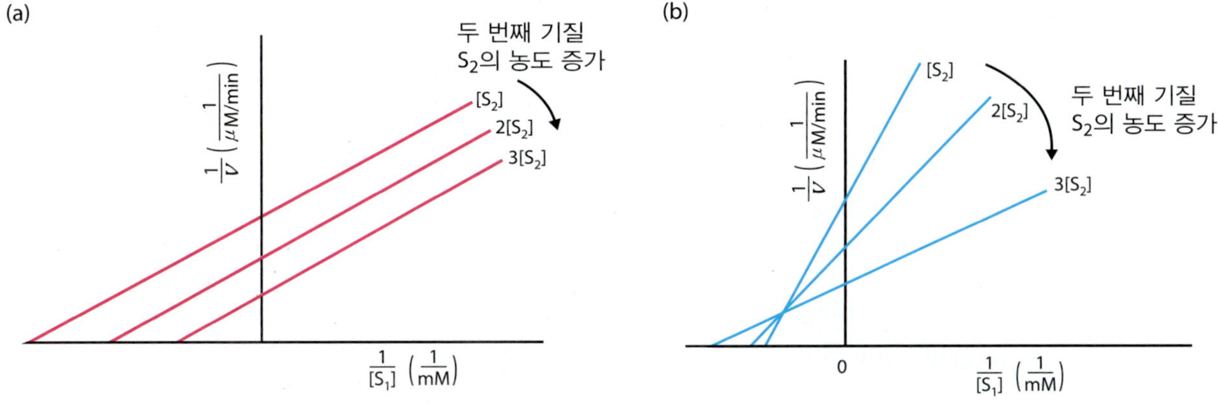

그림 2-12 쌍기질 반응(Bisubstrate reaction)의 정상-상태 속도론적 분석. 이중역수 도표는 두 번째 기질(S_2)을 여러 농도에서 고정시킨 채, 첫 번째 기질(S_1)의 농도를 변화시켜 얻은 것이다. (a) 핑퐁 반응(이중치환 반응)일 경우 그래프의 선은 평행이 된다. (b) 순차적 반응 또는 무순차적 반응과 같이 3성분 복합체를 형성할 경우 그래프의 선은 서로 교차된다.

2-8 효소 저해제

자연계에 존재하는 천연물 또는 합성된 여러 가지 화합물들 중에 효소와 결합하여 그 활성을 변화시키는 저해제들이 많다. **효소 저해제(enzyme inhibitors)**란 효소의 촉매 활성을 감소시키거나 제거하여 반응 속도를 느리게 하거나 완전히 멈추게 하는 분자들이다. 이러한 효소 저해제의 예로서 다양한 효소 반응의 자연 생성물뿐만 아니라 항생물질(antibiotics)을 포함한 의약품(drugs), 독소(toxins) 그리고 항대사물질(antimetabolites) 등이 알려져 있다. 특히 질병 치료에 널리 활용되고 있는 주요 의약품들은 특정 효소의 활성을 저해하는 것들이 대부분이다. 실제로 효소가 세포 내의 모든 반응을 촉매하고 있기 때문에 주요 의약품들이 효소 저해제라고 해도 놀랄만한 일은 아니다. 1987년부터 임상적으로 사용되기 시작한 **Zidovudine(azidothymidine, AZT)**은 바이러스의 **역전사 효소(reverse transcriptase)**를 저해하여 인간 면역결핍 바이러스(human immunodeficiency virus, HIV)의 증식을 막는 후천성 면역결핍증(AIDS) 치료제이다. 최근에 효과적인 AIDS 치료법으로 사퀴나비르(saquinavir), 인디나비르(indinavir), 리토나비르(ritonavir) 등과 같은 **HIV 단백질분해효소 저해제(HIV protease inhibitors)**를 사용하는 경우도 있다. 현재 HIV에 감염된 환자를 위하여 적어도 두 가지 이상의 항레트로바이러스 약제(antiretroviral drug)를 함께 사용하도록 권장하고 있다. 이는 항바이러스 효과를 증진시키고 약재내성 바이러스의 출현을 지연시킬 수 있기 때문이다. 예를 들면 AZT + lamivudine + ritonavir의 조합은 혈장 내의 HIV

농도가 거의 없도록 줄이는 데 아주 효과적이다. 그러나 이 치료법도 기억 T 세포(memory T cell) 등에 잠복하고 있는 프로바이러스(provirus)의 HIV DNA를 없애지는 못한다. 한편, 해열 진통제인 아스피린(aspirin: acetylsalicylate)은 프로스타글란딘(prostaglandin)의 합성에 있어서 첫 단계를 촉매하는 효소의 활성을 저해한다. 프로스타글란딘은 인체 내에서 통증 유발 등 여러 반응에 관여하는 화합물이다. 효소 저해제에 관한 연구는 효소의 반응 메카니즘에 대한 중요한 정보를 제공할 뿐만 아니라 몇몇 대사경로를 정의하는 데 도움을 주기도 한다. 효소 저해제(Enzyme inhibitors)는 가역적(reversible)인 것과 비가역적(irreversible)인 것 두 가지로 분류된다.

2-8-1 비가역적 저해

비가역적 저해제(**irreversible inhibitor**)는 효소의 활성에 필수적인 기능기(functional group)와 공유결합(covalent bond)을 형성하거나 특별히 안정된 비공유 결합체를 형성하여 효소의 활성을 저해하는 화합물이다. 비가역적 저해제(**irreversible inhibitor**)는 효소의 반응 메카니즘을 연구하는 데 있어서 매우 유용한 도구(**tool**)이다. 즉 비가역적 저해제에 의해 효소가 불활성화된 후 저해제와 공유결합을 형성하고 있는 아미노산을 확인함으로써 활성부위에 존재하는 촉매 기능을 가지는 아미노산의 단서를 확인할 수 있다. 예를 들면, 설프하이드릴기(**sulfhydryl group** 또는 **thiol group**)를 가지고 있는 효소가 알킬화제(alkylating agent)인 요오드 아세트산(**iodoacetate**)과 결합하는 경우이다. 해당반응(glycolysis)의 중요한 효소 중의 하나인 글리세르알데하이드 3-인산 탈수소효소(**glyceraldehyde 3-phosphate dehydrogenase**)는 요오드 아세트산(iodoacetate)에 의한 알킬화로 불활성화된다(그림 2-13).

특별한 유형의 비가역적 저해제로서 자살 기질(**suicide substrate**) 또는 자살 불활성화 물질(**suicide inactivator**)이라 부르는 화합물이 있다. 자살 불활성화 물질은 정상적인 효소의 촉매작용을 경유하여 반응성이 매우 큰 작용기를 발생하도록 설계된 저해성 기질 유사체이다. 이 반응성 작용기(reactive group)는 효소의 활성부위 내에서 촉매작용에 관여하는 기능기와 공유결합을 통해 비가역적 저해를 유발한다. 이 저해제는 특이적인 효소의 활성부위에 결합되기 전까지 비교적 불활성화 상태로 존재한다. 그러나 정상적인 최초 몇 단계의 효소 반응을 통해 정상적인 생성물로 전환되는 대신에 효소와 비가역적으로 결합하는 반응성이 매우 큰 불활성화 물질(inactivator)로 전환된다. 이 화합물은 정상적인 효소 반응 메카니즘을 이용하여(hijack) 효소를 불활성화시키기 때문에

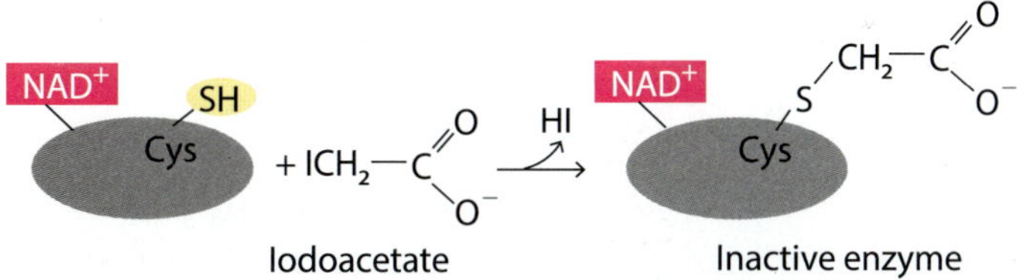

그림 2-13 요오드 아세트산(iodoacetate)에 의한 글리세르알데하이드 3-인산 탈수소효소(glyceraldehyde 3-phosphate dehydrogenase)의 저해. 요오드 아세트산(iodoacetate)은 glyceraldehyde 3-phosphate dehydrogenase의 활성부위에 존재하는 시스테인(cysteine) 잔기의 설프하이드릴기(sulfhydryl group: −SH)와 공유결합하여 효소를 불활성화시킨다.

메카니즘-의존 불활성화 물질(mechanism-based inactivator) 또는 트로이목마 기질(Trojan horse substrate)이라고도 한다. 자살 불활성화 물질은 신약(new pharmaceutical agent) 탐색을 위한 현대적 방법인『합리적 약물 설계(rational drug design)』에서 중요한 역할을 하고 있다. 자살 불활성화 물질 중의 하나인 페니실린(penicillin)은 세균의 세포벽 합성과정 동안 펩티도글리칸 사슬(peptidoglycan chain)의 교차결합(crosslink) 반응을 촉매하는 효소인 트랜스펩티데이스(transpeptidase)의 활성부위에 존재하는 세린(serine) 잔기와 공유결합을 형성함으로써 약리적인 효과를 나타낸다. 일단 세포벽 합성이 저해되면 세균 세포는 삼투성 용균작용(osmotic lysis)에 의해 파괴되기 매우 쉽게 되어 세균의 성장이 중지된다. 잘 디자인된 자살 불활성화 물질은 한 가지 효소에 대해 매우 특이적이며, 효소의 활성부위에 결합되기 전까지 반응성이 없다. 따라서 이 방법을 기초로 하여 만들어진 의약품은『부작용이 거의 없다.』는 큰 장점이 있다.

2-8-2 가역적 저해

가역적 저해제는 오직 효소와 일시적인 결합체만을 형성한다. 용어 자체가 암시하듯이 가역적 저해(reversible inhibition)는 효소와 저해제 간의 평형이 성립되고, 효소에 대한 저해제의 친화력(affinity)은 평행 또는 해리상수(equilibrium or dissociation constant)로 표시된다. 현재 세 가지 유형의 가역적 저해제, 즉 **경쟁적 저해제(competitive inhibitor), 비경쟁적 저해제(uncompetitive inhibitor), 무경쟁적 저해제(Noncompetitive inhibitor)**가 알려져 있다.

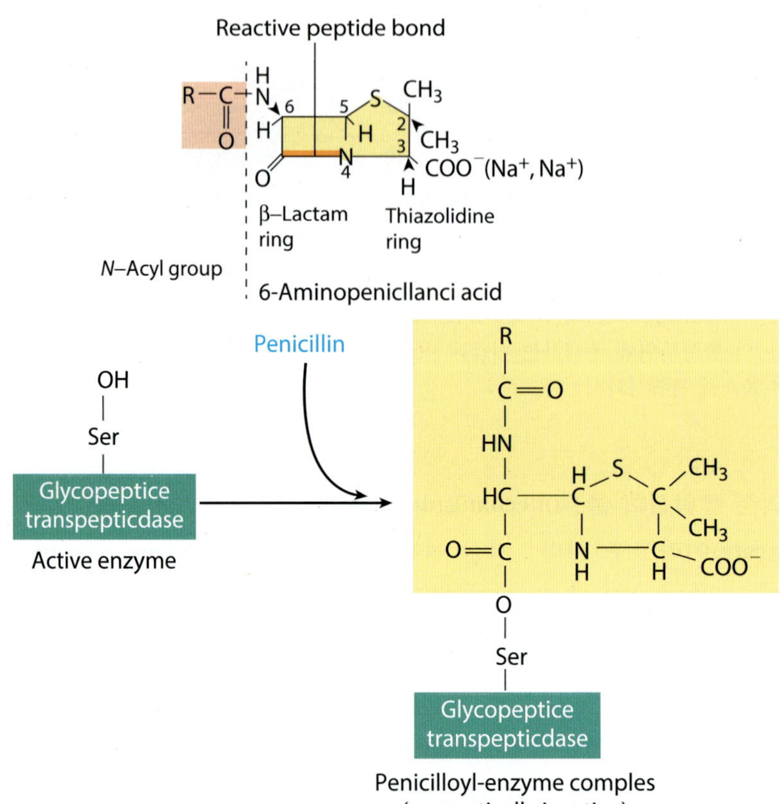

그림 2-14 항생제 페니실린에 의한 세균의 세포벽 합성에 관여하는 트랜스펩티데이스(transpeptidase)의 비가역적 저해. 페니실린계의 항생제는 베타-락탐 고리(β-lactam ring)에 융합된 씨아졸리딘 고리(thiazolidine ring)으로 이루어진 6-아미노페니실란산(6-aminopenicillanic acid)의 유도체이다. 즉 페니실린계 항생제는 6번 위치의 아미노기에 붙어 있는 측쇄(side chain)의 유형에 따라 서로 다른 구조를 취하고 있다. 베타-락탐 고리에 있는 반응성 있는 펩타이드결합(reactive peptide bind)은 트랜스펩티데이스(transpeptidase)의 활성부위에 있는 세린 잔기(serine residue)와 공유결합한다. 반응성 있는 펩타이드 결합 주변에 있는 페니실린의 입체 구조는 정상적인 트랜스펩티데이스 기질의 전이상태(transition state)를 닮았다. Penicilloyl-enzyme complex는 촉매 활성이 없으며, 비가역적으로 결합되어 있다.

경쟁적 저해제(Competitive inhibitor)

경쟁적 저해제는 대개 구조적으로 기질과 유사하며 효소의 활성부위에서 기질과 경쟁적으로 결합한다(그림 2-15). 즉 저해제가 효소의 활성부위에 결합하게 되면 기질이 활성부위에 결합할 가능성이 낮아지게 된다. 경쟁적 저해에서 효소-기질 복합체(ES complex)와 효소-저해제 복합체(EI complex)는 형성되지만 효소-기질-저해제 복합체

표 2-4 여러 가지 유형의 저해제가 존재할 때, 미하엘리스-멘텐 방정식과 V_{max} 및 K_m 값의 변화

Type of inhibition	Equation	Apparent V_{max}	Apparent k_m
None	$v = \dfrac{V_{max}[S]}{K_m + [S]}$	—	—
Competitive	$v = \dfrac{V_{max}[S]}{K_m\left(1+\dfrac{[I]}{K_i}\right) + [S]}$	No change	Increased
Mixed noncompetitive	$v = \dfrac{V_{max}[S]}{K_m\left(1+\dfrac{[I]}{K_i}\right) + [S]\left(1+\dfrac{[I]}{K_i'}\right)}$	Decreased	Increased (단, K_i 〈 K_i')
Pure noncompetitive	$v = \dfrac{V_{max}[S]}{(K_m + [S])\left(1+\dfrac{[I]}{K_i}\right)}$	Decreased	No change
Uncompetitive	$v = \dfrac{V_{max}[S]}{K_m + [S]\left(1+\dfrac{[I]}{K_i'}\right)}$	Decreased	Decreased

(ESI complex)는 형성되지 않는다. 그리고 저해제(I)가 효소(E)에 가역적으로 결합하기 때문에(다시 말하면 쉽게 해리되기 때문에) 기질(S)의 농도를 점차 높여 주면 반응의 진행이 **EI** 복합체보다 **ES** 복합체의 형성 쪽으로 기울어져 저해제의 영향을 극복할 수 있다. 즉 기질의 농도가 저해제의 농도보다 훨씬 높게 되면 저해제가 활성부위에 결합할 가능성이 최소화되고 반응은 정상적인 V_{max}를 나타내게 된다. 경쟁적 저해제는 효소와 결합하여 효소-저해제 복합체를 형성하지만 촉매 반응을 유도하지는 않는다.

전형적인 경쟁적 저해의 예는 숙신산(succinic acid)을 푸마르산(fumaric acid)으로 쉽

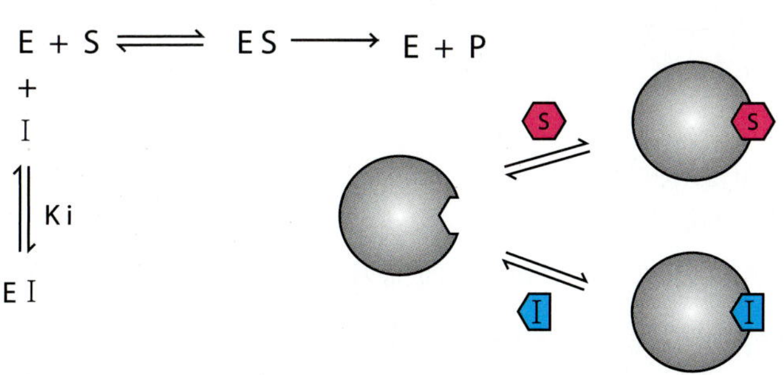

그림 2-15 경쟁적 저해(competitive inhibition). 경쟁적 저해제는 효소의 활성부위 내에서 기질의 결합부위와 동일한 부위에서 가역적으로 결합한다. 따라서 기질(S)과 저해제(I)는 고도의 구조적 유사성을 공유하고 있을 것으로 예상할 수 있다.

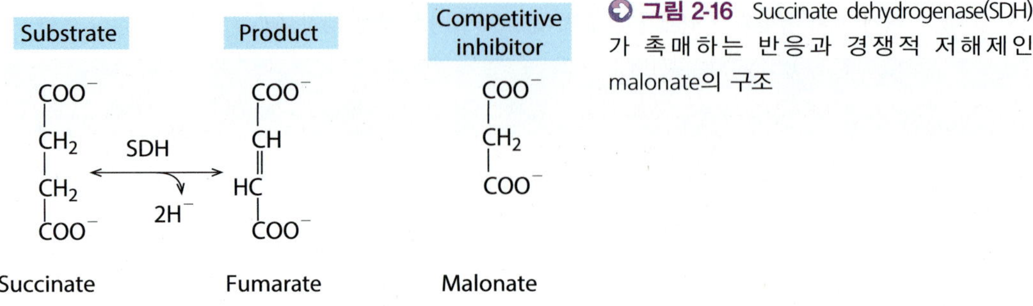

그림 2-16 Succinate dehydrogenase(SDH)가 촉매하는 반응과 경쟁적 저해제인 malonate의 구조

게 산화시키는 숙신산 탈수소효소(**succinate dehydrogenase**)에 대한 말론산(**malonic acid**)의 효과이다. 그림 2-16에서 나타낸 바와 같이 숙신산과 구조가 유사한 말론산(malonic acid)의 농도를 증가시키면 숙신산 탈수소효소(succinate dehydrogenase)의 활성은 크게 떨어진다. 그러나 이러한 저해 현상은 기질인 숙신산(succinic acid)의 농도를 높이면 극복된다.

경쟁적 저해는 정상상태 속도론에 의해 정량적으로 분석할 수 있다. 경쟁적 저해제의 존재 하에서 미하엘리스-멘텐 방정식은 다음과 같이 나타낼 수 있다.

$$v = \frac{V_{max}[S]}{\alpha K_m + [S]}$$

여기서,

$$\alpha = 1 + \frac{[I]}{K_i}, \quad K_i = \frac{[E][I]}{[EI]}$$

경쟁적 저해(**competitive inhibition**)의 특징은 ① 상기에서 언급한 대로 기질의 농도가 저해제의 농도보다 훨씬 높을 때 $\mathbf{V_{max}}$ 값은 변하지 않는다. 그리고 ② 겉보기 $\mathbf{K_m}$ (**apparent** $\mathbf{K_m}$) 값은 억제제의 존재로 인하여 인자 **α**만큼 증가하게 된다. 이와 같은 경쟁적 억제의 특징은 그림 2-17에서도 알 수 있다.

비경쟁적 저해제(Uncompetitive inhibitor)

비경쟁적 저해제는 효소의 활성부위와 다른 곳에 저해제가 결합하기 때문에 기질과 경쟁하지 않는다. 그리고 경쟁적 저해제와 달리 유리 효소(free enzyme) E와는 결합하지 않고 오직 ES 복합체에만 결합한다. 이러한 저해 작용은 기질의 농도를 증가시켜도 완전히 극복되지는 않는다. 즉, 기질의 농도를 증가시키면 반응 속도는 증가하지만 V_{max}는 저해제가 존재하지 않는 반응보다 감소하게 된다. 비경쟁적 저해(**uncompetitive inhibition**)의 특징은 V_{max}와 K_m 값이 모두 저해제가 존재하지 않을 때보다 감소한다는 사실이다. 흥미롭게도 저해제 존재 하에 K_m 값이 감소한다는 것은 저해제가 존재하지 않을 때보다 오히려 기질(S)이 더 효율적으로 결합된다는 것을 의미한다. 임상적으로 중요한 비경쟁적 저해(uncompetitive inhibition)의 예는 조울증(manic depression, bipolar disorder) 치료에 사용되는 리튬(lithium)의 작용이다. 리튬 이온(Li^+)은 포유

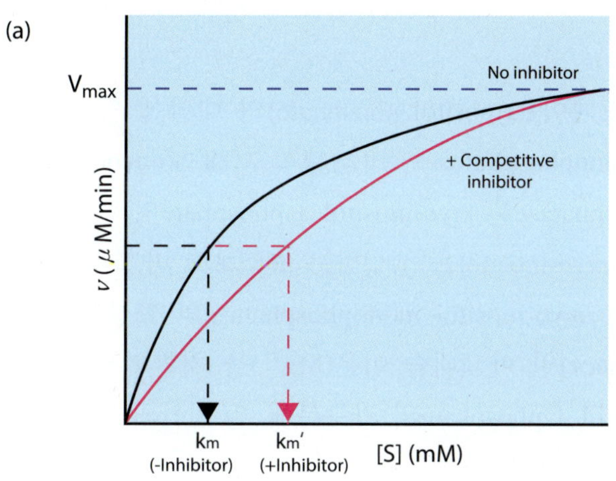

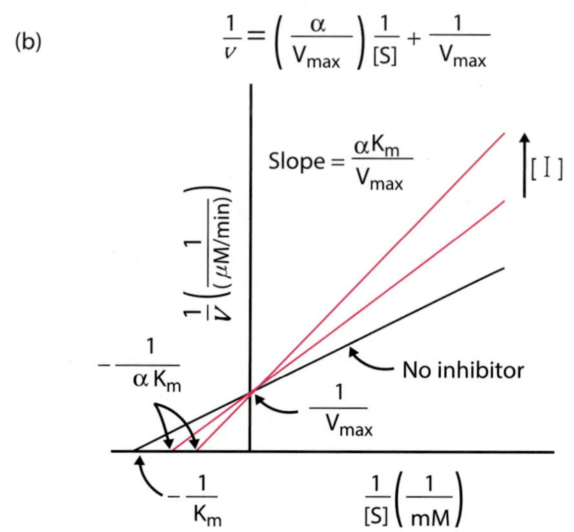

그림 2-17 효소 반응에 있어서 경쟁적 저해제의 영향을 나타낸 도표. (a) 쌍곡선(hyperbolic curve) (b) 라인위버-버크 도표(Lineweaver-Burk plot)

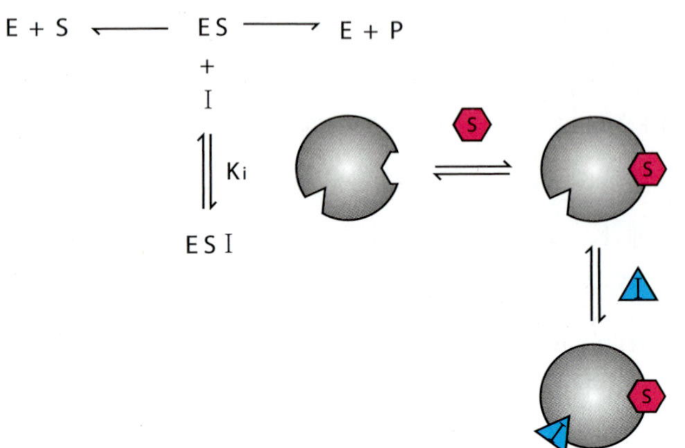

그림 2-18 비경쟁적 저해(uncompetitive inhibition). 비경쟁적 저해제는 효소의 활성부위와 다른 곳에 저해제가 결합하고, 경쟁적 저해제와 달리 유리 효소(E)와는 결합하지 않고 오직 ES 복합체에만 결합한다. 비경쟁적 저해는 대개 효소가 1개 이상의 기질과 결합하는 반응에서 나타난다.

동물의 뇌에 존재하는 이노시톨 포스페이트(inositol phosphate)의 대사에 있어서 결정적인 역할을 하는 ***myo*-inositol monophosphatase의 비경쟁적 저해제(uncompetitive inhibitor)이다.** *myo*-inositol monophosphatase는 *myo*-inositol 1-phosphate의 탈인산화(dephosphorylation)를 촉매하여 유리 *myo*-inositol을 생성하는 효소로서 마그네슘-의존적 활성을 나타낸다. 리튬 이온(Li^+)은 *myo*-inositol monophosphatase의 활성부위로부터 필수적인 활성인자(essential activator)인 마그네슘 이온(Mg^{2+})을 치환함으로써 효소-기질 복합체에 결합하여 *myo*-inositol 1-phosphate의 가수분해 후 인산의 방출을 억제한다.

비경쟁적 억제제의 존재 하에서 미하엘리스-멘텐식은 다음과 같이 변환된다.

$$v = \frac{V_{max}[S]}{K_m + \alpha'[S]}$$

여기서,

$$\alpha' = 1 + \frac{[I]}{K_i'}, \quad K_i' = \frac{[ES][I]}{[ESI]}$$

비경쟁적 저해(uncompetitive inhibition)는 기질의 농도가 높을 때 최상으로 작동하며, 위의 식에 나타나 있듯이 고농도의 기질에서 v는 V_{max}/α'에 접근한다. 따라서 비경쟁적 저해제는 V_{max}를 낮춘다. V_{max}의 1/2에 도달하는 데 필요한 [S]가 인자 α'만큼 감소하기 때문에 겉보기 K_m(apparent K_m) 또한 감소한다.

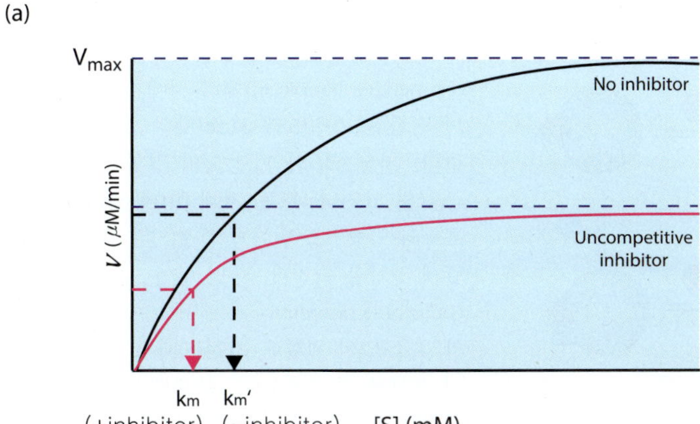

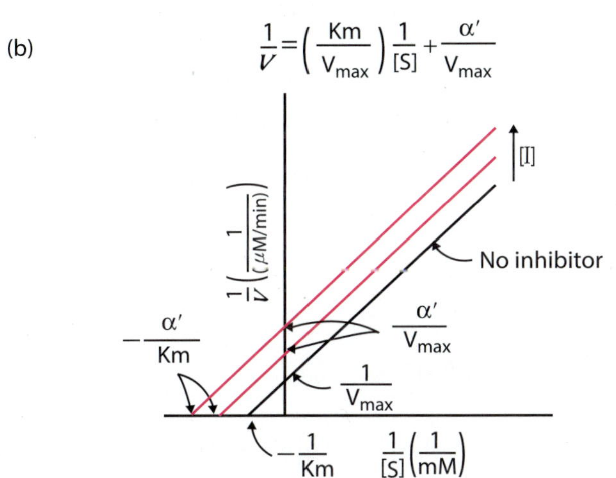

그림 2-19 효소 반응에 있어서 비경쟁적 저해제의 영향을 나타낸 도표. (a) 쌍곡선(hyperbolic curve) (b) 라인위버-버크 도표(Lineweaver-Burk plot)

무경쟁적 저해제(Noncompetitive inhibitor)

무경쟁적 저해는 혼합형 무경쟁적 저해(**mixed noncompetitive inhibition**)와 순수 무경쟁적 저해(**pure noncompetitive inhibition**) 두 가지로 구분된다. 혼합형 무경쟁적 저해(Mixed noncompetitive inhibition)는 서로 다른 두 가지 가역적 저해의 조합(combination), 즉 경쟁적 저해(competitive inhibition)와 비경쟁적 저해(uncompetitive inhibition)의 조합을 일컫는다. 혼합형 무경쟁적 저해에서 저해제(inhibitor)는 비경쟁적 저해제와 같이 기질에 대한 구조적 유사성을 보이지 않을 뿐만 아니라 효소의 활성부위와 다른 곳에 결합한다. 그러나 비경쟁적 저해제와는 달리 유리 효소(**E**) 및 효소-기질 복합체(**ES**) 양쪽 모두와 상호작용할 수 있다(그림 2-20). 혼합형 무경쟁적 저해의 경우 기질의 농도를 증가시켜도 저해 효과는 극복될 수 없다. 혼합형 무경쟁적 저해제(**Mixed**

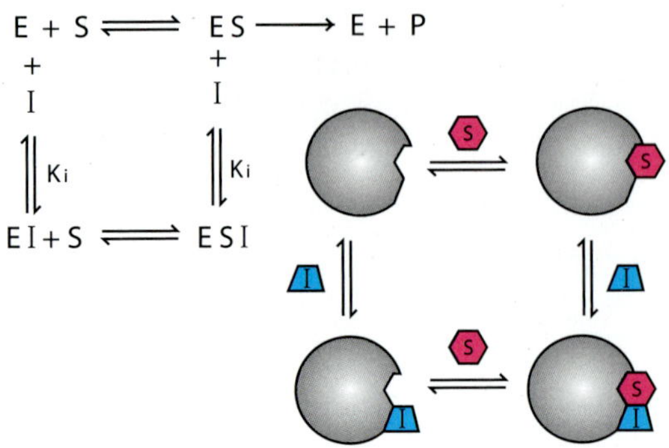

그림 2-20 무경쟁적 저해(Noncompetitive inhibition). 혼합형 무경쟁적 저해(Mixed noncompetitive inhibition)에서 저해제(I)와 효소(E)의 결합은 기질(S)과 효소(E)의 결합에 영향을 준다. 저해제(I)와 기질(S)의 결합부위가 서로 근접해 있거나, 또는 저해제(I)에 의해 유도된 효소의 입체구조 변화가 기질(S)과 효소(E)의 결합에 영향을 미친다. 반면, 순수 무경쟁적 저해(pure noncompetitive inhibition)에서 저해제(I)와 효소(E)의 결합은 기질(S)과 효소(E)의 결합에 영향을 주지 않는다. 무경쟁적 저해도 비경쟁적 저해처럼 기질의 농도를 증가시켜도 저해 효과가 완전히 극복되지 않는다.

noncompetitive inhibitor)의 특징은 기질에 대한 겉보기 친화도(apparent affinity)를 감소시킬(apparent K_m 〉 K_m) 뿐만 아니라 겉보기 최대 속도를 감소시키는(apparent V_{max} 〈 V_{max}) 것이다.

무경쟁적 저해를 나타내는 속도 방정식은 다음과 같다.

$$v = \frac{V_{max}[S]}{\alpha K_m + \alpha'[S]}$$

여기서, α와 α′은 경쟁적 저해와 비경쟁적 저해에서 정의한 바와 같다. **혼합형 무경쟁적 저해(mixed noncompetitive inhibition)에서 α와 α′은 다르다($\alpha \neq \alpha'$). 즉 K_i와 K'_i가 서로 다르다.** 수학적으로 혼합형 무경쟁적 저해(mixed noncompetitive inhibition)는 α′와 α′이 양쪽 모두 1보다 더 클 때 일어난다. 실제적으로 드물게 일어나는 **α = α′(K_i와 K'_i가 서로 같다.)인 특별한 경우를 고전적으로 순수 무경쟁적 저해(pure noncompetitive inhibition)라고 정의**하여 왔다. **순수 무경쟁적 저해제(Pure noncompetitive inhibitor)의 특징은 혼합 무경쟁적 저해제와는 달리 겉보기 V_{max}를 감소시키지만 K_m에는 영향을 주지 않는다는 것이다(그림 2-21).** 위의 방정식은 가역적 저해제의 효과에 대한 일반적인 표현이며 **(경쟁적 저해의 경우 α′ = 1, 비경쟁적 저해의 경우 α = 1)**, 이 식으로부터 개별적인 속도론적 매개변수(kinetic parameters)에 관한 저해제의 영향을 요약할 수 있다(표 2-5). **모든 가역적 저해제에 있어서 apparent V_{max} = V_{max}/α'이다.** 왜냐하면 기질 농도가 매우 높을 때, 윗 방정식의 오른쪽 항은 항상 V_{max}/α'로 단순화시킬 수 있다. 경쟁적 저해제에 있어서 α′ = 1이기 때문에 무시될 수 있다.

표 2-5 겉보기 V_{max}와 겉보기 K_m에 미치는 가역적 저해제의 영향

Inhibitor type	Apparent V_{max}	Apparent K_m
None	V_{max}	K_m
Competitive	V_{max}	αK_m
Uncompetitive	V_{max}/α'	K_m/α'
Mixed noncompetitive	V_{max}/α'	$\alpha K_m/\alpha'$
Pure noncompetitive	V_{max}/α	$K_m(\because \alpha = \alpha')$

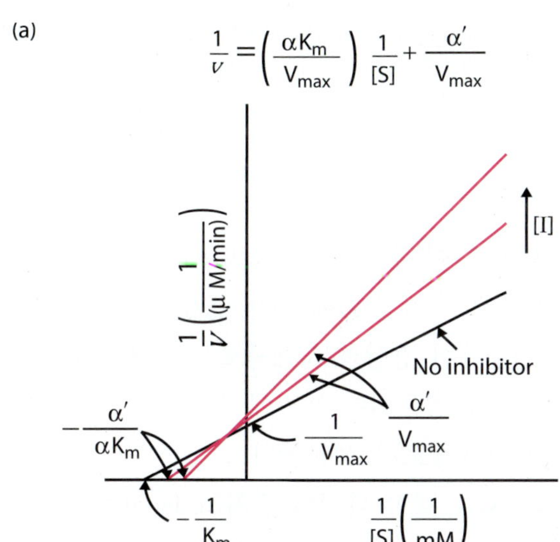

그림 2-21 (계속)

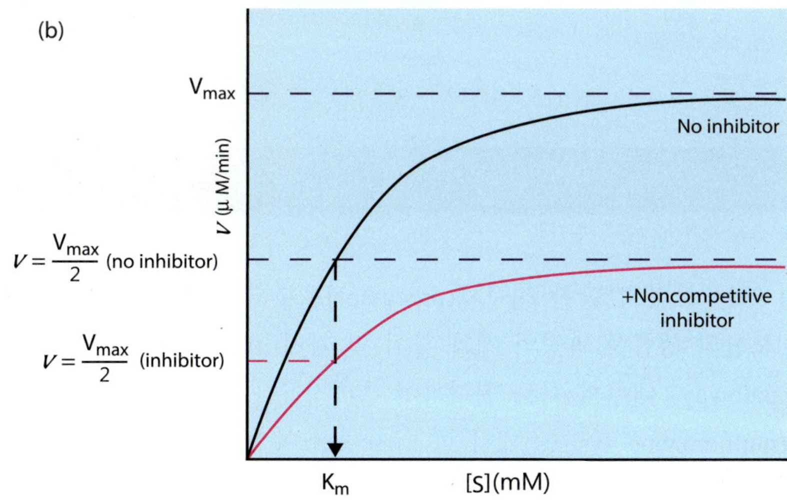

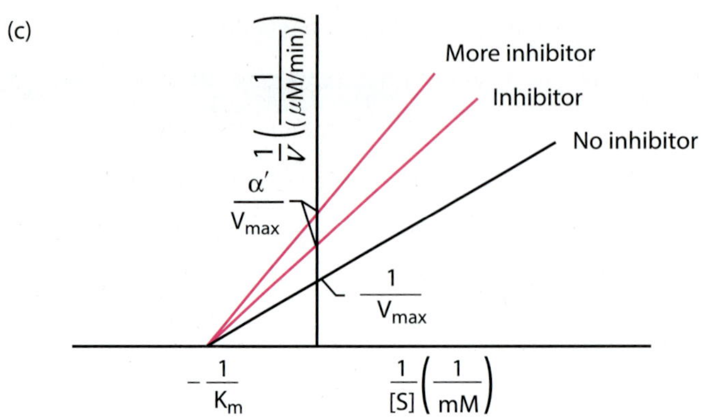

그림 2-21 효소 반응에 있어서 혼합형 무경쟁적 저해제와 순수 무경쟁적 저해제의 영향을 나타낸 도표. (a) 혼합형 무경쟁적 저해(mixed competitive inhibition)의 라인위버-버크 도표(Lineweaver-Burk plot), (b) 순수 무경쟁적 저해의 쌍곡선(hyperbolic curve) (c) 순수 무경쟁적 저해의 라인위버-버크 도표(Lineweaver-Burk plot)

실제로, 무경쟁적 저해는 비경쟁적 저해와 같이 두 가지 이상의 기질을 갖는 효소에서만 관찰된다. 만약 어떤 저해제가 정상적으로 기질 S_1에 의해 점유되는 부위에 결합한다면, 기질 S_1의 농도가 변하게 되는 실험에서 경쟁적 저해제로서 작용할 것이다. 만약 어떤 저해제가 정상적으로 기질 S_2에 의해 점유되는 부위에 결합된다면, 그것은 기질 S_1의 무경쟁적 저해제 또는 비경쟁적 저해제로서 작용할지도 모른다. 관찰되는 실제적 저해 양상(inhibition pattern)은 S_1과 S_2의 결합 과정이 순차(ordered)이냐 또는 비순차적(random)이냐에 좌우된다. 따라서 기질이 결합하고 생성물이 활성부위를 떠나는 순서는 결정되어질 수 있다.

2-9 조절효소

해당과정(Glycolysis) 또는 보다 간단한 전구체(precursor)로부터 몇 단계의 반응을 경유하여 완성되는 아미노산의 생합성 과정의 예와 같이 몇 가지 효소들(효소 군)은 순차적인 경로(sequential pathway) 내에서 서로 협력하여 촉매작용을 수행하고 있다. 이와 같은 다효소 반응계(multienzyme system)에서 한 가지 효소의 반응 생성물은 그 다음 반응의 기질로 활용된다.

다효소 반응계(Multienzyme system)에서 반응의 속도를 조절하는 최소한 1개 이상의 효소가 존재한다. 이 효소는 속도-결정 단계(rate-determining step, slowest step)를 촉매하기 때문에 전체 반응(overall sequence)의 속도를 결정한다. 이러한 기능을 가진 효소를 **조절효소(regulatory enzymes)**라고 한다. 조절효소는 특정 분자 신호(molecular signal)에 응하여 자신의 촉매 활성을 증가시키거나 감소시킬 수 있다. 따라서 조절효소의 작용에 의해 전체 대사 반응의 속도가 일정하게 조절된다. 대부분 다효소 반응계(multienzyme system)에서 반응 경로의 첫 번째 효소가 조절효소인 경우가 많다.

조절효소(Regulatory enzymes)는 알로스테릭 효소(allosteric enzyme 또는 noncovalently regulated enzyme)와 공유결합적 변형(covalent modification)과 알로스테릭 조절 양쪽 모두에 의해 활성이 조절되는 효소(covalently regulated enzyme) 두 가지로 구분된다. **알로스테릭 효소(Allosteric enzymes)는 알로스테릭 모듈레이터(allosteric modulator)** 또는 **알로스테릭 이펙터(allosteric effector)**라고 불리는 조절 화합물(regulatory compound)의 가역적 비공유결합을 통해, 조절 기능을 수행한다. 또 다른 유형의 조절 방식으로 **가역적 공유결합적 변형(reversible covalent modification)과 알로스테릭 조절 양쪽 모두에 의해 활성이 조절되는 효소(covalently regulated enzyme)가 있다.** 이러한 유형의 조절효소는 다른 효소의 작용에 의해 활성형에서 불활성형으로, 또는 불활성형에서 활성형으로 변화한다.

2-9-1 알로스테릭 효소

알로스테릭 효소(Allosteric enzymes)에서 『allosteric』이라는 용어의 어원은 다른(other)을 뜻하는 그리스어 『allo』와 부위(space or site)를 뜻하는 『stereos』로부터 유래되었다. **알로스테릭 효소(allosteric enzymes)란** 기질의 결합 부위인 활성부위와 입체적으로 다른 부위에 **알로스테릭 조절인자(allosteric modulator 또는 allosteric effector)**라고 불리는 조절 화합물의 가역적 비공유결합을 통하여 효소 활성을 변화시키는 효소를 지칭한다. 이런 이유로 하여 알로스테릭 효소를 **다른자리 입체성 효소**라고로 번역되기도 한다. 이러한 **알로스테릭 효소는 다음과 같은 몇 가지 특성을 가지고 있다.**

1 알로스테릭 효소(Allosteric enzymes)는 2개 이상의 폴리펩타이드 사슬(subunit)로 구성되어 있다(oligomeric organization).

알로스테릭 효소는 다른 모든 효소들과 같이 기질을 결합하여 그것을 변형시키는 촉매부위(catalytic site)뿐만 아니라 조절인자(modulator 또는 effector)라고 불리는 조절인자를 결합하는 특별한 조절부위(**regulatory site 또는 allosteric site**)를 가지고 있다. 따라서 알로스테릭 효소는 일반적으로 비조절 효소보다 더 크고 복잡하다. 알로스테릭 효소의 조절인자(modulator)는 저해제(negative modulator 또는 inhibitor)이거나 활성인자(positive modulator 또는 activator)이다. 활성인자(positive modulator 또는 activator)는 종종 기질 그 자체인 경우가 있다. 기질과 조절인자가 동일한 조절 효소를 동종성 알로스테릭 효소(**homotropic allosteric enzyme**)라고 부르는 반면, 기질과 조절인자가 다른 조절 효소를 이종성 알로스테릭 효소(**heterotropic allosteric enzyme**)라고 부른다.

알로스테릭 효소(Allosteric enzymes)의 조절인자(modulator)는 비조절효소의 비경쟁적 저해제(uncompetitive inhibitor) 및 무경쟁적 저해제(noncompetitive inhibitor)와 다르다. 즉 비경쟁적 저해제와 무경쟁적 저해제도 효소상의 제2의 부위에 결합되지만, 반드시 활성형과 비활성형 간의 구조적 변화를 매개하지 않는다. 그리고 속도론적 결과도 서로 다르다.

2 알로스테릭 효소(Allosteric enzymes)는 미하엘리스-멘텐 속도론과 다른 *v*와 [S] 간의 관계를 보인다.

알로스테릭 효소에서 *v* 대(versus) [S]의 도표는 그림 2-22와 같이 직각쌍곡선(rectangular hyperbola)이 아닌 **S자형 곡선(sigmoid curve 또는 S-shaped curve)**을 나타낸다. S자형 곡선(Sigmoid curve)에서도 최대 속도(V_{max})의 1/2이 될 때의 기질 농도의 값을 측정할 수 있다. 그러나 알로스테릭 효소가 쌍곡선의 미하엘리스-멘텐 방정식을 따르지 않기 때문에 **그것을 K_m 값이라고 하지는 않는다.** 그 대신에 알로스테릭 효소에 의해 촉매되는 반응에서 최대 속도(V_{max})의 1/2이 될 때의 기질 농도의 값을 나타내는 기호로서 **$[S]_{0.5}$ 또는 $K_{0.5}$가 자주 사용된다.** 일반적으로 S자형의 속도론적 방식(sigmoid kinetic behavior)은 단백질 소단위체(subunit) 간의 협동적 상호작용을 반영한다. 즉 하나의 소단위체(subunit)의 구조적 변화는 인접한 소단위체의 구조 변화를 유발한다. 이것은 소단위체 간의 표면에서 비공유결합적 상호작용에 의해 중재되는 효과이다. 이러한 원리는 비효소 단백질인 헤모글로빈에 산소가 결합할 때의 협동성(cooperativity)의 현상과 유사한 것이다. S자형의 속도론적 방식(sigmoid kinetic behavior)은 소단위체의 상호작용에 대한 협조성-대칭 모델(**concerted-symmetry model 또는 MWC model**)과 순차적 모델(**sequential model 또는 KNF model**)에 의해 설명된다.

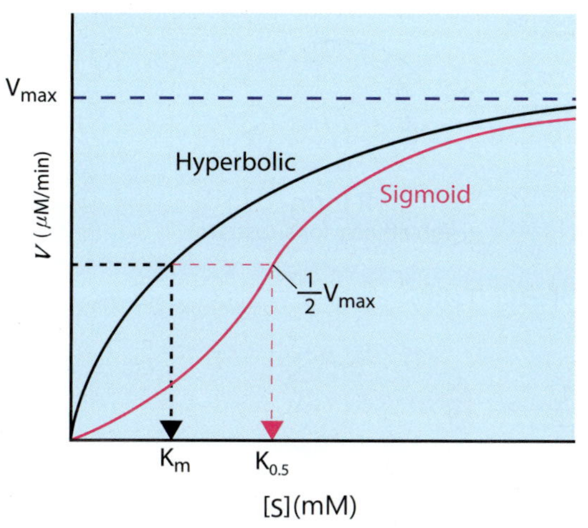

그림 2-22 알로스테릭 효소(Allosteric enzymes)에서 *v* 대 [S]의 도표. 알로스테릭 효소는 S자형 곡선(sigmoid curve)을 나타내는 반면, 비조절효소는 쌍곡선(hyperbolic curve)을 나타낸다.

협조성-대칭 모델(concerted-symmetry model 또는 MWC model)은 1965년에 쟈크 모노(Jacques **M**onod), 제프리 와이먼(Jeffries **W**yman), 쟝 피에르 샹줴(Jean-Pierre **C**hangeux)에 의해 제안되었다. 이들은 알로스테릭 단백질이 소중합체(oligomer)라는 사실에 근거하여 알로스테릭 전이(allosteric transition)의 이론적 모델을 제안하였다. 협조성 모델은 협동적으로 결합하는 단백실의 소단위체(subunit)는 기능적으로 동일하고, 각 소단위체는 적어도 두 가지 입체구조(conformation), 즉 이완된(relaxed) R 상태와 긴장된(taut) T 상태로 존재할 수 있으며, 모든 소단위체들은 한 가지 입체구조로부터 다른 입체구조로 동시에 전환이 일어난다고 가정하고 있다(그림 2-23). 이 모델에서 소중합체(oligomer)를 구성하고 있는 개개의 소단위체들(subunits)은 다른 입체구조를 취하는 경우는 절대 없다(모두 R이거나 모두 T인 입체구조). 쉽게 말하면, 이 모델에서 혼합된 입체구조(TT 또는 RR이 아니고 RT 상태)는 허용되지 않는다. 이것이 바로 협조적 입체구조의 전이이다. 리간드(Ligand)가 없으면 두 상태(R 상태와 T 상태)는 평형을 이룬다. 평행상수는 L로 표시하는데 L = T/R이며, L은 값이 크다고 가정한다. 즉, T 입체구조 상태에서 단백질의 양이 R 입체구조 상태에서 단백질의 양보다 훨씬 많다. 그러나 기질(S)에 대한 친화도(affinity)는 T 상태(low affinity for substrate)보다 R 상태(high affinity for substrate)가 훨씬 크다. 그림 2-24에 나타낸 바와 같이 알로스테릭 저해제(negative modulator 또는 allosteric inhibitor)는 T 상태의 효소에 우선적으로 결합하는 반면에, 알로스테릭 활성인자(positive modulator 또는 allosteric activator)는 R 상태의 효소에 우선적으로 결합한다.

알로스테릭 효소 용액에 기질을 첨가했을 때를 생각해 보자. R 상태의 효소 농도는 상대적으로 적지만 기질(S)은 오직 R 상태의 효소에만 결합한다. 따라서 R 상태의 효

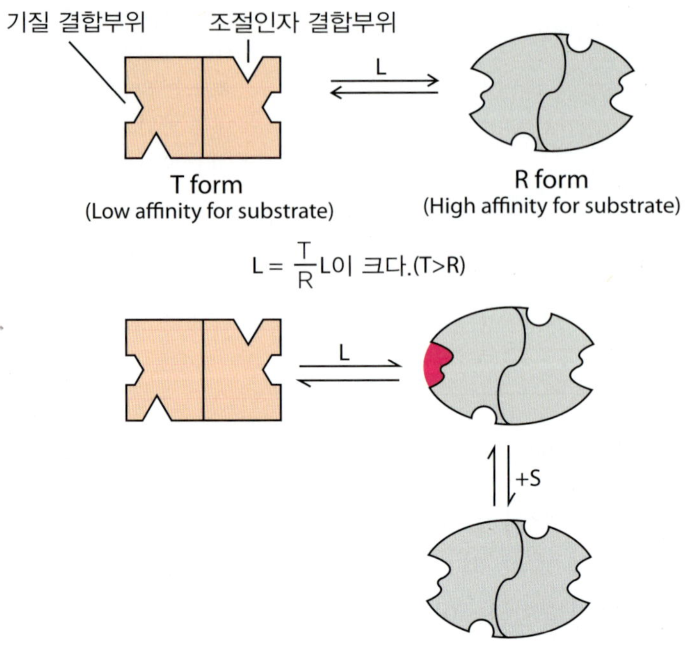

그림 2-23 협조성-대칭 모델(concerted-symmetry model 또는 MWC model). 협조성-대칭 모델에서 효소 단백질 내의 각 소단위체(subunit)는 기질(S)이 결합하는 부위와 알로스테릭 조절인자(M)가 결합하는 부위를 각각 하나씩 가지고 있다. 단백질의 소단위체들은 서로 대칭적인 관계를 가지며, 대칭성은 단백질의 입체구조 상태와 관계없이 보존된다. L(평형상수) = T/R에서 L이 크다는 의미는 R 상태보다 T 상태를 선호하는 쪽으로 평형이 형성되어 있다는 것을 의미한다. 기질의 농도가 증가하면 T/R 평형은 R 입체구조의 효소 비율이 증가하는 쪽으로 이동한다.

소는 고갈되고 T/R의 평형이 교란된다. 교란된 평형을 회복하기 위하여 T 상태의 효소 분자들은 R 상태로 전이된다. 이러한 전이로 인해 조금 더 많은 R 상태의 효소가 만들어지고, 이것이 다시 기질과 결합하게 된다. 이 과정은 다음과 같은 순환을 이룬다. R 상태 효소와 기질과의 결합 → R 상태 효소의 고갈 → T/R 평형의 교란 → R 상태로 T 상태 효소의 전이로 인한 평형 회복 → R 상태의 효소와 기질과의 결합. 이 모델에서 협동성(cooperativity)이 성취되는 이유는 각각의 소단위체(subunit)가 기질에

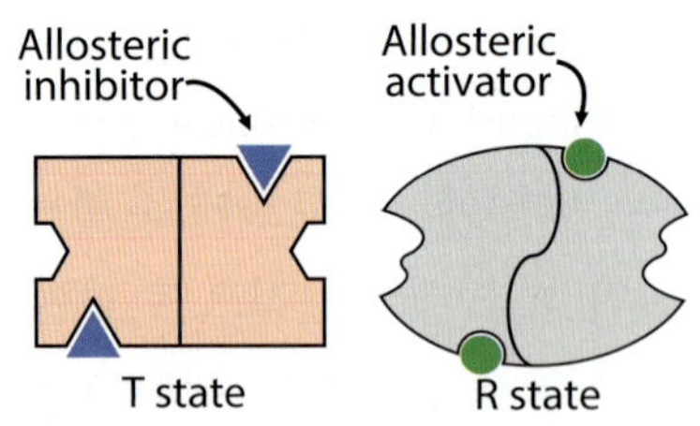

그림 2-24 협조성-대칭 모델에서 알로스테릭 저해제와 활성인자의 결합부위

대한 결합부위를 가지고 있기 때문이다. 즉 알로스테릭 효소 분자들이 1개 이상의 기질 결합부위를 가지고 있는 셈이 된다. 따라서 R 상태의 효소 분자가 증가하면, 기질이 결합할 수 있는 부위의 수가 점진적으로 증가하게 된다. 기질과 동일한 조절인자(modulator)가 효소 분자에 결합하게 되면, 협동적 방식(cooperative manner)으로 결합하기 때문에 동일한 효소 분자 내에 다른 기질의 결합을 향상시킨다. 이러한 리간드(ligand)를 양의(촉진적) 동종성 조절인자[**positive(stimulatory) homotropic modulator**] 또는 활성인자(**activator**)라고 한다. 동종성 알로스테릭 효소(homotropic allosteric enzyme)에서, 기질 농도([S])의 증가에 대한 반응 속도(v)의 증가는 그림 2-25와 같이 쌍곡선보다 S자형(sigmoid)을 나타낸다. 동종성 알로스테릭 효소는 각각의 소단위체(**subunit**)에 있는 동일한 결합자리가 활성부위(**active site**) 및 조절부위(**regulatory site**)로서 작용한다. 조절인자(Modulator)가 기질 그 자체가 아닌 어떤 대사산물(metabolite), 즉 이종성 조절인자(**heterotropic modulator**)가 작용하는 이종성 알로스테릭 효소(heterotropic allosteric enzyme)의 경우, 기질-포화 곡선(substrate-saturation curve)의 형(shape)을 일반화하는 것은 어렵다. 그러나 조절인자로서 활성인자(activator 또는 positive heterotropic modulator)와 저해제(allosteric inhibitor, negative heterotropic modulator)가 작용하는 이종성 알로스테릭 효소(heterotropic allosteric enzyme)의 기

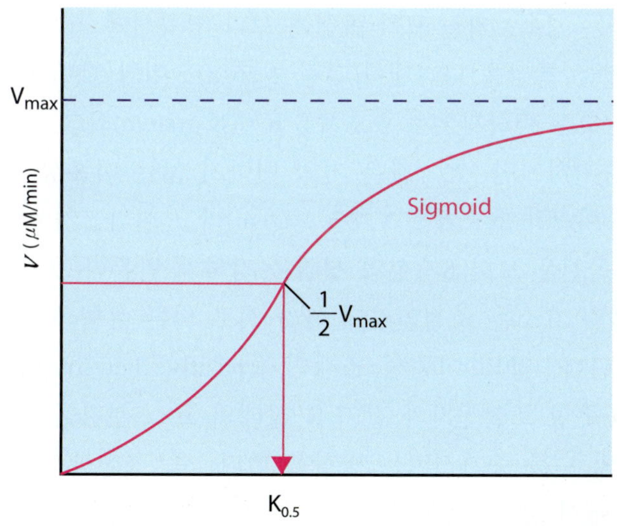

그림 2-25 동종성 알로스테릭 효소(homotropic allosteric enzyme)의 S자형 곡선(sigmoid curve). 기질 그 자체가 조절인자로 작용하는 경우, [S]에 대한 반응 속도(v)의 도표는 전형적인 쌍곡선형보다 S자형 곡선이 된다. S자형 속도론의 한 가지 특징은 조절인자의 농도에 작은 변화가 생겨도 활성에 큰 변화를 줄 수 있다는 것이다. 즉, 곡선의 가파른 부분에서 비교적 작은 [S]의 증가에도 큰 v의 증가를 일으킨다는 점을 알 수 있다.

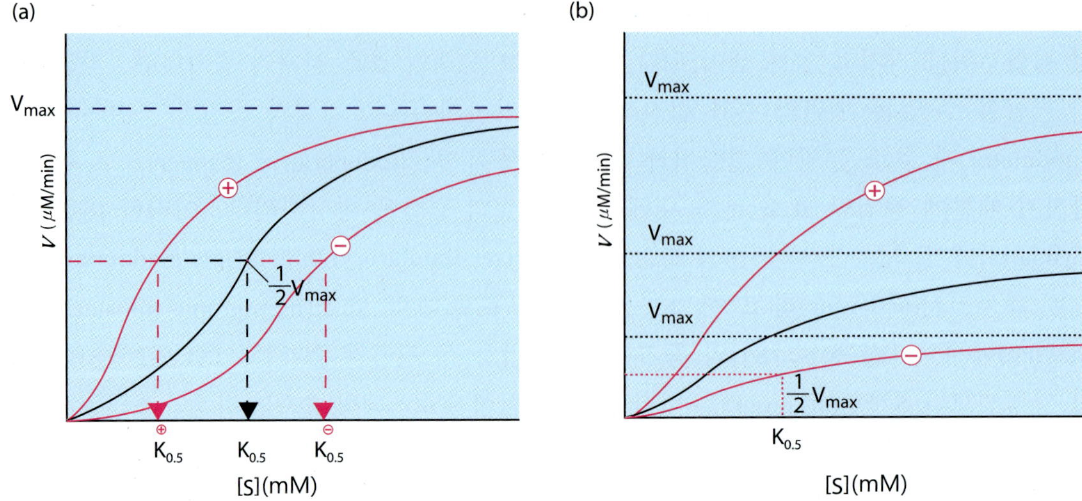

그림 2-26 이종성 알로스테릭 효소(heterotropic allosteric enzyme)의 기질-포화 곡선(substrate-saturation curve). 조절인자로서 활성인자(⊕: activator 또는 positive heterotropic modulator)와 저해제(⊖: allosteric inhibitor, negative heterotropic modulator) (a) 조절인자에 따라 $K_{0.5}$ 값은 변화하지만 V_{max} 값은 변하지 않는 효소계[K계(K system)] (b) 활성인자에 의해 V_{max} 값은 증가하지만, $K_{0.5}$ 값은 거의 변하지 않는 효소계[V계(V system)]. 저해인자는 $K_{0.5}$의 증가와 함께 기질-포화 곡선을 보다 S자형의 성질을 강하게 만든다.

질-포화 곡선(substrate-saturation curve)을 그림 2-26와 같이 얻을 수 있다. 활성인자(activator)가 작용하는 경우, 기질-포화 곡선은 보다 쌍곡선에 가까워지고, $K_{0.5}$의 감소와 V_{max}가 변하지 않는 특성을 나타낸다(그림 2-26 a). 이와 같이 **조절인자에 따라 $K_{0.5}$ 값은 변화하지만 V_{max} 값은 변하지 않는 효소계를 K계(K system)라고 한다.** 한편, 활성인자에 의해 V_{max}값은 증가하지만, $K_{0.5}$ 값은 거의 변하지 않는 이종성 알로스테릭 효소도 있다(그림 2-26 b). 이러한 효소계를 **V계(V system)**라고 한다. 저해인자는 $K_{0.5}$의 증가와 함께 기질-포화 곡선을 보다 S자형의 성질을 강하게 만든다(그림 2-26 b). 이와 같이 이종성 알로스테릭 효소는 조절인자에 따라 서로 다른 유형의 반응을 나타내는 기질-포화 곡선을 그린다. 양의 이종성 조절인자(positive heterotropic modulator 또는 activator)는 양의 동종성 조절인자와 같이 R 상태의 효소 분자를 증가시켜 기질이 결합할 수 있는 부위의 수를 증가시키는 역할을 한다. 즉 평형상수 L값을 낮추는 역할을 한다. 그림 2-27에서 알 수 있듯이 L값이 작아질수록 S자형 곡선(sigmoid curve)보다 쌍곡선(hyperbolic curve)에 가까워진다. **양의 이종성 조절인자는 L값을 낮추는 역할을 하기 때문에 협동성을 감소시킨다.** 오직 T 상태의 효소에만 결합하는 음의 이종성 조절인자(negative heterotropic modulator, allosteric inhibitor)는 R 상태를 소모시켜 T 상태

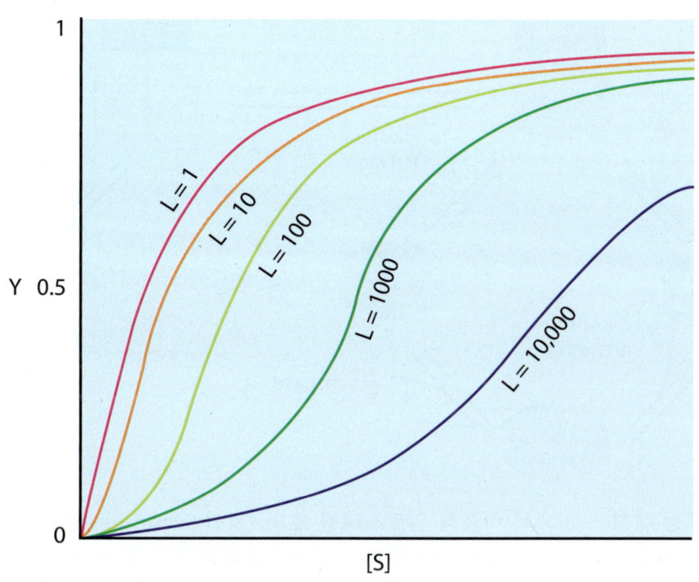

그림 2-27 4량체(Tetramer) 단백질에 대한 알로스테릭 효과를 Y(포화 함수) 대 [S]로 나타낸 그래프. Y는 (리간드로 점유되어 있는 리간드-결합부위)/(총 리간드-결합부위)로 정의된다. L = T/R이다. 알로스테릭 효소에서 협동성(cooperativity)의 정도는 상대적인 T/R 비율과 기질(S)에 대한 R과 T의 상대적인 친화도(affinity)에 따라 달라진다. 만약 L값이 크고(평형이 T 상태를 선호하는 쪽으로 상당히 형성되어 있고) 해리상수인 KT ≫ KR이면, 협동성이 크다.

의 수를 증가시킨다. R 상태의 감소는 기질 또는 양의 이종성 조절인자가 결합하는 것이 어려워진다는 것을 의미한다. 이 경우 협동성이 증가하여 기질-포화 곡선은 더욱 **S**자형 **(sigmoid)**의 성질이 강하게 된다.

순차적 모델(**sequential model** 또는 **KNF model**)은 1966년 코쉬랜드(**K**oshland), 네메씨(**N**emethy) 그리고 필머(**F**ilmer)에 의해 제안되었다. 1958년 유도적합 이론(induced-fit theory)을 주장한 다니엘 코쉬랜드(Daniel Koshland)는 '단백질은 본질적으로 리간드가 결합할 때 입체구조가 바뀌는 유연한 분자'라는 생각을 옹호하였다. 이들은 이 모델을 이용하여 다량체 단백질(multimeric protein)의 한 소단위체에 리간드의 결합에 의해 유도된 입체구조적 변화는 소단위체의 접촉면을 경유하여 다른 소단위체에 전달되어 그들의 입체구조적 변화를 유발한다고 가정하였다. 이러한 입체구조적 변화의 결과로서, 다른 소단위체는 리간드에 대해 더 큰 친화도(활성인자가 결합한 경우) 또는 더 적은(저해인자가 결합한 경우) 친화도를 갖게 될 것이다. 즉 하나의 소단위체에 한 분자의 리간드가 결합하면 단백질의 입체구조의 변화를 초래하여 인접한 소단위체에 유사한 변화를 만들어 동시에 제2의 리간드 분자의 결합을 더 용이하거나 더 어렵게 한다.

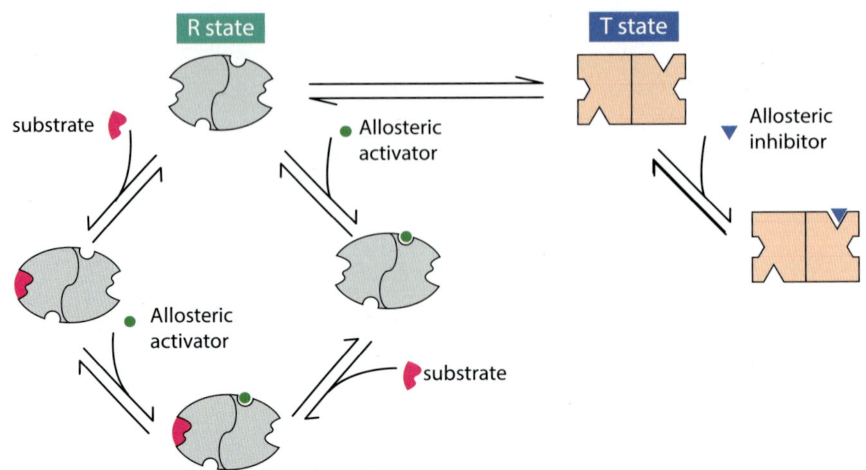

그림 2-28 협조성-대칭 모델에서 이종성 알로스테릭 효과. 기질(Substrate)은 오직 R 상태의 활성부위에만 결합하는 양의 동종성 조절인자(positive homotropic modulator)이다. 알로스테릭 활성인자(Allosteric activator)는 R 상태의 활성인자를 위한 결합부위에만 결합하는 양의 이종성 조절인자(positive heterotropic modulator)이다. 양의 이종성 조절인자는 양의 동종성 조절인자와 같이 R 상태의 효소 분자를 증가시켜 기질이 결합할 수 있는 부위의 수를 증가시키는 역할을 한다. 알로스테릭 저해제(Allosteric inhibitor)는 오직 T 상태의 저해제를 위한 결합부위에만 결합하는 음의 이종성 조절인자(negative heterotropic modulator)이다. 이러한 음의 이종성 조절인자는 R 상태를 소모시켜 T 상태의 수를 증가시킨다. R 상태의 감소는 기질 또는 양의 이종성 조절인자가 결합하는 것이 어려워진다는 것을 의미한다.

3 많은 대사 경로에서 조절 단계는 알로스테릭 효소에 의해 촉매된다.

몇몇 다효소 반응계(multienzyme system)에서 그 경로의 최종 생성물(end product)이 세포가 필요로 하는 양 이상으로 만들어지는 경우가 있다. 이때 그 최종 생성물은 다효소 반응계의 거의 시작 단계에서 효소의 특별한 저해제로 작용한다. 앞서 설명한 바와 같이 이러한 방법으로 저해되는 효소를 조절 효소(**regulatory enzyme**)라고 한다. 이 조절 효소의 단계에서 반응이 저해되면, 그 다음에 계속되는 반응은 유입되는 기질의 감소로 인하여 속도 저하가 유발된다. 이와 같은 종류의 조절을 되먹임 저

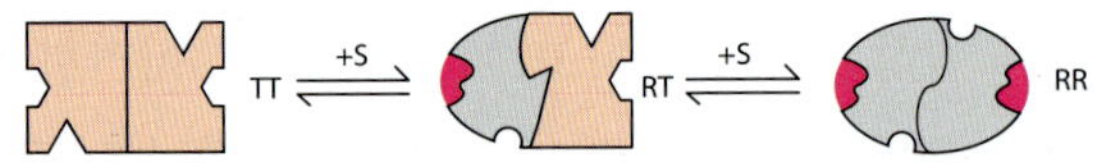

그림 2-29 순차적 모델(sequential model 또는 KNF model). Koshland, Nemethy 그리고 Filmer는 리간드 결합과 입체구조적 전이가 각각 별개의 단계이지만 순차적인 경로(sequential pathway)로 일어나기 때문에 순차적 모델이라고 칭하였다. 순차적 모델은 협조성-대칭 모델과 달리 소중합체(oligomer)를 구성하는 소단위체들(subunits)의 입체구조가 다를 수 있다. 즉, 순차적 모델에서 리간드가 보다 쉽게 결합할 수 있는 중간체 단계가 존재한다.

해(feedback inhibition) 또는 알로스테릭 저해(allosteric inhibition)라고 부르며 최종 생성물의 생성은 결국 전체의 반응 속도를 저하시킨다. 되먹임 저해는 이종성 알로스테릭 저해(heterotropic allosteric inhibition)의 한 예이다.

알로스테릭 되먹임 저해(Allosteric feedback inhibition)의 예로서 5단계로 이루어진 L-threonine으로부터 L-isoleucine으로 전환되는 반응을 촉매하는 세균의 효소계가 있다(그림 2-30). 이 효소계에서 최초의 효소인 threonine dehydratase(E_1)의 활성은 반응계의 최종 생성물인 L-isoleucine에 의해 저해를 받는다. 그러나 이 반응계의 어떤 중간물질도 threonine dehydratase(E_1)의 활성을 저해하지 못한다. L-Isoleucine은 threonine dehydratase(E_1)의 기질인 L-threonine과 구조적 유사성이 거의 없다. 따라서 L-isoleucine은 L-threonine이 결합하는 활성부위(active site)와 다른 별도의 조절부위(regulatory site)에 결합된다. 그리고 이 결합은 비공유 결합이기 때문에 쉽게 가역적으로 해리된다.

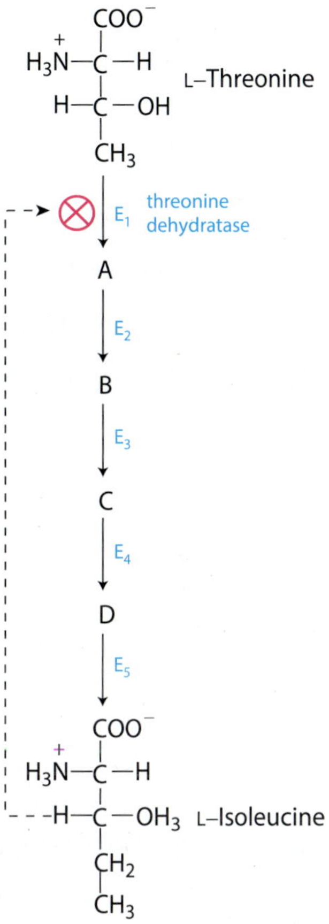

그림 2-30 되먹임 저해의 예

이와 같은 방법으로 생물체는 필요로 하는 생체분자가 있으면 그것을 합성하는 효소계를 빠르게 작동시켜 생산하고, 그 생체분자가 과잉으로 존재하면 조절 효소를 통하여 그 생체분자의 생산을 균형있게 조절한다.

2-9-2 공유결합적 변형과 알로스테릭 조절 양쪽 모두에 의해 활성이 조절되는 효소(Covalently regulated enzymes)

가역적 공유결합적 변형(Reversible covalent modification)과 알로스테릭 조절 양쪽 모두에 의해 활성이 조절되는 효소도 있다. 이러한 효소는 분자 내에 1개 이상의 아미노산 잔기의 공유결합적 변형에 의해 그 활성이 조절된다. 생물체의 단백질 내에서 500종 이상의 공유결합적 변형이 발견되었다. 변형을 일으키는 기(modifying groups)로서 인산기(phosphoryl group), 아세틸기(acetyl group), 아데닐릴기(adenylyl group),

메틸기(methyl group), 아마이드기(amide group), 카복실기(carboxyl group), 유리딜릴기(uridylyl group), 미리스토일기(myristoyl group), 팔미토일기(palmitoyl group), 하이드록실기(hydroxyl group), 황산염기(sulfate group), ADP-라이보실기(adenosine diphosphate ribosyl group) 등이 알려져 있다. 이러한 변형을 일으키는 기들은 일반적으로 별개의 효소에 의하여 조절효소에 공유결합적으로 결합되거나 제거된다.

인산화(phosphorylation)는 알려진 다수의 조절성 변형(regulatory modification) 중에서 가장 중요한 유형일 것이다. 어떤 단백질들은 오직 하나의 인산기를 갖는 반면에, 다른 것들은 몇 개의 인산기를 갖는다. 그리고 소수 종의 단백질은 수십 개의 인산기를 갖기도 한다. 단백질의 특정 아미노산 잔기에 인산 기(phosphoryl group)의 부착은 **프로테인 카이네이스(protein kinase)**에 의해 촉매되는 반면, 인산기의 제거는 **프로테인 포스패테이스(protein phosphatase)**에 의해 촉매된다. 프로테인 카이네이스(Protein kinase)에 의한 세린(serine), 쓰레오닌(threonine), 또는 타이로신(tyrosine) 잔기의 수산기(−OH)에 인산기의 첨가는 약한 극성인 부위에 큰 부피의 전하를 띤 기(a bulky and charged group)를 도입하는 셈이 된다(그림 2-31). 인산기의 산소 원자는 단백질 내에 존재하는 하나 또는 수 개의 기와 수소결합을 할 수 있다. 통상 이 수소결합은 인산기의 산소 원자와 알파-헬릭스(α-helix)의 시작 부위에 존재하는 펩타이드 중축(peptide backbone)의 아마이드기(amide group) 또는 아저닌 잔기(arginine residue)의 전하를 띤 구아니디니윰기(guanidinium group)에 의해 형성된다. 그리고 인산화된 아미노산 잔기에 존재하는 2개의 음전하는 이웃하는 아스파트산(aspartate) 또는 글루탐산(glutamate)과 같은 음전하 잔기를 밀어낼 수 있다. 따라서 인산화에 의한 변형된 곁사슬이 효소의 주요 부위에 위치한다면, 효소의 입체구조에 큰 영향을 줄 수 있기 때문에 기질과의 결합 및 촉매작용에도 큰 영향을 준다.

골격근(Skeletal muscle), 간(liver) 그리고 뇌(brain)에서 동질효소(isozymes 또는

ATP ADP
Enz ⟶ Enz—P(=O)(—O^-)—O^-

그림 2-31 효소 단백질의 인산화. 프로테인 카이네이스(Protein kinase)에 의해 효소 분자의 세린(serine), 쓰레오닌(threonine), 타이로신(tyrosine) 또는 히스티딘(histidine) 잔기에 인산화가 이루어진다. 인산기에 2개의 음전하가 있는 것을 주목하라.

$$(\text{Glucose})_n + P_i \longrightarrow \text{Glucose 1-phosphate} + (\text{Glucose})_{n-1}$$

Glycogen　　　　　　　　　　　Shortened glycogen chain

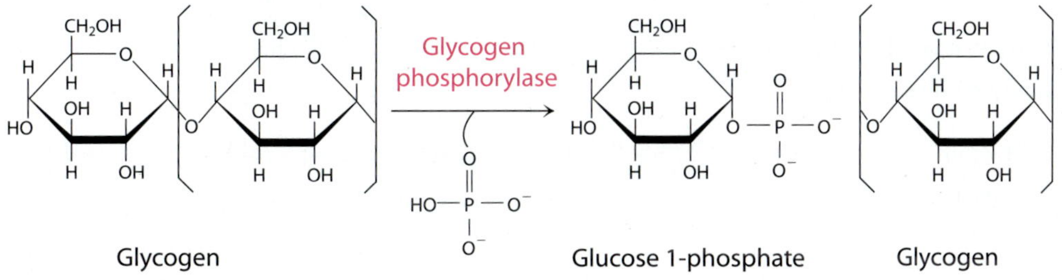

Glycogen　　Glycogen phosphorylase　　Glucose 1-phosphate　　Glycogen

그림 2-32 글라이코젠 가인산분해효소(Glycogen phosphorylase)가 촉매하는 반응

isoform)의 형태로 존재하는 글라이코젠 가인산분해효소(glycogen phosphorylase)는 공유결합적 변형(covalent modification: phosphorylation)과 알로스테릭 조절(allosteric control) 모두에 의해 조절되는 효소 중 가장 좋은 예라고 할 수 있다. 글라이코젠 가인산분해효소(**glycogen phosphorylase**)는 글라이코젠 분자의 비환원성 말단으로부터 글루코오스 단위체(glucose unit)를 절단하여 글루코오스 1-인산(glucose 1-phosphate)을 생산하는 알로스테릭 효소이다. 이 효소에 의한 반응은 H_2O 대신에 인산에 의한 공격을 수반하므로 가수분해(**hydrolysis**)가 아닌 가인산분해(**phosphorolysis**)라고 한다(그림 2-32). 생성된 글루코오스 1-인산은 포스포글루코뮤테이스(**phosphoglucomutase**)에 의해 해당과정(glycolysis)의 기질인 글루코오스 6-인산(glucose 6-phosphate)으로 전환된다. 근육에서 글루코오스 6-인산(glucose 6-phosphate)은 해당과정으로 들어가서 근육 수축에 필요한 에너지인 ATP의 생산에 이용된다. 간에서 글루코오스 6-인산은 글루코오스 6-포스패테이스(**glucose 6-phosphatase**)에 의해 인산기가 제거(dephosphorylation: 탈인산화)되고 유리 글루코오스(free glucose)로 전환된다. 생성된 유리 글루코오스는 간에서 혈류(bloodstream) 속으로 방출되어 다른 조직으로 수송된다. 간은 글루코오스 6-포스패테이스(**Glucose 6-phosphatase**)를 함유하고 있지만, 근육의 경우 글루코오스 6-포스패테이스가 결여되어 있다. 근육에 존재하는 글라이코젠 가인산분해효소(glycogen phosphorylase)는 2개의 동일한 소단위체로 구성된 이량체(dimer)이다. 각 단량체(monomer)의 분자량은 97.434 kDa이며 842개의 아미노산으로 이루어져 있다. 글라이코젠 가인산분해효소(Glycogen phosphorylase)의 각 소단위체(subunit)는 생물학적

으로 중요한 역할을 하는 촉매 부위(**catalytic site**), 글라이코젠 결합부위(**glycogen binding site**), 알로스테릭 부위(**allosteric site**) 그리고 가역적으로 인산화되는 세린 잔기(**a reversibly phosphorylated serine residue**)를 함유하고 있다. 각 소단위체의 촉매 부위는 보조인자(**cofactor**)인 피리독살 포스페이트(**pyridoxal phosphate**)를 함유하고 있는데, 이 피리독살 5-인산(pyridoxal 5-phosphate)은 쉬프 염기(Schiff base)의 형태로 Lys^{680}에 공유결합되어 있다(그림 3-23 참조). 각 소단위체(subunit)의 중심부에 존재하는 촉매부위는 단백질의 표면과 소단위체 접촉면으로부터 비교적 입체적으로 파묻혀져 있다. 표면쪽으로 촉매부위의 접근성이 용이하지 않도록 되어있는 입체구조는 그 활성이 고도의 조절을 받는 효소에 있어서 대단히 중요하다. 즉, 이와 같은 입체구조에 있어서 작은 알로스테릭 영향은 촉매부위에 대한 글라이코젠의 상대적 접근성을 크게 증가시킬 수 있다. 소단위체(Subunit)의 접촉면 근처에 알로스테릭 조절인자의 결합부위가 있으며, 또한 인산화되는 조절부위는 각 소단위체의 Ser^{14}에 위치하고 있다.

1938년에 미국의 과학자 코리 부부(Carl Ferdinand Cori와 Gerty Theresa Cori)는 근육에 존재하는 글라이코젠 가인산분해효소(glycogen phosphorylase)가 상호전환할 수 있는 글라이코젠 가인산분해효소 **a(glycogen phosphorylase a)**와 글라이코젠 가인산분해효소 **b(glycogen phosphorylase b)** 두 가지 형태로 존재한다는 것을 발견했다. 이러한 글라이코젠 가인산분해효소(Glycogen phosphorylase)는 발견된 최초의 알로스테릭 효소로서 에피네프린(epinephrine), 글루카곤(glucagon) 그리고 인슐린(insulin)과 같은 호르몬들에 반응하는 가역적 인산화(reversible phosphorylation)뿐만 아니라 세포의 에너지 상태를 알리는 몇몇 알로스테릭 조절인자들(allosteric modulators)에 의해 조절된다. 그림 2-33에서 보듯이, 글라이코젠 가인산분해효소 **a(glycogen phosphorylase a)**는 가인산분해효소 카이네이스(phosphorylase kinase)에 의해 글라이코젠 가인산분해효소 b(glycogen phosphorylase b)의 $serine^{14}$ 잔기가 인산화된 형태이다. 글라이코젠 가인산분해효소 b(Glycogen phosphorylase b)의 세린 잔기에 무기인산(P_i)의 결합은 상당히 협동적이다. 따라서 양의 이종성 조절인자(**positive heterotropic modulator**)인 **AMP**의 부재 하에서도 이러한 글라이코젠 가인산분해효소의 인산화는 효소의 활성을 크게 증가시킨다. 인산화에 의한 글라이코젠 가인산분해효소의 공유결합적 변형은 알로스테릭 조절보다 우선적이다. 기질인 무기인산(**P_i**)은 글라이코젠 가인산분해효소 **b**와의 상호작용에 있어서 양의 동종성 조절인자(**positive homotropic modulator**)라고 할 수 있다. 근육의 글라이코젠 가인산분해효소 **b(Muscle glycogen phosphorylase b)**는 고농도의 AMP 존재 하에서만 활성을 나타내며, AMP 결합에 의해 T 상태에서 R 상태로 전이된다. 근육의 글라이코젠 가인산분해효소 b(Muscle glycogen phosphorylase b)는 휴식하고 있는 근육에 많이 존재하며, 글라이코젠 가인산분해효소 a(glycogen phosphorylase a)로의 전환은 호르몬에 의해 시작된다. 두려움(Fear)이나 운동에 의한 흥분은 부신수질 호르몬인 에피네프린(**epinephrine**)의 수준을 증가시킨다. 그리고 에피네프린 수준의 증가는 궁극적으로 가인산분해효소 카이네이스(phosphorylase kinase)를 자극하여 글라이코젠 가인산분해효소 b를 인산화하여 a 형태로 전환시킨다. 조금 더 상세히 설명하면, 아드레날린

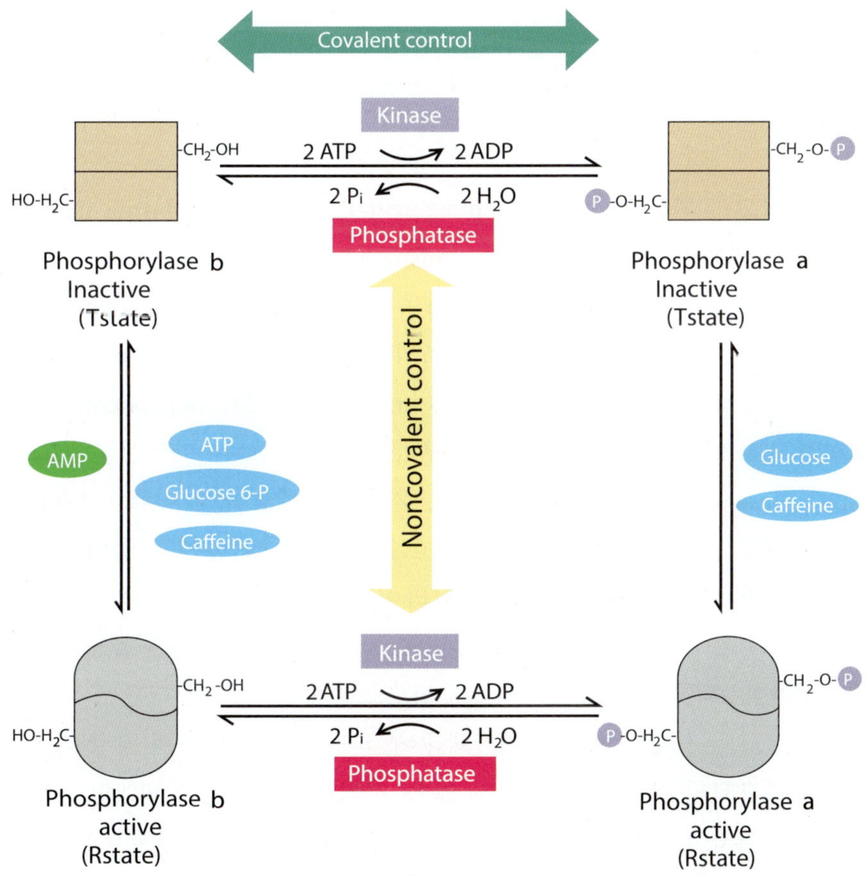

그림 2-33 공유결합적 변형과 알로스테릭 조절에 의한 글라이코젠 가인산분해효소(glycogen phosphorylase)의 활성 조절. 가인산분해효소 b와 a는 모두 활성인 R 상태와 덜 활성인 T 상태 사이에서 평형상태로서 존재한다. 그러나 대부분의 생리적 조건에서, 가인산분해효소 b는 ATP와 글루코오스 6-인산의 저해효과 때문에 불활성이다. AMP와 ATP는 글라이코젠 가인산분해효소에서 동일한 부위에 결합하지만, AMP는 알로스테릭 활성인자의 역할을 하는 반면 ATP는 알로스테릭 저해제의 역할을 한다. 근육의 글라이코젠 가인산분해효소는 격렬한 근육운동에서 축적된 AMP[고농도의 AMP로 표현되는 낮은 에너지 부하(low energy charge)]는 가인산분해효소 b에 결합되어 효소의 활성을 증가시킨다.

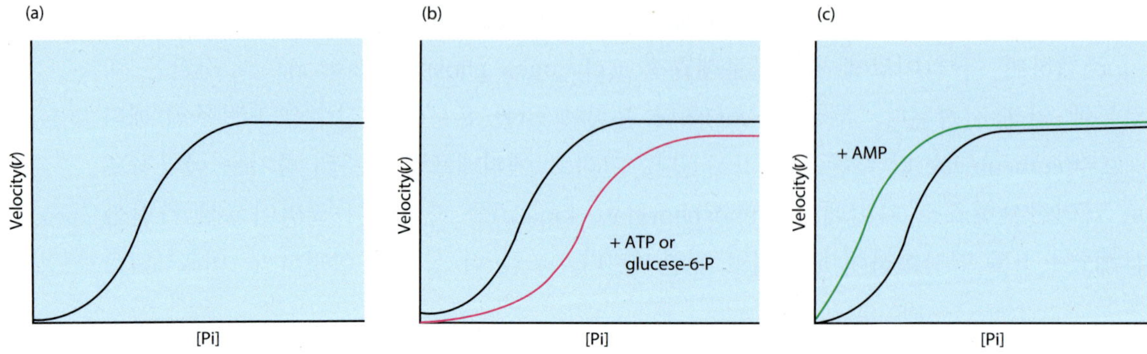

그림 2-34 Glycogen phosphorylase의 *v* 대 S 곡선. (a) 기질인 인산(Pi)의 농도에 대한 글라이코젠 가인산분해효소의 반응 (b) ATP와 글루코오스 6-인산은 피드백 저해제이다. (c) AMP는 양의 이종성 조절인자이다. 이것은 ATP가 붙는 부위와 동일한 부위에 결합한다.

(adrenalin)이라고도 하는 에피네프린(epinephrine)은 원형질막(plasma membrane)에 위치해 있는 에피네프린 수용체인 seven-transmembrane domain receptor로도 알려져 있는 G protein-coupled receptor를 경유하여 아데닐산 고리화효소(adenylate cyclase)를 활성화시켜 세포 내의 cyclic AMP(cAMP)의 농도를 증가시킨다. 이 cAMP는 프로테인 카이네이스 A(protein kinase A: is also known as cAMP-dependent protein kinase)를 활성화하고, 프로테인 카이네이스 A(protein kinase A)는 가인산분해효소 카이네이스(phosphorylase kinase)를 인산화시킨다. 가인산분해효소 카이네이스(Phosphorylase kinase)는 차례로 글라이코젠 가인산분해효소 b를 인산화하여 a 형태로 전환시킨다. 정도는 덜하지만 에피네프린은 간에서 글라이코젠의 분해도 자극한다. **근육은 자신을 위한 에너지(ATP)를 생산하기 위하여 글루코오스를 사용하지만, 간은 혈중의 글루코오스를 일정하게 유지하는 역할을 하고, 혈액의 글루코오스 수준이 낮을 때 다른 조직으로 방출할 글루코오스를 생산하는 역할을 한다.** 만약 체내에 유리 글루코오스의 수준이 충분하다면, 간에서 글라이코젠의 분해는 필요하지 않을 것이다. **또한 간은 체내의 과량의 글루코오스를 받아 들여 글라이코젠으로 저장하기도 한다.** 보통 혈액의 글루코오스 농도는 100ml 당 약 80~120mg 정도이다. 간은 혈액의 글루코오스 농도를 감지하여 글루코오스를 흡수하거나 방출한다. **간의 글라이코젠 가인산분해효소 a는 글루코오스의 농도에 매우 민감하며, 그 양은 간으로 들어온 글루코오스에 의해 급격히 감소된다.** 실제로 간세포에서 가인산분해효소 a는 글루코오스의 감지기(glucose sensor)이다. 글루코오스가 글라이코젠 가인산분해효소 a에 결합하면 알로스테릭 평형이 활성인 R형에서 불활성 형인 T형으로 이동한다. **간의 글라이코젠 가인산분해효소(glycogen phosphorylase)는** 주로 췌장의 랑

게르한스섬(islets of Langerhans)의 알파-세포(α-cell)에서 분비되는 호르몬인 글루카곤(glucagon)의 영향을 받는다. 글루카곤(Glucagon)은 원형질막(plasma membrane)에 위치해 있는 글루카곤 수용체인 G protein-coupled receptor에 결합한 후, 에피네프린과 동일한 메커니즘으로 글라이코젠 가인산분해효소 b를 인산화하여 a 형태로 전환시킨다. 사람에 있어서, 간의 글라이코젠 가인산분해효소와 근육의 글라이코젠 가인산분해효소는 아미노산 서열(amino acid sequence)에서 약 90% 정도 동일하다. 두 효소 사이에 이러한 차이는 미묘하지만 중요한 변화들을 야기시킨다. 근육의 가인산분해효소와 달리, 간의 가인산분해효소 **a**는 **T** 상태와 **R** 상태 간의 전환에 매우 민감하게 반응하지만 **b**형은 그렇지 않다. 즉, 간의 글라이코젠 가인산분해효소 **a**에 글루코오스(**glucose**)가 결합하면 알로스테릭 평형이 **R**에서 **T** 상태로 이동하여 효소를 불활성화시킨다. 그리고 근육의 경우와 달리, 간의 가인산분해효소는 **AMP**에 의한 조절에 영향을 받지 않는다. 왜냐하면 간은 수축하는 근육에서 나타나는 에너지 부하(energy charge)의 급격한 변화를 받지 않기 때문이다.

글라이코젠 가인산분해효소(glycogen phosphorylase)의 촉매작용에 의해 방출되는 글루코오스 1-인산(glucose 1-phosphate)은 근육에서 ATP 생산이 목적인 대사경로를 경유하여 분해되기 때문에, ATP는 글라이코젠 가인산분해효소 작용의 최종산물(end product)이라고 할 수 있다. 그리고 글루코오스 1-인산(glucose 1-phosphate)은 ATP 생산을 위한 대사경로인 해당과정(glycolysis)으로 들어가기 위하여 먼저 글루코오스 6-인산(glucose 6-phosphate)으로 전환된다(phosphoglucomutase의 작용에 의하여). 이 **ATP**와 글루코오스 **6-**인산(**glucose 6-phosphate**)은 글라이코젠 가인산분해효소의 피드백 저해제(**feedback inhibitor**)로서 글라이코젠 분해의 조절에 아주 효과적으로 작용한다. 또한 카페인(Caffeine)도 글라이코젠 가인산분해효소의 알로스테릭 저해제로 작용할 수 있다. 그림 2-34에서 보는 바와 같이, ATP와 글루코오스 6-인산은 모두 기질인 무기인산(P_i)에 대한 글라이코젠 가인산분해효소의 친화도를 감소시키는 역할을 한다. 따라서 **ATP**와 글루코오스 **6-**인산(**glucose 6-phosphate**)은 음의 이종성 조절인자(**negative heterotropic modulator**)이다.

췌장의 랑게르한스섬(islets of Langerhans)의 베타-세포(β-cell)에서 분비되는 인슐린(Insulin)은 체내에서 탄수화물과 지방 대사를 조절하는 데 중요한 역할을 하는 호르몬이다. 즉 인슐린은 간과 근육세포 그리고 지방조직으로 하여금 혈액으로부터 글루코오스를 받아들여 간과 근육에 글라이코젠을 저장하는 역할을 한다. 탄수화물이 풍부한 식사를 한 후에 혈당 수준이 올라가면 간에서 글라이코젠 합성이 증가하게 되는 경우가 있다. 이때 인슐린(insulin)은 글라이코젠 합성효소 카이네이스 3(glycogen synthase kinase 3)를 불활성화함으로써 글라이코젠 합성을 촉진한다. 인슐린 작용의 첫 번째 단계는 원형질막에 존재하는 수용체(insulin receptor)인 타이로신 카이네이스 수용체(tyrosine kinase receptor)에 결합하는 것이다. 인슐린의 결합에 의해 활성화된 타이로신 카이네이스 수용체(tyrosine kinase receptor)는 인슐린-수용체 기질 1(insulin-receptor substrate, IRS-1)이라 불리는 단백질을 인산화하게 된다. IRS-1의 결합과 인산화는 글루코오스 운반체(glucose transporter)의 친화력을 높여 혈액으로부터 조직 내로 글루코오스의 유입을 증가시킨다. 또한 활성화된 IRS-1는 신호전달 경로(sigal transduction pathway)를 자극하여(trigger) 궁극적으로 프로테인 카이네이스(protein kinase, AKT is a serine/threonine protein kinase)를 활성화하여 글라이코젠 합성효소 카이네이스 3(glycogen synthase kinase 3)을 인산화하여 불활성화시킨다. 글라이코젠 합성효소 카이네이스 3은 인산화되면 불활성화된다. 글라이코젠 합성효소 카이네이스 3(glycogen synthase kinase 3)은 글라이코젠 합성효소(glycogen synthase)를 인산화하여 불활성화시키는 역할을 한다. 따라서 인산화된 글라이코젠 합성효소 카이네이스 3은 글라이코젠 합성효소를 더 이상 인산화된, 즉 불활성화 상태로 유지시킬 수 없다. 프로테인 포스패테이스 1(Protein phosphatase 1)은 글라이코젠 합성효소로부터 인산을 제거하여 효소를 활성화시킨다. 활성화된 글라이코젠 합성효소는 그 다음에 글루코오스로부터 글라이코젠을 합성한다.

2-10 Cori 부부의 업적과 생애

체코 공화국(Czech Republic)의 수도 프라하[Prague: 그 당시에는 오스트리아-헝가리 제국(Austro-Hungarian Empire)의 영토]에서 태어난 미국의 생화학자 칼 페르디난트 코리(Carl Ferdinand Cori)는 그의 부인인 게르티(미국식 발음 거티) 테레사 코리(Gerty Theresa Cori)와 함께 『탄수화물 대사에 관한 연구, 특히 글라이코젠의 대사적 변환 경로에 관한 연구』에 관한 업적으로 1947년 노벨생리 · 의학상을 수상하였다. 1947년 노벨생리 · 의학상의 절반은 『discovery of the role played by pituitary hormones(뇌하수체 호르몬) in regulating the amount of blood sugar (glucose) in animals.』에 관한 업적으로 아르헨티나 생리학자 베르나르도 알베르토 우사이(Bernardo Alberto Houssay)에게 돌아갔다. 칼 F. 코리의 할아버지는 이론물리학 교수였으며, 아버지는 해양생물학자였

Carl Ferdinand Cori(1896. 12. 5~1984. 10. 20)와 Gerty Theresa Cori(1896. 8. 15~1957. 10. 26)

다. 이와 같은 환경은 어린시절부터 그를 쉽게 과학에 접할 수 있도록 하였다. 어린시절 칼 F. 코리는 임해실험소의 소장(the director of the Marine Biological Station)이였던 아버지와 함께 트리에스테(Trieste: the fourth largest city of the Austro-Hungarian Empire after Vienna, Budapest, and Prague. 지금은 이탈이라의 영토)에서 보냈다. 그가 18세 되던 1914년에 가족과 함께 프라하로 돌아와서 German Charles-Ferdinand 대학(지금의 카를로바대학)의 의과대학에 입학했다. 제1차 세계대전이 발발하자 오스트리아-헝가리 육군(Austro-Hungarian Army)에 징집되어 의무부대(Sanitary Corps)에서 복무한 그는 종전 후인 1918년에 복학하였다. 이곳에서 칼 F. 코리는 자신보다 늦게 입학한 거티 T. 코리를 만나 1920년에 의학박사 학위를 함께 취득한 후 바로 결혼을 하였다. 거티 T. 코리는 1896년 프라하의 유대계 가정에서 태어났다. 그녀의 아버지는 당의 정제 방법을 발명한 화학자였으며, 어머니는 저명한 유대계 독일 작가 프란츠 카프카(Franz Kafka: 1883~1924)의 친구였다.

코리 부부는 결혼 후 임상 분야보다 연구 분야에 관심을 두고 일을 하겠다는 계획을 세웠다. 그러나 결혼 직후 칼 F. 코리는 비엔나 대학(University of Vienna)에서 1년 그리고 그라츠대학(University of Graz)에서 1년간 약리학 조교직을 얻어 연구에 몰두할 수 있었지만, 거티 T. 코리는 희망과는 달리 연구직을 얻지 못하여 캐롤리넨 소아과 병원에서 의사로서 근무할 수밖에 없었다. 연구자로서의 꿈을 포기할 수 없었던 그녀는 남편을 설득하여 자신의 꿈을 이룰 수 있는 미국으로 갈 것을 제안했다. 1922년 칼 F. 코리가 뉴욕주 버팔로의 주립암연구소(the State Institute for the Study of Malignant Diseases in Buffalo, New York)에 생화학 연구원으로서 자리를 얻자 이들은 곧장 미국으로 건너가서 공동연구를 시작하였다. 이곳에서 그들은 X-선의 효과, 식이방법에 따른 효과 등을 연구하였지만 흥미를 잃고 다른 연구 주제를 찾고자 하였다. 1928년 칼 F. 코리가 먼저 미국 시민권을 얻은 후, 거티 T. 코리도 1936년에 시민권을 획득했다. 1931년에 칼 F. 코리는 세인트루이스의 워싱턴대학 약리학 교수(Professor of Pharmacology at the Washington University Medical School in St. Louis)가 되었고, 1942년에 생화학과 교수가 되었다. 거티 T. 코리는 1931년부터 1943년까지 약리학과 연구원으로 있다가, 1947년에 생화학 교수가 되었다. 이곳에서 이들 부부는 자신들이 추구하는 연구 생활을 본격적으로 시작하였다.

인체에 흡수된 탄수화물은 대사 과정을 거쳐 에너지원(ATP)으로 사용되지만, 필요 이상 과량으로 섭취된 탄수화물은 글라이코젠의 형태로 저장(주로 간)된다. 이 글라이코젠은 인체에서 필요로 하는 경우 다시 분해되어 에너지원 등의 용도로 사용된다. 워싱턴 대학에 근무하면서부터 탄수화물 대사에 관한 연구를 본격적으로 시작한 코리 부부는 글라이코젠이 무기인산과 에스터화(esterification) 반응을 일으키면 글루코오스 6-인산(glucose 6-phosphate)을 형성하고, 이 글루코오스 6-인산은 다시 글라이코젠으로 되돌아가는 가역적 반응을 발견하였다. 1936년에 이들 부부는 근조직에서 에스터 결합을 하고 있는 글루코오스 6-인산(glucose 6-phosphate)의 전구물질을 발견하고 자신들의 이름을 따서 **코리 에스터(Cori ester)**라고 명명하였다. 후에 **이 물질은 글루코오스 1-인산(glucose 1-phosphate)으로 확인**되었다. 코리 부부는 글라이코젠의 분해 과정을 계속 연구하여 글라이코젠이 글루코오스 1-인산(glucose 1-phosphate)로 분해된 과정은 가역적 반응이며 이 과정은 **글라이코젠 가인산분해효소(glycogen phosphorylase)**라는 효소에 의해 이루어진다는 사실을 규명하였다. 또한, 글루코오스 1-인산은 **포스포글루코뮤테이스(phosphoglucomutase)**라는 효소에 의해 글루코오스 6-인산을 형성하는 데 이 과정도 가역적으로 일어난다는 사실을 확인하였다. 그리고 이들 부부는 글라이코젠 가인산분해효소를 순수 분리한 후 시험관 내(*in vitro*)에서 이 효소를 이용하여 글루코오스 1-인산으로부터 글라이코젠을 합성하는 데 성공하였다. 그리하여 생체 내에서만 합성되는 것으로 알려진 글라이코젠을 생체 밖에서도 합성할 수 있다는 사실을 보여 주었다. 이러한 연구업적으로 코리 부부는 아르헨티나의 B. A. 우사이와 함께 1947년 노벨생리·의학상을 수상하였다. **1970년 노벨 화학상(당 뉴클레오티드의 발견과 그 역할에 관한 연구)을 수상한 아르헨티나의 루이스 를루아르(Luis F Leloir)**는 시험관 내(*in vitro*)에서 글라이코젠 가인산분해효소(glycogen phosphorylase)의 가역적 촉매 작용은 가능하지만, 생체 내(*in vivo*)에서는 그렇지 않다는 사실을 발견하였다. 즉, 글라이코젠 가인산분해효소는『시험관 내에서 글라이코젠의 합성과 분해 작용을 모두 촉매(가역적)하는 반면, 생체 내에서 글라이코젠의 합성을 촉매하지 않고 단지 분해의 기능만 나타낸다(비가역적)』는 사실을 발견하였다. 생체 내에서 글라이코젠의 합성은 루이스 를루아르(Luis

참고 Bernardo Alberto Houssay

(1887. 4. 10~ 1971. 9. 21)

아르헨티나 및 라틴 아메리카 최초의 노벨상 수상자인 베르나르도 알베르토 우사이(Bernardo Alberto Houssay)는 『혈당량을 조절하는데 있어서 동물의 뇌하수체 호르몬(pituitary hormone)의 역할을 규명』하여 1947년 노벨생리 · 의학상을 수상하였다. 그는 개의 췌장(이자)을 절제하여 인위적으로 당뇨병을 일으켜 당뇨병에 대한 연구를 하던 중 뇌하수체전엽을 제거하면, 당뇨병의 증상이 현저히 완화되고 개가 인슐린에 비정상적으로 민감해진다는 것을 발견하였다. 또한 그는 뇌하수체 추출물을 정상적인 동물에 주입하면 혈당량이 증가하여 당뇨병이 생긴다는 것을 증명하였다. 이러한 실험결과에 의해 그는 뇌하수체에서 분비되는 것은 인슐린과 반대작용을 한다고 지적하고, 이것을 『뇌하수체 당뇨인자』라고 명명하였다.

1887년 4월 10일 부에노스아이레스에서 출생한 우사이는 어려서부터 총명하여 14세 때 부에노스아이레스대학(University of Buenos Aires)의 약학부에 입학하여 17세 때(1904년) 졸업하였다. 약학을 공부하던 중 의학에 흥미를 느껴 부에노스아이레스대학의 의대에 입학한 그는 의대 3학년 때 이미 조교(assistant lecturer)의 직위를 얻어 연구를 시작하였다. 1910년에 의학박사 학위를 취득함과 동시에 그는 수의과대학(School of Veterinary Medicine)의 생리학부 교수로 임명되었으며, 1919년에 부에노스아이레스 의과대학의 생리학부 교수가 되었다. 1943년 아르헨티나의 민주화 운동에 동참한 이유로 군사정권(페론당)에 의해 대학에서 추방당한 후 1955년 J. D. 페론 대통령이 망명한 후 다시 대학에 복귀하였다.

참고 Luis Federico Leloir

(1906. 9. 6~ 1987. 12. 2)

『당 뉴클레오타이드의 발견과 그 역할에 관한 연구』로 1970년 노벨 화학상을 수상한 아르헨티나의 생화학자 루이스 르루아르(Luis F Leloir)는 부모님들이 질병 치료를 목적으로 프랑스를 방문하던 중 뜻하지 않게 프랑스의 파리에서 태어났다. 2살때인 1908년 아르헨티나로 돌아온 그는 부에노스아이레스에서 생활하였다. 1932년 부에노스아이레스대학에서 의학박사 학위를 취득한 후, 1933년에 노벨생리 · 의학상 수상자(1947년)인 우사이(Bernardo A. Houssay)를 만났다. 두 과학자는 1971년 우사이가 사망할 때까지 여러 가지 연구를 함께 하면서 가까운 사이가 되었다. 루이스 르루아르(Luis F Leloir)가 노벨상을 수상한 후 그의 특별 강연에서 "whole research career has been influenced by one person, Prof. Bernardo A. Houssay"라고 할 정도였다. 1936년 르루아르는 영국으로 건너가서 캠브리지의 생화학 실험실에서 경력을 쌓았으며, 1944년에는 미국으로 건너가서 코리 부부의 실험실 등지에서 연구원(research assistant)으로 활약하기도 하였다. 그는 1946년에 귀국하여 다음 해에 자산가의 도움으로 부에노스아이레스에 사설 생화학 연구소를 설립하여 연구에 종사하였다. 1962년에는 부에노스아이레스대학의 교수가 되었다. 주요 업적은 지방산의 산화와 탄수화물의 중간대사에 관한 연구이며, 글라이코젠과 여러 가지 당유도체의 생합성에 있어서 UDP–glucose의 역할을 발견하여(1950년) 당–뉴클레오타이드(sugar nucleotides)의 연구에 선구적 역할을 하였다.

F Leloir)에 의해 글라이코젠 가인산분해효소가 아닌 **glycogen synthase(UDP-glucose-glycogen glucosyltransferase)**가 담당하고 있는 것으로 밝혀졌다.

글루코오스가 분해되는 과정을 해당과정(glycolysis)이라 하고, 역으로 글루코오스가 합성되는 과정을 글루코오스 신생합성(gluconeogenesis)이라고 한다. 해당과정은 주로 에너지를 필요로 하는 근육에서 일어나는 반면, 글루코오스 신생합성은 당의 저장을 담당하는 간에서 일어난다. 혈액을 통해 간에서 근육으로 운반된 글루코오스는 해당과정에 의해 피루브산(pyruvate)을 거쳐 락트산(lactate)을 형성하게 된다. 이 락트산(lactate)은 혈액을 통해 간으로 운반되고, 운반된 락트산(lactate)은 글루코오스 신생합성에 의해 새로운 글루코오스 분자로 전환된다. 즉 간과 근육에서 각각 해당과정(**glycolysis**)과 글루코오스 신생합성(**gluconeogenesis**)이라고 하는 반대 작용이 일어나면서 혈액을 통해 글루코오스와 락트산이 운반되는 순환 과정을 코리 사이클(**Cori cycle**)이라고 한다(그림 2-35).

노벨상을 수상한 후에도 거티 T. 코리는 평생 그녀를 괴롭히던 빈혈이 심해지고 골수섬유화증이 생겨 통증과 시름을 하면서도 10년간 연구에 대한 열정을 불태웠다. 거티 T. 코리는 1957년 61세의 일기로 아들 한 명을 남기고 신부전증으로 세상을 떠났다. 그녀가 병마와 싸우면서 말년에 관심을 두었던 『결핍된 호르몬과 효소가 질병 발생 메카니즘에 미치는 영향』에 관한 연구는 현대 유전학 연구에 있어서 선구적 업적으로 평가받고 있다. 거티 T. 코리는 세계 최초의 여성 노벨생리·의학상 수상자인 동시에 미국 최초의 여성 노벨상 수상자였다. 또한 그녀는 여성 노벨상 수상자 중에서 마리 퀴리(Marie Curie)와 그녀의 딸인 이렌느 졸리오-퀴리(Irene Joliot-Curie)에 이어 세 번째 수상자가 되었다. 아내가 세상을 떠나자 칼 F. 코리는 1960년 Anne Fitz-Gerald Jones와 재혼하여 새 가정을 꾸렸다. 칼 F. 코리는 1966년 세인트루이스 워싱턴대학의 생화학부 주임교수로 은퇴한 후, 매사추세츠 종합병원(Massachusetts General Hospital) 소속 하버드대학 실험실에서 유전학을 연구하였다.

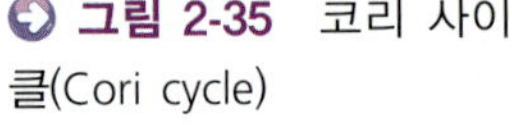
그림 2-35 코리 사이클(Cori cycle)

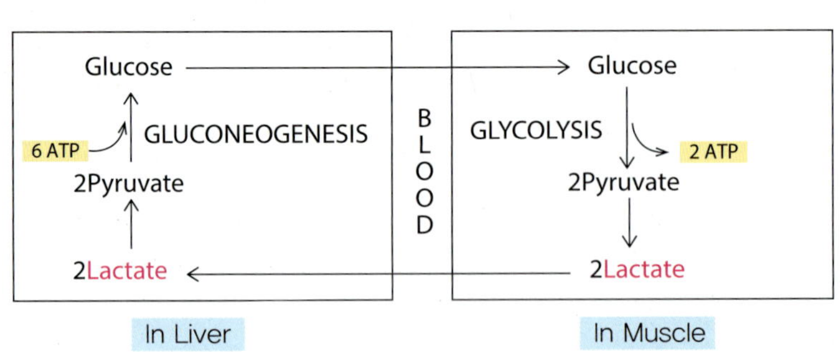

2-11 자이모젠(zymogen)

대부분의 단백질들은 라이보솜에서 합성이 완료된 후 자발적인 접힘(folding)에 의한 3차원적 입체구조를 형성함으로써 완전한 활성을 갖는다. 그러나 몇몇 효소 단백질들은 자이모젠(zymogen) 또는 전구효소(proenzyme)라고 불리는 불활성 전구체(inactive precursor)의 형태로서 합성된다(표 2-6). 이들 단백질은 특정 부위에서 하나 또는 몇 개의 특이적인 절단(proteolytic cleavage)에 의해 입체구조적 변화를 유발하여 활성부위가 노출되면 비로서 완전한 활성을 갖게 된다. 이와 같은 특이적인 단백질분해(proteolysis)에 의한 자이모젠의 활성화는 알로스테릭 조절이나 공유결합성 변형과 달리 비가역적 과정(irreversible process)이다.

활성부위에 세린 잔기(serine residue)를 가지는 세린 프로티에이스(serine proteases)는 그 특성이 가장 잘 규명된 효소 군 중의 하나이다. 트립신(Trypsin), 카이모트립신(chymotrypsin), 일래스테이스(elastase), 쓰롬빈(thrombin), 섭틸러신(subtilisin), 플라스민(plasmin) 등이 세린 프로티에이스(serine protease) 군(group)에 속하는 효소들 이다. 트립신(Trypsin), 카이모트립신(chymotrypsin) 그리고 일래스테이스(elastase)는 췌장에서 만들어지는 소화효소인데 먼저 전구효소(proenzyme)인 자이모젠(zymogen)의 형태로 합성된다. 이들 자이모젠들은 그림 2-36에서 보는 바와 같이 소화관 내에서 특이적인 단백질분해성 절단에 의해 활성화된다. 이들 효소의 불활성화는 자신의 활성부위에 매우 견고하게 결합되는 저해제(inhibitor)에 의해 이루어진다. 예를 들면 작은 염기성 단백질인 소의 췌장의 트립신 저해제(Bovine pancreatic trypsin inhibitor; 분자량 6,512)는 약 125,000 IU/ml의 농도로 카이모트립신(chymotrypsin), 트립신 그리고 플라스민과 같은 몇몇 세린 단백질가수분해효소들의 활성을 저해한다.

표 2-6 췌장 및 위에서 분비하는 자이모젠과 그 활성형

유래(Origin)	Zymogen(Activating agent)	Active protease
췌장(Pancreas)	Trypsinogen(enteropeptidase)	Trypsin
췌장(Pancreas)	Chymotrypsinogen	Chymotrypsin(trypsin + π-chymotrypsin)
췌장(Pancreas)	Proelastase(trypsin)	Elastase
췌장(Pancreas)	Procarboxypeptidase(trypsin)	Carboxypeptidase
위(Stomach)	Pepsinogen	Pepsin(HCl + self-digestion)

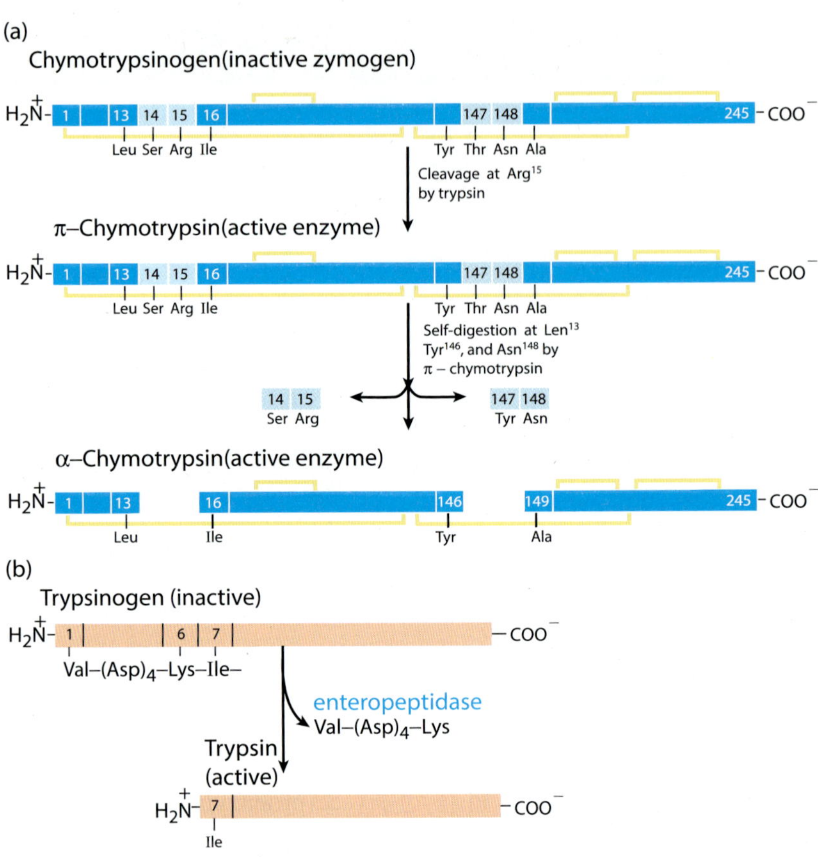

그림 2-36 단백질분해성 절단(proteolytic cleavage)에 의한 자이모젠(zymogen)의 활성화. (a) 트립신(Trypsin)의 단백질분해성 절단과 연이은 파이-카이모트립신(π-chymotrypsin)의 자가분해(self-digestion)에 의한 카이모트립시노젠(chymotrypsinogen)의 활성화 (b) 엔테로펩티데이스(enteropeptidase)에 의한 트립시노젠(trypsinogen)의 활성화. 엔테로펩티데이스(Enteropeptidase)는 십이지장 벽(duodenum wall)에 있는 세포에 의해 생산되는 트립신 활성인자이다. 엔테로펩티데이스는 트립시노젠(trypsinogen) 내의 6번째 라이신 잔기와 7번째 아이소류신 잔기 사이에 펩타이드결합을 선택적으로 분해하여 트립신으로 변환시키는 전형적인 세린 단백질가수분해효소(serine protease)이다. 트립신도 세린 단백질가수분해효소이며, 최적 pH는 약 8.0이다.

2-12 동질효소(isozymes)와 알로자임(allozymes)

동질효소(Isozymes: also known as isoenzymes)라는 용어는 1957년 미국의 로버터 L. 훈터(Robert L. Hunter)와 클레먼트 L. 마커트(Clement L. Markert)가 동일한 생물체 내에 존재하는 그리고 동일한 기능을 가지는 동일한 효소의 다른 변이체(variants)를 정의하기 위하여 처음으로 사용하였다. 이러한 정의는 아이소자임(**isozymes**)과 알로자임(**allozymes**) 모두를 포함하고 있다. 동질효소는 일반적으로 동일하지는 않지만 유사한 아미노산 서열을 가지고 있으며, 많은 경우에 분명히 공통적인 진화적 기원을 공유하고 있다. 엄밀하게 말하면, 동질효소(**isozymes**)는 동일한 화학반응을 촉매하는 다른 유전자[즉, 아미노산 배열순서(amino acid sequence)가 다른]로부터 생성되는 효소들을 일컫는 용어인 반면에, 알로자임(**allozymes**)은 동일한 유전자의 다른 대립유전자(**allele:** An allele is any one of a number of alternative forms of the same gene occupying a given locus (position) on a chromosome.)로부터 생성되는 효소들을 지칭하는 용어이다. 대립유전자(**Allele**)는 상동염색체에서 같은 유전자좌에 위치하는 다른 염기서열을 갖는 유전자를 말한다. 대립유전자는 진화과정에서 여러 가지 변이를 받았기 때문에 DNA 서열이 달라져서 지령하는 단백질의 성질에도 약간의 차이가 존재한다. 일반적으로 아이소자임(isozyme)과 알로자임(allozyme)은 서로 구별하지 않고 사용되고 있다. 특별한 대사적 요구에 맞추어 각 조직은 서로 다른 형태의 동질효소를 발현하며, 이들 동질효소는 대게 서로 다른 속도론적 매개변수(**kinetic parameters;** K_m 등) 또는 다른 조절적 성질을 나타낸다.

동질효소(isozymes)를 가지고 있는 것으로 발견된 최초의 효소 중 하나가 포유동물의 젖산 탈수소효소(lactate dehydrogenase, LDH)이다. 그림 2-37과 같이 젖산 탈수소효소(Lactate dehydrogenase, LDH)는 젖산(lactic acid)이 피루브산(pyruvic acid)으로 산화되는 또는 피루브산이 젖산으로 환원되는 반응을 촉매한다. 식물과 동물을 포함하는 다양한 생물체에 존재하는 젖산 탈수소효소(Lactate dehydrogenase, LDH)는 2개의 서로 다른 소단위체(subunit) A와 B로 구성된 4량체(tetramer) 단백질이다. LDH는 조합에 따라 A_4, A_3B, A_2B_2, A_1B_3, B_4의 다섯 가지 서로 다른 형태의 동질효소로 존재한다(그림 2-38). 폴리아크릴아마이드 겔 전기영동법(Polyacrylamide gel electrophoresis)과 매우 유사한 녹말 겔 전기영동법(starch gel electrophoresis)을 이용하면 변성되지 않는 상태의 포유동물 조직에서 다섯 가지 서로 다른 형태의 젖산탈수소효소(lactate dehydrogenase, LDH)를 검출할 수 있다.

$$\underset{\text{Pyruvic acid}}{CH_3-C(=O)-CO_2H} + NADH + H^+ \rightleftharpoons \underset{\text{L(+)-Lactic acid}}{CH_3-CH(OH)-CO_2H} + NAD^+$$

그림 2-37 젖산 탈수소효소(lactate dehydrogenase, LDH)가 촉매하는 반응

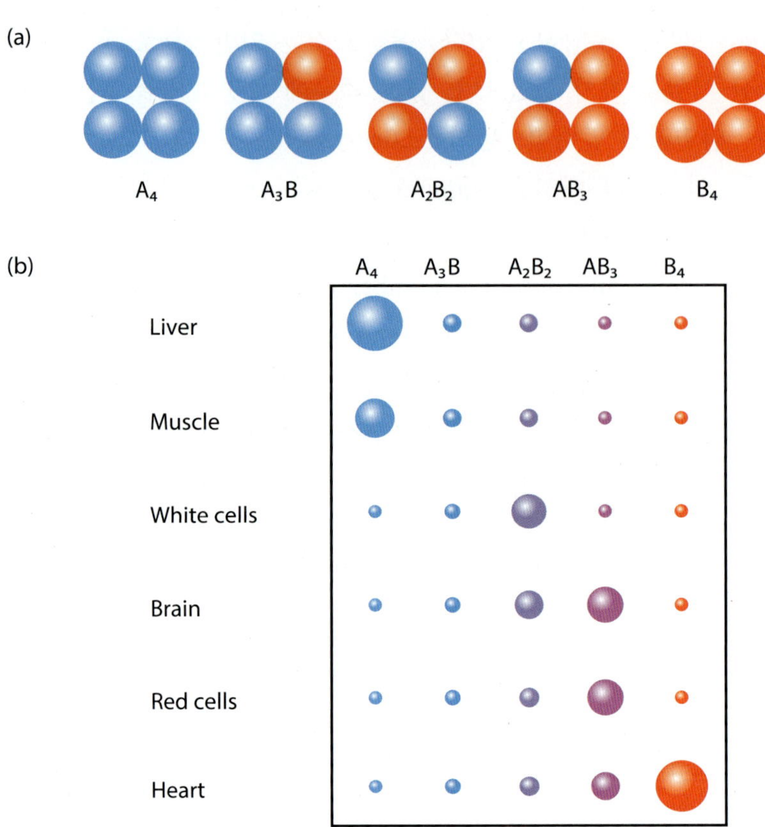

그림 2-38 젖산 탈수소효소(lactate dehydrogenase, LDH)의 동질효소. (a) 젖산 탈수소효소(LDH)의 다섯 가지 형태. (b) 간, 근육, 백혈구, 뇌, 적혈구, 심장에서 LDH의 A와 B 소단위체(subunit)의 상대적 합성량. 간과 근육의 LDH는 A_4가 주된 형태이고, 심장의 LDH는 B_4가 주된 형태이다. 다양한 조직의 세포들은 LDH의 A와 B 소단위체(subunit)의 상대적 합성량을 조절함으로써 어떤 형태의 동질효소로 조합할 지를 결정한다.

동질효소(Isozyme)의 또 다른 예로서 해당과정(glycolysis)의 첫 번째 효소인 헥소카이네이스(hexokinase)와 이것의 변이체(variant)인 글루코카이네이스(glucokinase)가 있다. 제5장에서 언급될 헥소카이네이스와 글루코카이네이스는 ATP 존재하에 글루코오스를 인산화시켜 글루코오스 6-인산(glucose 6-phosphate)을 생산하는 반응을 촉매한다.

2-13 보조인자(Cofactor)

효소는 단백질이기 때문에 열, 변성제, 고산성 또는 고알카리의 pH에 의해 촉매 활

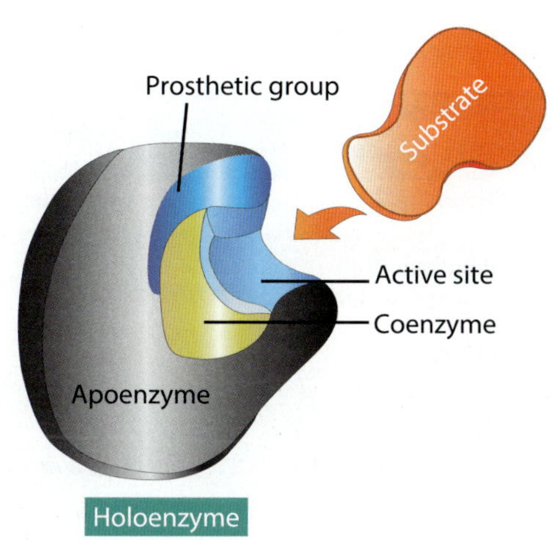

그림 2-39 완전효소(Holoenzyme)의 구조. 결손효소(Apoenzyme) + 보조인자(Cofactor) = 완전효소(Holoenzyme)

표 2-7 효소에 대해 보조인자(cofactor)로 작용하는 무기 이온들

무기 이온	무기 이온을 함유하고 있는 효소의 예
Cupric(Cu^{2+})	Cytochrome oxidase
Ferrous(Fe^{2+}) 또는 Ferric(Fe^{3+})	Catalase, Cytochrome(via Heme), Nitrogenase, Hydrogenase
Potassium(K^{+})	Pyruvate kinase
Magnesium(Mg^{2+})	Hexokinase, Glucose 6-phosphatase
Manganese(Mn^{2+})	Arginase, Ribonucleotide reductase
Molybdenum(Mo)	Nitrate reductase
Nickel(Ni^{2+})	Urease
Selenium(Se)	Glutathione peroxidase
Zinc(Zn^{2+})	Alcohol dehydrogenase, Carbonic anhydrase, DNA polymerase

성이 파괴된다. 또한 효소들 중에 다른 단백질과 달리 촉매 기능을 갖기 위하여 폴리펩타이드 사슬(polypeptide chain)뿐만 아니라 1개 이상의 보조인자(cofactor)를 필요로 하는 경우도 있다.

보조인자(Cofactor)란 단백질의 생물학적 활성을 위하여 단백질 부위에 결합되어 있는 비단백성 화학물질(non-protein chemical compound)을 말한다. 이들 단백질은 일반적으로 효소이며 보조인자는 생화학적 변형을 도와주는 『도우미 분자(helper molecules)』로 생각할 수 있다. 보조인자는 크게 유기 보조인자(**organic cofactors**)와 무기 보조인자(**inorganic cofactor**) 두 군(**group**)으로 구분할 수 있으며, 유기 보조인자(**organic**

표 2-8 수용성 바이타민(Water soluble vitamins)과 보조인자(cofactors)

보조인자(Cofactors)	바이타민(Vitamins)	전달되는 화학 기 (Chemical groups transferred)
Thiamine pyrophosphate	Thiamine(B_1)	Two-carbon groups, α cleavage
Flavin mononucleotide	Riboflavin(B_2)	Electrons
Flavin adenine dinucleotide	Riboflavin(B_2)	Electrons
NAD^+와 $NADP^+$	Niacin(B_3)	Electrons
Coenzyme A	Pantothenic acid(B_5)	Acetyl group and other acyl groups
Pyridoxal phosphate	Pyridoxine(B_6)	Amino and carboxyl groups
Tetrahydrofolic acid	Folic acid(B_9)	One-carbon groups (Methyl, formyl, methylene)
5′-Deoxyadenosylcobalamin	Cobalamine(B_{12})	H atoms and alkyl groups
Methylcobalamine	Cobalamine(B_{12})	methyl groups
Lipoamide	Lipoic acid	Electrons and acyl groups
Biocytin	Biotin	CO_2
Ascorbic acid	Vitamin C	Electrons

cofactor)는 효소 단백질에 결합되어 있는 강도에 따라 **보조효소(coenzyme)와 보결원자단(prosthetic group)으로 구분된다. 보조효소(Coenzyme)는** 효소 단백질에 느슨하게 결합되어 있어서 투석(dialysis)에 의해 효소 단백질로부터 쉽게 해리될 수 있는 유기분자를 일컫는다. 반면에 **보결원자단(prosthetic group)은** 공유결합에 의해 효소 단백질에 단단하게 결합되어 있어서 쉽게 해리되지 않는 유기분자를 말한다. 느슨하게 결합된 보조효소들(coenzymes)은 **보조기질(cosubstrate)**과 같다. 왜냐하면 보조효소들은 마치 기질이나 생성물과 같이 효소와 결합하기도 하고 효소로부터 떨어져 나오기도 하기 때문이다. 그러나 **동일한 보조효소가 다양한 효소들에 의해 이용된다는 사실과, 보조효소들의 출처가 바이타민(vitamin)이다는 사실로부터 보조효소들은 정상적인 기질과 구별된다. 무기 보조인자(inorganic cofactor)는** Mg^{2+}, Cu^{2+}, Mn^{2+} 또는 iron-sulfur cluster와 같은 금속 이온을 지칭한다. 보조인자가 결여된 불활성 효소(inactive enzyme)를 **결손효소(apoenzyme)**라고 부르며, 완전한 촉매 기능을 가진 효소-보조인자 복합체를 **완전효소(holoenzyme)**라고 부른다. 몇몇 효소와 효소 복합체들은 한 개 이상의 보조인자를 필요로 한다. 예를 들면 다효소 복합체(multienzyme complex)인 피루브산 탈수소효소 복합체(pyruvate dehydrogenase complex)는 5개의 유기 보조인자(organic cofactor)와

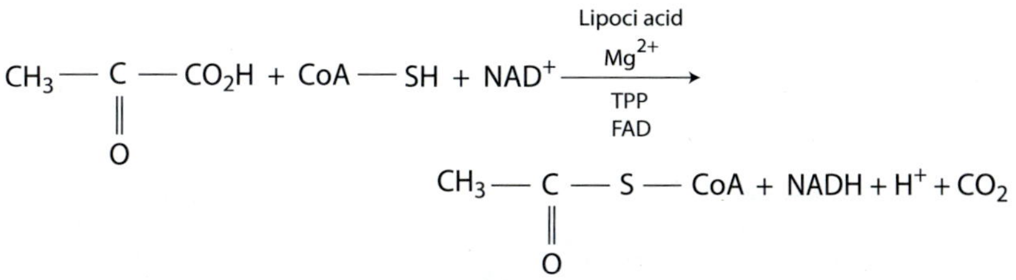

$$CH_3-\underset{\underset{O}{\|}}{C}-CO_2H + CoA-SH + NAD^+ \xrightarrow[\text{TPP, FAD}]{\text{Lipoci acid, } Mg^{2+}} CH_3-\underset{\underset{O}{\|}}{C}-S-CoA + NADH + H^+ + CO_2$$

그림 2-40 Pyruvate dehydrogenase complex가 촉매하는 반응

1개의 금속 이온을 필요로 한다(그림 2-40). 대장균에서 피루브산 탈수소효소 복합체(pyruvate dehydrogenase complex)는 3개의 효소 pyruvate dehydrogenase(E_1), dihydrolipoyl transacetylase(E_2), dihydrolipoyl dehydrogenase(E_3)로 이루어져 있으며, 5개의 유기 보조인자(organic cofactor) thiamine pyrophosphate(TPP), lipoic acid, flavin adenine dinucleotide(FAD), coenzyme A(CoA), nicotinamide adenine dinucleotide(NAD^+)와 1개의 금속 이온 Mg^{2+}를 필요로 한다. **TPP는** pyruvate dehydrogenase(E_1)에 느슨하게 결합되어 있는 **보조효소(coenzyme)이며, lipoic acid(lipoate)는** dihydrolipoyl transacetylase(E_2)에 **FAD는** dihydrolipoyl dehydrogenase(E_3)에 단단히 공유결합되어 있는 **보결원자단(prosthetic group)**이다. 그리고 **CoA-SH(E_2의 기질)와 NAD^+(E_3의 기질)는** 쉽게 해리되는 **보조기질(cosubstrate, dissociable coenzyme)**이다.

2-14 라이보자임(Ribozyme)

Group I intron, group II intron 그리고 group III intron은 세부적인 작용 기작은 다르지만, 자체 잘라잇기(self-splicing)의 기능을 가진 **라이보자임(ribozyme)**이다. **라이보자임(Ribozyme)**은 화학반응을 촉매하는 RNA 분자이다. 라이보자임(ribozyme)이라는 용어는 『**rib**onucleic acid en**zyme**』으로부터 유래된 것으로 RNA enzyme 또는 catalytic RNA이라 부르기도 한다. 라이보자임의 활성은 대부분 에스터 이동반응(transesterification reaction)과 포스포다이에스터(phosphodiester) 결합의 가수분해(절단)라는 두 가지 기본적인 반응에 기초를 두고 있다(그림 2-41).

라이보자임(ribozyme)이 발견되기 전에, 효소(enzymes)란 생물학적 촉매로서 생화학 반응을 촉매하는 단백질로 정의되어졌다. 1967년 칼 우즈(Carl Woese), 프랜시스

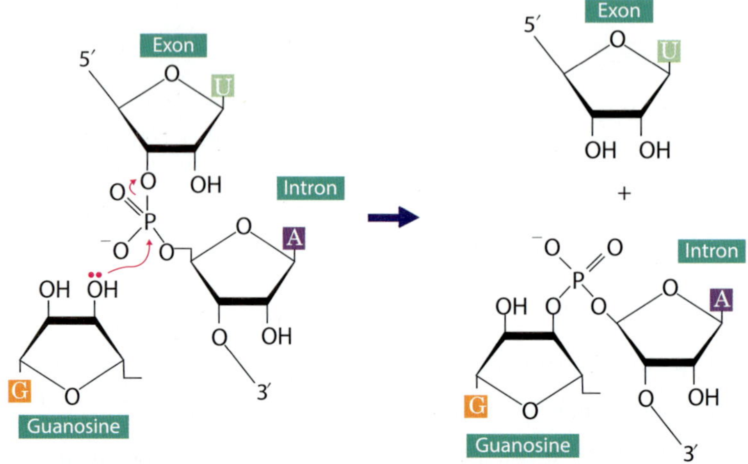

그림 2-41 에스터 이동반응(Transesterification reaction)

크릭(Francis Crick) 그리고 레슬리 오겔(Leslie Orgel)은 RNA가 촉매로 작용할 수 있다고 처음으로 제안하였다. 이러한 생각은 RNA가 복잡한 2차구조를 형성할 수 있다는 사실에 기초를 두고 있다. 최초의 라이보자임은 1982년 섬모충류(ciliated protozoa)인 *Tetrahymena thermophila*에서 ribosomal RNA의 잘라잇기(splicing)를 연구하던 토머스 로버트 체크(Thomas Robert Cech)와 대장균의 RNase P 복합체를 연구하던 시드니 올트먼(Sidney Altman)에 의해 발견되었다. 이들은 RNA의 촉매활성의 발견, 즉 라이보자임의 발견으로 1989년 노벨 화학상을 수상하였다. 1982년 토머스 R. 체크와 그의 동료들은 *Tetrahymena thermophila*로부터 분리한 rRNA 유전자와 정제한 대장균의 RNA 중합효소를 이용하여 시험관 내(*in vitro*)에서 전사반응을 유도하였다. 이 반응에서 형성된 RNA 전사체는 *Tetrahymena*로부터 어떠한 효소 단백질의 도움 없이도 정확하게 자체 잘라잇기(self-splicing)가 이루어졌다. Ribonuclease P(RNase P)는 엽록체 및 마이토콘드리아뿐만 아니라 고세균, 세균, 진핵생물(사람 및 효모 등)에서 발견되는 endoribonuclease이다. RNase P는 precusor-tRNA의 5′-leader를 절단하여 완성된(mature) 5′-end의 형성을 촉매하는 라이보자임이다. 대장균에서 ribonuclease P(RNase P)는 M1 RNA라 불리는 RNA chain(377개의 뉴클레오타이드)과 C5 protein이라 불리는 polypeptide chain(분자량 17,500)의 두 가지 성분을 가지고 있다. 1983년 시드니 올트먼(Sidney Altman)과 그들의 동료들은 특정 조건하에서 M1 RNA 단독으로 tRNA의 전구체를 정확한 위치에서 절단하는 효소작용을 발견하였다. 그리고 단백질 성분은 RNA를 안정시키거나 생체 내에서 라이보자임의 기능을 촉진하는 것도 밝혔다. 라이보자임(Ribozyme)의 유형으로 Group I intron, Group II intron, Group III intron, RNase P RNA, 망치머리 라이보자임(hammerhead ribozyme) 등이 있다.

Group I intron은 세균 유전체의 rRNA, mRNA 그리고 tRNA를 암호화하는 일부 유전자에서 발견되며, 하등 진핵생물에서 마이토콘드리아와 엽록체 유전체의 유전자와 핵 유전체(nuclear genome)의 rRNA에서 발견된다. 고등식물에서 group I intron은 엽록체와 마이토콘드리아의 몇몇 tRNA와 mRNA 유전자에 국한되어 있는 것으로 보인다. Group II intron은 균류, 원생동물, 식물에서 세포 내 소기관(organelle)의 rRNA, tRNA, mRNA에서 발견되며, 세균의 mRNA에서도 발견된다. Group III intron은 유글레나 엽록체(Euglena chloroplast)의 mRNA 유전자에서 발견되는 인트론이다. Group III intron은 다른 self-splicing intron과 비교하여 길이가 95~110 nucleotide로 훨씬 짧다.

Group I intron과 group II intron의 잘라잇기 반응에서 2개의 에스터 교환(transesterification)이 관여한다. Group I intron은 잘라잇기 반응에 유리 **guanine nucleoside (guanosine)**를 필요로 한다(그림 2-42). 이 구아닌 뉴클레오사이드(guanine nucleoside)

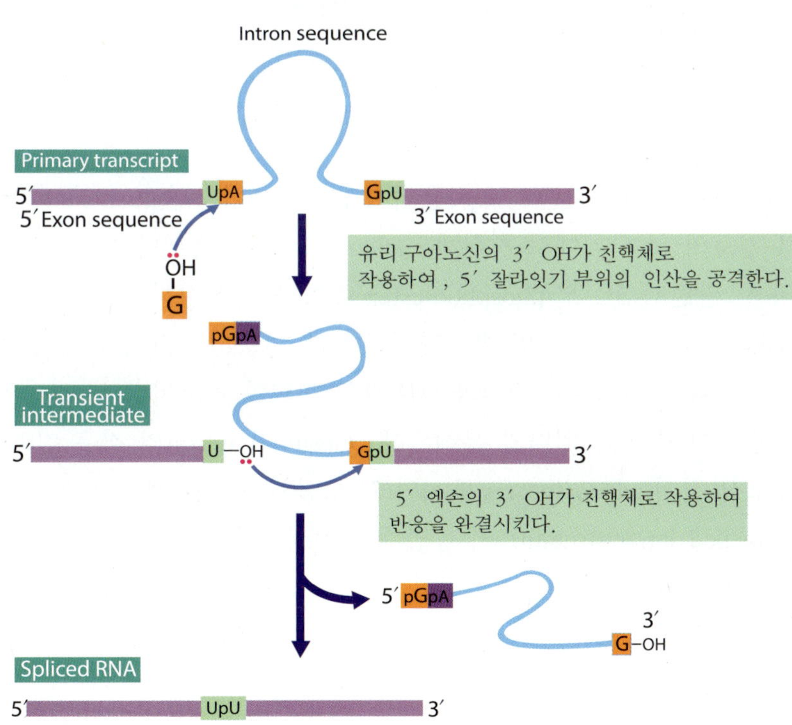

그림 2-42 Group I intron의 잘라잇기 메카니즘

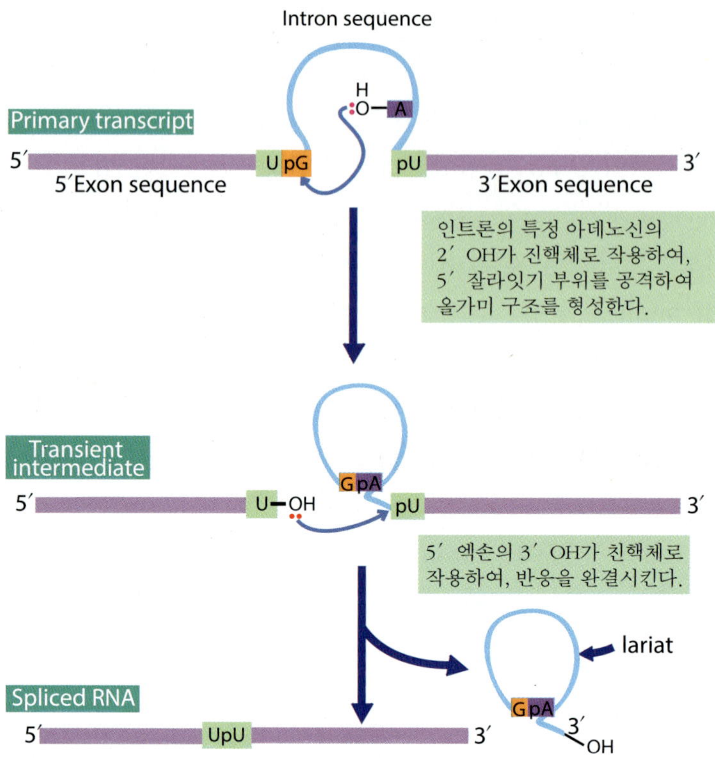

그림 2-43 Group II intron의 잘라잇기 메카니즘

는 잘라잇기 반응에서 에너지원으로 사용되지 않고, 구아노신(guanosine)의 3′-수산기가 잘라잇기 경로의 첫 단계에서 친핵체(nucleophile)로 사용된다. 구아노신 3′-수산기는 인트론의 5′ 말단과 3′, 5′-phosphodiester 결합을 형성한다. 그리고 이 단계에서 생성되는 엑손의 3′-수산기는 위의 반응과 유사하게 인트론의 3′-말단에 친핵체로 작용한다. 그 결과 정확한 인트론의 절단과 엑손간의 연결이 이루어진다. 잘라잇기에 의해 떨어진 인트론은 핵에 남아 있다가 분해된다. Group II intron의 경우 인트론 내에 존재하는 아데노신 잔기(adenosine residue)의 2′-수산기가 친핵체로 작용한다. 가지 올가미 구조(branched lariat structure)가 중간체로 형성된다(그림 2-43).

참고 Sidney Altman과 Thomas Robert Cech

Sidney Altman
(1939. 5. 7 ~)

Thomas Robert Cech
(1947. 12. 8 ~)

시드니 올트먼(Sidney Altman)과 토머스 로버트 체크(Thomas Robert Cech)는 『RNA의 촉매적 성질(ribozyme)』을 발견하여 1989년에 노벨 화학상을 공동수상하였다.

시드니 올트먼(Sidney Altman)은 캐나다 퀘벡주 몬트리올에서 태어난 미국 국적의 분자생물학자이다. 그는 매사추세츠공과대학(MIT) 및 컬럼비아대학에서 물리학을 공부한 뒤, 1967년에 콜로라도대학에서 생물물리학으로 박사학위를 받았다. 1971년에 예일대학교 생물학과 조교수로 임용되어, 1980년에 정교수가 된 후 1989년에 퇴직하였다. 그는 RNA의 새로운 역할을 밝혀내는 데 크게 이바지한 인물로서, 특히 1983년에 RNaseP라고 명명된 효소가 작용하기 위하여 단지 RNA만을 필요로 한다는 것을 보임으로써 기존의 생화학적 입장을 뒤집어 놓았다.

토머스 로버트 체크(Thomas Robert Cech)은 미국의 시카고에서 출생한 생화학자이다. 1975년에 버클리에 있는 캘리포니아대학에서 박사학위를 취득한 후, 1977년까지 메사추세츠공과대학(MIT)에서 박사후과정을 이수하였다. 1978년부터 콜로라도대학에서 화학 및 생화학을 강의하였으며 1983년에 정교수가 되었다. 1982년에 RNA의 촉매작용을 처음으로 발견, 이전까지 DNA의 정보를 단순히 전달하는 기능만 하는 것으로 알려진 RNA가 촉매기능도 한다는 것을 입증함으로써 생명체의 근원이라는 가설을 뒷받침하였다.

CHAPTER 03

수용성 바이타민과 효소의 보조인자

Water soluble vitamins and enzyme cofactors

3-1 바이타민의 명칭과 분류

3-2 바이타민의 흡수 및 배설

3-3 바이타민 B_1

3-4 바이타민 B_2

3-5 바이타민 B_3

3-6 바이타민 B_5

3-7 바이타민 B_6

3-8 바이타민 B_9

3-9 바이타민 B_{12}

3-10 바이오틴(Biotin)

3-11 리포산(Lipoic acid)

3-12 바이타민 C

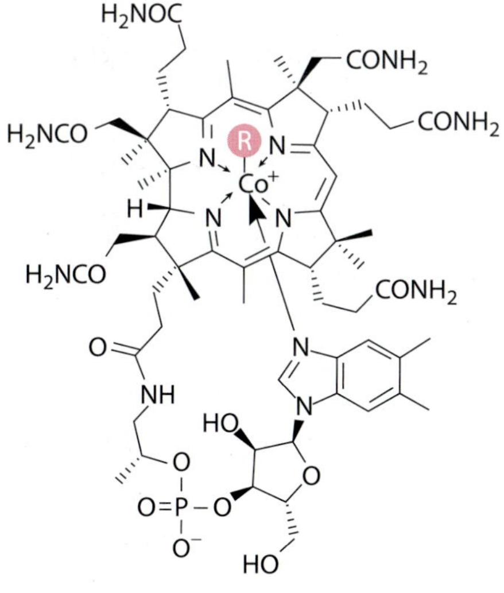

일반적으로 생각할 때, 생명체는 생장과 생존에 꼭 필요한 화합물의 합성을 위하여 생체 내에 이와 관련된 효소와 생합성 경로를 모두 가지고 있어야 한다. 그러나 생명체 중에 이러한 효소가 하나 이상 결여된 것들도 상당수 존재한다. 이들은 생장과 생존에 필수적인 화합물들을 모두 합성할 수 없기 때문에 특정한 화합물이나 그 전구체를 외부로부터 반드시 흡수해야 한다. 사람을 비롯한 몇몇 생물 종에 있어서 필수 아미노산, 필수 지방산, 바이타민과 같은 화합물은 생체 내에서 전혀 합성되지 않거나 합성되더라도 충분하지 않은 것들이다. 그러면 이들 중에서 바이타민이란 어떤 화합물인가?

바이타민(Vitamin)은 소량으로 요구되지만 생명체가 살아가는 데 있어서 매우 중요한 역할을 하는 유기분자이다. 이러한 바이타민은 생체 내에서 전혀 합성되지 않거나 합성되더라도 충분하지 않기 때문에 외부로부터 섭취되어야 하는 필수 영양소 중의 하나이다. 예를 들면 사람을 포함한 많은 동물들은 트립토판(tryptophan)으로부터 니코틴산(nicotinic acid 또는 niacin)을 미량으로 생합성할 수 있지만 필요량에 이르지 못하기 때문에 외부로부터 적당량을 섭취해야 한다. 또한 바이타민 D(vitamin D)는 인체가 햇빛에 노출되어질 때 체내에서 자연적으로 생성된다. 그러나 인체 내에서 합성되는 바이타민 D의 양이 충분하지 못할 때에는 음식으로 보충해야 한다. 식물이나 대부분의 동물은 바이타민 C(vitamin C 또는 ascorbic acid)를 글루코오스(glucose: 포도당)으로부터 체내에서 합성할 수 있다. 따라서 이들 생물에 있어서 바이타민 C는 더 이상 바이타민이 아니라 아스코브산(ascorbic acid)인 것이다. 그러나 사람을 비롯한 영장류(primates), 기니피그(guinea pig), 과일을 먹는 박쥐(fruit-eating bats), 특정 조류(certain birds) 그리고 무지개송어(rainbow trout), 잉어(carp), 은연어(Coho salmon) 등을 포함하는 몇몇 어류 등은 바이타민 C의 생합성 경로가 없기 때문에 바이타민 C를 합성하지 못한다.

바이타민(Vitamin)이라는 용어는 라틴어로 생명을 의미하는 『vita』와 아민(amine)이 결합되어 만들어졌다. 즉, 1911년 캐시미어 풍크(Casimir Funk)는 쌀겨(rice bran)로부터 항신경염 물질(antineuritic substance)을 분리하여, 이를 생명을 주는 아민(vital amine)이라는 뜻의 『vitamin』으로 명명하였다. 바이타민은 탄수화물, 지방, 단백질과 달리 에너지를 생성하지는 못하지만 생체 내에서 여러 기능을 조절하는 역할을 한다.

한편, 필수 아미노산 및 필수 지방산과 같은 영양소는 관례적으로 바이타민에 포함시키지 않는다. 이들은 바이타민과 마찬가지로 체내에서 합성되지는 않지만 바이타민보다 훨씬 더 많은 양을 필요로 한다. 그리고 무기질(미네랄)은 바이타민과 마찬가지로 미량 영양소이지만 유기화합물이 아니고, 호르몬은 바이타민과 유사한 작용을 하지만 생체 내(내분비선)에서 생성되기 때문에 바이타민과 구별된다. 바이타민은 탄수화물, 단백질, 지방 그리고 무기질과 함께 5대 영양소에 포함된다.

이 장에서는 지용성 바이타민을 제외한 효소의 보조인자(cofactor)로 역할하는 수용성 바이타민의 종류와 생화학적 기능에 관하여 상세히 살펴보기로 한다.

3-1 바이타민의 명칭과 분류

바이타민(Vitamin)은 바이타민 A(vitamin A), 바이타민 B_1(vitamin B_1), 바이타민 C(vitamin C) 등 일반명으로 명명되다가 각각의 화학 구조가 밝혀짐에 따라 레티놀(retinol), 싸이아민(thiamin), 아스코브산(ascorbic acid) 등 그 구조를 나타내는 화합물명이 제안되었다. 현재는 일반명(common name)과 화합물명(chemical name)이 병용되고 있다.

바이타민은 물에 대한 용해도에 따라 수용성 바이타민(water soluble vitamins)과 지용성 바이타민(fat soluble vitamins) 두 군으로 분류된다. 수용성 바이타민은 효소의 보조인자(cofactor)로 알려진 생물학적으로 중요한 물질의 구성성분 또는 전구체(precursor)가 된다. 바이타민 B_1(thiamine), 바이타민 B_2(riboflavin), 바이타민 B_3 (niacin), 바이타민 B_5(pantothenic acid), 바이타민 B_6(pyridoxamine), 바이타민 B_9 (folic acid, 폴산, 엽산), 바이타민 B_{12}(cobalamin), 바이오틴(biotin), 바이타민 C (ascorbic acid)이 수용성 바이타민으로 알려져 있다. 이 중에서 바이타민 B 복합체 (B_1, B_2, B_3, B_5, B_6, B_9, B_{12}, biotin)는 분자 내에 모두 질소 원자를 함유하고 있으며, 쌀겨(배아), 효모, 간 등에 많이 존재한다. 지용성 바이타민은 유기용매에 녹는 바이타민으로서 바이타민 A, D, E, K 등이 이에 속한다. 이들 바이타민은 반복단위(**repeating unit**)가 아이소프린(**isoprene**)으로 구성된 터핀(**terpene**) 또는 아이소프레노이드(**isoprenoid**)로 불리는 지질군인 터피노이드(**terpenoid**)에 속한다. 지용성 바이타민은 수용성 바이타민보다 열에 강하여 식품의 조리가공 중 비교적 영양분의 손실이 덜 하며 소장 내에서 지방과 함께 흡수된다. 지용성 바이타민은 효소의 보조인자로서의 역할은 없지만, 시각을 포함하여 뼈 구조의 유지, 혈액 응고와 같은 생물학적으로 중요한 반응에 필수적인 역할을 담당한다. 지용성 바이타민의 작용기전(mechanism)은 수용성 바이타민만큼 잘 알려져 있지 않지만 최근의 연구 성과로 인하여 많은 부분이 명확해져 가고 있다. 일반적으로 현재 14세 가지의 바이타민만 인정되고 있다. 표 3-1은 수용성 바이타민과 결핍증 그리고 보조인자(cofactors)에 관한 내용을 요약하여 설명하고 있다.

표 3-1 수용성 바이타민과 결핍증 그리고 보조인자

Vitamin	Deficiency symptoms	Cofactors
Vitamin B_1 (thiamine)	각기병(Beriberi)	Thiamin pyrophosphate
Vitamin B_2 (riboflavin)	피부염(Dermatitis), 발육불량(impaired growth)	Flavin mononucleotide(FMN) and flavin adenine dinucleotide(FAD)
Vitamin B_3 (Nicotinic acid)	펠라그라[Pellagra(in human)], 흑설병[black tongue(in dogs)]	Nicotinamide adenine dinucleotide(NAD^+) and nicotinamide adenine dinucleotide phosphate($NADP^+$)
Vitamin B_5 (Pantothenic acid)	극히 드물다. 그러나 에너지 생성 저하(impaired energy production), 신경학적 이상(neurological disoder), 저혈당증(hypoglycemia)	Coenzyme A
Vitamin B_6 (Pyridoxine)	지루성 피부염(seborrheic dermatitis), 위축성 설염(atrophic glossitis), 신경장애(neuropathy)	Pyridoxal Phosphate
Vitamin B_9 (Folic acid)	신경관결손(neural tube defects), 거대적아구성 빈혈(megaloblastic anemia)	Tetrahydrofolic acid
Vitamin B_{12}	악성빈혈(Pernicious anemia), 뇌와 신경계에 심각한 손상 유발	Coenzyme B_{12}
Lipoic acid	증명되지 않음.	Lipoamide
Biotin	Avidin의 존재하에서만 발생. 탈모, 결막염, 피부염, 신경학적 증상.	Biotin carboxyl-carrier protein
Ascorbic acid	괴혈병(Scurvy)	—

3-2 바이타민의 흡수 및 배설

구강으로 섭취된 바이타민은 주로 소장에서 흡수된 후 혈액과 함께 체내의 세포에 도달하게 된다. 세포 내에서 바이타민은 여러 가지 기능을 조절하는 역할을 하지만,

수용성 바이타민과 지용성 바이타민 사이에 상당한 차이가 있다. 지용성 바이타민은 소장에서 지방과 함께 흡수되기 때문에 일정량의 지방이 존재하지 않으면 지용성 바이타민의 흡수율은 현저히 떨어지게 된다. 동물성 식품에 함유되어 있는 바이타민 A는 비교적 흡수가 잘 이루어지지만, 식물성 식품에 함유되어 있는 프로바이타민 A(provitamin A)는 흡수율이 매우 낮다. 따라서 프로바이타민 A의 경우 유지(fats and oils)를 사용한 조리가 필요하다. 또한 지방의 흡수를 위하여 이자액(췌장액)이나 쓸개즙을 필요로 하기 때문에, 이자 질환이나 간 질환의 경우 지방흡수장애를 일으켜서 지용성 바이타민의 흡수가 떨어진다. 흡수된 지용성 바이타민은 간(비타민 A, D, K) 또는 지방조직(비타민 E)에 축적되어, 리포단백질(lipoprotein) 또는 특이한 결합단백질에 의해 이송되지만, 소변으로 배출되지 않고 쓸개즙 속으로 배설된다. 또한 체내에 축적되어 과다증을 일으키는 수가 있다. 지용성 바이타민과 달리 수용성 바이타민은 소장에서 흡수율이 높은 편이며 흡수된 수용성 바이타민은 효소의 보조인자로 작용한다. 필요 이상으로 흡수된 수용성 바이타민은 소변으로 배설된다.

3-3 바이타민 B_1(Thiamine 또는 Thiamin)

바이타민 B_1(Thiamine 또는 Thiamin)은 수용성 바이타민 중 최초로 기술된 바이타민이다. 일찍이 BC 2700년경 중국의 의학서적은 바이타민 **B_1(vitamin B_1)**의 결핍증 **(deficiency disease)**인 각기병**(beriberi)**을 언급하고 있다. 19세기말 네덜란드령 동인도가 질병으로 심각하게 황폐화되자 네덜란드 정부는 질병을 연구하는 특별위원을 현장으로 보냈다. 그 당시만 해도 세균학이 전성기에 있었기 때문에 질병의 원인을 세균으로 생각하였던 과학자들이 많았다. 이에 관한 연구로서 1897년 네덜란드령 동인도제도 자바(Java)의 특별위원 보좌인으로 근무하던 의사 크리스티안 에이크만(Christiaan Eijkman)은 실험용 닭에서 특이한 질병을 관찰하였다. 즉, 그는 정백미(polished rice)로 된 사료를 닭에게 먹이면 마비(paralysis)와 머리퇴축반사(head retraction) 즉 각기 증상을 보이지만, 도정 후 찌꺼기(쌀의 외피, 쌀눈)를 닭에게 다시 먹이면 이런 증상들이 사라진다는 사실을 발견하였다. 그는 각기의 원인이 쌀겨에 존재하는 어떤 종류의 물질의 결핍으로부터 기인됨을 확인하였다. 이러한 사실은 바이타민 B_1을 발견하는 단서가 되었다. 이 업적으로 그는 1929년 성장촉진 바이타민을 발견한 영국의 프레더릭 홉킨스(Frederick Hopkins)와 함께 노벨 생리 · 의학상을 받았다. 이 연구는 쌀을 주식으로 하는 동양의 의학계에 크게 이바지하였다. 1911년 폴란드 태생 미국의 생화학자 캐시미어 풍크[**Casimir Funk**(1884. 2. 23 ~ 1967. 11. 20)]는 쌀겨(rice bran)로부터 항신경염 물질(antineuritic substance)을 분리하여, 이를 생명을 주는 아민(**vital amine**)이라는 뜻의『**vitamin**』으로 명명하였다. 1926년 네덜란드의 화학자 B. C. P. 잔센[Barend Coenraad Petrus Jansen(1884-1962)]과 그의 공동연구자 W. F. 도너쓰[Willem Frederik Donath(1889-1957)]는 이 물질을 분리하여 불순물을 제거한 후 결정화(crystallization)에 성공하였다. 1934년 미국의 화학자 R. R 윌리엄스[Robert Runnels Williams(1886-1965)]는 처음으로 이 물질의 화학구조를 결정하고, 1936년에 화학합성을 성공하였다. 이들은 이 물질을 황을 함유하는 아민 화합물이라는 뜻에서 싸이아민(thiamine)이라고 명명하였다. 바이타민 B_1(Thiamine 또는 Thiamin)의 구조는 그림 3-1에 나타낸 바와 같다.

바이타민 B_1의 발견 후 유사한 화학적 성질(수용성 질소함유)을 가진 다른 바이타민들이 발견되어 B_2, B_3, B_6 등으로 명명되고 있다.

그림 3-1 Vitamin B_1(Thiamine chloride 또는 Thiamin chloride)의 구조. Thiamine(chemical formula; $C_{12}H_{17}N_4OS$)은 메틸렌 가교(methylene bridge)에 의해 연결된 피리미딘 고리(pyridine ring)와 싸이아졸 고리(thiazol ring)를 함유하고 있다.

참고 Christiaan Eijkman

(1858. 8. 11-1930)

네덜란드의 내과의사(Dutch physician)이자 생리학자인 크리스티안 에이크만(Christiaan Eijkman)은 네덜란드의 Nijkerk에서 태어났다. 1929년에 그는 항신경염 바이타민(vitamin B_1)에 관한 연구로 성장촉진 바이타민을 발견한 영국의 프레더릭 홉킨스(Frederick Hopkins)와 함께 노벨 생리 · 의학상을 받았다.

3-3-1 바이타민 B_1의 분포 및 결핍증

세균(bacteria), 균류(fungi) 그리고 식물(plants)은 바이타민 B_1(thiamine 또는 thiamin)을 생체 내에서 합성할 수 있지만 동물은 그렇치 못하다. 따라서 동물은 이 바이타민을 음식을 통하여 필요량만큼 섭취해야 한다. 그렇지 않으면 바이타민 B_1의 결핍증인 각기병에 걸려 말초신경계, 심혈관계(cardiovascular system), 근육계, 소화기계(gastrointestinal systems)의 장애가 나타난다. 싸이아민 유도체(Thiamine derivatives)와 싸이아민-의존 효소들(thiamine-dependent enzymes)은 인체의 모든 세포 내에 존재한다. 따라서 싸이아민의 결핍은 모든 기관계(organ systems)에 나쁜 영향을 미칠 수 있다. 싸아미의 결핍은 신경계(nervous system)와 심장(heart)에 특히 민감하다. 바이타민 B_1의 1일 권장 섭취량은 성인의 경우 1.2mg 정도이다. 바이타민 B_1은 곡물을 포함한 여러 식물의 종자의 외피에 존재한다. 따라서 도정하지 않은 쌀(unpolished rice)이나 통밀(whole wheat)로 만든 음식은 이 바이타민의 좋은 영양원이다. 또한 동물조직이나 효모(yeast)에서 싸이아민[thiamine(vitamin B_1)]은 주로 효소 반응계의 보조인자(cofactor)인 싸이아민 파이로포스페이트[thiamine pyrophosphate(TPP)]의 형태로 존재한다.

3-3-2 바이타민 B_1의 생화학적 기능

앞서 설명한 바와 같이 바이타민 B_1, 즉 싸이아민(thiamin)은 주로 효소 반응계의 **보조인자(cofactor)인 싸이아민 파이로포스페이트[thiamine pyrophosphate(TPP)]**의 형태로 존재한다. 싸이아민 파이로포스페이트는 **싸이아민 다이포스포카이네이스[thiamine diphosphokinase(또는 TPP synthetase)]**에 의해 바이타민 B_1으로부터 만들어진다(그림 3-2). 즉, **바이타민 B_1(thiamine)은 싸이아민 파이로포스페이트[thiamine pyrophosphate(TPP)]의 전구체이다.** 생체 내에서 바이타민 B_1(thiamine 또는 thiamin)의 활성형(active form)은 인산화된 싸이아민 유도체들(phosphorylated thiamine derivatives)이다. 생체 내에 존재하는 5가지 유형의 싸이아민 인산 유도체들(thiamine phosphate derivatives)이 알려져 있다. 즉, ① 싸이아민 모노포스페이트(thiamine monophosphate, TMP), ② 싸이아민 파이로포스페이트(thiamine pyrophosphate, TPP) 또는 싸이아민 다이포스페이트(thiamine diphosphate, TDP), ③ 싸이아민 트리포스페이트(thiamine triphosphate, TTP) 그리고 최근에 발견된 ④ 아데노신 싸이아민

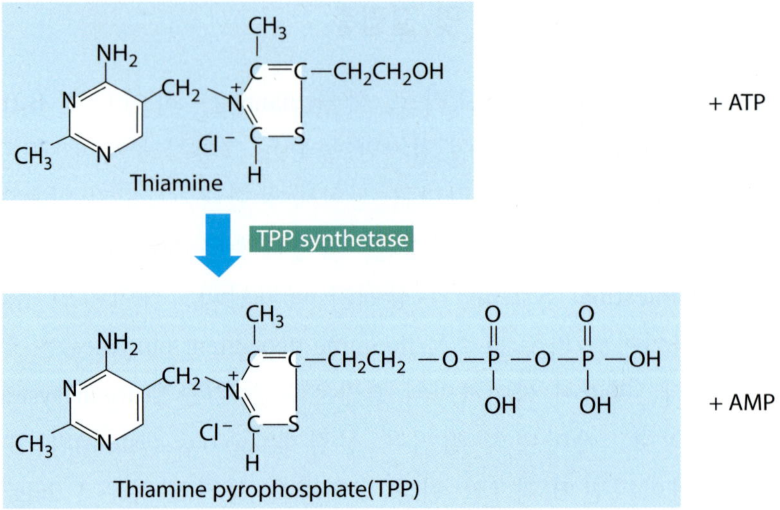

Thiamine + ATP

TPP synthetase

Thiamine pyrophosphate(TPP) + AMP

그림 3-2 바이타민 B_1으로부터 thiamine pyrophosphate(TPP)의 합성.

트리포스페이트(adenosine thiamine triphosphate, ATTP) 그리고 ⑤ 아데노신 싸이아민 다이포스페이트(adenosine thiamine diphosphate, ATDP)가 그들이다. 싸이아민 모노포스페이트(TMP)의 생리적 역할은 아직 알려져 있지 않지만, 싸이아민 트리포스페이트(TTP)는 오랫동안 싸이아민(thiamine)의 특별한 신경활성형(a specific neuroactive form of thiamine)으로 인식되어 왔다. 그러나 최근에 세균, 균류, 식물 그리고 동물 모두에 존재하는 것으로 밝혀진 싸이아민 트리포스페이트(TTP)는 세포 내에서 보다 일반적인 역할을 할 것으로 추정되고 있다. 특히 대장균에서 싸이아민 트리포스페이트(TTP)는 아미노산 결핍(amino acid starvation)에 반응하는 것으로 믿어지고 있다. 한편, 아데노신 싸이아민 트리포스페이트(ATTP: thiaminylated adenosine triphosphate)는 최근 대장균에서 탄소 결핍(carbon starvation)의 결과로 축적되는 것으로 발견되었다. 아데노신 싸이아민 트리포스페이트(ATTP)는 대장균에서 총 싸이아민(thiamine)의 20%에 이르며, 효모와 식물의 뿌리 그리고 동물의 조직에서도 소량 존재한다. 아데노신 싸이아민 다이포스페이트(ATDP: thiaminylated adenosine diphosphate)는 척추동물의 간에 소량 존재하지만, 아직 그 역할은 불분명하다. 생체 내에서 주로 효소 반응계의 보조인자(cofactor)로 사용되는 싸이아민 파이로포스페이트(TPP)는 **특히 알파-케토산(α-keto acid 또는 2-oxoacid)의 탈수소화(dehydrogenation: decarboxylation and subsequent conjugation with coenzyme A)와 2개-탄소 단위(two-carbon units)의 전달을 촉매하는 몇몇 효소 반응에 관여한다.** 즉 대부분의 생물 종에 존재하는 피루브산 탈수

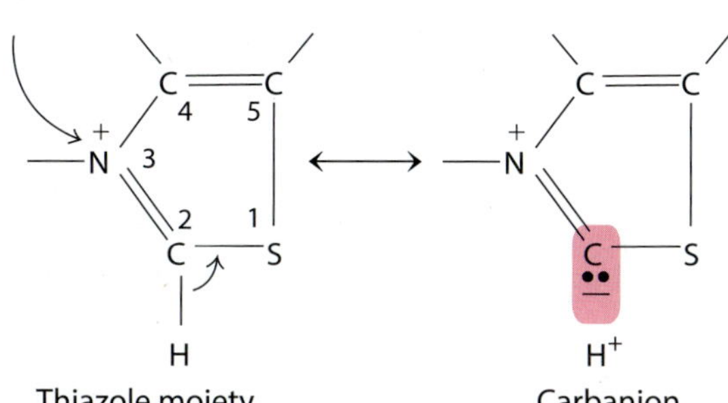

그림 3-3 Thiamine pyrophosphate(TPP)의 싸이아졸 고리(thiazol ring)에서 탄소음이온(carbanion)의 형성.

소효소(pyruvate dehydrogenase)와 알파-케토글루타레이트 탈수소효소(α-ketoglutarate dehydrogenase), 가지-사슬 알파-케토산 탈수소효소(branched-chain α-keto acid dehydrogenase), 알파-하이드록시파이태노일-CoA 분해효소(α-hydroxyphytanoyl-CoA lyase), 트랜스케톨레이스(transketolase) 그리고 효모에 존재하는 피루브산 탈카복시화효소(pyruvate decarboxylase), 몇몇 세균의 효소가 그 예이다. 효모(yeast)는 보조인자인 싸이아민 파이로포스페이트(thiamine pyrophosphate, TPP)와 아포효소(apoenzyme, 결손효소)인 탈카복시화효소(decarboxylase) 모두를 함유하고 있기 때문에 피루브산(pyruvic acid)을 탈카복실화(decarboxylation)할 수 있다. 그러나 동물 세포의 경우 TPP는 함유하고 있지만 아포효소(apoenzyme, 결손효소)인 탈카복시화효소(decarboxylase)가 결손되어 있다. 따라서 동물에서 피루브산의 탈카복실화는 산화적인 탈카복실화(oxidative decarboxylation) 반응으로 일어난다. 피루브산의 탈카복실화 반응에서 싸이아민 파이로포스페이트(TPP)의 공통된 작용부위는 싸이아졸 고리(thiazol ring)의 C-2이다. 이 자리에 있는 수소 원자는 양성자를 방출하여 탄소음이온(carbanion)이 되려는 경향이 크다(그림 3-3).

이 탄소음이온(carbanion)은 그림 3-4에서 설명된 바와 같이 피루브산의 탈카복실화 반응에 관여한다. 탄소음이온과 피부브산(pyruvic acid)의 반응 복합체는 적당한 내부 전자의 재배열이 일어난 후 탈카복실화되고 알데하이드와 탄소음이온으로 해리된다.

3-4 바이타민 B_2(Riboflavin)

바이타민 B_2(Riboflavin)는 생물계에 널리 분포하는 황녹색 형광(yellow-green

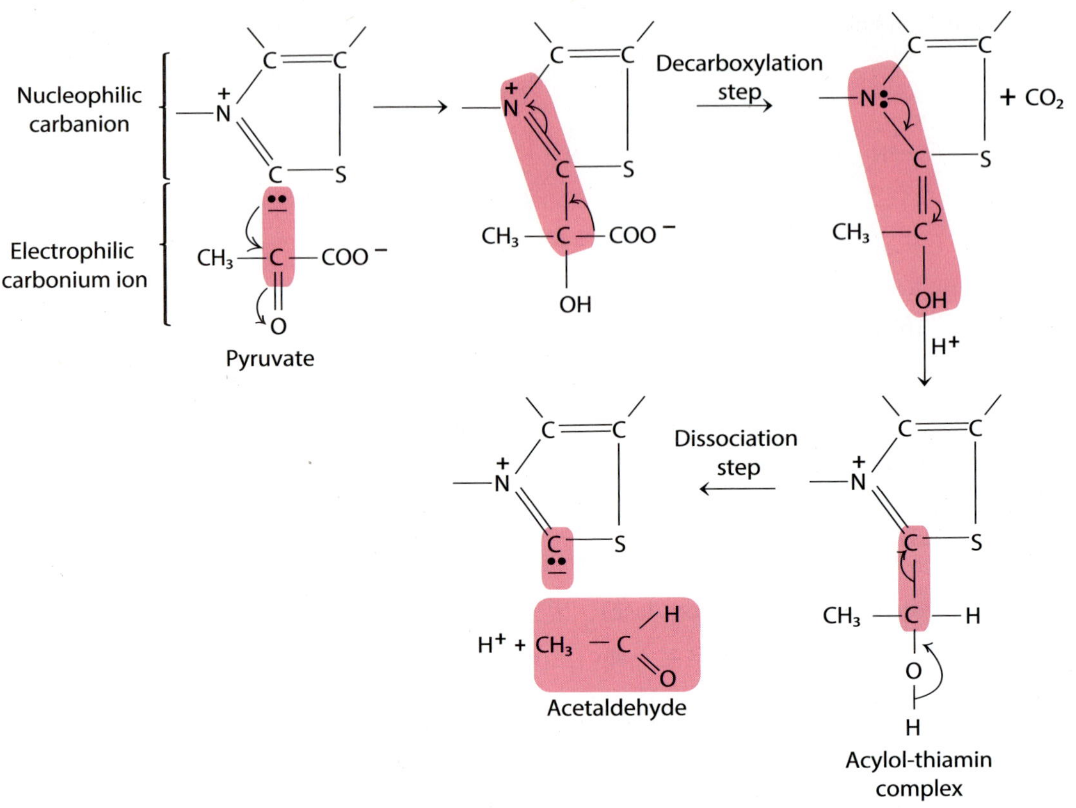

그림 3-4 피루브산(Pyruvic acid)의 탈카복실화(decarboxylation).

fluorescence)의 성질을 가진 수용성 황색(yellow-orange) 물질로서 동물의 성장을 촉진하는 인자로 밝혀져 있다. 바이타민 B_2(Riboflavin)는 1879년 영국의 화학자 A. W. 블라이스[Alexander Wynter Blyth(1844-1921)]에 의해 유장[whey 또는 milk plasma: 유청이라고도 하며 우유에 레닛(rennet) 또는 산을 가했을 때 생성되는 케이신(casein)의 응고물을 제거한 나머지의 투명하고 형광을 띤 황록색의 용액]으로부터 처음 분리되어졌다. 그는 유장으로부터 분리된 이 수용성 황색 형광물질을 락토크롬(lactochrome: lacto- = 『milk』 그리고 chrome = color)이라고 하였다. 그러나 그는 락토크롬(lactochrome)의 구성성분이나 성질을 규명하지는 못하였다. 1933년 독일의 생화학자 리하르트 요한 쿤(Richard Johann Kuhn)과 그의 연구진들은 난백(egg white)과 유장(whey)으로부터 쥐(rat)의 생장을 촉진하는 결정성 황색 색소를 분리하여 이들을 각각 오보플라빈(ovoflavin)과 락토플라빈(lactoflavin)이라고 불렀다. 1년 후 1934년 쿤(Kuhn)과 그의 동료들은 플라빈(flavin)의 구조를 결정하고 순수 플라빈의 합성

(a)

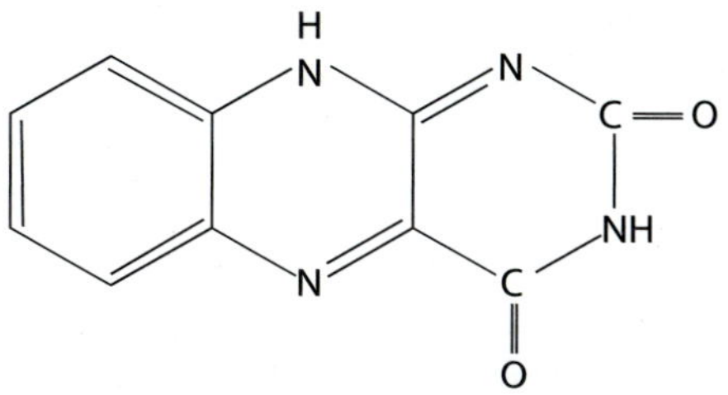

(b)

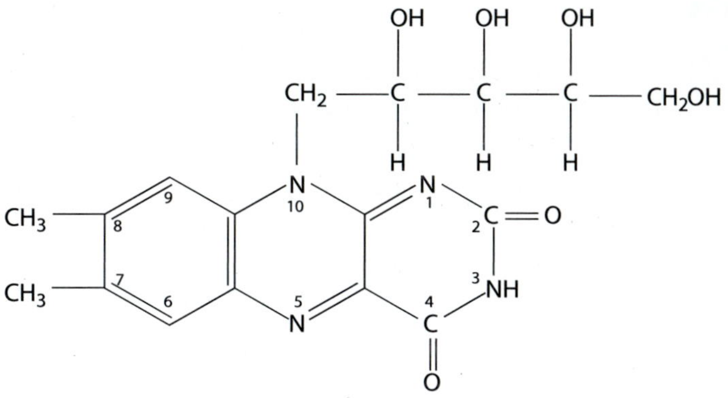

그림 3-5 Tricyclic ring isoalloxazine과 vitamin B_2(Riboflavin)의 구조. (a) 3개의 고리로 이루어진 아이소얼락서진 고리(isoalloxazine ring) (b) 바이타민 B_2(Riboflavin; $C_{17}H_{20}N_4O_6$)의 구조. 바이타민 B_2(Riboflavin)는 바이타민 B_1(thiamine) 보다 열에 더 안정하지만, 빛에 상당히 민감하여 햇빛을 받고 있는 음식 안에서도 분해가 일어난다.

참고 Richard Johann Kuhn

(1900. 12. 3~ 1967. 8. 1)

리하르트 요한 쿤(Richard Johann Kuhn)은 오스트리아(Austria) 빈(Vienna, 현재 Wien)에서 출생한 오스트리아계 독일의 생화학자(Austrian-German biochemist)이다. 리하르트 요한 쿤(Richard Johann Kuhn)은 1938년 『카로티노이드와 바이타민에 관한 업적(work on carotenoids and vitamins)』으로 노벨 화학상을 수상하였지만, 나치 정권의 방해로 상장과 금메달은 제2차 세계대전이 끝난 뒤에 받았다.

에 성공하였다. 1937년 『The Council on Pharmacy and Chemistry of the American Medical Association』에서 기존의 플라빈(flavin)을 『라이보플라빈(riboflavin)』이라 명명하기로 결정하였는데, 라이보플라빈(riboflavin)이라는 명칭은 이 분자의 구성성분인 라이비톨(ribitol)과 플라빈(flavin)의 이름을 합성하여 만든 것이다. 그림 3-5에 나타낸 바와 같이 라이보플라빈(riboflavin)의 구조는 7,8-다이메틸-아이소얼락서진(7,

> **참고** 20세기 전반 생화학계의 개척자: Otto Heinrich Warburg
>
> 
>
> (1883. 10. 8 ~ 1970. 8. 1)
>
> 오토 바르부르크(Otto Warburg)는 독일의 프라이부르크(Freiburg im Breisgau)에서 출생하였다. 오토 바르부르크는 『산소 부족이 암 발생의 주 원인이며, 암 세포에는 산소가 없고 수소 이온(H^+)만 가득하다』고 발표하였고 이 이론은 국제적으로 인정 받았으며, 『혈액의 산소 운반에 관한 세포호흡 연구(discovery of the nature and mode of action of the respiratory enzyme.)』로 1931년 노벨 생리 · 의학상을 수상하였다. 평생을 독신으로 지내며 연구에 몸을 바친 바르부르크는 1931년의 노벨상 수상에 이어 1944년에 니코틴아미이드(nicotinamide)에 관한 연구, 발효와 관련된 작용기작 및 효소에 관한 연구, 황색 효소 플라빈(flavin)의 발견으로 2번째 노벨상 수상 후보자로 지명되기도 하였다.

8-dimethyl-isoalloxazine)에 부착된 당알코올(sugar alcohol)로 이루어져 있다. 플라빈(Flavin)은 밝은 황색을 띠는 특징이 있고, 황색이라는 뜻의 라틴어인 『*flavus*』로부터 유래되었다. 생물계에서 라이보플라빈(riboflavin)의 역할은 독일의 과학자 오토 바르부르크(Otto Warburg)와 스웨덴의 과학자 후고 테오렐(Hugo Theorell)에 의해 발견되었다. 이들은 피리딘 뉴클레오타이드(pyridine nucleotide)의 산화와 관련되는 효모 효소(yeast enzyme)에 결합되어 있는 황색 물질을 동정하였다. 1937년 후고 테오렐(Hugo Theorell)은 이 황색 효소가 황색을 띄는 이유는 라이보플라빈 5′-인산(riboflavin 5′-phosphate) 즉 플라빈 모노뉴클레오타이드(flavin mononucleotide, FMN) 때문이라

> **참고** Axel Hugo Theodor Theorel
>
> 
>
> (1903. 7. 6~ 1982. 8. 15)
>
> 스웨덴의 린최핑(Linköping)에서 출생한 후고 테오렐(Hugo Theorell)은 1933년부터 1935년까지 베를린-달렘(Berlin-Dahlem)에서 오토 바르부르크(Otto Warburg)와 함께 연구를 하였다. 이곳에서 그는 산화 효소에 관심을 갖게 되었다. 베를린-달렘에서 그는 처음으로 효모에서 『the yellow ferment』로 불리는 산화효소를 분리하여, 이 효소가 무색의 단백질 부분(apoenzyme)과 노란색의 보조효소(coenzyme)인 라이보플라빈 5′-인산(riboflavin 5′-phosphate) 즉 플라빈 모노뉴클레오타이드(flavin mononucleotide, FMN)로 이루어져 있다는 것을 확인하였다(1934년). 1935년부터 그는 스웨덴 연구자들과 함께 여러 가지 산화효소를 연구를 하여 특히 사이토크롬 *c*(cytochrome *c*), 퍼옥시데이스(peroxidases), 캐터레이스(catalases), 플라보단백질(flavoproteins), 피리딘-단백질(pyridine-proteins), 알코올 탈수소효소(alcohol dehydrogenases) 분야에 크게 공헌하였다. 1955년에 그는 『산화효소의 성질과 효과』에 관한 업적으로 노벨 생리 · 의학상을 받았다.

는 것을 밝혔다. 즉 후고 테오렐(Hugo Theorell)은 플라빈 모노뉴클레오타이드(flavin mononucleotide, FMN)의 구조를 처음으로 규명한 셈이 되었다. 1938년에 오토 바르부르크(Ott Warburg)는 효모의 또 다른 황색 단백질인 D-아미노산 산화효소(D-amino acid oxidase)로부터 플라빈 아데닌 다이뉴클레오타이드(flavin adenine dinucleotide, FAD)를 분리 · 특성화하여 보조효소(coenzyme)로서 플라빈 아데닌 다이뉴클레오타이드의 관련성을 입증하였다.

3-4-1 바이타민 B_2의 분포 및 결핍증

바이타민 B_2(Riboflavin)는 우유, 치즈, 녹색채소, 간, 신장, 콩류(legumes), 효모, 버섯 그리고 아몬드(almonds) 등에 많이 포함되어 있지만 빛에 노출되면 쉽게 파괴된다. 바이타민 B_2(Riboflavin)는 녹색식물, 세균, 균류 등에 의해 합성되지만 동물은 전혀 합성하지 못한다. 따라서 동물은 이 바이타민을 음식을 통해 필요량만큼 섭취해야 한다. 그렇지 않으면 결핍증에 걸려 피부염**(dermatitis)** 그리고 발육불량 등이 나타난다. 사람의 경우 전형적인 라이보플라빈 결핍증**[riboflavin deficiency(ariboflavinosis)]**으로 구강-눈-생식기 증후군**(oral-ocular-genital syndrome)**으로 나타난다. 즉, 구순염(cracked and red lips), 구각염[cracks at the corners of the mouth(angular cheilitis)], 구내 및 설염(inflammation of the lining of mouth and tongue), 인후염(a sore throat), 피부염(dry and scaling skin), 위염, 광선공포증(photophobia), 눈충혈(bloodshot eyes), 각막염, 결막염, 음낭 피부염(scrotal dermatitis) 등으로 나타난다. 동물 실험에서 바이타민 B_2(Riboflavin)의 결핍증은 주로 발육불량(growth failure)으로 나타난다. 바이타민 B_2의 1일 권장 섭취량은 성인의 경우 1.3mg 정도 요구된다. 동물조직에서 라이보플라빈(riboflavin)은 효소의 보조인자(cofactor) 형태(FMN 또는 FAD)로 존재하기 때문에 동물은 간과 같은 고농도의 FMN 또는 FAD를 함유한 조직을 먹음으로써 이 비타민을 섭취할 수 있다. 바이타민 B_2는 빠른 속도로 소변을 통해 배설되므로 과량섭취에 의한 부작용은 나타나지 않고 있다.

3-4-2 바이타민 B_2의 생화학적 기능

바이타민 **B_2(Riboflavin)**는 동물의 체내에서 효소의 보조인자**(cofactor) flavin mono-**

nucleotide(FMN, 또는 riboflavin 5′-phosphate)와 flavin adenine dinucleotide(FAD)를 구성하는 성분이면서 이 두 물질의 전구체(precursor)이기도 하다. 비록 FMN과 FAD가 각각 플라빈 모노뉴클레오타이드(flavin mononucleotide)와 플라빈 아데닌 다이뉴클레오타이드(flavin adenine dinucleotide)로 명명되고 있지만, 이와 같은 이름은 화학적으로 볼 때 적당하지 못하다. 왜냐하면 라이보플라빈(riboflavin) 부분에 결합되어 있는 화합물이 라이보오스(ribose)가 아니고 라이비톨(ribitol)이며, 아이소얼락서진 고리(isoalloxazine ring)가 퓨린(purine) 또는 피리미딘(pyrimidine)의 유도체가 아니기 때문이다(그림 3-6). 따라서 이러한 화합물은 유사 뉴클레오타이드(pseudonucleotide)로 표현하는 것이 더 바람직할 것이다. 그럼에도 불구하고 이러한 명칭들이 생화학적으로 사용해온 관례가 뿌리 깊기 때문에 잘못된 명명법이 지속되고 있는 것이다.

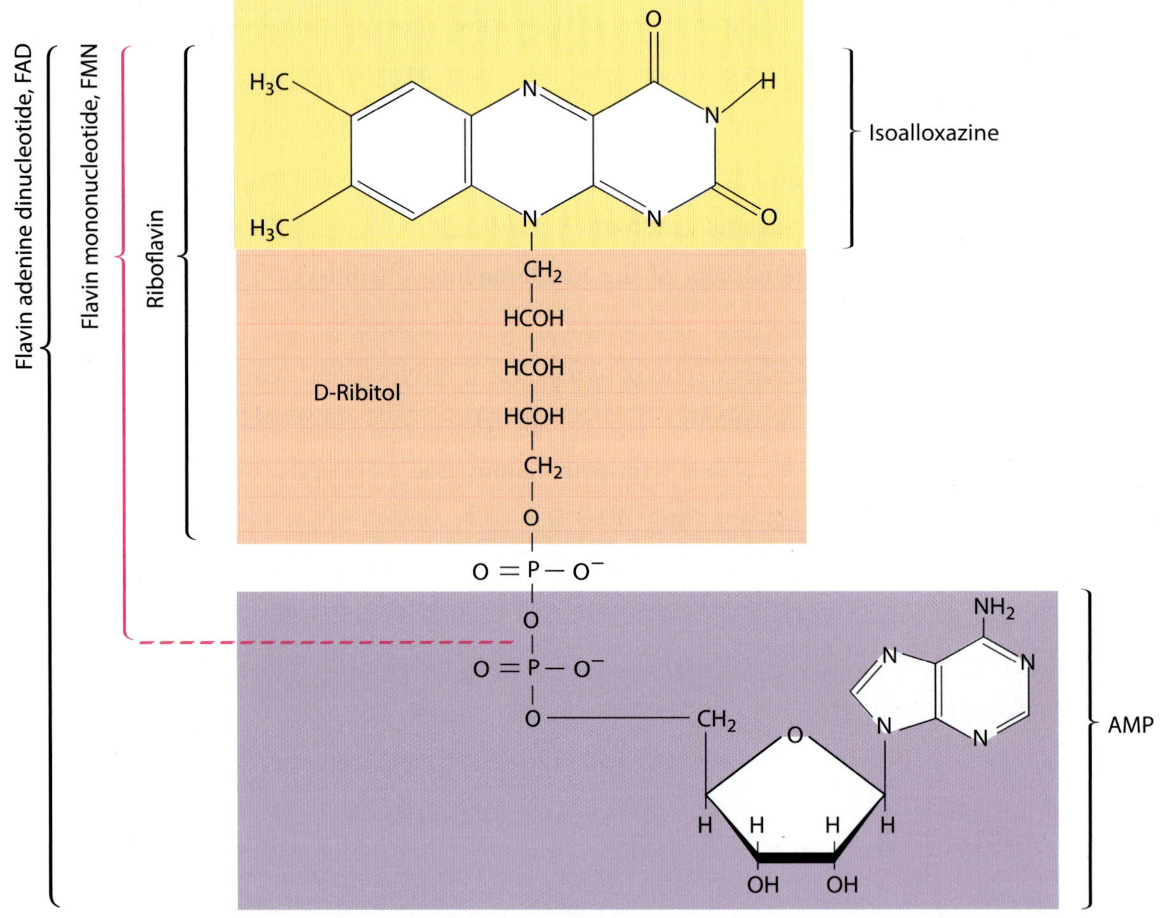

그림 3-6 Riboflavin, flavin mononucleotide(FMN), flavin adenine dinucleotide(FAD)의 구조.

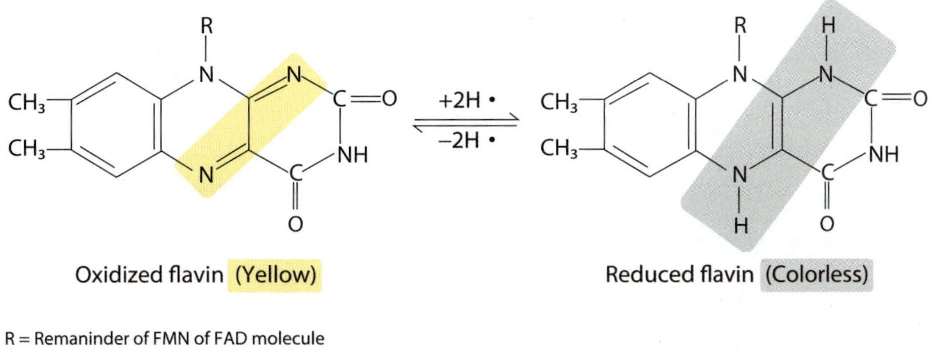

R = Remaninder of FMN of FAD molecule

Oxidized flavin (Yellow) ⇌ (+2H • / −2H •) Reduced flavin (Colorless)

그림 3-7 Flavin mononucleotide(FMN)와 flavin adenine dinucleotide(FAD)의 산화형(oxidized form)과 환원형(reduced form). FMN 또는 FAD의 환원형은 무색이지만, 공기에 노출시키면 산화형의 노란색이 된다. 환원반응은 플라빈의 산화형에 2개의 수소 원자의 첨가반응으로 환원형이 형성되는 반응이다.

FMN과 FAD는 생체 내에서 산화환원반응에 관여하는 플라보단백질(flavoprotein)인 효소의 보조인자(cofactor)로서 기능을 담당한다. 보조인자로서 FMN과 FAD를 함유하고 있는 플라보단백질은 탈수소효소(dehydrogenase), 산화효소(oxidase), 하이드록시화효소(hydroxylase), 산화적 탈카복시화효소(oxidative-decarboxylase)로 작용한다. ① 탈수소효소(Dehydrogenase)로서 플라보단백질은 주로 산소(O_2) 이외의 전자수용체(electron acceptor)인 전자전달계의 성분으로서 전자의 전달(transfer)을 촉매한다. 예를 들면, 숙신산(succinate)을 푸마르산(fumarate)으로의 산화를 촉매하는 **숙신산 탈수소효소(succinic dehydrogenase)는 공유결합된 보결원자단(prosthetic group)으로 FAD를 함유하고 있으며,** 전자전달계에서 중요한 역할을 담당한다. ② 산화효소(oxidase)로서 플라보단백질은 2개의 전자를 O_2로 전달하여 H_2O_2를 생성하는 반응을 촉매한다. ③ 하이드록시화효소(hydroxylase)로서 플라보단백질은 산화되는 기질에 1개 이상의 산소 원자의 도입을 촉매한다. 예를 들면, 하이포잰씬(hypoxanthine)을 잰씬(xanthine)으로, 그리고 잰씬(xanthine)을 요산(uric acid)으로의 전환을 촉매하는 잰씬 산화효소(xanthine

Hypoxanthine → (H_2O + O_2 → H_2O_2, Xanthine oxidase) → Xanthine → (H_2O + O_2 → H_2O_2, Xanthine oxidase) → Uric acid

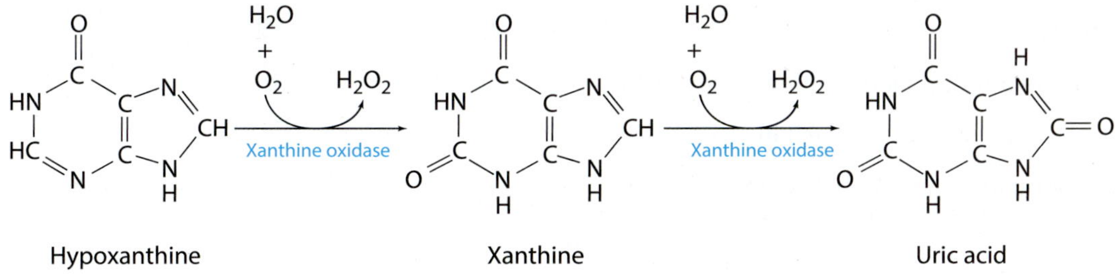

그림 3-8 잰씬 산화효소(Xanthine oxidase)의 효소 반응.

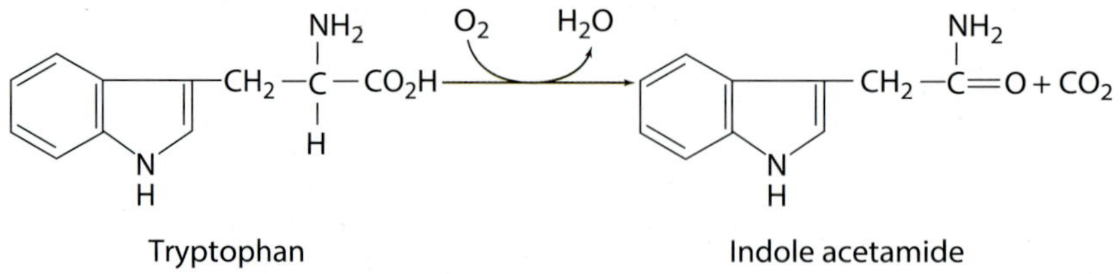

$$\text{Tryptophan} \xrightarrow{O_2 \;\; H_2O} \text{Indole acetamide} + CO_2$$

Tryptophan: indole–CH_2–CH(NH_2)–CO_2H ; Indole acetamide: indole–CH_2–C(NH_2)=O

그림 3-9 Tryptophan oxidase-decarboxylase(tryptophan 2-monooxygenase)의 효소 반응.

oxidase)가 하이드록시화효소(hydroxylase)이다. ④ 트립토판 산화효소-탈카복시화효소(Tryptophan oxidase-decarboxylase), 즉 트립토판 2-모노옥시게네이스(tryptophan 2-monooxygenase)는 트립토판을 인돌 아세트아미드(indole acetamide)로의 변환을 촉매한다.

NADH 탈수소효소(Nicotinamide adenine dinucleotide dehydrogenase)와는 달리 FMN 또는 FAD와 같은 플라빈 보조인자(flavin cofactor)는 효소의 단백질 성분(apoenzyme)과 매우 견고하게 결합되는 경향이 있다. 따라서 이들은 플라보 단백질의 정제과정에서 잘 유리되지 않는다. 이와 같은 성질의 보조인자(**cofactor**)를 보결원자단(**prosthetic group**)이라고 한다. 숙신산 탈수소효소(**Succinic dehydrogenase**)의 경우 보결원자단(**prosthetic group**) **FAD**는 아이소얼락서진 고리(**isoalloxazine ring**)의 메틸 기를 통해 단백질과 공유결합하고 있다.

3-5 바이타민 B_3(Nicotinic acid 또는 Niacin)

바이타민 B_3는 나이아신(**niacin**) 또는 니코틴산(**nicotinic acid**)으로 알려져 있는 무색의 수용성 유기화합물로서 3번 위치에 카복실기(-COOH)를 가진 피리딘(pyridine)의 유도체이다(그림 3-10). 바이타민 B_3의 또 다른 형태는 니코틴아마이드[nicotinamide(niacinamide)]이다. 바이타민 B_3(**niacin** 또는 **nicotinic acid**)의 결핍증으로서 사람의 펠라그라(**pellagra**)와 개(**dog**)의 흑설병(**blacktongue**)이 알려져 있다. 피부염(dermatitis)과 설사(diarrhea) 그리고 치매(dementia)의 특성을 나타내는 펠라그라는 지난 수 세기 동안 잘 알려진 질병이었다. 이러한 바이타민 B_3의 결핍증은 한 때 전염병으로 생각되어졌지만, 20세기 초 헝가리 태생 미국의 내과의사이자 병리학자

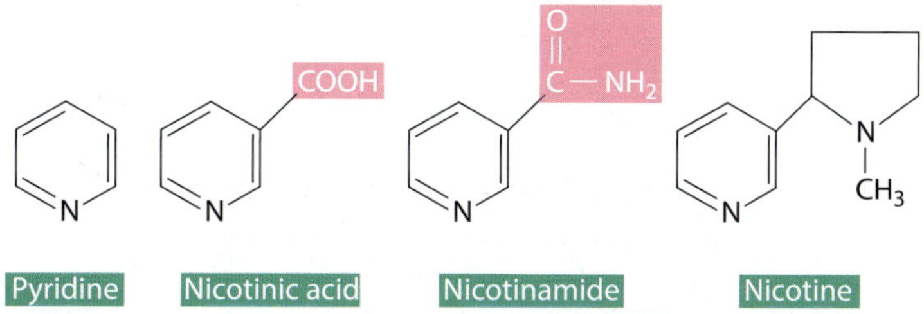

그림 3-10 Pyridine, nicotinic acid(niacin), nicotinamide(niacinamide), nicotine의 구조. 니코틴산은 높은 독성을 가지는 알카로이드(alkaloid)인 담배의 니코틴(nicotine)과 구조가 비슷한 면이 있다. 그래서 니코틴산(nicotinic acid)과 담배의 니코틴과의 혼동을 피하기 위하여 니코틴산(nicotinic acid) 대신에 나이아신(niacin)이라는 용어를 사용하게 되었다. 나이아신(Niacin)이라는 용어는 예일대학의 카우질(Cowgill)이 『**ni**cotinic **ac**id + vitam**in**』으로부터 만들었다. 니코틴산은 니코틴(nicotine), 3-피콜린, 3-에틸피리딘 등을 진한 질산(nitric acid)으로 산화시켜 합성한다. 생체 내에서 니코틴산은 트립토판으로부터 합성된다.

인 조우저프 골드버그(Joseph Goldberger: 1874. 7. 16~1929. 1. 17)에 의해 펠라그라(pellagra)는 음식물로 치료될 수 있다는 사실이 밝혀졌다. J. 골드버그(Joseph Goldberger)는 연구에 박차를 가하여 1926년에 펠라그라의 원인은 바이타민 B의 결핍 때문이라는 것을 증명하였다. 그는 펠라그라의 병인학에 관한 업적으로 노벨상 후보로 5번이나 지명되어졌지만 노벨상을 수상하지 못하였다. 그 후에 맥주 효모(brewer's yeast)가 사람의 펠라그라를 예방할 수 있다는 사실도 알려졌다. 니코틴산(Nicotinic acid)의 구조는 1873년 담배잎 등에 존재하는 니코틴(nicotine)을 연구하던 오스트리아의 화학자 휴고 바이델(Hugo Weidel: 1849. 11. 13 ~1899. 7. 7)에 의해 처음으로 기술되었다. 1937년 미국 위스콘신대학의 콘래드 엘버헴(Conrad Elvehjem; 1901. 5. 27~1962. 7. 27)과 그의 동료들은 간으로부터 니코틴아마이드(nicotinamide)를 최초로 분리하여, 니코틴산(nicotinic acid)이 개의 흑설병과 사람의 펠라그라를 예방 및 치료할 수 있다는 것을 밝혔다.

3-5-1 바이타민 B_3의 분포

바이타민 B_3(niacin 또는 nicotinic acid)는 식물과 동물조직에 널리 분포되어 있으며 특히 육류에 많이 포함되어 있다. 다음 식품 100g당, 송아지 간(veal liver) 15mg, 닭고기(chicken) 11mg, 소고기(beef) 7.5mg, 연어(salmon) 7.5 mg, 아몬드(almonds) 4.2mg, 완두콩(peas) 2.4mg, 감자(potatoes) 1.2mg, 복숭아(peach) 0.9mg, 토마토(tomatoes) 0.5mg, 우유(milk) 0.1mg 정도의 바이타민 B_3가 함유되어 있다. 동물조직에서 바이

그림 3-11 Nicotinamide adenine dinucleotide(NAD^+)와 nicotinamide adenine dinucleotide phosphate($NADP^+$)의 구조

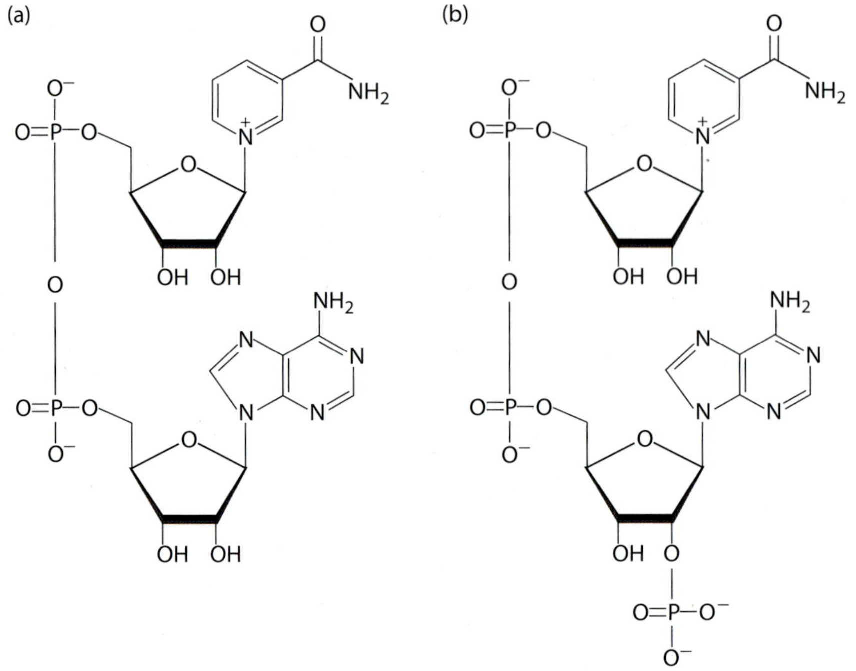

(a) (b)

타민 B_3는 두 종류의 효소의 보조효소(**coenzyme**) 형태로 존재한다. 즉, **nicotinamide adenine dinucleotide(NAD^+)**와 **nicotinamide adenine dinucleotide phosphate($NADP^+$)**가 그들이다(그림 **3-11**). 흥미로운 것은 니코틴산(**nicotinic acid**)의 경우 다른 바이타민과는 달리 사람을 비롯한 많은 동물들의 체내에서 미량이지만 아미노산인 트립토판(**tryptophan**)으로부터 생합성될 수 있다는 것이다. 그러나 사람의 경우 50~60mg의 트립토판으로부터 불과 1mg 정도의 니코틴산이 합성되므로 외부로부터 바이타민 B_3의 공급은 필수적이다. 따라서 음식으로부터 바이타민 B_3의 적당량을 충족시켜야 한다. 어린이는 1일 2~12mg, 여자는 14mg, 남자는 16mg, 임산부는 18mg의 니코틴산(nicotinic acid), 즉 바이타민 B_3를 섭취해야 한다. 한편 쥐(rat)의 경우 35~50mg의 트립토판(tryptophan)으로부터 1mg 정도의 니코틴산이 합성되지만, 고양이나 오리의 경우 이러한 전환은 이루어지지 않는다.

3-5-2 바이타민 B_3의 생화학적 기능

생체 내에서 nicotinamide adenine dinucleotide(NAD^+)와 nicotinamide adenine

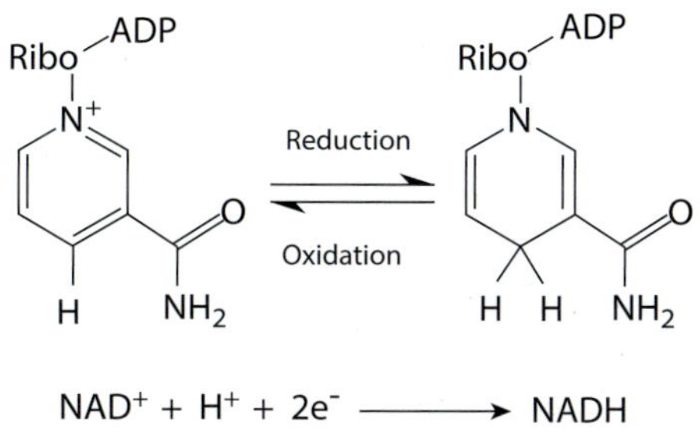

Ribo–ADP / N^+ … H, NH_2 ⇌ (Reduction / Oxidation) Ribo–ADP / N … H H, NH_2

$NAD^+ + H^+ + 2e^- \longrightarrow NADH$

그림 3-12 Nicotinamide adenine dinucleotide(또는 nicotinamide adenine dinucleotide phosphate)의 산화형(oxidized form; NAD^+ 또는 $NADP^+$)과 환원형(reduced form; NADH 또는 NADPH)의 구조. NADH(NADPH)는 수소음이온(hydride anion)이 산화형 뉴클레오타이드 고리의 4번 위치에 첨가되어 생성된다.

dinucleotide phosphate($NADP^+$)는 산화-환원반응을 촉매하는 탈수소효소(dehydrogenase)로 알려진 효소군의 보조효소(coenzyme)로서 작용한다. 즉 니코틴아마이드 뉴클레오타이드(nicotinamide nucleotide)는 전자 운반체(electron carrier)의 역할을 한다. 나이아신 보조효소(Niacin coenzyme: NAD^+와 $NADP^+$)를 필요로 하는 효소로서 200여 개가 알려져 있다. NAD-의존 탈수소효소(NAD-dependent dehydrogenase)와 NADP-의존 탈수소효소(NADP-dependent dehydrogenase)는 최소한 6가지 다른 형태의 반응을 촉매한다. 즉, ① 단순한 수소음이온(hydride anion)의 전달반응, ② 아미노산의 딜아미노빈응(deamination)에 의한 알파 케토산(α-keto acid)의 생성반응, ③ 베타-하이드록시산(β-hydroxy acid)의 산화가 일어난 후 중간물질인 베타-케토산(β-keto acid)의 탈카복실화(decarboxylation), ④ 알데하이드(aldehyde)의 산화반응, ⑤ 고립이중결합(isolated double bond)의 환원반응, ⑥ 탄소-질소 결합의 산화반응(as with dihydrofolate reductase) 등이 그것이다. 이들 반응은 보통 쉽게 역방향으로도 일어나지만, 어떤 경우에는 생리조건하에서 반응이 한쪽 방향으로만 일어나는 평형상수 값을 갖는 경우도 있다.

NAD와 NADP-의존 탈수소효소는 효소의 속도론(enzyme kinetics)과 메카니즘 연구에 좋은 재료로 이용되어 왔다. 몇 가지 탈수소효소(dehydrogenase)는 고도로 정제된 결정형 단백질로 얻을 수 있을 뿐만 아니라 나이아신 보조효소(niacin coenzyme)의 환원형(NADH)과 산화형(NAD^+)을 쉽게 구분할 수 있는 방법도 있다. 즉 **환원된 보조효소의 유리형(free form)은 340nm에서 빛을 강력하게 흡수하는 데 반해, 산화된 보조효소는 그 파장에서 빛을 전혀 흡수하지 않는다(그림 3-13).** NADH나 NADPH가 탈수소효소의 단백질 성분에 결합되어 있을 때, 이들의 최고 흡광파장은 약 335nm이다.

바이타민 B_3의 니코틴산(nicotinic acid)은 바이타민이지만 오랫동안 지질장애증(lipid disorders)과 심혈관질환(cardiovascular disease)의 치료제로 사용되어 왔다. 그러나 바이타민 B_3의 니코틴아마이드(nicotinamide)는 이러한 효과가 없다. 니코틴산

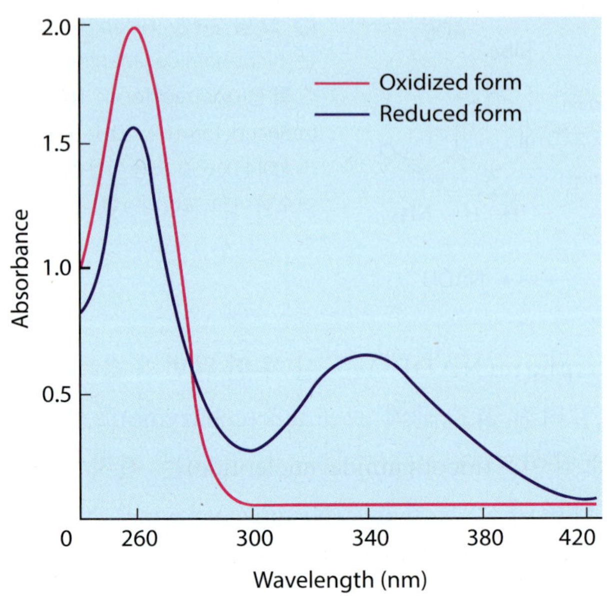

그림 3-13 Nicotinamide adenine dinucleotide의 산화형(oxidized form; NAD^+)과 환원형(reduced form; NADH)의 흡광도.

(nicotinic acid)을 약리학적 복용량(pharmacological doses)으로 사용하면, 중성지방(triglyceride)의 수준(level)을 20~50% 정도 낮출 수 있다. 니코틴산(nicotinic acid)은 또한 저밀도 리포단백질(low-density lipoprotein, LDL)을 5~25% 정도 낮출 뿐만 아니라 고밀도 리포단백질(high-density lipoprotein, HDL)을 15~35% 정도 증가시킨다. 니코틴산(nicotinic acid)을 매일 2~3회 1000~2000mg 정도 복용하면 저밀도 리포단백질(low-density lipoprotein, LDL)의 전구체인 초저밀도 리포단백질(very-low-density lipoprotein, VLDL)의 분해를 저해한다. 그러나 니코틴산(nicotinic acid)은 부작용으로 고혈당증(hyperglycemia, hyperglycaemia, or high blood sugar)과 간손상을 유발할 수 있다.

3-6 바이타민 B_5(Pantothenic acid)

바이타민 B_5로도 알려져 있는 팬토쎈산(pantothenic acid)은 1919년 무렵 미국의 생화학자 로저 J. 윌리엄스(Roger John Williams: 1893. 8. 14~1988. 2. 20)에 의해

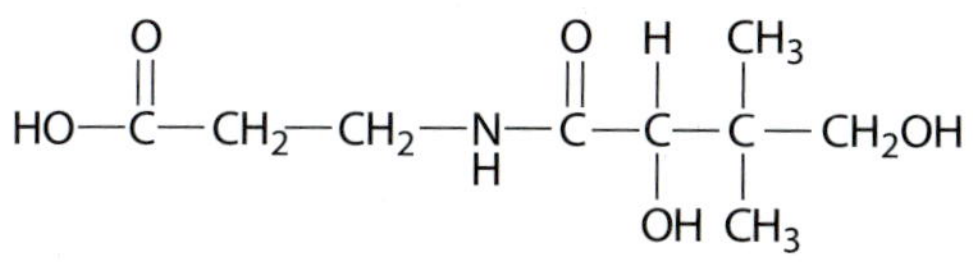

```
      O                     O  H  CH3
      ||                    ||  |   |
HO—C—CH2—CH2—N—C—C—C—CH2OH
                      H        |   |
                              OH CH3
```

그림 3-14 Pantothenic acid의 구조.

처음 발견되었다. 그 후 윌리엄스는 1933년에 효모로부터 효모의 생장에 필수적인 물질을 분리하여 이를 팬토쎈산(pantothenic acid)으로 명명하고, 1938년에 그 구조를 밝혔다(그림 3-14). 팬토쎈산의 전합성(total synthesis)은 1940년에 미국의 스틸러(E. T. Stiller) 연구팀에 의해 이루어졌다. 팬토쎈산(Pantothenic acid)이라는 이름은『어느 곳에서든지(from everywhere)』라는 의미를 지니고 있는 그리스어『*pantothen*』으로부터 유래되었다. 이름이 의미하는 바와 같이 팬토쎈산(pantothenic acid)은 동식물의 모든 부위에 고르게 분포되어 있다. 그리고 모든 음식물에 어느 정도 존재하기 때문에 결핍증은 극히 드물지만 다른 바이타민 B군의 결핍증과 복합적으로 나타나며, 바이타민 B군 결핍증의 증상과 유사한 것으로 알려져 있다. 즉 낮은 수준(level)의 코엔자임 A(coenzyme A)에 의한 에너지 생성의 저하는 초조, 피로, 무력감의 증상을 유발한다. 또한 신경전달물질(neurotransmitter)인 아세틸콜린 합성의 저하로 인하여 신경학적 이상(neurological disoder)을 유발한다. 이 외에 팬토쎈산(pantothenic acid)의 결핍은 인슐린(insulin) 분비의 증가로 인한 저혈당증(hypoglycemia)을 유발하는 것으로 알려져 있다.

한편 소, 양과 같은 반추동물의 유위(rumen; 첫 번째 위)에 팬토쎈산(pantothenic acid)을 생산하는 몇몇 미생물의 존재가 알려져 있으며, 사람의 장(gut)에도 이 바이타민을 생산하는 미생물이 있을 것으로 추정하지만 아직 입증되지 않고 있다.

3-6-1 바이타민 B_5의 생화학적 기능

코엔자임 A(Coenzyme A)의 분리 및 구조결정은 독일태생 미국의 생화학자 프리츠 리프먼(Fritz Lipmann)에 의해 1940년대 말에 이루어졌다. 그는 이 공로로 1953년에 노벨 생리 · 의학상을 받았다. 코엔자임 A(Coenzyme A)의 구조는 그림 3-15에 나타낸 바와 같이 시스테아민(cysteamine), 펜토쎈산(pantothenic acid), 아데노신 삼인산(adenosine triphosphate)으로 이루어져 있다. 1959년에 인도 태생 미국의 생화학자 하르 고빈드 코라나(Har Gobind Khorana)는 이 보조효소(coenzyme)의 완전한 화학합성에 성공하였다. 코라나(Khorana)는『유전암호의 해독과 그 기능에 관한 연구』

로 1968년에 미국의 생화학자 로버트 윌리엄 홀리(Robert William Holley), 미국의 생화학자 마셜 워런 니런버그(Marshall Warren Nirenberg)와 함께 노벨 생리 · 의학상를 수상한 과학자이기도 하다. **바이타민 B_5(Pantothenic acid)는 코엔자임 A(coenzyme A, CoA)와 아실기 운반체 단백질(acyl-carrier protein, ACP)의 성분으로 존재한다.** 코엔자임 A(Coenzyme A)는 아세틸-CoA(acetyl-CoA) 등의 화합물을 합성하기 위하여 아실기 운반체(an acyl group carrier)로서 작용한다. 즉 코엔자임 A는 피루브산(pyruvate)이 아세틸-CoA(acetyl-CoA)로서 TCA 회로(tricarboxylic acid cycle)로 들어가는 에너지대사에서 중요한 역할을 한다. 코엔자임 A(Coenzyme A)는 또한 지방산, 콜레스테롤, 아세틸콜린(acetylcholine)과 같은 많은 중요한 화합물의 생합성에 관여한다.

한편 coenzyme A와 카복시산이 결합한 싸이오에스터(thioester)의 성질을 이해하면 생화학에서 보조효소로서의 역할을 설명할 수 있다. 먼저 싸이오에스터(thioester)와 산소 에스터(oxygen ester)의 성질을 비교해 보자. 산소 에스터(oxygen ester)에 있어서 에스터결합에 관여하는 산소 원자는 양전하를 가지며 카복시산의 탄소와 이중결합을

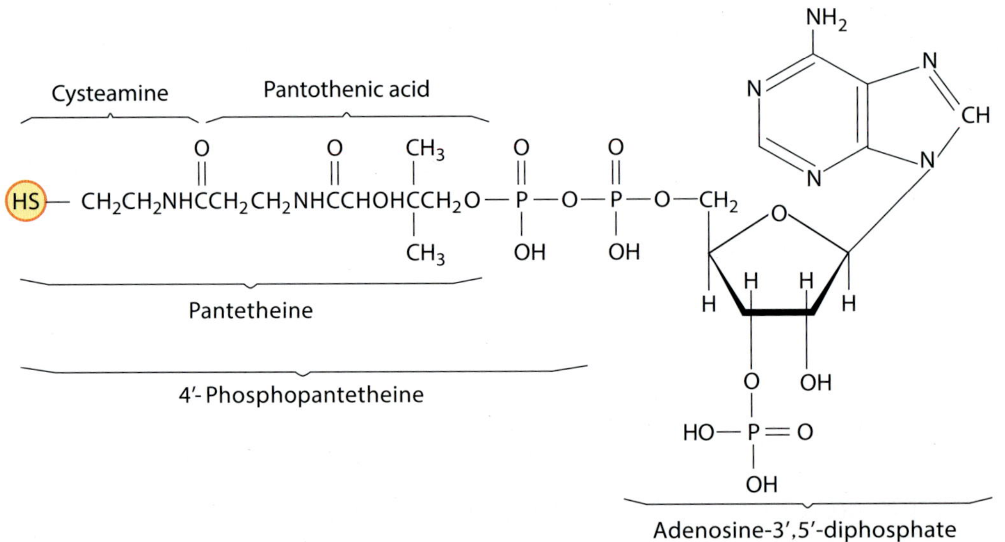

그림 3-15 Coenzyme A(CoA-SH)의 구조. Coenzyme A는 pantothenic acid(Vitamin B_5)로부터 5단계의 반응을 거쳐 합성된다. ① Pantothenic acid는 pantothenate kinase에 의해 인산화되어 4′-phosphopantothenic acid로 된다. ② Cysteine이 phosphopantothenoylcysteine synthetase에 의해 4′-phosphopantothenic acid에 첨가되어 4′-phospho-N-pantothenoylcysteine(PPC)이 형성된다. ③ PPC는 phosphopantothenoylcysteine decarboxylase에 의해 탈카복시화되어 4′-phosphopantetheine으로 변환된다. ④ 4′-phosphopantetheine은 phosphopantetheine adenylyl transferase에 의해 아데닐화되어 3′-dephospho-CoA를 형성한다. ⑤ 마지막으로 dephosphocoenzyme A kinase가 ATP를 이용하여 3′-dephospho-CoA를 인산화시켜 Coenzyme A로 변환된다.

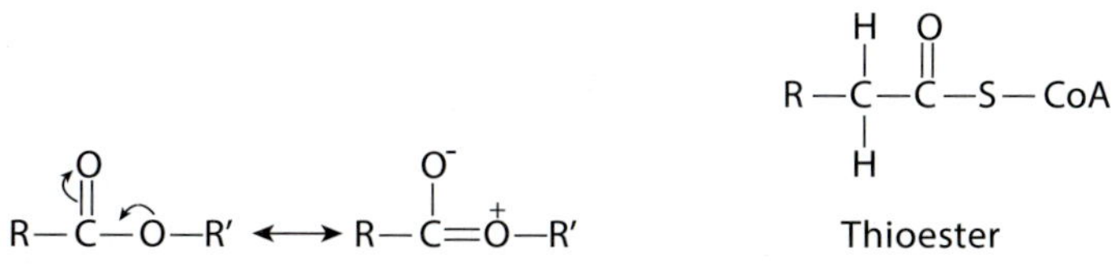

R—C(=O)—O—R′ ⟷ R—C(O⁻)=O⁺—R′

Thioester

그림 3-16 산소 에스터(oxygen ester)의 공명구조(resonance structure)와 싸이오에스터(thioester)

만드는 공명구조(resonance structure)로 표기하는 것이 가능하다(그림 3-16). 그러나 싸이오에스터(thioester)에 있어서 황은 이중결합의 형성을 위해 자신의 전자들을 쉽게 방출하지 않는다.

따라서 싸이오에스터는 산소 에스터와 같은 공명형으로 표기할 수가 없다. 반면에 **싸이오에스터(thioester)는 카복시 탄소에 부분적인 양전하를 갖고 카복시 산소는 부분적인 음전하를 갖는 카보닐 특성(carbonyl character)을 강하게 나타낸다.** 따라서 카복시 탄소의 부분적인 양전하와 함께 인접한 알파-탄소상의 수소 원자가 프로톤(H^+)으로 해리되어 알파-탄소는 부분적인 음전하를 띠게 되는 경향이 있다. 이러한 두 가지 가능성으로부터 알파-탄소 원자의 친핵성(nucleophilic character)뿐만 아니라 싸이오에스터 내의 카복시 탄소 원자의 친전자성(electrophilic character)을 설명할 수 있다. 더욱이 싸이오에스터(thioester)가 일반적인 산소 에스터(oxygen ester)와 같은 공명형을 갖지 못하기 때문에 산소 에스터보다 훨씬 더 불안정하고 더 큰 가수분해의 ΔG를 갖는다. 쉽게 말하면 싸이오에스터(thioester) 가수분해가 산소 에스터(oxygen ester) 가수분해보다 더 잘 일어나는데, 그 이유는 싸이오에스터결합이 산소 에스터결합보다 이중결합의 특성을 덜 가지고 있기 때문이다. 이러한 사실은 아세틸-CoA(acetyl-CoA)로부터 어떤 친핵성 물질로 아세틸기의 전이는 산소 에스터로부터 아세틸기의 전이보다 더 자발적으로 일

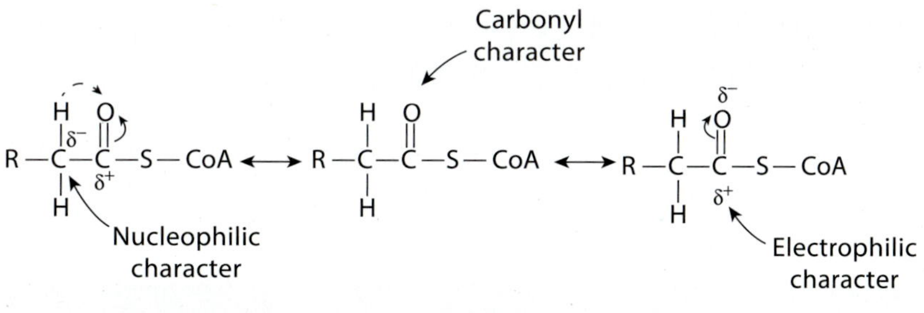

Carbonyl character

Nucleophilic character

Electrophilic character

그림 3-17 아세틸-CoA(Acetyl-CoA)의 친핵성(nucleophilic character) 및 친전자성(electrophilic character) 아민류(Amines), 암모니아, 물, 싸이올 화합물(thiol compound), 인산과 같은 친핵성 물질(nucleophiles)은 양전하를 띤 카보닐의 탄소를 공격하여 -S-CoA기를 치환한다. CO_2, acyl CoA, CO_2BCCP 복합체와 같은 친전자성 물질(electrophiles)은 반대로 음전하를 띤 알파-탄소를 공격한다.

그림 3-18 아실기 운반단백질(acyl-carrier protein, ACP)의 세린 잔기(serine residue)에 4′-phosphopantetheine의 결합.

4′-Phosphopantetheine

$$
\begin{array}{l}
\text{etc-Ala-Asp-}\underbrace{\text{NH-CH-CO}}_{\text{Ser}}\text{-Leu-Asp-etc} \\
\text{CH}\text{–}CH_2\text{–O–P(=O)(OH)–O–}CH_2\text{–C}(CH_3)_2\text{–CHOHCONHC}H_2CH_2\text{CONHC}H_2CH_2\text{SH}
\end{array}
$$

참고 Fritz Albert Lipmann

1899. 6. 12~1986. 7. 24

독일계 미국 과학자인 프리츠 리프먼(Fritz Lipmann)은 독일 쾨니히스베르크(Königsberg)의 유태계 집안에서 태어났다. Fritz Lipmann은 1945년에 효모와 간으로부터 아세틸화 반응에 필요한 보조인자 coenzyme A를 분리 · 정제하여 그 구조를 결정하였다. 그는 이 공로로 1953년에 노벨 생리 · 의학상을 받았다.

어난다는 것을 의미한다.

아실기 운반단백질(**acyl-carrier protein, ACP**)로 불리는 열에 안정성 있는 저분자량의 단백질은 지방산과 폴리키타이드(**polyketide**) 생합성에 중요한 역할을 한다. 이 단백질의 특징은 보결원자단(prosthetic group)으로서 4′-포스포팬테쎄인(4′-phosphopantetheine)이 단백질의 세린(serine) 잔기의 하이드록실기와 공유결합되어 있다는 점이다(그림 3-18). 따라서 아실기 운반단백질은 코엔자임 A(coenzyme A)의 설프하이드릴기(sulfhydryl group, -SH)가 싸이오에스터를 형성하는 방식과 유사한 방법으로 아실기 운반체로서 역할을 한다.

3-7 바이타민 B_6(Pyridoxine)

1934년 헝가리의 내과의사 파울 죄르지[Paul György(1893. 4. 7~1976. 3. 1)]

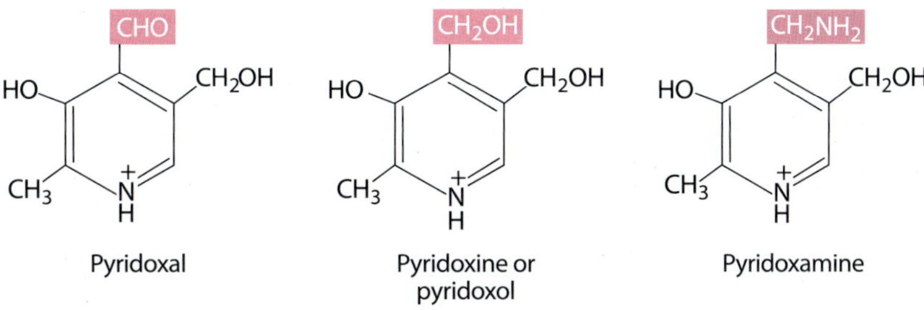

그림 3-19 Pyridoxal, pyridoxine 그리고 pyridoxamine의 구조. 자연계에 존재하는 바이타민 B_6는 pyridoxine, pyridoxal, pyridoxamine의 세 종류가 있다. 무취의 백색 결정으로 물과 알코올에 잘 녹는 vitamin B_6는 산성 용액에서 내열성이 큰 반면에 알칼리 용액에서 열에 파괴된다. 또한 자외선에 의해 분해된다.

가 쥐의 귀, 발, 코, 꼬리에 외상과 부종이 일어나는 선단통증성 피부염(dermatitis acrodynia)을 치료하는 물질을 발견하여 이를 바이타민 B_6라고 불렀다. 1938년에 폴란드 태생 미국의 영양학자 사무엘 렙코프스키[Samuel Lepkovsky(1899~1984)]는 쌀겨(rice bran)로부터 바이타민 B_6를 분리하였다. 1939년에 미국의 과학자 스탠턴 A. 해리스(Stanton A. Harris)와 칼 폴커스(Karl Folkers)는 피리독신(pyridoxine)의 구조를 결정하여 합성에 성공하였다. 1945년에 미국의 생화학자 에즈먼드 에머선 스넬(Esmond Emerson Snell)은 바이타민 B_6의 또 다른 형태인 피리독살(pyridoxal)과 피리독사민(pyridoxamine)을 발견하였다. 바이타민 B_6는 피리딘(pyridine)과의 구조적 유사성으로 인하여 피리독신(pyridoxine)으로 명명되어진다.

3-7-1 바이타민 B_6의 분포 및 결핍증

바이타민 B_6의 세 가지 형인 피리독신(pyridoxine), 피리독살(pyridoxal), 피리독사민(pyridoxamine)은 동물과 식물계에 널리 분포되어 있다. 식품 중에는 닭고기, 쇠고기, 돼지고기 등 육류, 도정하지 않는 곡류(whole grain products), 채소, 견과류(nuts) 등에 많이 함유되어 있다. 식물성 식품 중에는 피리독신-베타-글루코사이드(pyridoxine-β-glucoside)의 형태가 많아 체내 이용률이 떨어진다. 바이타민 B_6는 요리 및 가공 중에 손실이 잘 일어나며 우유의 경우 건조시키면 30~70%의 손실이 일어난다.

바이타민 B_6 결핍증의 증상은 지루성 피부염(seborrheic dermatitis), 위축성 설염(atrophic glossitis), 신경장애(neuropathy) 등으로 나타난다. 그러나 바이타민 B_6 결핍증은 단독으로 발생하기 보다는 다른 바이타민 B 복합체와 연관되어 발생된다. 그리고 고령자, 알코올 중독자, 신장투석 환자의 경우 바이타민 B_6 결핍증에 걸릴 확율이 높아진다. 바이타민 B_6의 세 가지 형인 피리독신(pyridoxine), 피리독살(pyridoxal), 피리독사민(pyridoxamine)은 모두 바이타민 B_6 결핍증의 예방 및 치료에 효과가 있다. 바이타민 B_6의 1일 권장 섭취량은 성인 남자의 경우 1일 1.3~1.7mg, 성인 여자의 경우 1.3~1.5mg으로 설정되어 있다. 임신과 수유 시에는 각각 1.9mg과 2.0mg으로 권장되고 있다.

3-7-2 바이타민 B_6의 생화학적 기능

바이타민 B_6의 생물학적 활성형(**active form**)은 피리독살 **5-**인산(**pyridoxal 5-phosphate**)인데 1957년 T. 바라노프스키(T. Baranowski), B. 일링워쓰(B. Illingworth), D. H. 브라운(D. H. Brown), C. F. 코리(C. F. Cori)에 의해 토끼의 근육에 존재하는 글라이코젠 가인산분해효소 *a*(glycogen phosphorylase *a*)로부터 발견되었다. 피리독살 **5-**인산(**Pyridoxal 5-phosphate**)은 생리적 조건 하에서 두 가지 상호변환이성질체 형태(tautomeric form)로 존재하는 효소의 보결원자단(**prosthetic group**)이다(그림 3-20). 바이타민 B_6의 세 가지 형(pyridoxine, pyridoxal, pyridoxamine) 모두 피리독살 5-인산(pyridoxal 5-phosphate)의 전구체(precursor)이다. 피리독신(Pyridoxine)의 경우 소장에서 흡수된 후 바이타민 B_6의 대사부위인 간에서 그림 3-21과 같은 반응 순서로 피리독살 5-인산(pyridoxal 5-phosphate)으로 전환된다. 사람에게 투여된 피리독신의 약 90%는 신속히 4-피리독신산(4-pyridoxic acid)으로 전환되어 소변(urine)으로 배설된다.

바이타민 B_6는 생체 내에서 여러 가지 대사반응(metabolic processes)에 관계하는 데 다음과 같다. 즉 바이타민 B_6는 ① 아미노산 대사, ② 포도당 대사, ③ 지질 대사, ④ 신경전달물질 합성, ⑤ 히스타민 합성(histamine synthesis), ⑥ 헤모글로빈 합성과 기능, ⑦ 유전자 발현에 관여한다.

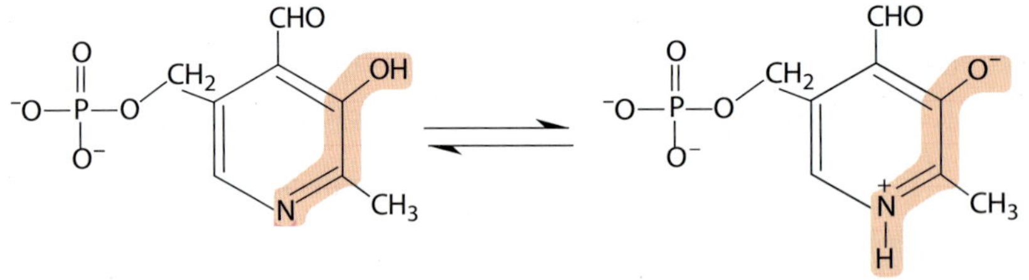

그림 3-20 생리적 조건 하에서 피리독살 5-인산(pyridoxal 5-phosphate)의 상호변환이성질체 형태(tautomeric form).

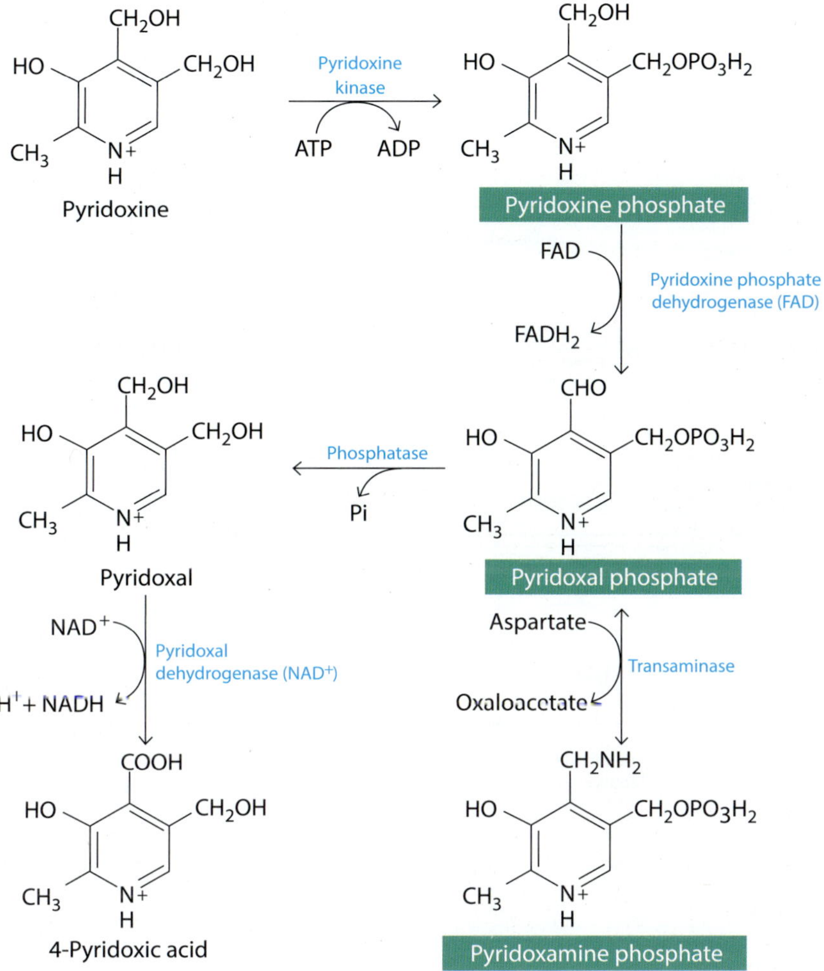

그림 3-21 생체 내에서 피리독신(pyridoxine)의 대사과정.

아미노산 대사에 있어서 피리독살 **5-인산(pyridoxal 5-phosphate)**은 ① 아미노기 전달반응**(transamination)**, ② 탈카복실화반응**(decarboxylation)**, ③ 베타- 또는 감마-제거반응**(beta- or gamma-elimination)**, ④ 라세미화반응**(racemization)**, ⑤ 알돌반응**(aldol reaction)**에 관여하는 효소의 보조인자**(cofactor)**이다(그림 **3-22**).

피리독살 5-인산(Pyridoxal 5-phosphate)는 또한 트립토판(tryptophan)이 나이아신(niacin)으로 전환되는 데 필요하며, 생체 내에 바이타민 B_6가 부족하면 이러한 전환이 손상된다. 포도당 대사에 있어서 피리독살 5-인산(pyridoxal 5-phosphate)은 포도당신생합성(gluconeogenesis)의 기질로서 아미노산의 공급에 필수적인 아미노기 전달반응(transamination)을 촉매하며, 글라이코젠(glycogen)으로부터 글루코오스(포도당)

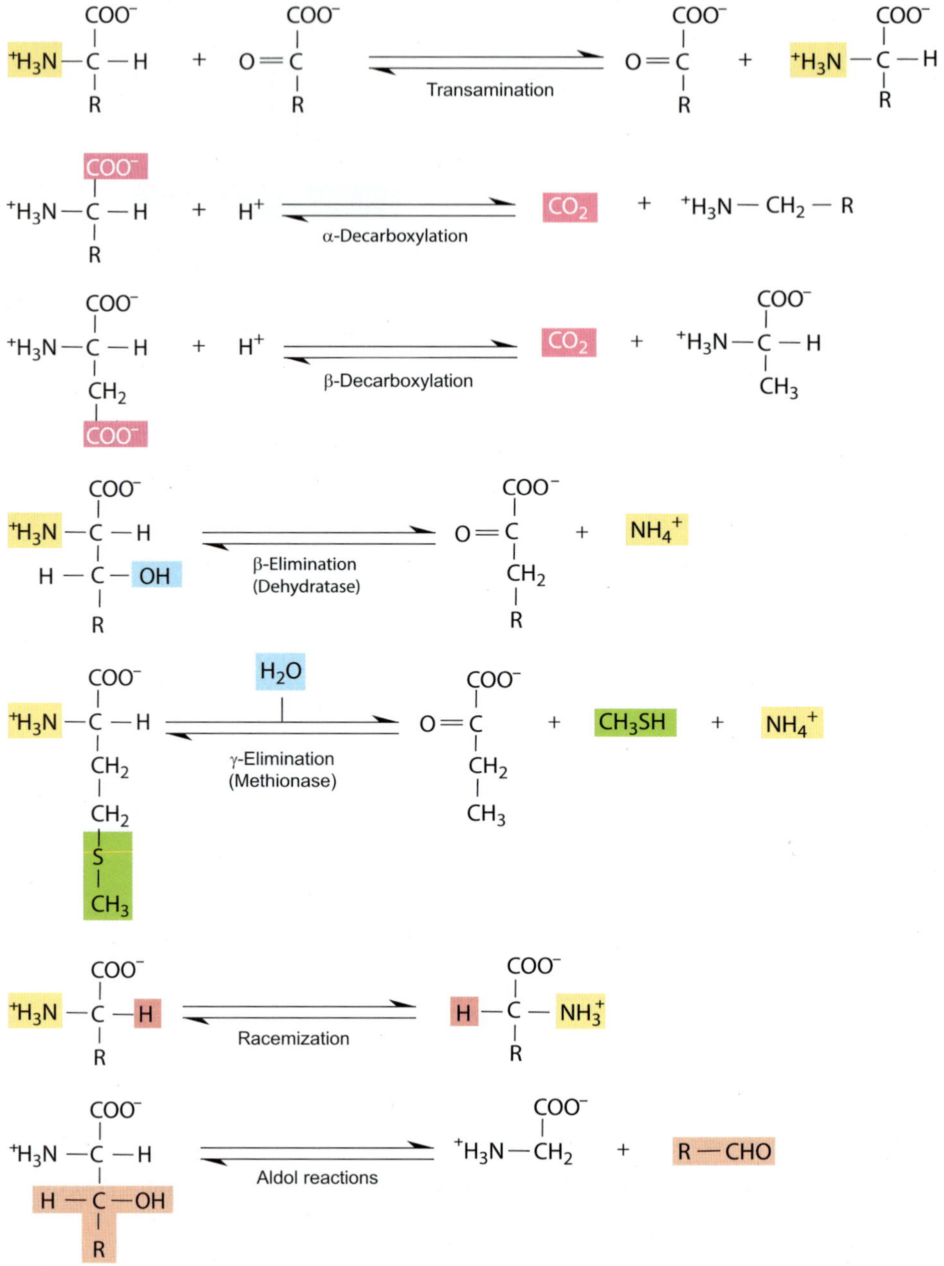

$$^{+}H_3N-CH(R)-COO^- + O=C(R)-COO^- \xrightleftharpoons[]{\text{Transamination}} O=C(R)-COO^- + {}^{+}H_3N-CH(R)-COO^-$$

$$^{+}H_3N-CH(R)-COO^- + H^+ \xrightleftharpoons[]{\alpha\text{-Decarboxylation}} CO_2 + {}^{+}H_3N-CH_2-R$$

$$^{+}H_3N-CH(CH_2COO^-)-COO^- + H^+ \xrightleftharpoons[]{\beta\text{-Decarboxylation}} CO_2 + {}^{+}H_3N-CH(CH_3)-COO^-$$

$$^{+}H_3N-CH(COO^-)-CH(OH)-R \xrightleftharpoons[]{\beta\text{-Elimination (Dehydratase)}} O=C(COO^-)-CH_2-R + NH_4^+$$

$$^{+}H_3N-CH(COO^-)-CH_2-CH_2-S-CH_3 + H_2O \xrightleftharpoons[]{\gamma\text{-Elimination (Methionase)}} O=C(COO^-)-CH_2-CH_3 + CH_3SH + NH_4^+$$

$$^{+}H_3N-C(COO^-)(R)-H \xrightleftharpoons[]{\text{Racemization}} H-C(COO^-)(R)-NH_3^+$$

$$^{+}H_3N-CH(COO^-)-CH(OH)-R \xrightleftharpoons[]{\text{Aldol reactions}} {}^{+}H_3N-CH_2-COO^- + R-CHO$$

그림 3-22 피리독살 5-인산(Pyridoxal-5-phosphate)에 의해 촉매되는 효소 반응.

의 방출을 촉매하는 글라이코젠 가인산분해효소(**glycogen phosphorylase**)의 보조인자로도 역할한다. 지질 대사에 있어서 피리독살 5-인산은 스핑고지질(sphingolipid)의 생합성을 촉진하는 효소의 필수성분인데 특히 세라마이드(ceramide)의 생합성에 관여한

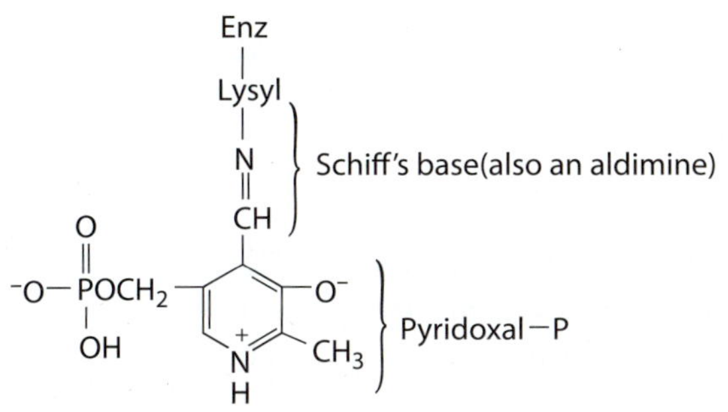

그림 3-23 피리독살 5-인산(Pyridoxal 5-phosphate)의 알데하이드기(aldehyde group)와 효소에 존재하는 라이신 잔기(lysine residue)의 엡실론-아미노기(ε-amino group) 간의 쉬프 염기(Schiff base) 형성.

다. 피리독살 인산-의존 효소는 4가지 중요한 신경전달물질(neurotransmitter)인 세로토닌(serotonin), 에피네프린(epinephrine), 노에피네프린(norepinephrine), 감마-아미노부티르산(γ-aminobutyric acid)의 생합성에 관여한다. 피리독살 5-인산은 헴(heme)의 합성을 도우며 헤모글로빈의 두 부위에 결합하여 산소의 결합능을 향상시킨다. 이 외에도 피리독살 5-인산은 히스타민(histamine) 대사와 몇몇 유전자의 발현에도 관여한다. **피리독살 5-인산(Pyridoxal 5-phosphate)이 관여하는 거의 모든 효소는 활성부위에 존재하는 라이신 잔기(lysine residue)의 엡실론-아미노기(ε-amino group)와 피리독살 5-인산의 알데하이드기(aldehyde group)가 쉬프 염기 결합(Schiff base linkage)을 형성하고 있다.** 그러나 GDP-4-keto-6-deoxymannose-3-dehydratase와 같은 몇몇 피리독살 인산-의존 효소들은 활성부위에 라이신 잔기(lysine residue) 대신에 히스티딘 잔기(histidine residue)를 함유하고 있다. 이 히스티딘 잔기는 내부 알디민(internal aldimine)을 형성하지 못한다.

3-8 바이타민 B_9(Folic acid, folate)

폴산(Folic acid, folate), 엽산, 폴라신(folacin)이라고도 불리는 바이타민 B_9은 프테린(pterin; 2-Amino-4-hydroxypteridine), 파라-아미노벤조산(*p*-aminobenzoic acid) 그리고 글루탐산(glutamic acid)이 결합한 프테로일-L-글루탐산(pteroyl-L-glutamic acid)이다(그림 3-24). 1920년대에 과학자들은 폴산의 결핍증과 빈혈은 밀접한 상관관계가 있을 것이라고 믿고 있었다. 1931년 영국의 과학자 루시 윌스[Lucy Wills(1888~1964)]는 임신기간 동안 빈혈의 예방을 위하여 영양소로서 어떤 인자가 필요하다는 것을 확인한 후 양조효모(brewer's yeast)의 추출물로 빈혈을 치료할 수 있다는 것을 증명하였다. 그 당시에 빈혈 치료를 위한 이 추출물을 윌 인자

참고 쉬프 염기(Schiff base)

휴고 쉬프(Hugo Schiff)의 이름으로부터 유래된 쉬프 염기(Schiff base)는 수소(hydrogen)가 아닌 알릴기(aryl group) 또는 알킬기(alkyl group)에 연결된 질소 원자를 가진, 탄소–질소 이중결합(C=N)을 함유하고 있는 기능기(functional group)를 가지고 있는 화합물이다. 광범위한 의미에서 쉬프 염기(Schiff bases)는 $R^1R^2C=NR^3$의 일반식(general formula)을 가진다. 이러한 정의에서 쉬프 염기(Schiff base)는 아조메씬(azomethine)과 유사하다. 몇몇 학자들은 쉬프 염기를 이차 알디민(secondary aldimines: azomethines where the carbon is connected to a hydrogen atom)으로 한정하기도 한다. 이러한 경우, 쉬프 염기의 일반식은 RCH=NR′이다.

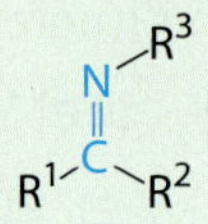

azomethine의 일반구조 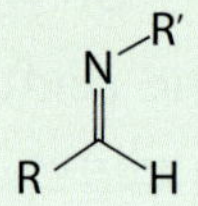 쉬프 염기(Schiff base)의 일반구조

알디민(Aldimine)은 알데하이드(aldehyde)로부터 유래된 이민(imine)이다. 알디민(Aldimine)의 일반식(general formula)은 R–CH=N–R′이다. 대표적인 알디민이 쉬프 염기(Schiff base)이다.

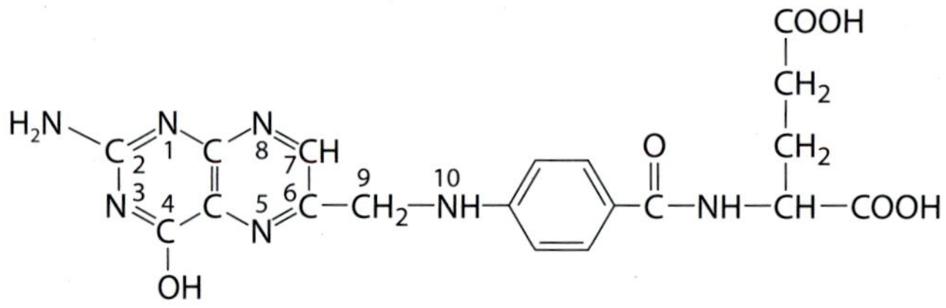

2-Amino-4-hydroxy-6-methyl pteridine *p*-Aminobenzoic acid (PABA) moiety Glutamic acid

그림 3-24 Folic acid(pteroyl-L-glutamic acid)의 구조.

(Will′s factor)라고 불렀다. 1941년에 H. K. 미첼(Herschel K. Mitchell), E. E. 스넬(Esmond Emerson Snell) 그리고 R. J. 윌리엄스(Roger John Williams, pantothenic acid를 발견한 과학자)는 시금치 잎으로부터 *Streptococcus lactis* R의 생장인자(growth factor)를 처음으로 분리하여 그것을 폴산(folic acid)이라고 불렀다. 『Folic acid』라는 용어는 잎(leaf)을 뜻하는 라틴어 『*folium*』으로부터 유래되었다. 따라서 폴산(folic acid)을 엽산이라고도 부른다. 1943년 미국의 유기화학자 밥 스톡스태드(Bob Stokstad)는 효모로부터 폴산의 순수 결정형을 분리하여 화학구조를 밝혔다. 이를 바탕으로 1950~1960년대에 과학자들은 폴산의 생화학적 작용기작(mechanism)을 발견하기 시작했다.

3-8-1 바이타민 B_9의 분포 및 결핍증

바이타민 B_9(Folic acid, folate)는 시금치(spinach), 아스파라거스(asparagus), 순무(turnip greens), 상추(romaine lettuces)와 같은 잎이 있는 채소류, 콩류(beans and peas), 해바라기 씨(sunflower seeds), 과일류(orange, pineapple, banana, honeydew melon, grapefruit, raspberry, strawberry), 사탕무우(beets), 브로콜리(broccoli), 옥수수(corn), 토마토 등에 풍부하게 포함되어 있다. 동물의 간(liver)과 제빵용 효모(baker's yeast; *Saccharomyces cerevisiae*)도 다량의 폴산(folic acid)을 함유하고 있다. 식품에서 발견되는 폴산은 고열(high heat)과 자외선(UV)에 민감하기 때문에 조리, 가공, 저장 중에 많이 소실된다.

폴산(folic acid)은 임신기간 동안 혈액 내에서 그 농도가 떨어지기 때문에 임신한 여성의 영양소로서 매우 중요하다. 폴산의 결핍증은 건강에 있어서 많은 문제를 일으키는데 그 중 **신경관결손(neural tube defects)**이 잘 연구되어 있다. 연구에 따르면 폴산(folic acid)을 섭취한 여성의 경우, 신경관결손(neural tube defects) 아기의 출산 확률을 낮춰준다고 한다. 신경관(neural tube)은 태아의 척수와 뇌로 자라나는 데 폴산(folic acid)이 결핍될 경우 뇌가 더디게 발달하거나 신경계 이상 또는 유산을 할 수도 있다. **임신을 한 여성의 경우 특별히 필요한 영양소로서 철분과 폴산(folic acid)이 잘 알려져 있다.** 폴산(Folic acid)의 경우 임신 계획전부터 1일 400μg의 폴산을 미리 섭취하면 태아의 신경관결손율을 절반 정도 감소시킬 수 있다고 한다. 철분의 경우에는 임신 20주 이후부터 복용하는 것이 바람직한데 그 이유는 임신 첫 4개월까지는 인체가 특별히 철분을 요구하는 양이 적기 때문이다. 또한 철분제의 특성상 산모들의 위장장애를 일으키기 쉽기 때문에 오히려 입덧을 조장할 수가 있다. 따라서 일반적인 경우 임신 20주 이후부터 하루 30mg씩 복용하는 것이 바람직하다. 그리고 산모의 나이가 많은 경우와 쌍태아인 경우에는 1일 60~100mg 정도 복용해야 한다. **신경관결손(neural tube defects) 이외에 폴산이 결핍되면 거대적아구성 빈혈(Megaloblastic anemia: which is characterized by large immature red blood cells in the bone marrow)이 유발된다.** 이 질병은 정상적인 DNA 복제, DNA 수선(DNA repair), 세포분열(cell division)이 방해를 받아 거대적아구(megaloblasts)라고 불리는 비정상적으로 큰 적혈구 세포를 생산한다.

폴산(folic acid)의 1일 필요량은 성인 400μg, 임산부 및 수유부 600μg 정도로 극히 미량이다. 그리고 실험동물에 필요한 폴산의 양은 아주 미량이기 때문에 폴산 결핍증이 일어나기 대단히 어렵다. 항빈혈인자로서의 폴산의 임상적 효과는 바이타민 B 복합

$$F + NADPH + H^+ \xrightarrow{\text{Folate reductase}} H_2F + NADP^+$$

$$H_2F + NADPH^+ + H^+ \xrightarrow{H_2F\text{ Reductase}} H_4F + NADP^+$$

그림 3-25 폴산(folic acid; F)으로부터 테트라하이드로폴산(tetrahydrofolic acid, H_4F)이 형성되는 반응. 이 반응에서 NADPH가 환원제로 작용한다.

체와 함께 투여할 때 뚜렷하다.

3-8-2 바이타민 B_9의 생화학적 기능

바이타민 B_9(Folic acid, folate)는 세포분열, DNA 합성, RNA 합성에 중요한 역할을 하며 DNA 변이를 방지하여 암을 예방한다. **바이타민 B_9(Folic acid, folate)의 생물학적 활성형은 테트라하이드로폴산(tetrahydrofolic acid, H_4F)이다.** 테트라하이드로폴산(Tetrahydrofolic acid, H_4F)은 폴산으로부터 다이하이드로폴산 환원효소(dihydrofolate reductase)의 2회 연속으로 일어나는 환원반응에 의해 만들어진다(그림 3-25). 이 반응은 간(liver)에서 일어난다. 다이하이드로폴산 환원효소(Dihydrofolate reductase)는 니코틴아마이드 아데닌 다이뉴클레오타이드 포스페이트(nicotinamide adenine dinucleotide phosphate, NADPH) 존재 하에 폴산을 다이하이드로폴산(dihydrofolic acid, H_2F)으로 환원한다. 이 화합물(H_2F)은 다시 다이하이드로폴산 환원효소(dihydrofolate reductase)에 의해 테트라하이드로폴산(tetrahydrofolic acid, H_4F)으로

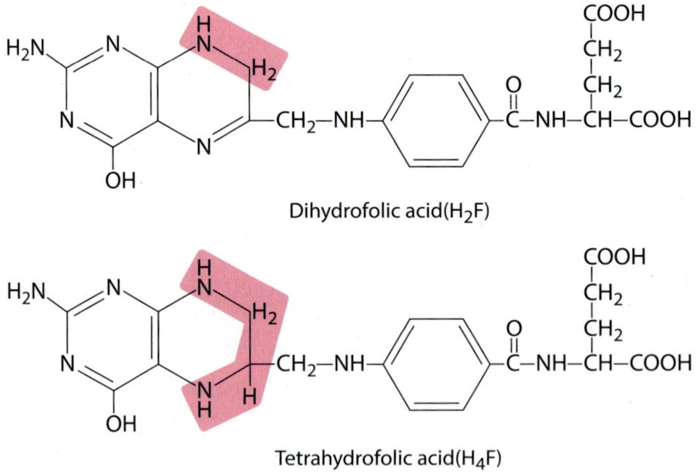

Dihydrofolic acid(H_2F)

Tetrahydrofolic acid(H_4F)

그림 3-26 Dihydrofolic acid(H_2F)와 tetrahydrofolic acid(H_4F)의 구조.

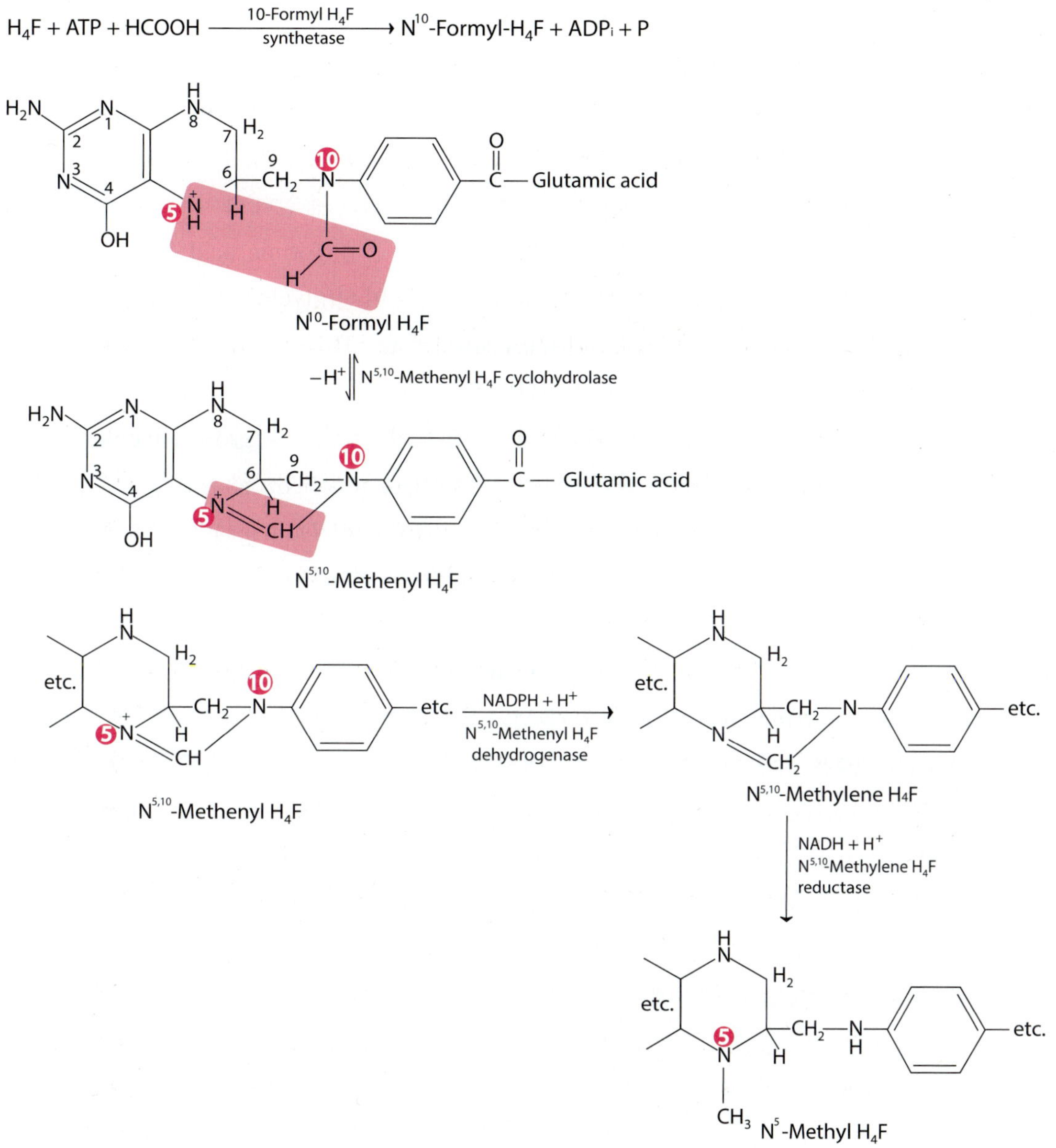

$$H_4F + ATP + HCOOH \xrightarrow[\text{synthetase}]{\text{10-Formyl } H_4F} N^{10}\text{-Formyl-}H_4F + ADP_i + P$$

N^{10}-Formyl H_4F

$-H^+$ ⇅ $N^{5,10}$-Methenyl H_4F cyclohydrolase

$N^{5,10}$-Methenyl H_4F

$N^{5,10}$-Methenyl H_4F → (NADPH + H^+, $N^{5,10}$-Methenyl H_4F dehydrogenase) → $N^{5,10}$-Methylene H_4F

$N^{5,10}$-Methylene H_4F → (NADH + H^+, $N^{5,10}$-Methylene H_4F reductase) → N^5-Methyl H_4F

그림 3-27 테트라하이드로폴산(Tetrahydrofolate, H_4F)에 의한 폼산(formic acid: HCOOH)의 활성화 반응. 테트라하이드로폴산(H_4F)과 폼산(formic acid; HCOOH)은 ATP 존재 하에 10-formyl tetrahydrofolate(H_4F) synthetase에 의해 N^{10}-formyl tetrahydrofolate(H_4F)로 합성된다. N^{10}-formyl tetrahydrofolate(H_4F)는 고리화반응(ring closure)을 일으켜 $N^{5,10}$-Methenyl tetrahydrofolate(H_4F)로 전환된다. $N^{5,10}$-Methenyl tetrahydrofolate(H_4F)는 NADPH 존재 하에 $N^{5,10}$-Methylene tetrahydrofolate(H_4F) dehydrogenase에 의해 $N^{5,10}$-Methylene tetrahydrofolate(H_4F)로 환원된다. $N^{5,10}$-Methylene tetrahydrofolate(H_4F)는 최종적으로 NADH 존재 하에 $N^{5,10}$-Methylene tetrahydrofolate(H_4F) reductase에 의해 N^5-Methyl tetrahydrofolate(H_4F)로 전환된다.

환원된다.

테트라하이드로폴산(**Tetrahydrofolate, H_4F**)의 생화학적 역할은 **1**탄소 단위체들(**one-carbon units; C_1**)의 운반체로서 작용하는 것이다**. 1**탄소 단위체들(**one-carbon units**)은 테트라하이드로폴산(**H_4F**)의 N^5 및/또는 N^{10} 질소 원자에 결합될 수 있다**.** 1탄소 단위체들(one-carbon units)로서 폼산(formic acid, 개미산, HCOOH), 폼알데하이드(formaldehyde, HCHO), 메탄올(methanol, CH_3OH) 등이 있다. 폼산(formic acid)은 피리미딘류(pyrimidines), 퓨린류(purines), 세린(serine), 글라이신(glycine)의 생합성에 이용된다. 그림 3-27은 테트라하이드로폴산(tetrahydrofolate, H_4F)에 의한 폼산(formic acid; HCOOH)의 활성화 반응을 나타낸 것이다.

Streptococcus lactis R을 비롯한 여러 미생물의 생장인자(growth factor)인 폴산은 폴산 분자 내에 존재하는 파라-아미노벤조산(*p*-aminobenzoic acid) 그 자체가 미생물의 생장촉진인자이다. 게르하르트 도마크(Gerhard Domagk)에 의해 발견된 설파제(**sulfonamides**)인 설파닐아마이드(**sulfanilamide**)는 세균의 생장을 선택적으로 저해하는 것으로 알려짐으로써 최초로 널리 사용된 생장인자 유사체이다. 이 설폰아마이드계(**sulfonamide**) 항생제는 핵산의 전구체(**precursor**)인 폴산의 한 부분을 이루고 있는 파라-아미노벤조산(**ρ-aminobenzoic acid, PABA**)의 유사체이다(그림 **3-28**)**.** 파라-아미노벤조산(PABA)은 많은 세균에 있어서 필수 대사물이다. 따라서 균체 내로 들어간 설폰아마이드계(Sulfonamide) 항생제는 폴산 합성효소인 다이하이드로프테로에이트 신쎄이스(**dihydropteroate synthase**)의 활성부위를 차지하기 위하여 파라-아미노벤조산(PABA)과 경쟁하기 때문에 폴산의 합성을 저해한다. 폴산은 핵산의 성분인 퓨린과 피리미딘의 합성에 필수적이므로 폴산의 합성 저해는 세균에 치명적이다. 반면 대부분의 동물은 폴산 합성 효소계가 없기 때문에 체내에서 폴산을 합성하지 못한다**.** 따라서 이들 생물체는 음식물로부터 폴산을 섭취해야 하며**,** 설폰아마이드계(**sulfonamide**) 항생제는 세균에게만 선택적으로 작용한다**.**

3-9 바이타민 B_{12}(Cobalamin)

바이타민 B_{12}(Cobalamin)는 치명적인 악성 빈혈(**pernicious anemia**)의 치료 인자로 발견되었다. 1920년 미국의 내과의사이자 병리학자인 조오지 호이트 휘플(George Hoyt

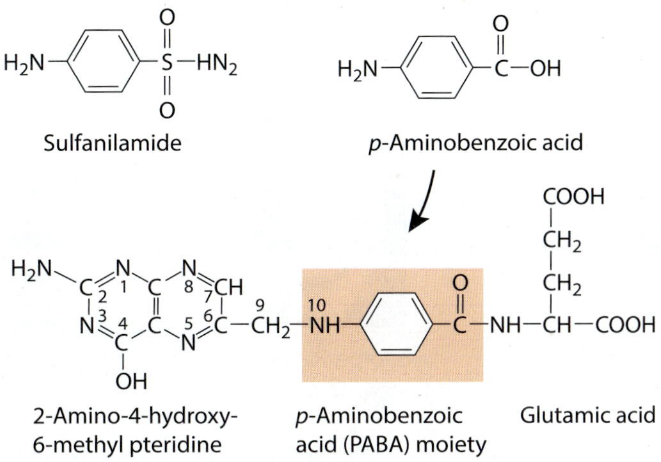

Sulfanilamide

p-Aminobenzoic acid

2-Amino-4-hydroxy-6-methyl pteridine

p-Aminobenzoic acid (PABA) moiety

Glutamic acid

그림 3-28 Sulfanilamide와 folic acid 구조와의 관련성

Whipple)은 개(dog)에게 빈혈(anemia)을 유도하는 실험을 통하여 다량의 간(liver)을 섭취하는 것이 빈혈의 치료에 매우 효과적이다는 것을 발견하였다. 그 후 조오지 리처드 마이넛(George Richards Minot)과 윌리엄 패리 머피(William Parry Murphy)는 개의 빈혈을 치료하는 물질을 간에서 부분적으로 분리하기 시작하였는데 그것이 철(iron)이라는 것을 발견하였다. 그들은 또한 간즙(liver juice)으로부터 추출한 물질이 개에게는 효과가 없지만 사람의 악성 빈혈(pernicious anemia)을 치료할 수 있다는 것을 발견하였다. 1926년에 마이넛(Minot)과 머피(Murphy)는 그들의 실험결과를 발표하였다. 이러한 발견에도 불구하고 환자들은 치료를 위하여 다량의 생간(raw liver)을 섭취하거나 상당량의 간즙(liver juice)을 마셔야하는 불편이 있었다. 1928년 미국의 화학자 에드윈 콘(Edwin Cohn)은 악성 빈혈 치료에 천연 간보다 50~100배 더 강력한 간 추출물의 조제에 성공하여 환자들의 불편을 덜어 주었다. 휘플(**Whipple**), 마이넛(**Minot**), 머피(**Murphy**)는 **1934**년에 『빈혈 환자에 있어서 간을 이용한 치료법의 발견(**for their discoveries concerning liver therapy in cases of anemia**)』으로 노벨 생리 · 의학상을 공동수상하였다. 1948년 미국의 화학자 칼 A. 폴커스(Karl A. Folkers)와 영국의 화학자 앨리그잰더 R. 토드(Alexander R. Todd)는 간 추출물로(liver extract)부터 바이타민 B_{12}(cobalamin)를 분리하였다. 코발아민으로 입증된 이 물질은 근육 주사가 가능하여 보다 쉽게 악성 빈혈의 치료가 가능하게 되었다. 바이타민 B_{12}(cobalamin)의 화학구조는 1956년에 도로씨 크로우풋 호쥐킨(Dorothy Crowfoot Hodgkin) 연구진에 의해 결정되었다. 1950년 경에 세균으로부터 이 바이타민을 다량으로 생산하는 방법이 개발되어 현재에 이르고 있다.

참고 **George Hoyt Whipple, George Richards Minot와 William Parry Murphy**

George Hoyt Whipple
(1878. 8. 28~1976. 2)

George Richards Minot
(1885. 12. 2~1950. 2. 25)

William Parry Murphy
(1892. 2. 6~1987. 10. 9)

미국의 내과의사이자 병리학자인 조오지 호이트 휘플(George Hoyt Whipple, 1878. 8. 28~1976. 2. 1)은 뉴 햄프셔주(New Hampshire) 애쉬랜드(Ashland)에서 태어났다. 1900년 예일대학을 졸업한 후, 1905년 존스홉킨스대학(Johns Hopkins University)에서 의학박사 학위를 받았다. 박사학위를 취득한 후 휘플은 존스홉킨스대학의 병리학부에서 일을 하다가 1907년부터 1908년까지 파나마에 있는 앤콘병원(Ancon Hospital)에서 병리학자(pathologist)로서 근무하였다. 볼티모어(Baltimore)로 돌아온 휘플은 1910년부터 존스홉킨스대학에서 병리학 조교(assistant), 강사(instructor) 및 조교수(assistant professor)를 거쳐 1914년에 부교수(associate Professor)가 되었다. 1921년에 마침내 그는 로체스터대학 의학부 병리학 교수가 되었다. 휘플은 음식이 혈액의 재생과정에서 나타나는 효과를 연구하여 공동 수상자들의 연구에 영향을 주었다.

미국의 내과의사이자 병리학자인 조오지 리처즈 미노(George Richards Minot, 1885. 12. 2~1950. 2. 25)는 메사츄세츠주 보스톤에서 태어났다. 1912년 하버드대학에서 의학박사 학위를 취득하였고, 1928년부터 1948년까지 하버드의과대학 교수였다. 공동 수상자인 윌리엄 머피와 함께 조혈 과정을 규명하고 새로운 간의 기능을 발견하였으며, 간 식이요법을 개발하였다.

미국의 내과의사인 윌리엄 패리 머피(William Parry Murphy, 1892. 2. 6~1987. 10. 9)는 위스콘신주(Wisconsin) 스토턴(Stoughton)에서 출생하였다. 1914년 오리건대학을 졸업한 후, 오리건대학 의과대학 및 하버드대학 의과대학에서 의학을 공부하여 1922년에 하버드의과대학에서 의학박사 학위를 취득하였다. 1923년부터 보스톤에 있는 피터 벤트 브리검 병원에서 일하였으며, 1924년부터 하버드대학에서 조교 및 강사 등으로 활동하였다. 1958년에 하버드대학 명예강사 Emeritus Lecturer가 되었다.

Whipple, Minot, Murphy는 1934년에 『빈혈 환자에 있어서 간을 이용한 치료법의 발견(for their discoveries concerning liver therapy in cases of anemia)』으로 노벨 생리 · 의학상을 공동 수상하였다.

3-9-1 바이타민 B_{12}의 구조적 특성

모든 바이타민 중 구조적으로 가장 복잡한 바이타민 B_{12}(cobalamin)는 그림 3-29

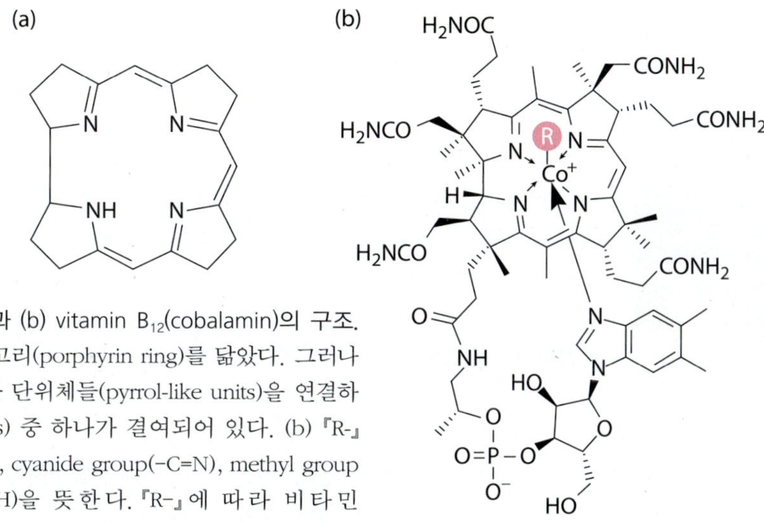

그림 3-29 (a) Corrin과 (b) vitamin B_{12}(cobalamin)의 구조. (a) 코린(Corrin)은 포피린 고리(porphyrin ring)를 닮았다. 그러나 포피린과 달리 코린은 피롤 단위체들(pyrrol-like units)을 연결하는 탄소기들(carbon groups) 중 하나가 결여되어 있다. (b) 『R-』은 5′-deoxyadenosyl group, cyanide group(−C≡N), methyl group (CH_3-), hydroxyl group(−OH)을 뜻한다. 『R-』에 따라 비타민 B_{12}(cobalamin)는 5′-deoxyadenosylcobalamin, cyanocobalamin, methylcobalamin, hydroxocobalamin로 구분된다.

에 나타낸 바와 같이 코발트(cobalt)와 코린 고리(corrin ring)로 이루어진 화합물이다. 이 바이타민의 붉은 색은 코발트-코린 복합체(cobalt-corrincomplex)의 색상에 기인한다. 정제과정에서 사용된 숯으로부터 유래된 시안기(cyanide group)를 가진 사이아노코발라민(**cyanocobalamin: an artifact formed as a result of the use of cyanide in the purification procedures**)은 자연계에는 존재하지 않지만 의약품으로 사용하기 위하여 인공적으로 합성한 바이타민 B_{12}이다. 사이아노코발라민(**Cyanocobalamin**)은 생체 내에서 두 가지 생리적 형태인 **5′**-디옥시아데노실코발라민(**5′-deoxyadenosylcobalamin**)과 메틸코발라민(**methylcobalamin**)으로 전환된다. 최근에는 하이드록소코발라민(**hydroxocobalamin**), 메틸코발라민(**methylcobalamin**), **5′**-디옥시아데노실코발라민(**5′-deoxyadenosylcobalamin**)도 의약품으로 생산되고 있다. 인공적으로 합성되는 사이아노코발라민(cyanocobalamin)과는 달리 바이타민 B_{12a}라고도 불리는 하이드록소코발라민(hydroxocobalamin)은 다양한 세균들에 의해 생산된다. 따라서 상업적으로 바이타민 B_{12}를 생산하기 위하여 이들 미생물이 이용된다. 하이드록소코발라민은 정상적으로 인체 내에서 합성되지 않지만, 쉽게 B_{12}의 보조효소(coenzyme)로 전환될 수 있다. 의학적으로 하이드록소코발라민은 대게 주사용액으로 생산된다.

모든 바이타민 중 구조적으로 가장 복잡한 바이타민 B_{12}(cobalamin)의 전합성(total synthesis)은 미국의 저명한 유기학자 로버트 번스 우드워드(Robert Burns Woodward)

참고 Robert Burns Woodward

(1917. 4. 10~1979. 7. 8)

미국의 유기화학자인 로버트 번스 우드워드(Robert Burns Woodward)는 메사츄세츠주(Massachusetts) 보스톤에서 태어났다. 우드워드(Woodward)가 한 살 때인 1918년 그의 아버지는 세계적으로 유행했던 독감에 걸려 사망했다. 이러한 환경하에서 우드워드(Woodward)는 메사츄세츠주 퀸시(Quincy)에 있는 공립 초·중등학교를 다녔는데 이때부터 화학에 관심을 가졌다. 그가 고등학교에 입학했을 무렵에는 벌써 당시에 널리 사용되었던 루트비히 가터만(Ludwig Gattermann)이 펴낸 유기화학실험서에 수록된 대부분의 실험을 수행하고 있었다. 1928년 그는 보스톤 주재 독일 총영사를 찾아가서 독일 학술지에 실린 몇 편의 유기화학관련 논문을 손에 넣을 정도로 열성적이었다. 1933년에 그는 메사츄세츠공과대학(Massachusetts Institute of Technology, MIT)에 입학했지만 학업을 게을리하여 그 다음해에 퇴학당했다. 그러나 MIT는 1935년에 그를 다시 받아들였고, 1936년에 그는 이학사(the Bachelor of Science degree)를 취득하였다. 그리고 불과 1년 후에 MIT는 그에게 이학박사 학위를 수여했다. 이때 그의 MIT 동료들은 아직 학사학위를 취득했을 뿐이었다. 우드워드(Woodward)의 박사학위 논문은 암컷의 성호르몬 에스트론(female sex hormone estrone)의 합성에 관한 것이었다. 졸업후 그는 1937~1938년 사이 하버드대학에서 박사후과정을 거친 뒤 하버드대학의 전임강사(Instructor in Chemistry; 1941–1944), 조교수(Assistant Professor; 1944–1946), 부교수(Associate Professor; 1946–1950), 정교수(Professor; 1950–1953), Morris Loeb Professor of Chemistry(1953–1960), 그리고 1960년부터 Donner Professor of Science가 되었다. 1963년부터는 스위스 바젤에 있는 우드워드연구소장을 겸직하였다.

1941년 우드워드(Woodward)는 천연물의 구조를 규명하는데 있어서 자외선 분광학(ultraviolet spectroscopy)의 적용을 서술하는 일련의 논문을 발표하였다. 우드워드는 많은 양의 실험자료를 수집하여 후일에 『우드워드의 규칙(Woodward's rules)』이라 불리는 일련의 규칙을 고안하였다. 이 우드워드의 규칙(Woodward's rules)은 새로운 천연물뿐만 아니라 합성분자의 구조를 규명하는데 적용되어졌으며, 후에(1965년) 전자궤도(orbital)의 대칭성 보존의 법칙[우드워드-호프만 법칙(Woodward-Hoffmann rules)]으로 발전되었다. 1940년대 후반동안, 그는 키니네(quinine), 콜레스테롤(cholesterol), 코티존(cortisone), 스트라이크닌(strychnine), 라이세그산(lysergic acid), 레서핀(reserpine), 클로로필 a(chlorophyll a), 세팔로스포린(cephalosporin) 그리고 콜히친(colchicine)과 같은 많은 복잡한 천연물을 합성하였다. 이 업적과 더불어 우드워드(Woodward)는 때때로 『우드워드의 신기원(Woodwardian era)』이라 불리는 화학합성의 새로운 시대를 열었다. 1965년 로버트 우드워드(Robert Burns Woodward)는 항생제 cephalosporin의 전합성을 비롯한 복잡한 유기분자의 합성에 관한 업적으로 노벨 화학상을 수상하였고, 20여개의 대학으로부터 명예박사학위를 받았다. 본문에서도 설명된 바이타민 B_{12}(cobalamin)의 합성 후 만약 그가 계속 생존했더라면 2번째 노벨상을 수상할 수 있었다고 한다. 그는 유기화학의 근대화, 특히 이론과 실험을 관련짓는 데 크게 공헌하였다.

한편, 폴란드 태생 미국의 이론 화학자 로얼드 호프만(Roald Hoffmann: 1937. 7. 18)은 일본의 후쿠이 겐이치와 함께 화학반응의 메커니즘에 관해 서로 독자적으로 연구한 공로로 1981년 노벨화학상을 공동 수상했다.

와 스위스의 화학자 알버트 에쎈모저(Albert Eschenmoser)의 주도로 거의 백명에 가까운 학생과 연구진이 수년 동안 연구하여 이루진 업적이다. 1973년에 발표된 이 업적은 유기화학 역사에 있어서 가장 뛰어난 공적 중의 하나가 되었으며, 유기화학자들에게 어떤 복잡한 화합물의 합성도 충분한 시간과 계획 하에 이루어진다면 가능하다는 것을 확신시켜주는 계기가 되었다.

3-9-2 바이타민 B_{12}의 분포 및 결핍증

식물과 동물은 바이타민 B_{12}(Cobalamin)를 합성할 수 없지만, 세균은 바이타민 B_{12}를 합성할 수 있는 효소를 가지고 있다. 따라서 육식동물은 음식인 고기로부터 바이타민 B_{12}를 충분히 섭취하여야 하며, 초식동물은 그들의 반추위(rumen)에서 서식하고 있는 세균으로부터 이 바이타민을 얻고 있다. 토끼를 포함한 몇몇 초식동물들은 때때로 바이타민 B_{12}의 양이 충분하지 못할 때가 있어서 필요한 양을 얻기 위하여 자신의 배설물을 섭취하기도 한다. 바이타민 B_{12}(hydroxocobalamin)를 합성하는 세균으로 *Aerobacter*, *Agrobacterium*, *Alcaligenes*, *Azotobacter*, *Bacillus*, *Clostridium*, *Corynebacterium*, *Flavobacterium*, *Micromonospora*, *Mycobacterium*, *Nocardia*, *Propionibacterium*, *Protaminobacter*, *Proteus*, *Pseudomonas*, *Rhizobium*, *Salmonella*, *Serratia*, *Streptomyces*, *Streptococcus* 그리고 *Xanthomonas* 속(genus)이 알려져 있다. *Streptomyces griseus*는 오랫동안 바이타민 B_{12}(hydroxocobalamin)의 상업적 생산에 이용되어 왔지만, 최근에는 *Pseudomonas denitrificans*와 *Propionibacterium shermanii*가 보다 일반적으로 이용되고 있다. 바이타민 B_{12}(cobalamin)가 풍부한 음식으로서 어류, shellfish[조개류, 갑각류(새우, 게 등)], 간을 포함한 육류, 조류의 알, 우유 등이 있다. 바이타민 B_{12}(Cobalamin)가 결핍되면 악성 빈혈**(pernicious anemia)**이 유발되며 뇌와 신경계에 심각한 손상을 유발할 수 있다. 그러나 바이타민 B_{12}(Cobalamin)의 1일 권장량은 2~3μg으로 극히 미량만이 요구된다.

3-9-3 바이타민 B_{12}의 생화학적 기능

8가지 B군 바이타민 중 바이타민 B_{12}(cobalamin)는 뇌와 신경계의 정상적인 기능과 혈액의 형성에 중요한 역할을 하는 것으로 알려져 있다. 바이타민 B_{12}(cobalamin)는 특히 DNA 합성과 조절 그리고 지방산 합성, 에너지 생성에 영향을 미치는 세포의 대사와 관련되어 있다. 그러나 바이타민 B_{12}의 기능에 있어서 효능의 많은 부분이 충분한 양의 폴산(folic acid)에 의해 대치될 수 있다. 왜냐하면 바이타민 B_{12}는 체내에서 폴산의 재생에 이용되어지기 때문이다. 대부분의 바이타민 B_{12} 결핍증은 실제로 폴산 결핍증이다. 앞서 설명한 바와 같이 바이타민 B_{12}는 생체 내에서 **두 가지 유형의 효소 보조인자(enzyme cofactor) 5′-디옥시아데노실코발라민(5′-deoxyadenosylcobalamin)과 메틸코발라민(methylcobalamin)으로 전환된다.** 사람은 두 가지 유형의 바이타민 B_{12} 유래 보조인자-의존 효소(vitamin B_{12} derived cofactor-dependent enzyme)를 함유하고 있다. 즉, 보결원자단(prosthetic group)이 5′-디옥시아데노실코발라민(5′-deoxyadenosylcobalamin)인 메틸말로닐 코엔자임 A 뮤테이스(methylmalonyl Coenzyme A mutase)와 보결원자단이 메틸코발아민(methylcobalamine)인 5-메틸테트라하이드로폴레이트-호모시스테인 메틸트랜스퍼레이스(5-methyltetrahydrofolate-homocysteine methyltransferase)가 있다. 메틸말로닐 코엔자임 A 뮤테이스는 메틸말로닐-CoA(methylmalonyl-CoA)를 석시닐-CoA(succinyl-CoA)로 이성화를 촉매하는 효소이다. 메틸말로닐-CoA 뮤테이스(Methylmalonyl-CoA mutase)의 기질인 메틸말로닐-CoA(methylmalonyl-CoA)는 주로 프로피오닐-CoA(propionyl-CoA)로부터 유도되는데, 이 프로피오닐-CoA는 아이소루신(isoleucine), 배린(valine), 쓰레오닌(threonine), 메싸이오닌(methionine), 싸이민(thymine), 콜레스테롤(cholesterol) 또는 홀수 지방산(odd-chain fatty acids)의 이화작용으로부터 형성된다. 생성물인 석시닐-CoA(succinyl-CoA)는 TCA 회로의 주요 분자이다. 5-메틸테트라하이드로폴레이트-호모시스테인 메틸트랜스퍼레이스(5-Methyltetrahydrofolate-homocysteine methyltransferase)는 메싸이오닌 합성효소(methionine synthase)라고도 하는데, 이 효소는 호모시스테인(homocysteine)으로부터 메싸이오닌(methionine)의 생성을 촉매한다. 즉 메싸이오닌 합성효소는 메싸이오닌 생합성에서 최종 단계를 촉매한다. 보조인자로서 메틸코발라민(methylcobalamin)을 함유하고 있는 메싸이오닌 합성효소는 기질인 N^5-메틸-테트라하이드로폴레이트(N^5-methyl-tetrahydrofolate)와 호모시스테인(homocysteine)을 이용한다. 이 효소는 핑퐁(ping-pong) 반응에서 두 단계로 작용한다. 먼저 N^5-메틸-테트라하이드로폴레이트(N^5-methyl-tetrahydrofolate, N^5-mTHF)로부터 메틸 기(methyl group)가 코발라민(cobalamin)으로 전달되어 메틸코발라민(methylcobalamin)이 형성되고, N^5-mTHF은 테트라하이드로폴레이트(tetrahydrofolate, THF)로 된다. 두 번째 단계에서 메틸코발라민(methylcobalamin)은 메틸 기를 호모시스테인(homocysteine)으로 전달하여 메싸이오닌을 생성하고 보조인자인 코발라민은 재순환된다.

3-10 바이오틴(Biotin)

바이타민 H라고도 불려지는 바이오틴(biotin)은 테트라하이드로싸이어핀(tetrahydrothiophene) 고리(ring)와 유레이도(ureido : tetrahydroimidizalone) 고리가 서로 융합된 구조에 발레르산(valeric acid) 치환기(substituent)가 테트라하이드로싸이오핀 고리(tetrahydrothiophene ring)의 탄소 원자 중 하나에 부착되어 있는 바이타민 B 복합체(B-complex vitamin)이다(그림 3-30).

1901년 벨기에의 과학자 외젠 윌디에(Eugène Wildiers)와 마닐레 이데(Manile Ide)는 몇몇 종류의 효모 균주가 특별한 생장인자(growth factor)를 필요로 한다는 것을 발견하고 그 물질을 『바이오스(bios)』라고 불렀다. 바이오스(Bios)라는 물질은 마이오이노시톨(myoinositol), 베타-알라닌(β-alanine), 팬토쎈산(pantothenic acid) 그리고 나중에 바이오틴(biotin)으로 판명된 4가지 다른 물질을 포함하고 있었다. 1927년 영국의 생화학자 M. A. 보애스(Margaret Averil Boas)는 생난백(raw egg white, 달걀의 흰자)을 쥐에게 먹이면 피부병(dermatosis)과 탈모증세(hair loss)가 일어난다는 것을 발견했다. 그녀는 간에서 발견되는 『protective factor X』에 의해 이 난백장애증(egg white injury syndrome)을 치유할 수 있다는 것을 발견했다. 1931년 헝가리의 내과의사 파울 죄르지(Paul György)는 간에서 이 인자를 발견하여 『vitamin H(from Haut, the German word for skin)』라고 불렀다. 1936년 네덜란드의 프리츠 쾨글(Fritz Kögl)과 베노 퇴니스(Benno Tönnis)는 달걀의 노른자(dried egg yolk)로부터 효모의 생장인자를 분리하여 이를 바이오틴(biotin)이라고 명명하였다. 바이오틴(Biotin)이라는 이름은 효모의 증식에 필요한 인자 바이오스(bios)의 한 성분으로 연구되어졌기 때문에 붙여진 이름이다. 1940년 파울 죄르지(Paul György)와 그의 동료들은 바이오틴과 바이타민 H는 동

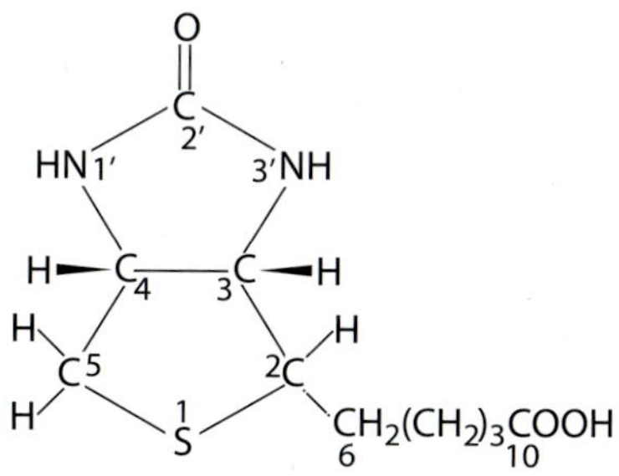

그림 3-30 Biotin의 구조

일한 물질이라는 것을 결론 내리고, 그들도 간으로부터 바이오틴을 분리하는 데 성공하였다. 1942년 네덜란드의 프리츠 쾨글(Fritz Kögl) 연구팀과 미국의 빈센트 뒤 비뇨(Vincent du Vigneaud: 1955년 노벨 화학상 수상자) 연구팀은 바이오틴의 구조를 확립하였고, 1944년 미국의 스탠턴 A. 해리스(Stanton A. Harris) 연구팀은 바이오틴의 전합성에 성공하였다.

3-10-1 바이오틴의 분포 및 결핍증

바이오틴은 모든 생물체가 필요로 하지만 세균, 효모, 곰팡이, 조류(algae) 그리고 몇몇 식물체만이 합성할 수 있다. 그리고 바이오틴은 달걀 노른자, 간, 효모, 몇몇 채소와 같은 식품에 비교적 높은 함량으로 함유되어 있지만 특별히 높은 함량으로 포함되어 있는 식품은 드물다. 실험실에서 합성된 바이오틴은 푸마르산(fumaric acid)을 출발물질로 하며 천연 바이오틴과 동일하다. 재미있는 것은 바이오틴 분자는 3개의 비대칭탄소원자를 가지고 있고, 8개의 다른 이성질체가 존재하지만 이들 중 단 하나만이 생물학적 활성을 보인다.

쥐에게 생난백(raw egg white, 달걀의 흰자)을 다량으로 함유한 먹이를 주면 피부염이나 탈모증세 등을 일으키는데, 이것은 바이오틴이나 그 유도체에 대단히 강한 친화력을 가지는 난백(egg white)에 함유된 아비딘(**avidin**)이라는 염기성 단백질 때문이다. 아비딘(Avidin)은 장 내에서 바이오틴과 결합하여 바이오틴의 흡수를 방해하여 난백장애(egg white injury)를 유발한다. 이 경우 난황(egg yolk, 달걀의 노른자)을 주면 난백장애가 예방되므로 바이오틴(**biotin**)을 항난백장애인자(**anti-egg white injury factor**)라고도 부른다. 사람의 경우 바이오틴의 대부분은 장내세균에 의해 공급되고 작은창자의 회장(**ileum**) 부위에서 흡수되기 때문에 결핍증은 거의 찾아볼 수 없다.

3-10-2 바이오틴의 생화학적 기능

바이오틴은 지방산과 아미노산 대사, 글루코오스신생합성(gluconeogenesis)에서 효소의 보조인자로 중요한 역할을 한다. 즉, 바이오틴(**Biotin**)은 효소가 촉매하는 다양한 카복실화 반응(**carboxylation reaction**)에서 이동성 카복실기 운반체(**mobile carboxyl group carrier**)로 작용한다. 바이오틴-의존성 카복실화효소(**Biotin-dependent carboxylase**)

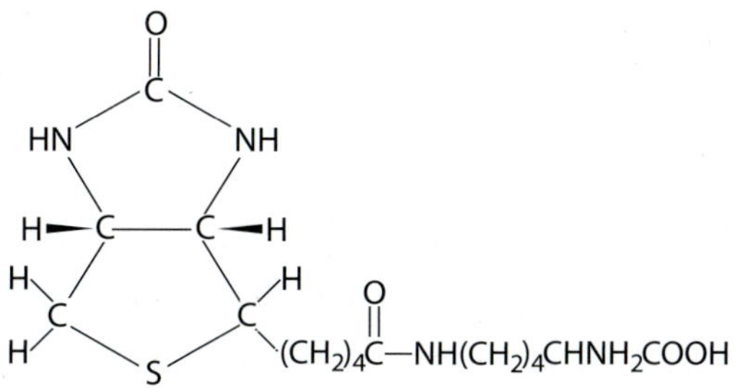

그림 3-31 Biocytin의 구조

에서 바이오틴은 효소의 라이신(**lysine**) 잔기의 엡실론-아미노기(**ε-amino group**)에 보결원자단(**prosthetic group**)으로서 공유결합되어 있다. 이러한 바이오틴-라이신 기능기(Biotin-lysine function)를 바이오사이틴(**biocytin**)이라고 부른다(그림 3-31).

바이오틴-의존성 카복실화효소(**Biotin-dependent carboxylase**)에 의해 촉매되는 반응은 그림 3-32와 같이 두 단계로 이루어진다. 첫 단계에서 카복실 바이오티닐 효소복합체(carboxyl biotinyl enzyme complex)가 형성되고, 두 번째 단계에서 카복실기가 카복실기전달효소(transcarboxylase) 상에서 적당한 수용체 기질로 전달된다. 대부분의 바이오틴-의존성 카복실화 반응은 카복실기 공여체(carboxylating agent)로서 중탄산염(bicarbonate: HCO_3^-)을 사용하고 기질의 탄소음이온(carbanion)에 카복실기를 전달하는 반응이다. 주요 바이오틴-의존성 카복실화효소의 예로서 아세틸-CoA

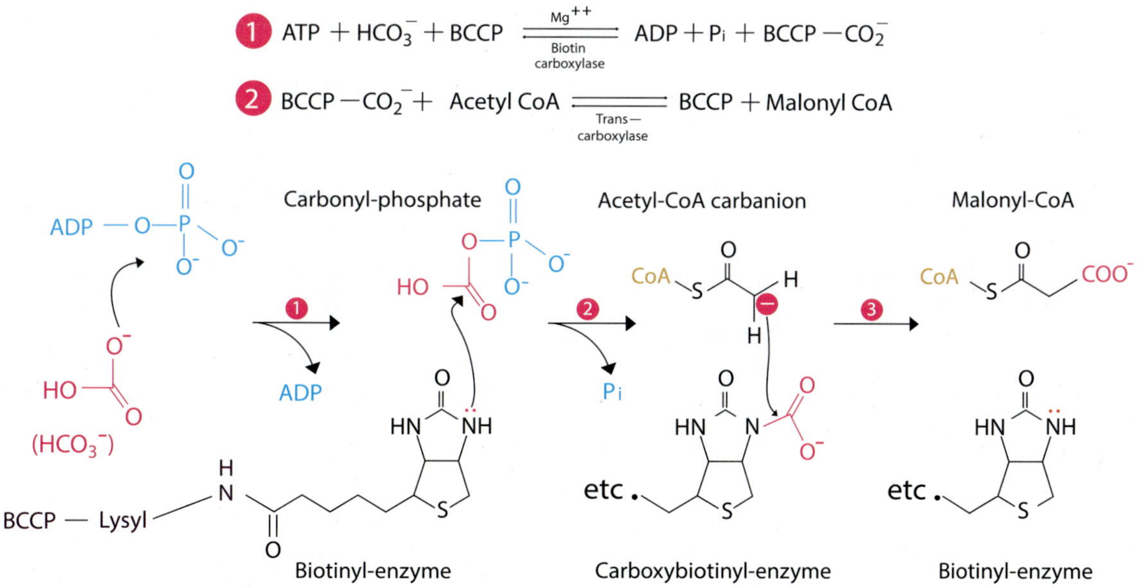

$$\text{①}\ ATP + HCO_3^- + BCCP \xrightleftharpoons[\text{Biotin carboxylase}]{Mg^{++}} ADP + P_i + BCCP-CO_2^-$$

$$\text{②}\ BCCP-CO_2^- + \text{Acetyl CoA} \xrightleftharpoons[\text{Trans-carboxylase}]{} BCCP + \text{Malonyl CoA}$$

그림 3-32 바이오틴-의존성 카복실화효소(Biotin-dependent carboxylase)인 acetyl-CoA carboxylase에 의해 촉매되는 반응 메카니즘.

카복실화효소 I과 II(acetyl-CoA carboxylase I and II), 피루브산 카복실화효소(pyruvate carboxylase), 프로피오닐-CoA 카복실화효소(propionyl-CoA carboxylase), 메틸크로토닐-CoA 카복실화효소(methylcrotonyl-CoA carboxylase)가 있다. **아세틸-CoA 카복실화효소(Acetyl-CoA carboxylase)는** 아세틸-CoA(acetyl-CoA)에 중탄산염(bicarbonate; HCO_3^-)의 결합을 촉매하여 말로닐-CoA(malonyl-CoA)를 형성한다. 말로닐-CoA(Malonyl-CoA)는 지방산 합성에 중요한 역할을 한다. **피루브산 카복실화효소(Pyruvate carboxylase)는** 아미노산과 같은 탄수화물과는 다른 전구체로부터 포도당(glucose)을 형성하는 글루코오스신생합성(gluconeogenesis)에서 중요한 효소이다. **프로피오닐-CoA 카복실화효소(Propionyl-CoA carboxylase)는** 몇몇 아미노산, 콜레스테롤, 홀수 탄소 지방산의 대사에서 필수적인 단계를 촉매한다. **메틸크로토닐-CoA 카복실화효소(Methylcrotonyl-CoA carboxylase)는** 필수아미노산 루신(leucine)의 이화작용(catabolism)에 관여한다. 그림 3-33은 이들 반응을 화학식으로 설명하고 있다.

여기서 그림 3-32와 관련된 아세틸-CoA 카복실화효소(acetyl-CoA carboxylase)에 관하여 조금 더 상세히 설명하고자 한다. 아세틸-CoA 카복실화효소(Acetyl-CoA carboxylase)는 바이오틴 카복실화효소(biotin carboxylase)와 카복실기전달효소(transcarboxylase 또는 carboxyltransferase)라는 두 가지 촉매활성을 통하여 아세틸-CoA(acetyl-CoA)를 말로닐-CoA(malonyl-CoA)로의 전환을 촉매한다. 아세틸-CoA

$$\text{ATP} + HCO_3^- + H_3C{-}\overset{O}{\overset{\|}{C}}{-}COO^- \longrightarrow {}^-OOC{-}CH_2{-}\overset{O}{\overset{\|}{C}}{-}COO^- + \text{ADP} + \text{P}_i$$

Pyruvate → Oxaloacetate

$$\text{ATP} + HCO_3^- + H_3C{-}\overset{O}{\overset{\|}{C}}{-}SCoA \longrightarrow {}^-OOC{-}CH_2{-}\overset{O}{\overset{\|}{C}}{-}SCoA + \text{ADP} + \text{P}_i$$

Acetyl-CoA → Malonyl-CoA

$$\text{ATP} + HCO_3^- + H_3C{-}CH_2{-}\overset{O}{\overset{\|}{C}}{-}SCoA \longrightarrow H_3C{-}CH(COO^-){-}\overset{O}{\overset{\|}{C}}{-}SCoA + \text{ADP} + \text{P}_i$$

Propionyl-CoA → Methylmalonyl-CoA

그림 3-33 바이오틴-의존성 카복실화효소(Biotin-dependent carboxylase)에 의해 촉매되는 반응들. (a) 피루브산 카복실화효소(pyruvate carboxylase), (b) 아세틸-CoA 카복실화효소(acetyl-CoA carboxylase), (c) 프로피오닐-CoA 카복실화효소(propionyl-CoA carboxylase). 이들 반응은 모두 ATP 의존성이다.

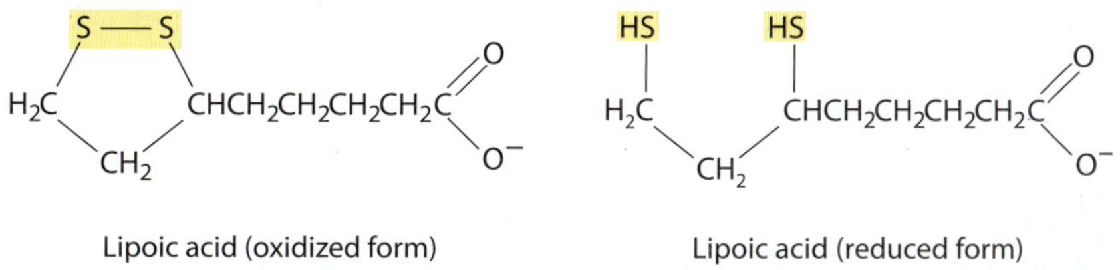

Lipoic acid (oxidized form)

Lipoic acid (reduced form)

그림 3-34 Lipoic acid의 산화형과 환원형의 구조. Lipoic acid는 화학식 $C_8H_{14}O_2S_2$이며 6,8-dithiooctanoic acid이라고도 한다.

카복실화효소(Acetyl-CoA carboxylase)는 대부분 원핵생물(prokaryotes)과 대부분 식물 및 조류(algae)의 엽록체에서 다소단위체 효소(multi-subunit enzyme)인 반면에 대부분의 진핵생물의 소포체(endoplasmic reticulum)에서 하나의 큰 폴리펩타이드로 이루어진 다영역 효소(multi-domain enzyme)이다. 대장균에서 아세틸-CoA가 말로닐-CoA로 전환되는 반응에는 세 가지 단백질이 관여하는 것으로 알려져 있다. 즉 세 가지 단백질 (1) 바이오틴 카복실화효소(biotin carboxylase), (2) 바이오틴 카복실기 운반단백질(biotin carboxyl carrier protein, BCCP) (3) 아세틸-CoA, 말로닐-CoA 카복실기 전달효소(acetyl-CoA, malonyl-CoA transcarboxylase)가 아세틸-CoA 카복실화효소를 구성하고 있다. 진핵생물에서 아세틸-CoA 카복실화효소(acetyl-CoA carboxylase)는 하나의 폴리펩타이드 사슬이 각 기능을 가진 특정 영역[또는 도메인(domain)]으로 나뉘어져 있다. 즉, 진핵생물에서 아세틸-CoA 카복실화효소는 BCCP 영역(BCCP domain), 바이오틴 카복실화효소 영역(biotin carboxylase domain), 카복실기전달효소(transcarboxylase), 시트르산-결합 영역(citrate-binding domain) 그리고 인산화 부위를 가지고 있다.

3-11 리포산(Lipoic acid)

옥탄산(Octanoic acid)으로부터 유래된 유기황 화합물인 리포산(lipoic acid)은 이황화결합(disulfide bond)에 의해 연결된 2개의 황을 함유하고 있다(그림 3-34). 따라서 리포산의 구조는 고리가 닫힌 산화형과 고리가 열린 환원형 두 가지가 있다. 리포산(Lipoic acid)의 C_6의 탄소 원자는 키랄(chiral)이기 때문에 2개의 거울상이성질체(enantiomer) R-(+)-lipoic acid와 S-(−)-lipoic acid 그리고 라세미 혼합물(racemic mixture)인 R/S-lipoic acid가 존재한다. R-(+)-거울상이성질체만이 자연계에 존재하며, 4개의 마이토콘드리아 효소 복합체의 필수 보조인자로 역할한다. S-(−)-Lipoic acid와 R/S-lipoic acid는 1952년에 확립된 화학합성 이전에 존재하지 않았다. 분리 및 특성화되기 전에 R-(+)-리포산은 젖산균의 한 속(genus)인 장구균(enterococci)에 있어서 아세트산으로 피루브산의 산화적 탈카복실화에 필요한 필수 생장인자로 입증되어져 아세트산염 대용 인자(acetate-replacing factor) 또는 피루브산 산화 인자(pyruvate oxidation factor)로 알려졌었다. 장구균(Enterococci)은 리포산의 합성 능력이 결여되어 있기 때문에 외부로부터 그것을 획득해야만 한다. 1951년 텍사스대학의 레스터 리드(Lester Reed)는 약 10톤의 소 간으로부터 약 30 mg의 결정체를 분리하여 이를 알파-리포산(α-lipoic acid)이라고 명명하였다. 생화학 학문 탄생 초기에 이 R-(+)-리포산의 분리는 물질분리 연구에 있어서 아주 인상 깊은 위대한 업적들 중의 하나였다. R-(+)-리포산의 특성화는 엘리릴리사(Eli Lilly and Co.), 텍사스대학의 레스터 리드(Lester Reed) 그리고 일리노이대학의 건셀러스(I. C. Gunsalus)의 공동연구에 의해 이루어졌다. 이들의 연구로부터 노란색 결정체의 알파-리포산(α-lipoic acid)은 8개의 탄소를 가진 지방족 사슬(aliphatic chain)과 2개의 황 원자를 함유한 천연 분리체로서 산성이며 편광계(polarimetry)에 의해 우선성[dextro-(+)-configuration]이라는 것이 밝혀졌다.

참고 **옥탄산(Octanoic acid 또는 Caprylic acid)**

Caprylic acid[일반명(common name)]으로도 알려진 octanoic acid[계통명(systematic name)]는 8개의 탄소 원자로 이루어진 포화지방산이다. 옥탄산(Octanoic acid)은 여러 포유동물의 젖(milk)에 존재하며, 코코넛유(coconut oil)와 팜핵유(palm kernel oil)에도 소량(minor constituent) 포함되어 있다. 옥탄산은 액상(oily liquid)으로 약간 불쾌한 냄새(slightly unpleasant rancid-like smell)가 난다. 옥탄산은 상업적으로 향료(perfumery)조제에 이용되는 에스터(ester)의 생산과 염료 생산에 이용된다. 옥탄산은 또한 *Staphylococcus aureus*와 같은 몇몇 세균 감염의 치료제 및 식품보존제로 이용되기도 한다.

3-11-1 리포산의 분포 및 결핍증

리포산은 장구균(enterococci)을 비롯한 몇몇 세균의 생장인자(**growth factor**)라는 것을 알게 됨으로써 세상에 알려지게 된 것이다. 따라서 이러한 생물체에서 리포산은 필수 영양소인 바이타민이라고 말할 수 있다. 그러나 사람에 있어서 리포산은 꼭 필요하다는 증거가 없기 때문에, 엄밀하게 말하면, 바이타민으로 간주되지 않는다. 그럼에도 불구하고 리포산은 중간대사에 관여하는 몇몇 효소들의 필수적인 구성성분이며 적은 양이지만 신체 조직에도 존재한다. 리포산은 거의 모든 식물에서 발견되지만 신장(kidney), 심장(heart), 간(liver), 시금치, 브로콜리, 효모 등에 조금 더 많이 들어있다. 자연계에 존재하는 리포산은 항상 공유결합되어 있으며 음식물로부터 즉시 이용가능하지 않다. 더욱이 생물체에 존재하는 리포산은 그 양이 매우 적다. 상기에서 언급한 바와 같이 리포산의 구조를 결정하기 위하여 이용된 소의 간 10톤으로부터 약 30mg의 리포산이 얻어졌다. 결과적으로 보충제로서 이용가능한 모든 리포산은 화학적으로 합성되어져야 한다.

난백질과 결합하고 있는 리포산은 산, 염기, 또는 단백질가수분해효소에 의해 방출된다. 리포일-단백질 복합체(lipoyl-protein complex)를 조심스럽게 가수분해하면 리포산이 라이신(lysine) 잔기에 엡실론-*N*-리포일-L-라이신(ε-*N*-lipoyl-L-lysine)의 형태로 공유결합하고 있음을 알 수 있다(그림 3-35). 이 엡실론-*N*-리포일-L-라이신(ε-*N*-lipoyl-L-lysine)과 바이오틴-단백질 복합체의 가수분해 산물인 바이오사이틴(biocytin: ε-*N*-biotinyl-L-lysine)은 투석(dialysis)에 의해 단백질로부터 쉽게 해리될 수 있는 보조인자(cofactor)가 아니다. 즉 엡실론-***N*-리포일-L-**라이신(**ε-*N*-lipoyl-L-lysine**)과 바이오사이틴(**biocytin: ε-*N*-biotinyl-L-lysine**)은 보결원자단(**prosthetic group**)이다.

3-11-2 리포산의 생화학적 기능

가장 잘 연구된 R-(+)-리포산의 역할 중 하나는 호기적 대사 특히 피루브산 탈수소

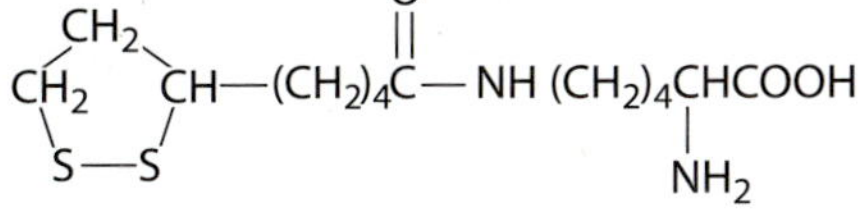

$$\begin{array}{c} \text{CH}_2 \\ \text{CH}_2 \quad \text{CH}-(\text{CH}_2)_4\overset{\overset{\text{O}}{\|}}{\text{C}}-\text{NH}\,(\text{CH}_2)_4\underset{\underset{\text{NH}_2}{|}}{\text{CH}}\text{COOH} \\ \text{S}-\text{S} \end{array}$$

그림 3-35 ε-*N*-lipoyl-L-lysine의 구조.

효소 복합체(**pyruvate dehydrogenase complex**)의 보조인자로서의 역할이다. 피루브산(Pyruvate)이 아세틸-CoA(acetyl-CoA)로 산화되는 반응은 피부브산 탈수소효소 복합체(pyruvate dehydrogenase complex)라 불려지는 다효소복합체(multienzyme complex)에 의해 촉매된다. 이 반응은 제5장에 상세히 설명되어 있다.

3-12 바이타민 C(Ascorbic acid)

1928년부터 1933년 사이에 헝가리 연구팀 얼베르트 폰 센트-죄르지 너지르폴트(Albert von Szent-Györgyi Nagyrapolt)와 요제프 L. 슈비르베이(Joseph L. Svirbely) 그리고 미국의 찰스 글렌 킹(Charles Glen King)은 항괴혈병 인자(antiscorbutic factor)를 최초로 발견하여 그것을 아스코브산(ascorbic acid)이라고 불렀다. 1928년에 센트-죄르지(Albert von Szent-Györgyi Nagyrapolt)는 동물의 부신(adrenal gland)으로부터 헥수론산(hexuronic acid)을 분리하였다. 그는 분리한 헥수론산(hexuronic acid)이 항괴혈병 인자(antiscorbutic factor)라는 것을 짐작하였지만, 그것을 증명할 만한 적당한 실험계를 가지지 못하여 입증하지는 못하였다. 그 당시에 미국 피츠버그대학의 찰스 글렌 킹(Charles Glen King) 연구팀은 괴혈병을 유발하는 설치류인 기니피그(guinea pig, 일명 모르모토)의 모델 실험계를 이용하여 레몬 주스로부터 항괴혈병 인자의 분리를 시도하고 있었다. 기니피그(guinea pig)는 신선한 야채를 제공받지 못하면 괴혈병에 걸리며, 괴혈병에 걸린 기니피그는 레몬 즙에 의해 치유될 수 있다. 킹의 연구팀은 이러한 사실을 근거로 하여 레몬 즙으로부터 항괴혈병 인자를 분리하였다. 1931년 말에 킹의 연구팀은 센트-죄르지(Szent-Györgyi)로부터 부신에서 추출된 헥수론산을 간접적으로 얻었을 수 있었다. 그리고 1932년 봄에 킹의 연구팀은 이 헥수론산(hexuronic acid)이 항괴혈병 인자라는 것을 입증하고, 레몬 즙으로부터 얻어진 항괴혈병 인자와 헥수론산은 같은 물질이라는 것을 발표하였다. 한편 1932년 센트-죄르지(Szent-Györgyi) 연구팀은 파프리카(paprika pepper)가 헥수론산(hexuronic acid)을 많이 함유하고 있다는 것을 발견하고 괴혈병(scurvy)에 대한 그것의 활성을 기리기 위하여 그때부터 헥수론산(hexuronic acid)을 아스코브산(ascorbic acid)이라고 명명하였다. 『Asocorbic acid』라는 용어는 라틴어 『*Scorbia*(괴혈병)』에 『anti』의 의미를 가진 『a』를 붙여 『항괴혈병을 위한 산』이라는 뜻으로 만들어졌다. 센트-죄르지(Szent-Györgyi)는

그림 3-36 기니피그(guinea pig) 그림. 기니피그는 현재 가축화되어 애완동물로서 많은 사랑을 받고 있다. 털색은 매우 다양하나 대부분 흰색, 검정색, 주홍색, 황색 또는 갈색이며 여러 가지 색이 섞여 있는 경우도 있다. 품종에 따라 털의 길이가 짧은 것부터 긴 것까지 다양하다. 날카로운 발톱을 가지고 있으며 꼬리는 없다. 5~10마리 정도가 무리지어 살며 다양한 소리를 낸다. 보통 연중 4번 번식하며 암컷의 초산연령은 2개월령이다. 한번에 1~13마리의 새끼를 낳는다. 임신기간: 58~75일, 크기: 200~500mm, 몸무게: 260~330g.

1937년 『for his discoveries in connection with the biological combustion processes, with special reference to vitamin C and the catalysis of fumaric acid』로 노벨 생리·의학상을 수상했다. 1933년과 1934년 사이, 영국의 화학자 월터 노먼 호어스(Walter Norman Haworth)와 에드먼드 허스트(Edmund Hirst) 그리고 폴란드 태생 스위스 화학자 타데우스 라이히슈타인(Tadeus Reichstein)는 각자 독립적으로 바이타민 C의 화학합성에 성공하여 바이타민 C의 대량생산을 가능하게 하였다. 그러나 1937년에 월터 노먼 호어스(Walter Norman Haworth)만이 『for his investigations on carbohydrates and vitamin C』로 노벨 화학상을 받았다. 1937년의 노벨 화학상은 월터 노먼 호어스(Walter Norman Haworth)와 스위스의 유기화학자 파울 카러(Paul Karrer)가 공동 수상하였다. 한편, 타데우스 라이히슈타인(Tadeus Reichstein)는 1950년에 『for their work on hormones of the adrenal cortex which culminated in the isolation of cortisone』로 노

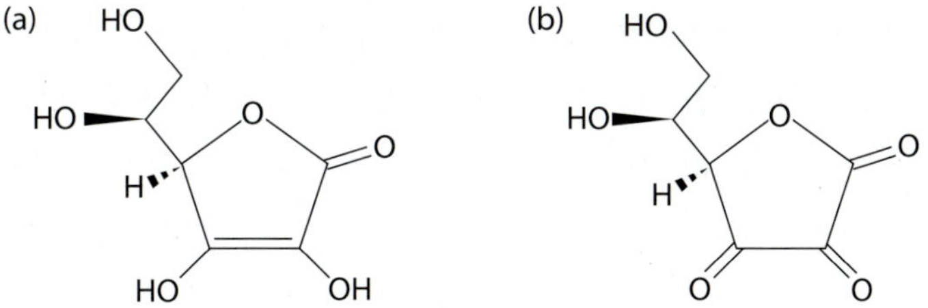

그림 3-37 Vitamin C(Ascorbic acid)의 환원형과 산화형의 구조. 아스코브산(Ascorbic acid)은 L-enantiomer와 D-enantiomer가 있는데, D-아스코브산은 항괴혈활성을 가지고 있지 않다. 바이타민 C(Ascorbic acid)는 공기에 의해 쉽게 산화되며, 식품가공 및 조리시 파괴될 수 있다. 그러나 바이타민 C는 건조 상태나 분말(powdered form) 및 정제 형(tablet form)으로 안정하다.

벨 생리 · 의학상을 수상했다.

3-12-1 바이타민 C의 분포 및 결핍증

바이타민 C(Ascorbic acid)는 과일 및 채소를 포함하는 모든 식물에 풍부하게 함유되어 있다. 이들 중 카카두 플럼(Kakadu plum: 호주가 원산지)과 까무까무(camu camu: 아마존이 원산지)라는 열대 과일은 100g당 각각 3100mg과 2800mg이나 되는 고농도의 바이타민 C를 함유하고 있다. 동물에서 바이타민 C는 대부분 간에 존재하며, 근육의 경우 소량 함유되어 있다. 해산물인 굴(oyster)에도 바이타민 C가 풍부하게 함유되어 있다. 모든 식물과 대부분의 동물들은 체내에서 바이타민 **C(ascorbic acid)**를 합성할 수 있지만 사람을 비롯한 영장류**(primates),** 설치류인 기니피그**(guinea pig),** 과일을 먹는 박쥐**(fruit-eating bats),** 특정 조류**(certain birds)** 그리고 무지개송어**(rainbow trout),** 잉어**(carp),** 은연어**(Coho salmon)** 등을 포함하는 몇몇 어류 등은 바이타민 **C**의 합성 경로가 없기 때문에 바이타민 **C**를 합성하지 못한다**.** 따라서 이들 생물체는 음식물을 통해 바이타민 C를 섭취해야만 한다. 그렇지 않으면 결핍증인 괴혈병(scurvy)에 걸리게 된다. 바이타민 **C(ascorbic acid)**를 생합성할 수 있는 생물체들은 **D-**포도당**(D-glucose)**으로부터 이 바이타민을 생합성한다**.** 바이타민 **C**를 생합성할 수 없는 생물체들은 간에 **L-**굴로노락톤 산화효소**(L-gulonolactone oxidase)**가 결여되어 있다**.** 보조인자(cofactor)로서 FAD를 갖는 L-굴로노락톤 산화효소(L-gulonolactone oxidase)는 산소와 함께 D-글루쿠로노락톤(D-glucuronolactone: L-gulono-1,4-lactone)의 반응을 촉매하여 L-자이로-헥스-3-굴로노락톤(L-xylo-hex-3-gulonolactone: 2-keto-gulono-gamma-lactone)과 과산화수소를 생성하는 효소이다. L-자이로-헥스-3-굴로노락톤(L-Xylo-hex-3-gulonolactone)은 효소의 작용 없이 자발적으로 헥수론산(hexuronic acid, ascorbic acid)으로 전환된다. 성인의 경우 바이타민 C의 1일 권장 섭취량은 90mg 정도로서 다른 바이타민에 비하여 훨씬 많은 양을 필요로 한다. 1일 최저필요량은 10mg 정도이고, 하루 100mg 정도의 바이타민 C를 섭취하면 이 중 80~90%가 흡수되고 나머지는 오줌으로 배설되다.

3-12-2 바이타민 C의 생화학적 기능

바이타민 C(Ascorbic acid)는 괴혈병**(scurvy)**을 예방하는 물질로서 인체의 연결조직(connective tissue)의 주 단백질인 **콜라겐(collagen)의 합성에 필수적인 효소의 보조인자(cofactor)로 작용한다. 따라서 바이타민 C는 결합조직(connective tissue)의 유지(maintenance)와 상처 치료(wound healing)에 필수적인 성분이다.** 바이타민 C는 몇몇 콜라겐 합성 반응을 포함한 최소한 8개의 효소 반응에서 보조인자(cofactor)로 작용한다. 만약 콜라겐 합성 반응에 기능장애(dysfunctional)가 발생하면 가장 심각한 괴혈병이 발생한다.

바이타민 C(Ascorbic acid)는 8개의 효소에 전자 공여체(electron donor)로 작용한다. 이들 중 세 가지 효소는 콜라겐 하이드록실화(collagen hydroxylation)에 관여한다. 이 반응에서 바이타민 C는 프롤린 수산화효소(prolyl hydroxylase)와 라이신 수산화효소(lysyl hydroxylase)의 보조인자로 작용하며, 이 두 효소에 의해 콜라겐 분자 내의 프롤린(proline) 또는 라이신(lysine)에 수산기(-OH)가 첨가된다. 하이드록실화(Hydroxylation)는 콜라겐 분자의 삼중나선(triple helix) 구조 형성에 도움을 주며, 바이타민 C는 상처 조직(scar tissue), 혈관(blood vessels) 그리고 연골(cartilage)의 발달과 유지에 절대적으로 필요하다. 두 가지 효소는 카니틴(carnitine)의 합성에 관여하며, 카니틴(carnitine)은 ATP 생성을 위하여 마이토콘드리아로의 지방산의 수송에 필수적인 역할을 한다. 나머지 세 가지 효소는 도파민 베타-하이드록실레이스(dopamine β-hydroxylase)를 포함하는데, 도파민 베타-하이드록실레이스는 부신에서 도파민(dopamine)으로부터 신경전달물질의 일종인 노르에피네프린(norepinephrine)의 생합성에 관여한다. 바이타민 C가 관여하는 또 다른 효소에는 펩타이드 호르몬에 아마이드기(amide group)를 첨가하여 효소의 안정성을 크게 높이는 역할을 하는 것과 타이로신(tyrosine) 대사를 조절하는 것이 있다.

괴혈병은 BC 400년경 히포크라테스(Hippocrates)에 의해 서술된 기록이 있으며, 이 질병의 과학적인 기초를 제공한 최초의 인물은 영국 해군(British Royal Navy)의 외과의사 제임즈 린드(James Lind)였다. 제임즈 린드의 시대에 괴혈병은 주로 오랫동안 신선한 과일이나 야채를 접하기 어려웠던 선원이나 군인들에게서 발병했다. 1747년 제임즈 린드는 괴혈병 치료와 관련된 다음과 같은 실험을 행하였다. 그는 몇몇 선원들에게는 매일 귤 2개와 레몬 1개를 제공한 반면 다른 선원들에게는 식초나 바닷물과 같은 바이타민 C가 결핍된 것을 제공하였다. 제임즈 린드(James Lind)는 자신의 실험결과로부터 신선한 과일과 야채를 먹으면 이 병에 절대 걸리지 않는다는 것을 발견하고 1753년 괴혈병에 관한 자신의 논문(Treatise on the Scurvy)을 발표하였다.

괴혈병의 제일 큰 특징은 결합조직의 변화이다. 바이타민 C가 결핍되면 세포의 기본물질 중 무코다당류(mucopolysaccharide)의 성질이 변화되고 형성된 콜라겐 섬유의 성질이 변한다. 효소 수준에서 바이타민 C는 콜라겐 중에 비교적 고농도로 존재하는 아미노산인 프롤린(proline)이 하이드록시프롤린(hydroxyproline)으로 전환되는 반응에 관여한다. 괴혈병의 증상은 부종(edema), 피하출혈(subcutaneous hemorrhages), 빈혈(anemia)이나 잇몸의 병리적 변화를 수반한다. 즉, 바이타민 C가 결핍되었을 경우 넓적다리(thigh) 및 다리(legs)에 반점이 생기고 점막(mucous membranes)으로부터 쉽게 출혈이 생기며 멍이 든다. 특히, 잇몸에 피가 나고 잇몸이 물러지면서(spongy gums) 치아가 흔들거리는 증상이 나타나기 쉽다.

사람에 있어서 바이타민 **C(ascorbic acid)**는 산화적 스트레스(oxidative stress)를 줄여주는 역할을 하는 매우 효과적인 항산화제**(antioxidant)**이자 아스코베이트 퍼옥시데이스**(ascorbate peroxidase)**의 기질이며, 많은 중요한 생화학 물질의 생합성에 관여하는 효소의 보조인자이다. 바이타민 C의 생화학적 역할은 의심할 여지없이 좋은 환원제[reducing agent(예, electron donor, anti-oxidant)]라는 점이다. 바이타민 C의 산화형은 생체 내에서 글루터싸이오운(glutathione)을 포함한 여러 가지 환원제에 의해 다시 환원되며 바이타민 C의 두 가지형(산화형과 환원형)은 가역적 산화-환원계를 구성한다. 바이타민 C는 인체 내에서 콜라겐(collagen)의 합성, 카니틴(carnitine)의 합성, 신경전달물질(neurotransmitters)의 합성, 타이로신(tyrosine)의 합성 및 분해, 마이크로솜(microsome)의 대사에 관여하는데, 이들 반응에서 바이타민 C는 환원제로서 작용한다.

바이타민 C는 항산화 활성(antioxidant activity)을 갖는 것으로 잘 알려져 있는데 수용액 내에서 산화를 방지하는 환원제로 작용한다. 인체 내에서 자유라디칼(free radical: reactive oxygen species)이 항산화제(antioxidants)보다 더 많이 존재할 때 이러한 상태를 산화적 스트레스**(oxidative stress)**라고 한다. 산화적 스트레스는 심장혈관 질환(cardiovascular diseases), 고혈압(hypertension), 만성 염증성 질환(chronic inflammatory diseases), 당뇨병(diabetes)을 포함하는 질환을 유발한다. 산화적 스트레스를 갖고 있는 환자의 혈장 바이타민 C 농도는 45μmol/L 이하로 건강한 사람의 그것(61.4~80μmol/L)보다 낮다.

참고 Albert von Szent-Györgyi Nagyrapolt

(1893. 9. 16~ 1986. 10. 22)

얼베르트 폰 센트-죄르지(Albert Szent-Györgyi Nagyrapolt)는 1893년 9월 16일 헝가리의 부다페스터(Budapest)에서 태어났다. 그는 부다페스트 의학 학교(Budapest Medical School)에서 의학 공부를 시작하였으나 제1차세계대전 중 육군의무병(army medic)으로 입대하기 위하여 공부를 중단하였다(1914년). 1916년 부상으로 귀향한 후 의학공부를 계속하여 1917년 의학박사 학위를 받았다. 전쟁이 끝난 후 센트-죄르지(Szent-Györgyi)는 프레스부르크(Pressburg: 오늘날 Bratislava)에서 자신의 연구 경력을 쌓기 시작하였지만, 1919년 1월 프레스부르크(Pressburg)가 체코슬로바키아(Czechoslovakia)의 영토로 변경되어 그 도시를 떠나게 되었다. 그는 몇 년동안 몇몇 대학을 옮겨 다니다가 최종적으로 그로닌겐대학(University of Groningen)에 안착하였다. 그는 여기서 세포 호흡에 초점을 맞추어 연구를 하였는데, 이 연구로 인하여 그는 록펠러재단 연구원으로서 캠버리지대학에 자리를 얻게 되었다. 1927년 그는 동물의 부신 조직으로부터 후일 자신이 『hexuronic acid』이라고 불렀던 물질을 분리하여 캠브리지대학에서 이학박사 학위를 받았다. 1931년 세게드대학(University of Szeged)의 교수로 부임하여 이곳에서 그의 연구동료 요제프 L. 슈비르베이(Joseph L. Svirbely)와 함께 『hexuronic acid』가 실제로 바이타민 C(L-enantiomer of ascorbic acid)라는 것과 항괴혈병 활성을 가진다는 것을 발견하였다. 이 기간 동안 센트-죄르지(Szent-Györgyi)는 세포성 호흡에 관한 연구를 계속하여 푸마르산(fumaric acid)과 후일 Krebs cycle(TCA 회로, 구연산 회로)로 알려진 단계들을 발견하여 Krebs cycle의 기초를 세우는 성과를 올렸다. 1937년 얼베르트 폰 센트-죄르지 너지르폴트(Albert von Szent-Györgyi Nagyrapolt)는 『For his discoveries in connection with the biological combustion process(생물학적 연소 과정) with special reference to vitamin C and the catalysis of fumaric acid』로 노벨 생리 · 의학상을 수상하였다. 1938년에 그는 근육의 운동에 관한 연구를 시작하여 근육은 액틴(actin)이라는 단백질을 함유하고 있다는 것을 발견하였다. 제2차 세계대전 동안 그는 헝가리 레지스탕스 운동(Hungarian resistance movement)에 참여하였으며, 헝가리가 공산화된 후 1947년 미국으로 망명하였다. 1953년 이후부터 전자현미경을 이용한 근육 연구를 시작하였으며, 1950년대 후반에는 암 연구에도 관심을 가졌다. 1986년 10월 22일 메사추세츠주(Massachusetts) 우즈 호울(Woods Hole)에서 그는 93세의 나이로 파란만장했던 생을 마감하였다.

CHAPTER 04

효소와 산업

>>> Enzymes and Industry

4-1 아밀레이스(Amylase)

4-2 포도당이성화효소 (Glucose isomerase)

4-3 단백질분해효소(Protease)

4-4 라이페이스(Lipase)의 분류 및 그 이용

4-5 라이소자임

4-6 제한효소와 제한메틸화효소

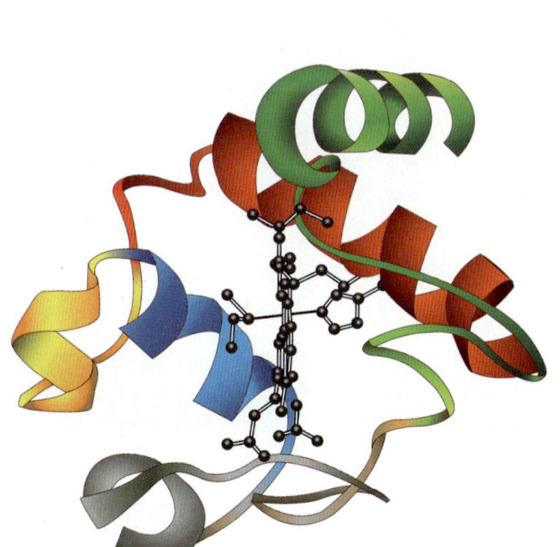

효소는 생물체가 생을 영위하는 데 있어서 필수적인 역할을 할 뿐만 아니라 실용적인 면에 있어서도 중요하다. 효소가 산업적으로 중요한 의미를 갖기 시작한 것은 19세기 중엽부터라고 한다. 1884년 네덜란드의 크리스티안 한센(Christian Hansen)이 송아지의 제4위 점막으로부터 레닛(rennet)이라는 응유 효소를 추출하여 사용하였다. 응유 효소(milk-clotting enzyme)는 치즈제조에서 우유를 응고시켜 커드(curd)를 생성시키는 데 사용되는 우유 응고효소이다. 우유 응고효소는 송아지(생후 5개월 미만)의 제4위로부터 식염에 의해 추출된 레닛(rennet)을 주로 사용해 왔다. 효소 복합체인 레닛의 주성분은 레닌(rennin)인데 신장에서 분비되는 단백질 분해효소 레닌(rennin)과 혼동을 피하기 위해 일반적으로 카이모신(chymosin)이라는 명명법을 사용하고 있다. 최근 치즈 생산량이 증대함에 따라 레닛의 원료가 되는 송아지가 부족하여 다른 동물 및 식물 그리고 미생물로부터 레닛 대체효소가 개발되었다. 미생물 유래의 레닛에는 곰팡이 *Mucor pusillus*, *Mucor mehei*, *Enodthia paraitica*의 우유 응고효소가 많이 사용되고 있다. 1990년 3월에는 유전자재조합 기술을 이용하여 대장균에서 생산된 키모신(chymosin)을 치즈제조에 사용하는 것이 미국식품의약품국(FDA)에서 인가하였다.

1894년에는 일본의 타카미네(Takamine)가 국(麴, Koji) 배양법에 의한 누룩곰팡이(*Aspergillus oryzae*)로부터 소화제 타카디아스테이스(Takadiastase; amylase의 일종)를 상업화하면서부터 미생물을 이용한 효소의 대량생산이 가능하게 되었다. 20세기에 접어들면서 독일의 오토 롬(Otto Rohm)이 단백질가수분해효소(Protease)를 피혁가공 및 세제에 이용함에 따라 효소의 응용이 식품공업에서 환경공업으로 확대되었다. 이후 섬유공업과 피혁공업에, 소화제 및 소염제 등을 비롯한 의약품산업에, 조미료 제조 및 주정공업을 비롯한 발효식품산업에 그리고 세제산업 등에 효소를 이용함으로써 효소의 산업적 수요가 크게 확대되었다. 이와 더불어 막대한 연구투자가 이루어짐에 따라 비로소 효소산업이 태동하게 되었다. 이와 같이 효소는 여러 분야에서 다양하게 이용되고 있다.

4-1 아밀레이스(Amylase)

감미료 생산의 식품산업 및 소화제의 의약품산업 등에 이용되고 있는 **아밀레이스(amylase)는** 전분을 포함하는 다당류를 가수분해하는 효소로서 가수분해 기작에 따라 다음과 같이 분류되고 있다. 비환원성 말단으로부터 전분을 가수분해하여 나가는 엑소형(exo-type)과 거의 무작위(random)에 가까운 분해양식을 갖는 엔도형(endo-type)으로 나누어진다. **엑소형(Exo-type)의 아밀레이스(amylase)**로는 전분을 비환원성 말단으로부터 가수분해하여 포도당(glucose)을 생성하는 **글루코아밀레이스(glucoamylase)**, 말토오스(maltose)를 생성하는 **베타-아밀레이스(β-amylase)**, 말토트리오스(maltotriose)를 생성하는 엑소-말토트리오하이드로레이스(exo-maltotriohydrolase), 말토테트라오스(maltotetraose)를 생성하는 엑소-말토테트라오하이드로레이스(exo-maltotetraohydrolase), 말토헥사오스(maltohexaose)를 생성하는 엑소-말토헥사오하이드로레이스(exo-maltohexaohydrolase)가 있다. **엔도형(Endo-type)의 분해양식을 갖는 것**으로는 전분의 α(1→4) 글라이코사이드결합만을 가수분해하는 알파-아밀레이스(α-amylase)와 α(1→6) 글라이코사이드결합만을 선택적으로 가수분해하는 가지절단효소(debranching enzyme)인 아이소아밀레이스(isoamylase)와 풀루라네이스(pullulanase)가 있다. 아이소아밀레이스(Isoamylase)는 효모에서 처음 발견되었으나, 애로박터(*Aerobacter*), 슈도모나스(*Pseudomonas*), 스트렙토마이세스(*Streptomyces*) 등의 세균과 감자 등의 식물에도 존재한다. 아이소아밀레이스(Isoamylase)는 아밀로펙틴(amylopectin), 덱스트린(dextrin) 등의 α-1,6 글라이코사이드결합(glycosidic linkage)을 가수분해하여 직쇄(linear chain)의 α-1,4-글루칸(glucan)을 생산한다. 식물의 아이소아밀레이스(isoamylase)는 아밀로펙틴(amylopectin)에만 작용하고 글라이코젠(glycogen)에는 작용하지 않는다. 애로박터 애로지니스(*Aerobacter aerogenes*)가 생산하는 풀루라네이스(pullulanase)는 풀루란(pullulan), 아밀로펙틴(amylopectin), 덱스트린(dextrin) 등의 α-1,6 글라이코사이드결합(glycosidic linkage)을 가수분해한다. 풀루란(Pullulan)으로부터는 말토트리오스(maltotriose)를 그 이외의 기질로부터는 직쇄(linear chain)의 α-1,4-글루칸(glucan)을 생산한다. 알파-아밀레이스(α-amylase)는 상기에서 설명한 바와 같이 endoenzyme으로서 전분의 α(1→4) 글라이코사이드결합(glycosidic linkage)을 분해하여 글루코오스(glucose)와 올리고사카라이드(oligosaccharide)를 생산하며 동물, 식물, 미생물에 걸쳐 광범위하게 존재한다. 세균 유래의 알파-아밀레이스(α-amylase) 중에는 고초균(*Bacillus subtilis*), *B. amyloliquefaciens*, *B. licheniformis*, *B. stearothermophilus*, *B. coagulans*의 알파-아밀레이스(α-amylase)가 잘 연구되어 있다. **알파-아밀레이스(α-amylase)는 전분의 분해능에 따라 액화형(liquefying-type)과 당화형(saccharifying-type) 아밀레이스(amylase)로 구분된다. 액화형 아밀레이스는** 전분을 가수분해하여 G4~G6 범위의 말토올리고사카라이드(maltooligosaccharide)를 생산하는 반면에 당화형 아밀레이스의 주된 가수분해 산물은 글루코오스(glucose, G1), 말토오스(maltose, G2), 말토트리오스(maltotriose, G3)이다. 알파-아밀레이스(α-Amylase)는 분자구조에 칼슘을 함유하고 있는 것이 많으며, 칼슘은 효소의 활성과 안정성에 필요하다. 칼슘을 제거한 알파-아밀레이스는 단백질분해효소(protease)에 의해 쉽게 분해된다. 따라서, 효소를 사용할 때에는 칼슘을 반응계에 1mM 이상의 농도가 되도록 첨가한다. 일반적으로 알파-아밀레이스(α-amylase)의 최적 pH는 5.0–7.5 범위 내이나 최적 pH가 9.2–10.5인 알칼리성 알파-아밀레이스(α-amylase)도 있다. 베타-아밀레이스(β-Almylase)는 exoenzyme으로서 전분의 α(1→4) 글라이코사이드결합(glycosidic linkage)을 가수분해하여 비환원성 말단으로부터 말토오스 단위(maltose unit)를 생산하며 식물 및 미생물 유래의 것이 알려져 있다. 세균 유래의 베타-아밀레이스(β-amylase) 중에는 *B. cereus*, *B. circulans*, *B. megaterium*, *B. polymyxa*, *Clostridium thermosulfurogenes* 등과 같은 세균들이 생산하는 베타-아밀레이스(β-amylase)가 정제되어 그 특성이 알려져 있다. 알파-아밀레이스(α-amylase)와는 대조적으로 세균의 베타-아밀레이스(β-amylase)는 효소의 안정화와 활성에 Ca^{+2}를 필요로 하지 않는다. 베타-아밀레이스를 단독으로 전분에 작용시키면 말토오스(maltose)의 수율은 40% 전후에서 끝난다. 알파-아밀레이스(α-amylase)와 베타-아밀레이스(β-amylase)는 α(1→4) 글라이코사이드결합(glycosidic linkage)은 가수분해할 수 있지만 α(1→6) 글라이코사이드결합(glycosidic linkage)은 가수분해하지 못한다. 한편, 전분의 비환원성 말단에서 포도당 단위(glucose unit)로 끊는 당화형 아밀레이스(amylase)인 글루코아밀레이스(glucoamylase)는 전분의 α(1→4) 글라이코사이드결합(glycosidic linkage)과 α(1→6) 글라이코사이드결합(glycosidic linkage)를 모두 분해하여 전분을 거의 완전히 포도당 단위로 가수분해하기 때문에 포도당의 조제에 공업적으로 널리 이용되어지고 있다. 글루코아밀레이스는 전분을 실제로 100% 분해하는 것과 70~80%에서 분해가 정지되는 두 가지 형태가 있다. 현재 이용되고 있는 글루코아밀레이스(glucoamylase)는 라이조퍼스(*Rhizopus*)나 아스퍼질러스(*Aspergillus*) 등의 곰팡이 유래의 것이 주를 이루고 있다.

4-1-1 전분의 액화(liquefaction) 및 당화(saccharification)

전분은 여러 가지 가공식품 및 공업제품의 원료로서 이용되는 물질이기 때문에 이것을 분해하는 아밀레이스는 현재 가장 광범위한 용도로 활용되고 있는 효소이다. 일반

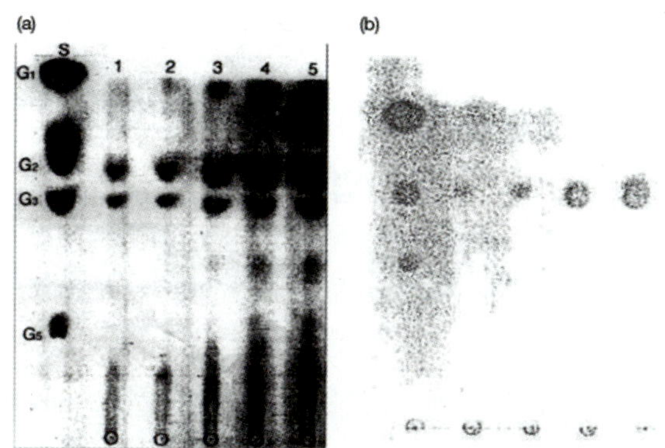

그림 4-1 Thin layer chromatography(TLC)상에서 α-amylase와 β-amylase에 의한 전분 가수분해 산물들의 비교분석. (a) *Vibrio alginolyticus*의 α-amylase와 (b) *Bacillus* sp. KYJ 963의 β-amylase가 이용되었다. (a) Thin layer chromatography(TLC)를 이용하여 extracellular α-amylase에 의한 soluble starch의 가수분해 산물을 분석하면 주요 end product로서 glucose, maltose, maltotriose가 생성됨을 확인할 수 있다. 또한, 반응시간이 길어질수록 glucose, maltose, maltotriose의 양이 크게 증가됨을 알 수 있다. 따라서 *V. alginolyticus*가 생산하는 extracellular α-amylase는 당화형임을 알 수 있다. (b) *Bacillus* sp. KYJ 963의 β-amylase는 최종 생성물로서 maltose만을 생성한다.

참고

액화: 고분자인 다당류에 α–amylase를 작용시켜 다당류의 사슬 길이를 줄이면서 점도를 낮추는 과정을 말한다.

당화: 다당류가 산(acid) 또는 효소(주로 glucoamylase)에 의해 가수분해되어 글루코오스를 포함하는 환원당으로 변화되는 과정을 말한다.

적으로 천연상태의 생전분은 아밀레이스의 작용에 의해 쉽게 분해되지 않기 때문에 물과 같이 가열하여 호화시켜 효소의 작용을 받게 한다. α-아밀레이스(α-amylase)는 고분자 전분을 가수분해하여 덱스트린(dextrin)이라 불리는 짧은 사슬의 중합체를 만들어 호화된 전분의 점도를 낮춘다. 이러한 액화의 목적은 전분입자를 가능한 완전히 가용화하는 것이다. 액화된 생성물은 그 다음 당화공정으로 넘어간다. 글루코아밀레이스(glucoamylase)는 짧아진 전분사슬의 비환원 말단으로부터 작용하여 단량체인 포도당을 생산하는 데 이 반응을 당화라고 한다.

실질적인 전분의 가수분해 공정에서는 고농도(30~35% w/w)의 전분유액에 α-아밀레이스(α-amylase)를 가한 후 이것을 가열하여 전분입자의 팽윤 및 호화와 α-아밀레이스에 의한 액화를 동시에 행한다. 따라서 전분의 호화온도는 전분의 가수분해 반응에 매우 중요하다. 전분의 가수분해 공정에서 가열하여도 잘 팽윤되지 않고, 효소에 의해 소화되지 않는 난용성 전분이 잔존하는 경우가 있다. 이는 여과 및 정제공정에 치명적인 장애를 초래하며 가열조건에 따라 난용성 전분이 증가하는 수가 있다.

4-1-2 아밀레이스(amylase)의 산업적 이용

아밀레이스(amylase)는 소화제로 이용되는 의약품산업, 양조산업, 식품산업뿐만 아니라 섬유공업에서도 이용되어진다. 면, 인견 등을 직조할 때 실에 장력을 주고 마찰에 의한 실의 절단 방지를 위하여 실에 녹말을 이용하여 풀을 메긴다. 이 다음에 원포로부터 풀을 제거하기 위하여 아밀레이스를 이용하여 풀빼기를 한다. 원포로부터 풀빼기는 원포를 아밀레이스 용액 중에 담구어 두는 방법도 있지만 연속적인 방법도 있다. 아밀레이스(amylase)의 최적온도인 65~70°C에서 수 초간이면 풀빼기가 이루어진다. 이 풀은 최근에 접착제로서 폴리비닐알콜(polyvinyl alcohol, PVA)을 사용하기도 한다. 아세테이트(Acetate), 레이온(rayon) 등은 직조정에서 젤라틴(gelatin)이 사용되므로 단백질분해효소(protease)로 풀빼기를 한다.

4-2 포도당 이성화효소(Glucose isomerase)

1964년 경에 타카하시(Takahashi) 등은 균체 내에서 포도당 이성화효소(glucose isomerase)를 다량 생산하는 방선균 *Streptomyces albus*를 발견하여 과당제조법의 기초를 확립하였다. 포도당 이성화효소(glucose isomerase)는 포도당(glucose)을 과당(fructose)으로 이성화시키는 효소이며, 이 반응은 가역적이어서 포도당과 과당의 혼합물을 생성한다. 혼합물의 비율은 효소와 반응조건에 의존한다. 과당은 포도당의 약 2.5배의 감미를 가지며, 감미도가 당류 중 가장 높기 때문에 이 효소의 상업적 가치가 점차 높아지고 있다. 또한, 우리나라와 같이 설탕의 원료가 없거나 부족한 나라에서 포도당에서 과당을 제조하는 공업이 행해지고 있다. 포도당 이성화효소에 의해 생산된 포도당과 과당의 혼합물은 현재 식품, 음료, 아이스크림 산업 등에 널리 이용되고 있다. 상업적으로 중요한 포도당 이성화효소를 생산하는 대표적인 균주로 *Bacillus coagulans*(Sweetzyme^R, Novo), *Streptomyces rubiginosus*(Optisweet^R, Miles-Kali), *Actinoplanes missouriensis*(Ketozyme^R, Universal Oil Product; Maxazyme^R, Gist Brocades), *Flavobacterium arborescens*(Taka-Sweet^R, Miles laboratories) 등이 알려져 있다.

참고

과당(fruit sugar): 과당이라는 용어는 과일(fruits)에서 유래되었으며 과당은 과일과 꿀(honey) 등에 다량 존재한다. 환원당인 과당은 설탕보다 당도가 약 1.73배 더 높으며 당류중 당도가 가장 높아 비만 예방에 유익하다. 즉, 설탕보다 적게 먹어도 일정 수준의 단맛을 느낄 수 있기 때문이다. 그리고 순수한 포도당(100)을 기준으로 하였을 때, 과당의 당지수(GI, glycemic index)는 19로 당지수가 65인 설탕보다 더 낮다. 따라서 과당은 당뇨병과 비만 등 가장 흔한 성인병 예방을 위한 GI 수치가 낮은 식품 개발에 이용되고 있다. 즉, 당뇨병 환자용 식품, 저열량 제품 등 전세계적으로 제빵, 음료, 씨리얼, 유제품, 후식류, 잼 등에 널리 사용되고 있다.

표 4-1 몇몇 당과 사카린의 상대적 당도

Sugar	Relative sweetness
Sucrose	100
Glucose	70
Fructose	170
Maltose	30
Lactose	16
Saccharin	40,000

4-3 단백질분해효소(Protease)

단백질분해효소[프로티에이스, Protease(peptide hydrolase)]는 단백질 및 펩타이드 내에 존재하는 펩타이드결합을 가수분해하는 효소이다. 초기에 단백질분해효소(protease)는 분자의 크기, 전하 또는 기질 특이성에 따라 분류되어졌지만, 지금은 활성부위, 작용기작 그리고 3차원구조를 기초로 하여 분류하고 있다. 단백질분해효소(protease)를 작용기작에 따라 분류하면, 펩타이드 중의 내부결합을 분해하는 엔도펩티데이스(**endopeptidase**, 종래의 proteinase)와 말단 펩타이드결합 즉 아미노 말단(amino-terminus) 또는 카복실 말단의 펩타이드결합(peptide bond)을 가수분해하는 엑소펩티데이스(**exopeptidase**, 종래의 peptidase)로 구분할 수 있다. 엔도펩티데이스에는 펩신, 트립신, 카르모트립신, 미생물 기원의 단백질분해효소 등이 있으며, 엑소펩티데이스에는 아미노펩티데이스와 카르복시펩티데이스가 있다. 국제 생화학연합(**the International Union of Biochemistry**)은 활성부위, 작용기작, **3**차원구조의 비교에 입각하여 단백질분해효소를 세린 프로티에이스(**serine proteases,** 시스테인 프로티에이스(**cysteine proteases**), 아스파틱 프로티에이스(Aspartic proteases), 메탈로 프로티에이스(Metallo-proteases)로 분류하고 있다. 그러나 많은 학자들은 단백질분해효소를 **최적 pH에 따라 acidic protease, neutral protease, alkaline protease로 분류**하기도 하지만 어느 것도 만족할 만한 분류법은 아니다. **세린 프로티에이스(Serine protease)는** 활성부위에 세린, 히스티딘, 아스파트산를 가지고 있으며 이 부류의 대표적인 효소로 트립신, 카이모트립신, 엘라스테이스 서브티리신 등이 포함된다. 한편, 미생물에서 생산되는 serine protease는 trypsin 유사 protease(trypsin like protease), alkaline protease(subtilisin and subtilisin like protease), α-lytic protease(용균효소)로 구분된다. Trypsin like protease는 방선균(*Streptomyces griseus*, *S. fradiae*)에 의해 생산되며 trypsin의 특이적인 저해제인 docyl-L-lysine chloromethylketone이나 대두의 trypsin inhibitor에 의해 저해된다. Alkaline protease는 *Bacillus subtilis*에 의해 생산되는 subtilisin과 *Bacillus licheniformis*, *Streptomyces griseus*, *S. fradiae*, *Aspergillus oryzae*, *Penicillium chrysogenum* 등에서 생산되는 subtilisin like protease 등을 포함한다. Alkaline protease는 알칼리에서 최고 활성을 나타내며, EDTA에 의해서는 저해되지 않지만 DFP(diisopropyl fluorophosphate)에 의해서는 저해된다. 이 alkaline protease는 세제용 효소로 이용되기 때문에 상업적으로 아주 중요하다. **Cysteine protease는** 활성부위에 cystein, histidine, aspartic acid를 가지고 있으며 한때 thiol protease로 불려지기도 하였다. 이 효소는 환원제에 의해 활성화되고 산화제에 의해 저해된다. Mammalian lysosomal cathepsins, cytosolic calcium activated proteases(calpains), plant proteases papain and actinidin 등이 cysteine protease에 포함된다. **Aspartic protease는** 활성부위에 aspartic acid를 가지고 있으며 최적 pH가 2~4 범위이다. 한때 acid protease 또는 carboxyl protease로 불려지기도 했던 aspartic acid는 대표적인 효소로 bacterial penicillopepsin, mammalian pepsin, renin, chymosin, certain fungal proteases 등을 포함한다. **Metallo-protease는** 촉매기작에 금속이온이 관여하고 chelating agent에 의해 그 활성이 저해되며, 최적 pH에 따라 neutral metallo-protease와 alkaline metallo-protease로 분류된다. Neutral metallo-protease는 pH 7.0, 45℃ 부근에서 최적활성을 나타내며, 최대활성을 내기 위해서는 Zn^{2+}가 첨가되어야 하고, 안정제로 Ca^{2+}가 필요하다. 또한 alkaline protease에 의해 빨리 불활성화된다. 반면에, alkaline metallo-protease는 pH 7~9에서 최적활성을 나타낸다. EDTA에 대한 민감도에 있어서 neutral metallo-protease는 1mM 농도에서 저해되는 반면 alkaline metallo-protease는 10mM 농도에서 실활되어져 EDTA에 대해 덜 민감하다. 일반적으로 미생물의 단백질분해효소(protease)는 작용하는 pH에 따라

acidic protease, neutral protease, alkaline protease로 분류하고 있다. 미생물의 단백질 분해효소는 생성되는 양식에 따라 균체외(분비) 효소와 균체내 효소로 나누어진다.

4-3-1 단백질분해효소(Protease)의 기질 특이성

단백질분해효소(protease)는 그 유형에 따라 펩타이드 결합을 형성하고 있는 아미노산 잔기나 이들과 인접한 아미노산 잔기에 따라 엄밀한 특이성을 보인다. 즉, **트립신(trypsin)은 인접한 아미노산(next amino acid)이 proline이 아닐 때 아저닌(arginine)또는 라이신(lysine) 잔기의 카복실 쪽(carboxyl side) 펩타이드결합을 가수분해한다. *Staphylococcus aureus*의 V8 protease는 아스파테이트나 글루타메이트의 카복실 쪽 펩타이드 결합을 가수분해한다.** 그리고 **carboxypeptidase A**는 아저닌(arginine), 라이신(lysine), 프로린(proline)을 제외한 모든 아미노산의 카복실 말단 아미노산을 가수분해하고, **carboxypeptidase B**는 카복실 말단 라이신 또는 아저닌만 가수분해한다. Carboxypeptidase A와 B는 마지막 또는 끝에서 두 번째(last or penultimate) 아미노산이 프로린(proline)일 때는 작용하지 않는다. 카이모트립신, 써모라이신, 펩신은 상기의 효소들 보다 덜 특이적인 가수분해 작용(less specific cleavage)을 행한다. 인접한 아미노산(next amino acid)이 프로린이 아닐 때 카이모트립신은 주로 페닐알라닌(phenylalanine), 타이로신(tyrosine), 트립토판(tryptophan)과 같은 방향족 아미노산의 카복실 쪽 펩타이드결합을 가수분해하지만, 때때로 메싸이오닌(methionine), 아스파라진(asparagine), 루신(leucine) 등의 카복실 쪽 펩타이드결합을 가수분해하기도 한다. 써모라이신(Thermolysin)은 카이모트립신(chymotrypsin)과 같은 방향족 아미노산의 아미노 쪽 펩타이드결합을 가수분해한다.

4-3-2 단백질분해효소(Protease)의 산업적 이용

단백질분해효소(protease)에 관한 연구는 1825년 슈만(Schwann)에 의해 위벽으로부터 한 효소가 분리되어져 펩신이라는 이름이 지어졌고(1836), 노쓰롭(Northrop, 1936)에 의해 결정화되면서부터 시작되어졌다. 그후 트립신, α-카이모트립신의 동물소화관 단백질분해효소를 비롯한 각종 조직이나 세포 중에 존재하는 단백질분해효소에 관한 연구가 활발히 이루어졌다. 단백질분해효소의 생리적 역할은 그것을 생성하는 생물에 따라 다르지만, 영양물질을 이용하기 위한 소화분해 기능과 체성분 단백질의 신진대사를 위한 이들의 단백질의 분해 · 제거 등의 생리작용을 생각할 수 있다. 이러한 protease는 효소세제, 의약품(소화제, 염증치료제 등), 식품(조미료, 발효식품, 식육가공, 주정공업 등), 피혁가공 등 여러 산업분야에 활용되고 있다.

효소세제

효소세제란 미생물이 생산하는 알칼리성 효소(alkaline protease, alkaline lipase, alkaline amylase)를 주성분으로 만들어진 세제를 말한다. 의복에 부착되어 있는 유기성 물질 10-40%가 단백질이며 이 단백질이 변성하게 되면 비수용성이 되어 보통의 계면활성제로서는 제거하기 어렵다. 이때 변성단백질을 분해하는 단백질 분해효소(protease)를 공존시켜 세척효과를 크게 증진시킬 수 있다. 또한, 부엌용 세제에 alkaline amylase를 첨가하여 사용하는 경우도 있다.

식품공업

아미노산, 펩타이드, 단백질은 식품의 중요한 성분 중의 하나로서 식품의 물리 · 화학적 성질 및 영양가에 기여할 뿐만 아니라 식품의 맛에도 직접적인 영향을 미친다. 따라서 단백질 분해효소(protease)에 의한 단백질 분해산물인 아미노산이나 펩타이드의 맛을 연구하는 일은 식품산업에 있어서 매우 뜻있는 일이라 할 수 있다. 각 아미노산은 감미(단맛, sweet), 고미(쓴맛, bitter), 산미(신맛, sour), 지미(감칠맛, 구수한 맛, palatable) 등의 특징이 있는 맛을 가지며 농도에 따라서도 맛이 다르다. 예로서 L-glutamic acid는 저농도에서 산미를 고농도에서 지미와 산미를 나타낸다. L-Alanine, L-serine, L-threonine, L-arginine 등도 농도에 따라 맛이 다르다. 펩타이드의 맛에 있어서 아미노산이 2~10개로 된 저급 펩타이드는 특히 발효식품(된장, 간장 등)의 맛성분으로 중요하다. 단백질을 단백질 분해효소(protease)로 분해하면 고미를 생성하는 것이 많고 펩타이드의 고미는 그 중에 함유된 루신(leucine), 아이소루신(isoleucine), 배린(valine), 페닐알라닌(phenylalanine) 등의 소수성 아미노산에 기인되고 소수성이 높을수록 고미가 강화된다. 한편, 산성 아미노산을 함유하는 Glu-Asp, Glu-Thr, Glu-Ser, Glu-Glu 또는 Glu-Glu 잔기를 가진 헥사펩타이드(hexapeptide)는 중성영역에서 지미를 나타낸다. 더욱이 이들 펩타이드는 고미 펩타이드나 카페인과 같은 고미 물질의 고미를 없애거나 감소시키는 역할을 하는 것으로 알려져 있다. 펩타이드가 식품의 맛에 영향을 주는 또 다른 예는 1981년 FDA에서 인정한 인공감미료인 아스파탐(L-aspartyl-L-phenylalanine-methylester)이다. 아스파탐은 현재 실용화되고 있는 인공감미료로 설탕의 180배의 감미를 가진다.

식품의 성분으로 존재하는 아미노산들은 그 맛에 따라 다음과 같이 5개의 그룹으로 분류된다(0.3%의 수용액에서 각종 아미노산의 맛).

제 1 그룹–전혀 맛이 없거나 거의 맛이 없는 아미노산들

여기에 속하는 아미노산들은 D-Alanine, L-Asparagine, L- and D-Aspartic acid, D-Glutamic acid, L-Histidine, L- and D-isoleucine, L- and D-Proline, L- and D-Serine, L- and D-Threonine, L- and D-Valine

제 2 그룹–단맛을 가진 아미노산들

여기에 속하는 아미노산들을 단맛이 강한 순서대로 적으면 다음과 같다. D-Tryptophan(설탕의 35배의 단맛), D-Histidine, D-Phenylalanine(설탕의 7배의 단맛), D-Tyrosine(설탕의 5.5배), D-Leucine, L-Alanine, Glycine

제 3 그룹–쓴맛을 가진 아미노산들

여기에 속하는 아미노산들을 쓴맛이 강한 순서대로 적으면 다음과 같다. L-Tryptophane(caffeine 쓴맛의 1/2), L-Phenylalanine(caffeine 쓴맛의 1/4), L-Tyrosine(caffeine 쓴맛의 1/12), D-Leucine

제 4 그룹–감칠맛을 가진 아미노산

여기에 속하는 아미노산에는 L-Glutamic acid가 있다. Monosodium glutamate (MSG)는 향미증진제 또는 향미강화제(**flavor intensifier**, **flavor enhancer**)라 불리는 데 향미증진제란 그 자신은 특별한 향미를 가지고 있지 않지만, 함께 존재함으로써 식품의 맛을 변화시키거나 증진 및 향상시키는 물질을 말한다.

제 5 그룹–유화물과 유사한 맛(sulfurous taste)을 가진 아미노산들

여기에 속하는 아미노산에는 D- and L-cysteine, D- and L-Methionine이 있다.

가장 오래된 효소제품의 이용의 예로 치즈 생산에 활용되는 카이모신(chymosin)

이 있다. 카이모신(Chymosin)은 예전에 레닌(rennin)이라고 불렀는데, 젖먹이 송아지 등 반추동물의 제4위 내막(abomasum)에서 제조한 추출물(rennet)이 이 효소를 함유하고 있다. **카이모신(Chymosin)은 우유 단백질인 카파-카제인(K-casein)에 존재하는 페닐알라닌과 메싸이오닌 간의 펩타이드 결합을 절단하는 aspartic acid protease이다.** 치즈 제조 공정에서 우유는 고체상태인 응유(curd)와 액체상태인 유장(whey, 유청)으로 분리되어져야 한다. 이 과정은 대게 우유의 산화(acidification)와 응유효소(rennin)의 첨가로 이루어진다. 우유의 산화는 식초와 같은 산성 물질을 직접 첨가하는 방법과, *Lactococci*, *Lactobacilli*, *Streptococci*, *Propionibacter shermani*과 같은 스타터 세균(starter bacteria)을 이용하는 방법이 있다. 이들 스타터 세균(starter bacteria)은 유당(milk sugars)을 젖산(lactic acid)으로 전환한다. 만약 이 반응이 우유에 적용되면 카제인 단백질의 소수성 그룹[hydrophobic(para-casein) group]과 친수성 그룹[hydrophilic(acidic glycopeptide) group] 간의 펩타이드 결합이 절단되어 소수성 그룹이 서로 뭉치게 된다. 이 소수성 그룹은 칼슘과 복합체를 형성하여 calcium phosphocaseinate가 생성된다. 이 반응에 의해 카이모신(chymosin, rennin)은 치즈 제조과정에서 광범위한 응유(curd)의 형성과 침전을 유발하기 위하여 이용된다.

한편, 미생물로부터 응유효소(microbial rennet)를 생산하려는 시도가 성공하여 접합균류인 *Mucor pusillus*를 비롯한 몇몇 균류가 응유효소의 공업적 생산에 이용되고 있다.

4-4 라이페이스(Lipase)의 분류 및 그 이용

라이페이스(lipase)는 트리아실글리세롤(triacylglycerol 또는 triglyceride)에 작용하여 글리세롤(glycerol 또는 glycerin)과 지방산(fatty acid)으로 가수분해하는 효소임과 동시에 역으로 합성작용도 촉매하는 효소이다. Lipase는 기질 특이성에 따라 triglyceride lipase, monoglyceride lipase, lipoprotein lipase 등으로 구별되는 경우가 있다. Lipase는 동물, 식물, 미생물에 널리 분포되어 있다. 동물체 내에서는 췌장, 지방질 조직, 혈액, 젖 등에서 발견되고 식물에서는 지방질 함량이 많은 피마자 종자, 소맥배아, 쌀겨 등에서 발견된다. 대량생산되어 산업적으로 활용되고 있는 lipase는 미생물 배양액 중에 분비되는 것이고 소화효소제, 식품가공용 효소, 임상검사 시약으로 사용되고 있다. 상업적으로 널리 이용되는 lipase 생성균주로는 *Aspergillus*, *Mucor*, *Rhizopus*, *Candida*

가 있다. 세균 lipase의 최적 pH는 중성이거나 약알카리성 이지만 곰팡이가 생산하는 lipase의 최적 pH는 중성 또는 약산성이다. 두 부류 모두 최적온도는 일반적으로 30~35℃이다.

4-5 라이소자임

라이소자임(Lysozyme)은 조류(birds), 포유동물(mammals), 식물(plants), 곤충(insects), 세균(bacteria)을 포함하는 다양한 생물체에서 발견되며, 닭 난백(chicken egg white)의 라이소자임이 가장 잘 연구되어 있다. 이러한 라이소자임(**lysozyme**)은 세균 세포벽의 성분인 펩티도글라이칸(peptidoglycan)의 *N*-아세틸글루코사민(*N*-acetylglucosamine)과 *N*-아세틸뮤람산(*N*-acetylmuramic acid) 사이의 β(1→4) 글라이코사이드결합을 가수분해하여 세균 세포를 죽이는 항세균성 효소(**antimicrobial enzyme**)이다. 라이소자임은 침(sliva), 눈물(tears), 인간의 젖(human milk), 콧물(nasal mucus)과 같은 분비물에 풍부하며, 동물의 조직(특히 연골조직), 달걀의 난백(egg white) 등과 무화과나무, 파파야(papaya), 순무 등의 식물에도 함유되어 있다. 특히 달걀의 난백에서 비교적 많은 양의 라이소자임이 발견되며(약 0.3%), 날 달걀(raw chicken egg)의 항세균성은 바로 라이소자임의 항세균성에 기인한다.

1909년에 러시아 톰스크대학(Tomsk university)의 P. Laschtschenko는 달걀(chicken egg)의 항세균적 특성을 처음 기술하였다. 그러나 라이소자임(lysozyme)이라는 이름은 1922년에 페니실린을 발견한 영국의 과학자 알렉산더 플레밍(Alexander Fleming)에 의해 공식적으로 만들어졌다. 그는 또한 라이소자임의 항세균적 작용(antibacterial action)을 처음 발견하였다(1922년). 그는 코감기(head cold)를 앓고 있는 환자의 콧물을 세균이 자라는 배지에 처리하였는데, 놀랍게도 세균이 완전히 용해되는 것을 발견하였다. 플레밍은 자신이 스스로 분리한 마이크로코커스 라이소데틱스(*Micrococcus lysodeiktics*)라는 세균이 특히 급속히 용해된다는 사실을 발견하고, 이를 라이소자임(lysozyme)이라고 명명하였다. 1945년에 닭의 난백 라이소자임이 결정화되고, 1963년에 아미노산 서열이 밝혀져 1차구조가 결정되었다. 닭의 난백 라이소자임은 129개의 아미노산 잔기(residues)를 함유하고 있는 단 1개의 폴리펩타이드 사슬(single polypeptide chain)로 이루어져 있다. 이 폴리펩타이드 사슬은 8개의 시스테인 잔기

(cysteine residue)를 함유하고 있는데 이들은 서로 4개의 이황화결합(disulfide bond; S-S 결합)으로 연결되어 있다. 구형 단백질(globular protein)인 라이소자임은 분자량은 13,930, 등전점 pH 11.0인 강염기성 단백질(strong basic protein)이다. 라이소자임의 3차구조는 1965년에 X-선 결정학(X-ray crystallography)을 이용한 영국의 구조 생물학자 D. C. 필립스(David Chilton Phillips)에 의해 밝혀졌다. 라이소자임의 폴리펩티드 사슬은 알파-헬릭스(α-helix: 40%)나 베타-주름진 판(β-pleated sheet: 12%) 구조 등을 취하면서 전체적으로 회전타원체 모양의 분자를 만든다.

β(1→4) 글라이코사이드결합의 절단은 35번째의 글루탐산(glutamic acid 35, Glu35)과 52번째의 아스파트산(aspartic acid 52, Asp52)의 곁사슬(side chain)인 2개의 카복실기(carboxyl group)의 공동작용으로 이루어진다. 세포벽 외에 카이틴(chitin)을 가수분해하며 전달효소(transferase)로서의 활성도 있다. 흥미롭게도 생물학적 활성이 전혀 다른 라이소자임과 사람 젖(human milk)의 알파-락탈부민(α-lactalbumin: 아미노산 잔기 123)은 48 부위가 동일하며, 이들의 3차구조는 놀라울 정도로 유사하다.

4-6 제한효소와 제한메틸화효소

제한효소(Restriction enzyme)는 주로 세균과 고세균으로부터 분리되는 균주 특이성이 있는 핵산내부가수분해효소(endonuclease)이다. 바이러스 또는 나출 DNA(naked DNA)와 같은 외래 DNA(foreign DNA)가 숙주 세포 내부로 침입하면, 숙주 세포의 내부에 존재하는 제한효소는 외래 DNA의 특정 뉴클레오타이드배열(specific nucleotide sequences)을 인식하여 그들을 절단 · 배제함으로서 자기방어기구의 역할을 이행한다. 숙주 세포 자신의 DNA는 제한효소의 인식 부위(recognition site)를 구성하는 염기 중 사이토신(cytosine) 또는 아데닌(adenine) 염기가 제한메틸화효소(restriction methylase)에 의해 5′-메틸사이토신(5′-methylcytosine) 또는 N^6-메틸아데닌(N^6-methyladenine)으로 수식(modification)되어 제한효소의 활성으로부터 보호된다. 세균과 고세균에 있어서 이와 같은 두 과정을 **제한-수사계(restriction-modification system)**라고 부른다.

제한효소(Restriction endonuclease)는 1960년대 초에 스위스의 미생물학자이자 유전학자인 베르너 아르버(Werner Arber)에 의해 발견되었다. 1962년에 W. 아르버(Werner Arber)는 대장균에 박테리오파아지가 침입하면 대장균이 함유하고 있는 특이성이 매우 높은 효소에 의해 파아지의 DNA는 절단되고 궁극적으로 파아지가 죽게 된다는 것을 제안하였다. 이러한 제한효소의 존재는 미국의 미생물학자 헤밀턴 오써널 스미스(Hamilton Othanel Smith)에 의해 확립되었다. 1969년에 H. O. 스미스는 현재 type II 제한효소로 알려져 있는 효소를 히마퍼러스 인플루엔자이(*Hemophilus influenzae*)로부터 발견하여 이를 정제하였다. 이 효소가 바로 특성화된 최초의 제한효소인 Hind II이다. 그는 다음 해에 정제된 제한효소(Hind II)가 특정 DNA 서열을 인식할 수 있을 뿐만 아니라 그 인식 부위를 절단한다는 것을 보여 주었다(부위 특이적인 제한효소의 발견-The discovery of the site-specific restriction endonucleases). 이러한 발견은 미생물학자들로 하여금 염색체 상에 존재하는 유전자의 정확한 순서를 결정할 수 있게 하였을 뿐만 아니라 유전자의 화학 구조를 분석할 수 있게 하였다. 1970년대 초에 미국의 미생물학자 대니얼 네이선스(Daniel Nathans)는 H. O. 스미스가 정제한 효소를 이용하여 암을 유발하는 원숭이 바이러스[(Simian vacuolating virus 40(SV 40)]의 DNA 구조를 연구하였다. 이 연구로부터 그는 원숭이 바이러스의 유전자 지도를 완성하여(1972년) 분자 유전학 및 관련 의학의 발달에 크게 기여하였다. 베르너 아르버(Werner Arber), 헤밀턴 오써널 스미스(Hamilton Othanel Smith) 그리고 대니얼 네이선스(Daniel Nathans)는『제한효소의 발견과 그 응용에 관한 연구』로 1978년에 노벨 생리학 · 의학상을 공동 수상하였다. 이들의 연구는 재조합 DNA 기술(recombinant DNA technology)의 발전을 선도하였다.

제한효소(Restriction enzyme)는 효소의 구성성분과 보조인자(cofactor)의 요구도 그리고 절단양식에 따라 type I(1형), type II(2형), type III(3형)으로 분류된다. **Type I(1형)**과 **type III(3형)** 효소는 일반적으로 여러 개의 소단위체(subunit)로 구성된 복합체로서 제한엔도뉴클리에이스(**restriction endonuclease**)의 활성과 제한메틸화효소(**restriction methylase**)의 활성 둘 다 가지고 있다. 또한 이들 제한효소는 DNA 사슬의 절단시 다량의 ATP를 가수분해하는 **ATPase** 활성도 가지고 있다. 구조가 조금 더 간단한 **type II(2**형) 제한효소는 **ATP**를 필요로 하지 않을 뿐만 아니라 메틸화 등의 방법으로 **DNA**를 변형시키지도 않는다. 분자량 30만 정도인 type I(1형) 제한효소는 특정 염기배열을 인식하지만, 절단부위에 대한 특이성이 없다(그림 4-2). 즉, 인식 부위(recognition site)로부터 최소한 1000개의 염기쌍 떨어진 임의의 위치(random site)에서 DNA를 절단한다. 따라서 특정 크기의 DNA 단편을 생성할 수 없다. Type I(1형)에 속하는 제한효소로서 *Eco*B, *Eco*K, *Eco*P1, *Eco*P15, *Hinf* III 등이 알려져 있다. *Eco*B와 *Eco*K는 염색체상에 존재하는 유전자에 의해 암호화되며, 활성을 위하여 요구되는 보조인자인 ***S***-아데노실메싸이

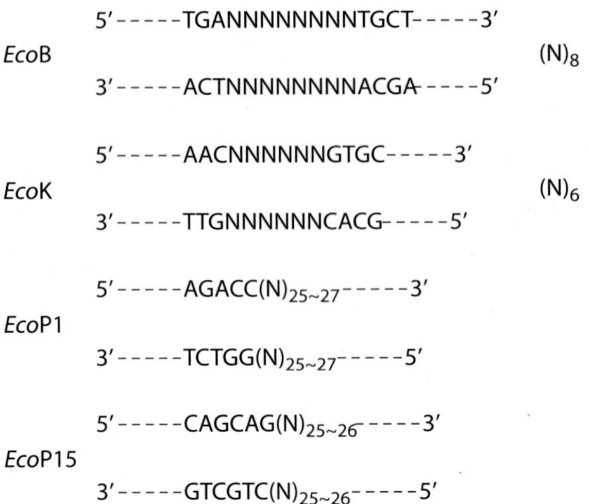

그림 4-2 Type I 제한효소에 있어서 DNA의 인식 부위(recognition site). N은 불특정 염기를 나타냄.

오닌[***S*-adenosylmethionine(AdoMet)**], 가수분해되는 **ATP** 그리고 **Mg^{2+}** 존재하에 두 가닥 DNA(double stranded DNA)를 비특이적으로 절단한다. 반면에 *Eco*P1, *Eco*P15, *Hinf* III 등은 플라스미드상에 존재하는 유전자에 의해 암호화되며 활성을 위하여 **ATP**와 **Mg^{2+}**는 요구되지만 **AdoMet**는 반드시 필요로 하지는 않는다. 재조합 DNA(Recombinant DNA) 실험과 유전자 분석 실험에 자주 이용되는 **type II(2형)** 제한효소는 두 가닥 DNA(double-stranded DNA) 내의 특정 염기배열[4~6개의 염기로 이루어진 중앙을 축으로 한 2회 회전대칭(two fold rotational symmetry) 구조를 가진 염기배열]을 정확히 인식한다(표 4-2 참조). 그리고 그 배열 내 혹은 그 인접 부위에서 포스포다이에스터 결합(phosphodiester linkage)을 절단하고 특정 DNA 단편(fragment)을 생성한다.

2회 회전대칭(two fold rotational symmetry) 구조는 역반복서열(**inverted repeat**) 또는 회문(**palindrome**) 구조라고 부르기도 한다. 팰린드롬(Palindrome: run back again)이란 용어는 그리스어로 앞쪽으로 읽는 것과 뒤쪽으로 읽는 것이 동일하다는 의미이다. **Type II(2형)** 제한효소는 유전자가 플라스미드상에 존재하며, 활성을 위하여 **Mg^{2+}**만을 필요로 하며 **ATP**와 **AdoMet**를 필요로 하지 않는다. 표 4-2에서 보는 바와 같이 *Bam*H I, *Eco*R I, *Hin*d III 등과 같은 제한효소로 DNA를 절단했을 때, 2개 내지 4개의 염기가 쌍을 이루지 못한 채 외가닥(single-strand) 부분의 DNA 말단이 남겨지게 된다.

이들은 서로 간에 또는 다른 DNA 단편의 상보적인 것과 염기쌍을 이룰 수 있으며, 외가닥 말단(**cohesive end, sticky end, staggered end**)이라고 부른다. 반면에 *Hae* III

표 4-2 Restriction endonuclease와 이들 효소의 절단부위

Enzyme	Recognition and Cleavage Site	Enzyme	Recognition and Cleavage Site
	Cohesive end		
*Bam*HI	5′-GGATCC-3′ 3′-CCTAGG-5′	*Pst*I	5′-CTGCAG-3′ 3′-GACGTC-5′
*Cla*I	5′-ATCGAT-3′ 3′-TAGCTA-5′		Blunt end
*Eco*RI	5′-GAATTC-3′ 3′-CTTAAG-5′	*Eco*RV	5′-GATATC-3′ 3′-CTATAG-5′
*Hind*III	5′-AAGCTT-3′ 3′-TTCGAA-5′	*Hae*III	5′-GGCC-3′ 3′-CCGG-5′
*Not*I	5′-AAGCTT-3′ 3′-TTCGAA-5′	*Pvu*II	5′-CAGCTG-3′ 3′-GTCGAC-5′

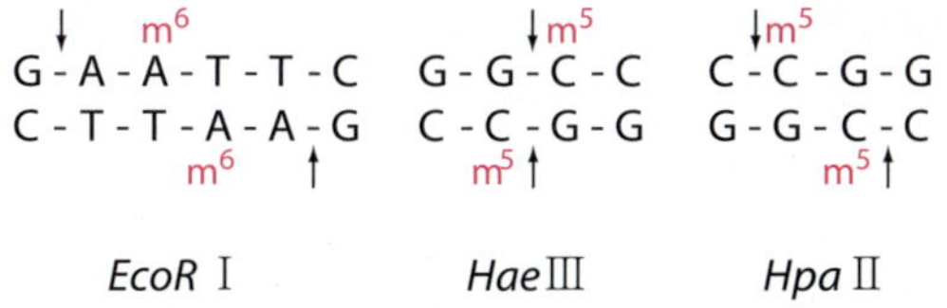

G-A-A-T-T-C　G-G-C-C　C-C-G-G
C-T-T-A-A-G　C-C-G-G　G-G-C-C

EcoR I　*Hae*III　*Hpa* II

그림 4-3 제한효소 *EcoR* I, *Hae* III 그리고 *Hpa* II에 의한 cohesive end와 blunt end. 제한효소 *EcoR* I과 *Hpa* II는 cohesive end를 생성하고, *Hae* III는 blunt end를 생성한다. 붉은색의 m^6과 m^5는 제한메틸화효소(restriction methylase)에 의해 메틸화되는 염기를 나타낸다.

와 같이 두 가닥 DNA를 같은 장소에서 동시에 절단하여 가지런한 양 말단을 갖는 DNA 단편을 두 가닥 말단(**blunt end, flush end**)이라고 일컫는다. 그림 4-3에 외가닥 말단(**cohesive end**)과 두 가닥 말단(**blunt end**)의 예를 나타내었다.

현재까지 3,000종 이상의 제한효소가 상세히 연구되어져 왔으며, 이들 중 600종 이상이 상업적으로 활용되고 있다. 제한효소는 생산균주 고유의 특이성을 나타내기 때문에, 그 명명법은 생산균주의 속명(genus name)의 머리글자 1문자, 종명(species name)의 머리글자 2문자 및 주명(strain name)을 붙여 표기된다. 같은 균주가 2종 이상의 제한효소를 생산하는 경우에 순차적으로 로마숫자를 첨가하는 명명법이 널리 사용되고

참고 Werner Arber, Daniel Nathans와 Hamilton Othanel Smith

Werner Arber
(1929. 6. 3 ~)

Daniel Nathans
(1928. 10. 30 ~
1999. 11. 16)

Hamilton Othanel Smith
(1931. 8. 23 ~)

베르너 아르버(Werner Arber)는 1929년 6월 3일 스위스(Switzerland)의 그래니헨(Gränichen)에서 태어났다. 그는 1949년에 취리히(Zürich)에 있는 스위스 연방공과대학(the Swiss Federal Institute of Technology)에 입학하여 화학과 물리학을 공부한 후 1953년에 졸업하였다. 1958년에 제네바대학(University of Geneva)에서 박사학위를 취득한 후, 미국의 남캘리포이아대학에서 1년간 파아지 유전학을 연구하였다. 1960년에 제네바로 돌아온 후, 10년간 제네바대학에서 강의를 하였다. 1965년에 그는 제네바학교 분자유전학 교수(extraordinary professor)로 승진하였다. 1971년에 그는 바젤대학 분자세균학 교수로 자리를 옮겼다. 베르너 아르버(Werner Arber)는 1960년대 초에 DNA를 분해시키는 제한효소를 발견함으로써 분자유전학 분야의 발전에 기여하였다.

대니얼 네이선스(Daniel Nathans)는 1928년 10월 30일 미국의 델라웨어 주(Delaware state) 윌밍턴(Wilmington)에서 9명 중 막내 아들로 태어났다. 그의 부모는 유태계 러시아인으로서 미국으로 건너온 이민자였다. 세계 대공황(the Great Depression)으로 인하여 그의 아버지는 오랫동안 실직상태에 있었다. 넉넉하지 않은 가정에서 자란 네이선스(Nathans)는 공립학교(public school)에서 교육을 받은 후 델라웨어대학(University of Delaware)에서 화학, 철학, 문학을 공부하였다. 1954년에 그는 워싱턴대학(Washington University in St. Louis, Missouri)에서 의학 박사학위를 취득하였다. 1959년부터 1962년까지 록펠러 의학연구소에서 연구하였으며, 1962년에 존스홉킨스대학 교수가 되었다. 1972년에는 존스홉킨스대학 미생물학과 부장으로 취임하였다. 그는 제한효소를 이용하여 종양을 유발하는 원숭이 바이러스[(Simian vacuolating virus 40(SV 40)]의 DNA를 절단한 후 유전자 지도를 완성함으로써 분자유전학 및 관련 의학의 발전에 크게 기여하였다.

헤밀턴 오써널 스미스(Hamilton Othanel Smith)는 1931년 8월 23일 미국의 뉴욕시에서 태어났다. 그의 가족은 1937년에 뉴욕시에서 일리노이주 샴페인–어바나(Champaign–Urbana)로 이사를 가게 되었다. 그의 부친은 은퇴까지 일리노이대학 교육학부 교수로 지냈다. 그는 처음에 일리노이대학에 입학하였지만, 1950년에 버클리에 있는 캘리포니아대학으로 이전하여 수학을 전공한 후 1952년에 졸업하였다. 그는 1956년에 존스홉킨스대학 의학부에서 의학박사 학위를 취득한 후 인턴 및 레지던트 과정을 이수하였다. 1962년부터 1967년까지 미시건대학에서 연구를 하였으며, 1967년에 존스홉킨스대학 분자생물학 조교수로 임용되었다. 1973년부터는 미생물유전학 교수로 재직하였다. 그는 1969년에 현재 *Hind* II 제한효소로 알려져 있는 효소를 히마펄러스 인플루엔자이(Hemophilus influenzae)로부터 발견하여 이를 정제하였다. 다음 해에 그는 정제된 제한효소(*Hind* II)가 특정 DNA 서열을 인식할 수 있을 뿐만 아니라 그 인식 부위를 절단한다는 것을 보여 주었다. 즉, 그는 DNA의 특정부위를 절단하는 제한효소를 발견하고, 또한 그 절단부위를 밝혀냈다.

베르너 아르버(Werner Arber), 헤밀턴 오써널 스미스(Hamilton Othanel Smith) 그리고 대니얼 네이선스(Daniel Nathans)는 『제한효소의 발견과 그 응용에 관한 연구』로 1978년에 노벨 생리학·의학상을 공동 수상하였다.

있다. 예를 들면, *Escherichia coli*의 B 주(B strain)에서 발견된 제한효소는 EcoB라고 표기한다. *Eco*B는 I형 효소(type I enzyme)이다. 같은 *Escherichia coli*의 RY13 주에서 발견된 제한효소는 *Eco*R I으로, R245 주에서 발견된 효소는 *Eco*R II로 표기한다. *Eco*R I과 EcoR II는 모두 II형 효소(type II enzyme)이다. *Hind* II와 III는 앞에서 언급한 바와 같이 *Haemophilus influenzae* Rd로부터 발견된 제한효소이며, *Hinc* II는 *Haemophilus influenzae* Rc로부터 발견된 제한효소이다.

제한메틸화효소(Restriction methylase)는 *S*-아데노실메싸이오닌(*S*-adenosyl-methionine)의 메틸기(methyl group)를 특정 염기배열 중의 사이토신(cytosine)의 5번 탄소 원자 또는 아데닌(adenine)의 6번 탄소 원자에 붙어 있는 아미노기에 공유결합시켜 5-메틸사이토신(5-methylcytosine) 또는 N^6-메틸아데닌(N^6-methyladenine)으로 변형시킨다(그림 5-46 참조). 이와 같이 DNA가 메틸화되면 세균 자신의 세포 내에 존재하는 type II 제한효소의 절단으로부터 보호된다. 대장균의 경우 DNA 메틸화의 대부분은 제한-수사계(restriction-modification system)와는 별도로 적어도 2종류의 메틸레이스(methylase)에 의하여 행해진다. 즉, *dam* 유전자에 의해 암호화되는 효소는 GATC 배열 중 A를, *dcm* 유전자를 암호화하는 효소는 CC(A/T)GG 배열중 C를 메틸화해서 DNA를 보호한다. 세균 세포의 경우 N^6-메틸아데닌(N^6-methyladenine)이 5-메틸사이토신(5-methylcytosine) 보다 더 일반적이지만, 진핵세포의 경우 메틸기가 거의 대부분 사이토신(cytosine) 잔기에 첨가된다. 진핵세포에서 메틸화는 일반적으로 『5′P-CG-3′OH』배열에 있어서 구아닌(guanine) 잔기에 인접한 사이토신(cytosine) 잔기에서 일어난다.

CHAPTER 05

대사와 효소 반응

Metabolism and Enzyme reactions

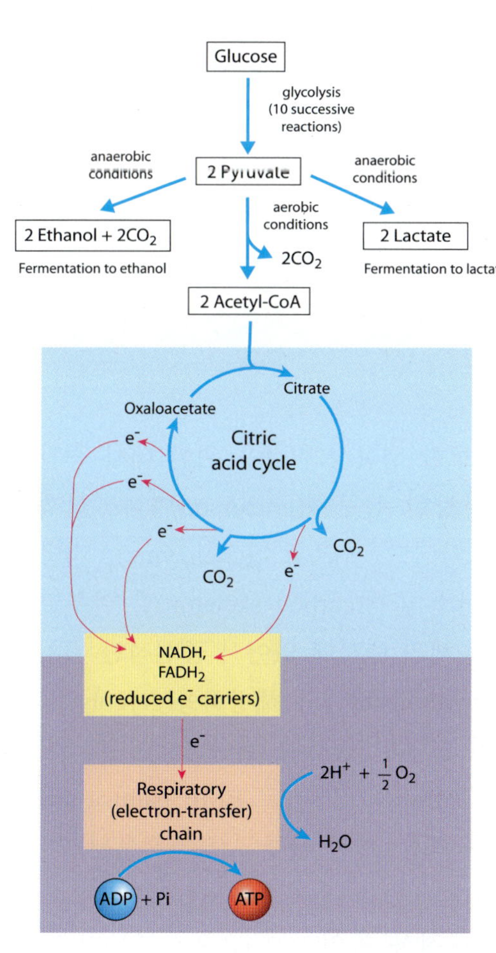

5-1 해당작용

5-2 해당작용에서 글루코오스 이외의 탄수화물 이용

5-3 오탄당 인산 경로

5-4 엔트너-도우도로프 경로

5-5 트리카복실산 회로

5-6 보충반응

5-7 글라이옥실산 회로

5-8 호흡쇄에서 전자전달과 산화적 인산화

5-9 화학삼투압설과 호흡쇄에서 전자 및 H^+ 이동 메카니즘

변화(change)라는 뜻의 그리스어『metabole』로부터 유래된 용어인 **『대사(metabolism)』는** 세포 내에서 일어나는 모든 화학적 변환의 총체로서 생합성(biosynthesis)과 분해(breakdown)라는 상반되는 개념을 포함하고 있다. 분해의 면을 **이화작용(catabolism)**이라고 부르며, 이화작용에서 세포 안으로 흡입된 유기 영양 분자(당, 단백질, 지질 등)는 보다 작은 간단한 최종산물(lactic acid, CO_2, NH_3 등)로 변환된다. 이때 방출되는 자유 에너지 중 일부는 ATP 및 환원형 전자 운반체(NADH, NADPH, $FADH_2$)의 형태로 전환되어 생합성 및 능동수송 등에 이용되고, 나머지는 열로 소실된다. 생합성의 면은 **동화작용(anabolism)**으로 불려지며, 동화작용에서 ATP, NADH, NADPH, $FADH_2$와 같은 화학 에너지를 이용하여 간단한 전구체로부터 다당, 단백질, 지질, 핵산 등 복잡한 분자들이 효소적으로 합성된다. 이때 합성된 물질이 세포의 구성성분이 된다. 따라서 ATP, NADH, NADPH, $FADH_2$와 같은 화학 에너지는 이화작용과 동화작용을 연결하는 생체 에너지 대사의 중심이 된다.

이 장에서는 앞서 배운 여러 가지 효소에 관한 지식을 해당작용(glycolysis)을 비롯한 당의 이화작용, TCA 회로(tricarboxylic acid cycle) 그리고 전자전달쇄(electron transport chain) 등의 효소 반응에 직접 적용하여 공부해 보기로 한다.

5-1 해당작용(Glycolysis)

글루코오스는 뛰어난 연료(fuel)일 뿐만 아니라 또한 생합성 반응을 위한 대사 중간체(metabolic intermediates)를 공급하는 용도가 다양한 전구체(precursor)이다. 실제로 대장균과 같은 세균은 모든 아미노산, 뉴클레오타이드, 보조효소(coenzyme), 지방산 또는 성장에 필요한 다른 대사 중간체를 위한 탄소 골격(carbon skeleton)을 글루코오스로부터 얻는다. 따라서 글루코오스는 모든 생물체의 대사에 있어서 중심적인 위치를 점하고 있는 셈이다. 글루코오스의 이화작용(catabolism), 즉 해당작용(glycolysis)은 최초로 밝혀진 대사경로이며, 아마 가장 많이 연구된 경로일 것이다. 엠덴-마이어호프-파르나스 경로(Embden-Meyerhof-Parnas pathway, 약어로 EMP pathway)라고도 불려지는 **해당작용(glycolysis)**은 6개의 탄소 원자를 가진 글루코오스(포도당) 한 분자가 10개의 효소가 관여하는 연속반응에서 3개의 탄소 원자를 가진 2분자의 피루브산(pyruvate)을 생산하는 과정을 말한다. 해당작용 동안 글루코오스로부터 방출되는 자유 에너지(free energy)는 ATP의 형태로 보존된다. 해당반응에서 생성된 피루브산(**pyruvate**)은 세포의 유형에 따라 세 가지 다른 경로를 취한다(그림 **5-1**). 피루브산(Pyruvate)의 첫 번째 경로는 호기성 생물에서 acetyl-CoA의 아세틸기(acetyl group)를 형성하기 위하여 피루브산으로 산화되는 것이다. 이후 아세틸기는 시트르산 회로

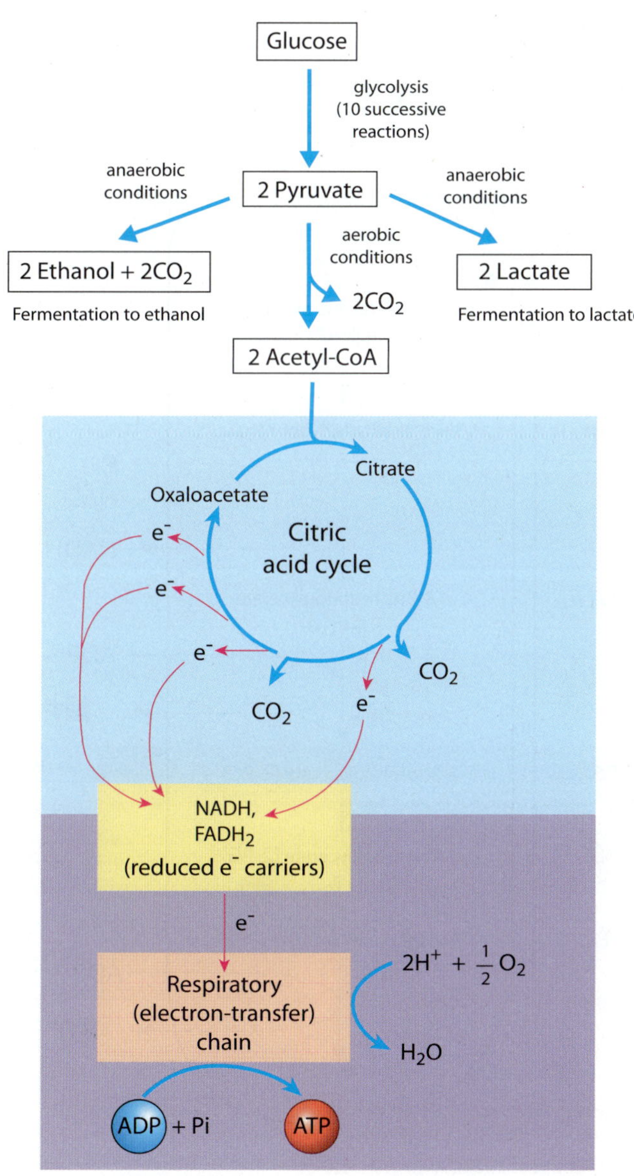

그림 5-1 해당작용과 피루브산의 가능한 이화대사 경로

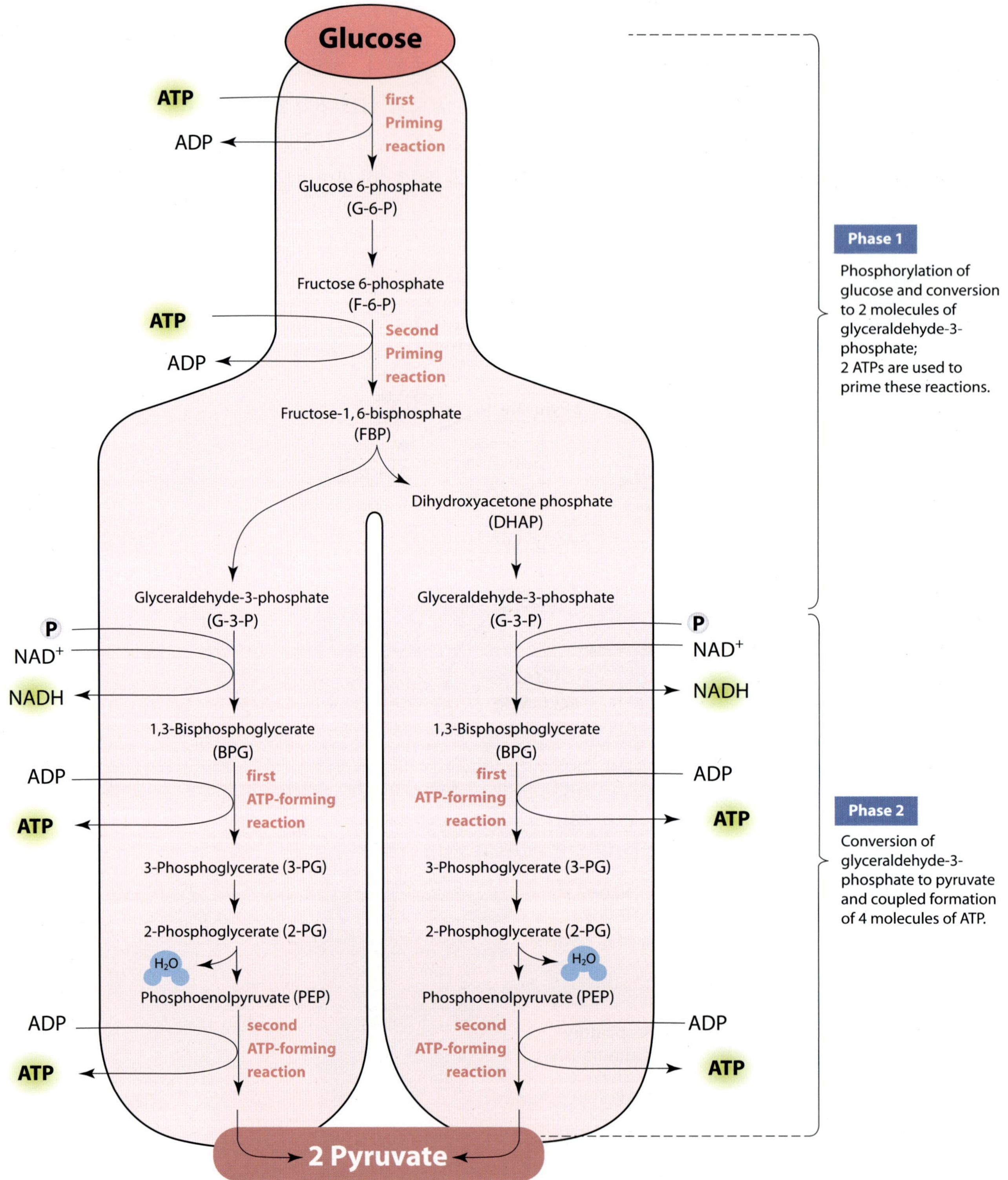

그림 5-2 해당작용 경로(Glycolytic pathway)

참고 Otto Fritz Meyerhof와 Gustav Georg Embden

Otto Fritz Meyerhof
(1884. 4. 12 ~
1951. 10. 6)

Gustav Georg Embden
(1874. 11. 10 ~
1933. 7. 25)

오토 프리츠 마이어호프(Otto Fritz Meyerhof)는 1884년 4월 12일 독일의 힐데스하임(Hildesheim)에서 태어났다. 그의 부모는 부유한 유태계 상인이었으며, 마이어호프가 태어난 후 얼마 지나지 않아 베를린으로 이사하였다. 이로 인하여 마이어호프는 어린 시절의 대부분을 베를린에서 보냈다. 마이어호프는 프라이부르크(Freiburg), 슈트라스부르크(Strasbourg), 하이델베르크(Heidelberg)대학에서 의학을 공부하였으며, 1909년 하이델베르크(Heidelberg)대학에서 정신병학에 관한 논문으로 졸업을 하였다. 그는 그 당시에 하이델베르크대학에 재직하고 있던 오토 바르부르크(Otto Warburg: 1931년 노벨 생리 · 의학상 수상자)의 영향을 받아 세포 생리학에 더욱 흥미를 느끼게 되었다. 마이어호프는 1912년에 킬대학(University of Kiel)으로 자리를 옮겨 1913년에 킬대학 생리학 강사가 되어 근육의 물질 대사에 관한 연구를 하였다. 1918년에 그는 조교수로 임명되어 1924년까지 킬대학에 근무하였다. 그후 마이어호프는 카이저 빌헬름 의학연구소(the Kaiser Wilhelm Institute for Medical Research) 생리학부장이 되었다(1929~1938). **오토 프리츠 마이어호프(Otto Fritz Meyerhof)는『산소 소비와 근육의 젖산 대사와의 관계』를 발견하여 1922년, 영국의 아치볼드 비비안 힐(Archibald Vivian Hill)과 함께 노벨 생리학 · 의학상을 받았다.** 1940년 나치스를 피해 미국으로 건너간 그는 펜실바니아대학 생리화학교수로 취임, 1948년 미국에 귀화하였다.

구스타프 게오르그 엠덴(Gustav Georg Embden)은 탄수화물 대사와 근육 수축에 관한 연구로 유명한 독일의 화학자이다. **그는 글라이코젠(glycogen)으로부터 젖산(lactic acid)으로 전환되는 모든 단계를 발견하고 서로 연결시킨 최초의 과학자였다.** 1918년에 오토 프리츠 마이어호프(Otto Fritz Meyerhof)는 유태계 폴란드인 소련의 생화학자(Jew-Polish-Sovietic biochemist) **야쿠브 카롤 파르나스(Jakub Karol Parnas)**와 함께 글루코오스가 분해되어 젖산으로 전환된다는 것을 입증함으로써 세포 대사(cellular metabolism)를 설명하였다. 그후 엠덴(Embden)은 글루코오스의 분해와 관련되는 모든 단계를 정확하게 설명하였다. 과학자들은 글라이코젠(glycogen)이 분해되어 젖산(lactic acid)으로 전환되는 세포 대사 서열(cellular metabolic sequence)을 **Embden-Meyerhof-Parnas pathway**라고 부른다.

(citric acid cycle 또는 TCA cycle)와 전자전달쇄(electron transport chain)를 경유하여 CO_2와 H_2O로 완전히 산화된다. 피루브산(Pyruvate)의 두 번째 경로는 젖산 발효(lactic acid fermentation)를 통하여 젖산(lactate)으로 환원되는 것이다. 젖산(Lactate)은 주로 젖산 발효(lactic acid fermentation)를 하는 혐기성 미생물에서 생성되며, 또한 골격근(skeletal muscle)과 같은 몇몇 동물조직이 산소가 부족한 상태(저산소 상태, hypoxia)에서 작용해야 할 때 피루브산(pyruvate)은 젖산(lactate)으로 환원된다. 피루브산의 세 번째 경로는 에탄올(ethanol)로의 변환이다. 효모를 비롯한 몇몇 미생물은 해당작용에 의해 글루코오스로부터 형성된 피루브산을 혐기적으로 에탄올(ethanol)과 CO_2로 전환한다. 이와 같은 해당작용은 두 단계로 구분될 수 있다. 즉, 포도당이 인산화되어져 글루코오스 6-인산(glucose 6-phosphate)이 된 다음 이것이 글리세르알데하이드 3-인산(glyceraldehyde 3-phosphate)으로 전환되는 단계(**제1단계, First phase**)와 글리세르알데하이드 3-인산(glyceraldehyde 3-phosphate)이 피루브산으로 산화되면서 ATP와 NADH를 생성하는 단계(**제2단계, Second phase**)로 구분된다. 준비단계(**Preparatory phase**)라고도 하는 제1단계는 2분자의 ATP를 소모하며, 4분자의 ATP를 생성하는 제2단계를 준비하는 시기이다. 제1단계에서 ① 육탄당인산화효소(hexokinase, 헥소카이네이스), ② 포스포헥소오스 아이소머레이스(phosphohexose isomerase), ③ 포스포플락토카이네이스-I(phosphofructokinase-I), ④ 플락토오스 1,6 비스포스페이트 알도레이스(fructose 1,6 bisphosphate aldolase), ⑤ 트리오스 포스페이트 아이소머레이스(triose phosphate isomerase)를 포함하는 5개의 효소가 관여한다. 제2단계는 에너지 생성 단계(**energy-yielding phase**)라고도 불려지며, 이 단계에서 글루코오스 분자의 화학에너지 일부가 ATP와 NADH의 형태로 보존된다. 제2단계에서 ⑥ 글리세르알데하이드 3-포스페이트 디하이드라저네이스(glyceraldehyde 3-phosphate dehydrogenase), ⑦ 포스포글리세레이트 카이네이스(phosphoglycerate kinase), ⑧ 포스포글리세레이트 뮤테이스(phosphoglycerate mutase), ⑨ 엔올레이스(enolase), ⑩ 파이루베이트 카이네이스(pyruvate kinase)를 포함하는 5가지 효소가 관여한다.

우리들은 제2장에서 조절효소(regulatory enzymes)에 관하여 공부한 적이 있다. 해당작용은 조절효소를 잘 이해할 수 있는 가장 좋은 예이기도 하다. 그러면 지금부터 10가지 효소가 관여하는 해당작용(glycolysis)을 보다 구체적으로 공부해 보기로 하자.

5-1-1 제1단계: 준비단계

준비단계(Preparatory phase)라고도 하는 제1단계는 앞에서 언급한 바와 같이 5개의 효소 반응을 포함한다. 이들 중 첫 번째 효소인 육탄당인산화효소(hexokinase, 헥소카이네이스)와 세 번째 효소인 포스포플럭토카이네이스-I(phosphofructokinase-I)이 촉매하는 반응에서 각각 1분자의 ATP를 소비한다. 따라서 제1단계에서 총 2분자의 ATP가 소비된다.

Hexokinase(EC 2.7.1.1 : ATP : Transferases): 해당작용의 첫 번째 반응은 글루코오스(glucose)가 ATP에 의해 글루코오스 6-인산(glucose 6-phosphate)으로 인산화되는 과정이다(그림 5-3). 이 단계에서 한 분자의 ATP가 소비된다. 이 반응은 두 가지 효소에 의해 촉매되는데, 하나는 헥소카이네이스(hexokinase)이고 다른 하나는 글루코카이네이스(glucokinase 또는 hexokinase IV)이다. 헥소카이네이스의 계통명(systematic name)은 ATP : D-hexose 6-phosphotransferase이다. 헥소카이네이스(육탄당인산화효소)는 포도당을 이용하는 모든 세포(세균, 효모, 식물, 사람을 비롯한 척추동물) 내에서 여러 가지 형태로 존재(동질효소, isozymes)하며, ATP로부터 글루코오스, 플락토오스, 만노오스를 포함하는 육탄당(hexose)의 일차알코올(primary alcohol)로 감마-인산기(γ-phosphate)의 전달을 촉매하여 육탄당 6-인산(hexose 6-phosphate)을 형성하는 효소이다. 따라서 헥소카이네이스(육탄당인산화효소)는 전이효소(transferases) 중 인산기전이효소(phosphotransferases)에 속한다. 거의 모든 카이네이스(kinase, 인산화효소)와 마찬가지로 헥소카이네이스도 최적 활성을 위하여 Mg^{2+}를 필요로 한다. 거의 간세포(hepatocyte)에서만 발견되는 glucokinase(hexokinase IV)도 포도당을 글루코오

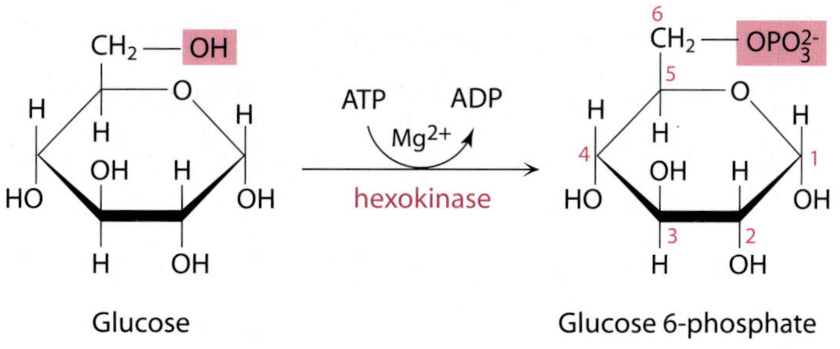

$\Delta G'^{\circ} = -16.7$ kJ/mol

그림 5-3 헥소카이네이스(육탄당인산화효소)에 의해 촉매되는 반응

스 6-인산(glucose 6-phosphate)으로 인산화시킨다. 간세포에 존재하는 또 다른 효소인 플락토카이네이스(**fructokinase**, 플락토오스인산화효소)는 플락토오스 1-인산(fructose 1-phosphate)을 생성한다. 그리고 많은 동물조직에 분포되어 있는 갈락토카이네이스(**galactokinase**, 갈락토오스인산화효소)는 갈락토오스 1-인산(galactose 1-phosphate)을 생성한다.

헥소카이네이스 반응의 에너지 변화를 생각해 보면, 생체에너지학을 공부하는데 많은 도움이 될 것이다. ATP의 가수분해 $\Delta G'^{o}$(반응의 표준 자유에너지 변화)는 약 −30.5 kJ/mol이다. 그리고 글루코오스가 인산화되어 생성된 글루코오스 6-인산(glucose 6-phosphate)의 가수분해 $\Delta G'^{o}$는 −13.8 kJ/mol이다. 따라서 헥소카이네이스(hexokinase) 반응의 $\Delta G'^{o}$는 ATP의 고에너지 결합(−30.5 kJ/mol)이 이용되고 글루코오스 6-인산의 저에너지 구조(−13.8 kJ/mol)가 형성되기 때문에 −16.7 kJ/mol[−30.5 − (−13.8) = −16.7]이 된다. 즉, **ATP의 가수분해 $\Delta G'^{o}$(−30.5 kJ/mol) 중 −13.8 kJ/mol는 글루코오스 6-인산(glucose 6-phosphate)에 보존되고 −16.7 kJ/mol가 열로 방출된다.** 헥소카이네이스(Hexokinase)의 반응은 $\Delta G'^{o}$가 −16.7 kJ/mol이기 때문에 반응의 평형이 오른쪽으로 훨씬 기울어져 있다. 시험관 내에서(*in vitro*) 이 반응은 가역적이라는 것이 증명되어졌지만, 세포 내에서(in *vivo*)는 오른쪽에서 왼쪽으로 역행될 가능성은 전혀 없다. 즉, 헥소카이네이스에 의해 촉매되는 반응은 세포 내에서 비가역적이다. 그 이유 중의 하나는 헥소카이네이스의 네 가지 기질에 대한 친화력이다. 즉, 헥소카이네이스의 글루코오스와 ATP에 대한 친화력이 글루코오스 6-인산(glucose 6-phosphate)과 ADP에 대한 친화력 보다 훨씬 높다는 것이다. 두 번째로 헥소카이네이스(**hexokinase**)는 생성물인 글루코오스 6-인산(glucose 6-phosphate)에 의해 저해(**allosteric inhibition**)를 받는 알로스테릭 효소(**allosteric enzyme**)이다. 즉, 세포 내의 글루코오스 6-인산(glucose 6-phosphate)의 농도가 정상 농도보다 높으면 헥소카이네이스는 일시적으로 저해된다. 따라서 글루코오스 6-인산(glucose 6-phosphate)이 다른 반응에 의해 소모되어 그 농도가 감소될 때까지 헥소카이네이스는 불활성 상태로 남아있게 된다. 이것에 의해 글루코오스 6-인산(glucose 6-phosphate)의 생성 속도는 그 이용 속도와 균형을 유지하게 되고 다시 정상 상태를 이루게 된다.

헥소카이네이스(Hexokinase)의 X-선 결정학적 연구들(X-ray crystallographic studies)은 기질인 글루코오스와 Mg^{2+} · ATP가 효소에 결합할 때 이들의 상호작용으로부터 유도되는 결합 에너지가 헥소카이네이스의 입체형태적 변화를 유발하여 촉매적으로 활성형을 만든다는 것을 밝혔다. 그림 5-4에 나타낸 바와 같이, 헥소카이네이스

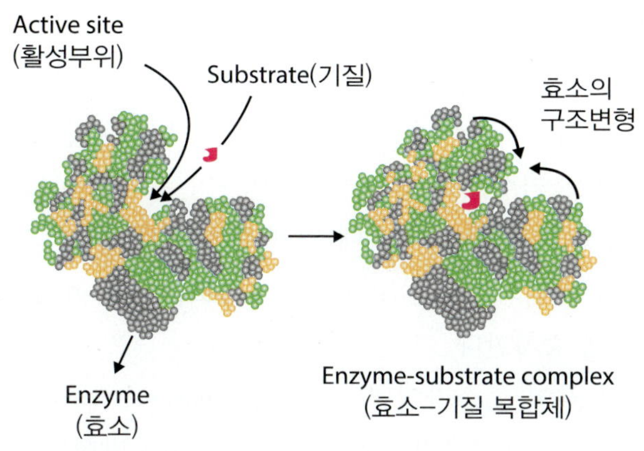

그림 5-4 글루코오스 분자에 의한 헥소카이네이스의 유도적합 현상.

(hexokinase)는 2개의 둥근 돌출부(lobe)로 이루어져 있는데, 이들은 글루코오스가 결합하면 서로를 향해서 움직인다. 궁극적으로 두 로오브(lobe) 사이의 갈라진 틈(cleft)이 닫히며, 결합된 글루코오스는 6번 탄소의 수산기를 제외하고 효소 단백질에 의해 둘러싸인다. 이 6번 탄소는 ATP로부터 유래되는 인산기를 받게 된다. 헥소카이네이스에서 갈라진 틈이 닫히는 것은 효소 작용에서 유도적합 이론(**induced-fit theory**)의 흥미로운 예이다(그림 5-4). 글루코오스의 결합에 의해 유도되는 구조적 변화는 두 가지 관점에서 중요하다. 첫째, 글루코오스를 둘러싸고 있는 환경은 더욱 비극성적으로 된다. 이것은 ATP의 말단 인산기의 기증(donation)을 유리하게 한다. 둘째 기질로부터 유도되는 입체형태의 변화는 카이네이스(kinase)로 하여금 하나의 기질로서 글루코오스와 H_2O(물)를 식별할 수 있게 한다. 글루코오스의 C-6의 수산기[헥소카이네이스 반응에서 ATP의 감마-인산(γ-phosphate)이 전달되는 부위]는 화학 반응성이 H_2O(물)과 유사하며, 물 분자는 자유롭게 효소의 활성부위로 들어 갈 수 있다. 그러나 글루코오스는 H_2O(물)에 비하여 반응성이 10^6배나 더 높다. 갈라진 틈이 닫히게 되면 물 분자는 활성부위로부터 축출된다. 기질로 유발되는 갈라진 틈의 닫힘은 카이네이스(**kinases**)의 일반적 특징이다. 만약 헥소카이네이스가 유연성(flexible)을 가지지 않고 경직된(rigid) 성질을 가진다면, 글루코오스의 6번 탄소가 존재하는 $-CH_2OH$의 결합부위를 차지하는 물 분자가 ATP의 감마-인산기(γ-phosphoryl group)를 공격하여 ADP와 Pi를 생성하게 된다. 따라서 경직성을 가지는 헥소카이네이스는 ATPase의 역할을 하게 될 것이다.

헥소카이네이스의 유도적합 이론은 속도론적 연구(kinetic studies)를 통하여 더욱 보강되었다. 글루코오스와 입체화학적으로 유사한 오탄당 자일로오스(five-carbon sugar xylose)는 헥소카이네이스와 결합하지만 인산화될 수 없는 위치에 있다. 그럼에도 불구하고 반응 혼합물에 자일로오스를 첨가하면, ATP 가수분해의 속도가 증가한다. 자일로오스가 효소의 활성부위에 결합되면, 이것은 헥소카이네이스의 입체형태를 활성형으로 바꾸도록 유도한다. 이러한 효소의 입체형태적 변화는 물 분자를 인산화하도록 속임을 당하게 된다. 헥소카이네이스의 경우, 반응의 특이성은 ES 복합체의 형성 단계에서 관측되는 것이 아니라 차후의 촉매 단계의 상대적 속도에서 관찰된다. 즉, 물 분자는 활성부위로부터 배제되지는 않지만, 반응 속도는 기능적 인산기 수용체인 글루코오스의 존재하에 크게 증가한다.

앞에서 언급한 바와 같이 헥소카이네이스(hexokinases)는 동질효소(isozymes)이다. 포유동물의 헥소카이네이스는 4가지 다른 유전자에 의해 발현되는 4종류의 동질효소(isozymes), 즉 hexokinase I, II, III, 그리고 IV(또는 hexokinases A, B, C, 그리고 D)를 포함하고 있다. **Hexokinase I/A는** 모든 포유동물의 조직에서 발견되며, 대부분의 생리적 변화, 호르몬 변화 그리고 대사 변화에 의해 영향을 받지 않는『housekeeping enzyme』이다. **Hexokinase II/B는** 여러 세포 유형에서 주요 조절 동질효소(principal regulated isoform)를 구성하고 있으며, 많은 암(cancer)에 있어서 증가되는 경향을 보인다. **Hexokinase III/C는** 생리적 농도에서 기질인 글루코오스에 의해 저해를 받는다. 그러나 이 효소의 조절적 특징에 관하여 알려진 것은 거의 없다. 글루코카이네이스(**Glucokinase)**로도 알려져 있는 **mammalian hexokinase IV/D는** 다른 헥소카이네이스와 두 가지 중요한 차이점이 있다. 먼저, 포유동물에서 근육은 에너지 생성을 위하여 글루코오스를 이용하는 반면에 간은 글루코오스를 생성하고 다른 조직을 위하여 공급해 주는 역할을 한다는 사실을 인식하자. 첫째, 근육 세포의 헥소카이네이스(hexokinase)는 글루코오스와 높은 친화력(K_m = 0.1mM)을 가지는 반면에, 간에 존재하는 글루코카이네이스(glucokinase)는 헥소카이네이스(hexokinase)에 비하여 상대적으로 낮은 친화력을 가진다. 그림 5-5에서 알 수 있듯이, 혈당(blood glucose)이 5mM 이상일 때 글루코카이네이스(glucokinase 또는 hexokinase IV)의 활성은 여전히 증가 상태에 있지만, 헥소카이네이스I(hexokinaseI)은 거의 V_{max}에 도달해 있다. 글루코카이네이스(Glucokinase 또는 hexokinase IV)는 10mM의 글루코오스에도 포화되지 않기 때문에 글루코오스의 농도가 10mM 이상으로 올라가도 그 활성은 계속 증가한다. 혈중의 정상적인 글루코오스의 농도는 약 4~5mM이기 때문에 글루코카이네이스(glucokinase)가 1/2로 포화되는 글루코오스의 농도는 혈중 글루코오스의 보통 농도보다 더 높다. 간에서의 글루코오스의 농도는 글루코오스 운반체(glucose transporter)에 의해 혈중의 농도와 거의 같은 수준으로 유지하고 있다. 따라서 혈중 글루코오스의 농도가 높을 때, 과잉의 글루

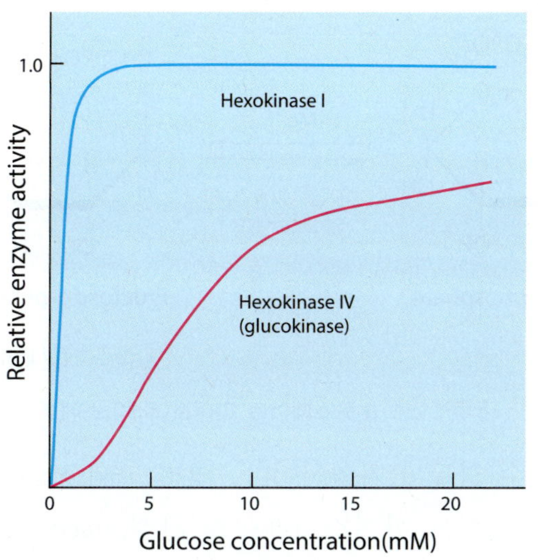

그림 5-5 헥소카이네이스 I(Hexokinase I)과 글루코카이네이스(glucokinase 또는 hexokinaseⅣ)의 속도론적 성질(kinetic properties)의 비교

코오스는 간세포로 들어가서 글루코카이네이스(glucokinase)에 의해 글루코오스 6-인산(glucose 6-phosphate: glycogen의 합성을 위한 시작 물질)으로 전환된 후 궁극적으로 글라이코젠(glycogen)의 형태로 저장하여 혈당 농도를 조절한다. 두 번째, 헥소카이네이스(hexokinase)는 반응 생성물인 글루코오스 6-인산에 의해 저해되지만, 글루코카이네이스(**glucokinase**)는 글루코오스 6-인산이 아닌 그 이성질체인 플락토오스 **6-**인산 **(fructose 6-phosphate)**에 의해 저해된다. 플락토오스 6-인산은 포스포글루코오스 아이소머레이스(phosphoglucose isomerase)에 의해 언제나 글루코오스 6-인산과 평형상태를 유지하고 있다.

Phosphohexose isomerase(EC 5.3.1.9: Isomerases): 포스포헥소오스 아이소머레이스(phosphohexose isomerase)는 포스포글루코오스 아이소머레이스(Phosphoglucose isomerase) 또는 글루코오스 **6-**포스페이트 아이소머레이스**(glucose 6-phosphate isomerase)**라고도 부른다. 이 효소는 알도오스-케토오스 이성화 반응(aldose-ketose isomerization reaction)을 경유하여 알도오스(aldose)인 글루코오스 6-인산(glucose 6-phosphate)을 케토오스(ketose)인 플락토오스 6-인산(fructose 6-phosphate)으로의 가역적 상호전환을 촉매한다(그림 5-6). 따라서 포스포헥소오스 아이소머레이스(phosphohexose isomerase)는 이성화효소(isomerase)이다. 이 반응은 표준자유에너지가 비교적 작은

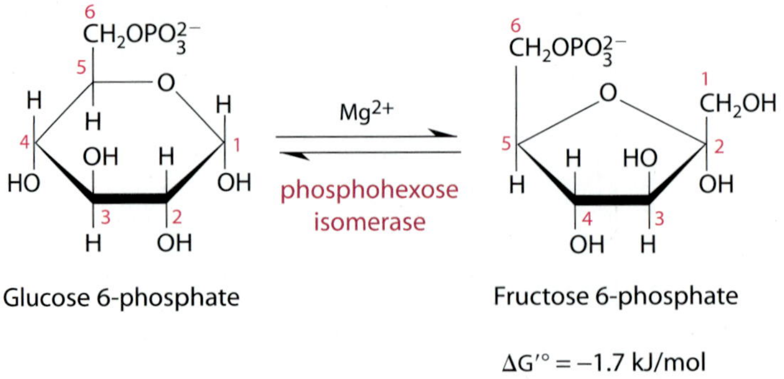

Glucose 6-phosphate ⇌ (Mg^2+, phosphohexose isomerase) Fructose 6-phosphate

$\Delta G'^{\circ} = -1.7$ kJ/mol

그림 5-6 글루코오스 6-포스페이트 아이소머레이스에 의해 촉매되는 반응

값(1.7 kJ/mol)에서 알 수 있듯이 가역적이다. 몇몇 고세균(archaea)과 세균(bacteria)에서 글루코오스 6-포스페이트 아이소머레이스 활성(glucose-6-phosphate isomerase activity)은 포스포만노오스 아이소머레이스 활성(phosphomannose isomerase activity)을 나타내는 두 가지 기능의 효소(bifunctional enzyme)를 경유하여 일어난다.

Phosphofructokinase-1(EC 2.7.1.11 : Transferases): **포스포플락토카이네이스-1 (PFK-1)은** 플락토오스 6-인산(fructose 6-phosphate)과 ATP로부터 플락토오스 1,6-양인산(fructose 1,6-bisphosphate)의 생성을 촉매하는 인산기전달효소(phosphotransferases)이다(그림 5-7). PFK-1의 활성부위(active site)는 플락토오스 6-인산(fructose 6-phosphate)과 ATP-Mg^{2+} 결합부위(binding site) 양쪽 모두를 가지고 있다. 헥소카이네스 반응과 마찬가지로 **이 반응에서도 한 분자의 ATP가 소모된다. Phosphofructokinase-1(PFK-1)은** 플락토오스 6-인산(fructose 6-phosphate)으로부터 플락토오스 2,6-양인산(fructose 2,6-bisphosphate)의 형성을 촉매하는 **phosphofructokinase-2(PFK-2)와 구분된다.**

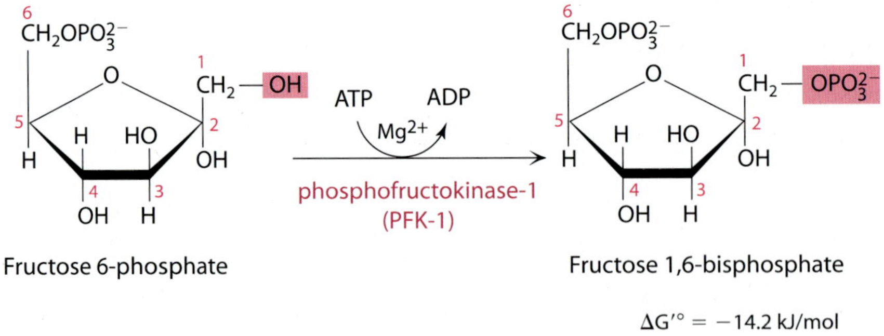

Fructose 6-phosphate + ATP → (Mg^2+, phosphofructokinase-1 (PFK-1)) Fructose 1,6-bisphosphate + ADP

$\Delta G'^{\circ} = -14.2$ kJ/mol

그림 5-7 포스포플락토카이네이스-1(PFK-1)에 의해 촉매되는 반응

참고 파이로인산, 양인산, 이인산의 차이점

파이로인산(Pyrophosphate)은 PPi로 나타내고 단독으로 인산기(phosphoryl group) 2개가 결합된 상태를 뜻한다. 『Bisphosphate』에서 접두사 『비스(bis–)』는 2개의 일인산기(monophosphoryl group)가 특정 분자 내에서 따로따로 위치해 있는데 반하여, 『이인산(diphosphate)』에서 접두사 『다이(di–)』는 2개의 인산기(phosphoryl group)가 무수물 결합(anhydride bond)에 의해 서로 연결되어 있는 것을 의미한다.

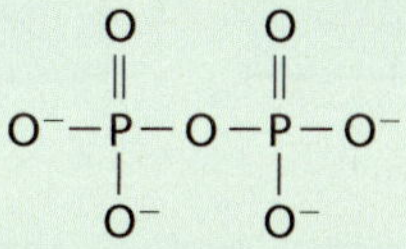

파이로인산(Pyrophosphate)

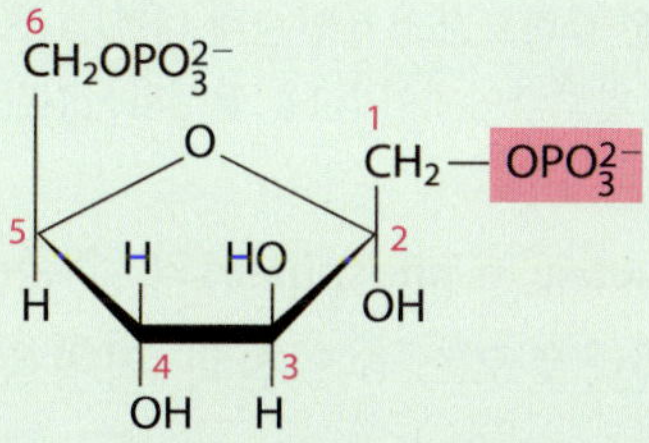

양인산(Bisphosphate)인
fructose 1,6–bisphosphate

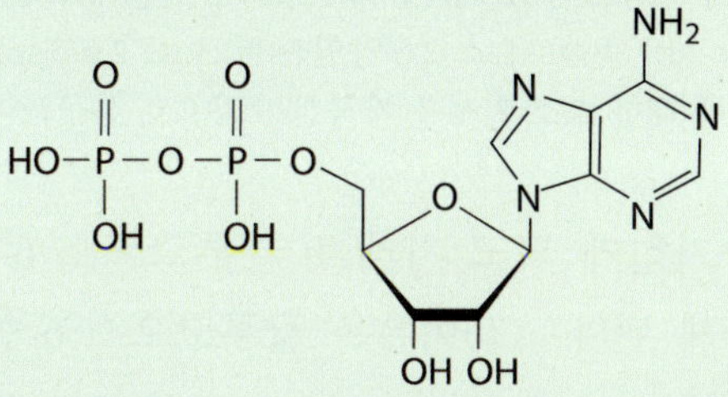

이인산(Diphosphate)인
adenosine diphosphate(ADP)

포스포플락토카이네이스-1(PFK-1)은 그 활성이 여러 대사산물에 의해 조절을 받는 4개의 소단위체(subunit)로 구성된(tetramer) **알로스테릭 효소(allosteric enzyme)이며, 해당작용 경로에서 가장 중요한 역할을 한다.** 생물에 따라 조금 차이는 있지만 일반적으로 **과량의 ATP와 구연산염(citrate)은** 포스포플락토카이네이스-1(PFK-1)의 **음(저해적)의 조절인자(negative effector)**로 작용하고, **플락토오스 2,6-양인산(fructose 2,6-bisphosphate), AMP, ADP, 플락토오스 6-인산(fructose 6-phosphate)은 양의(촉진적) 조절인자(positive modulator)로 작용한다(그림 5-8).** 세포 내에서 ATP의 공급이 감소되었을 때 또는 ATP 분해 산물인 ADP와 특히 AMP가 축적되었을 때 PFK-1의 활성은 증가된다. 반면에 세포 내에 충분한 ATP가 존재하거나 지방산과 같은 다른 연료가 공급될 때 PFK-1의 활성은 감소된다. 포스포플락토카이네이스-1(PFK-1)이 ATP와 같은 음의 조절인자(negative effector)에 의해 불활성화되면, 플락토오스 6-인산(fructose 6-phosphate)의

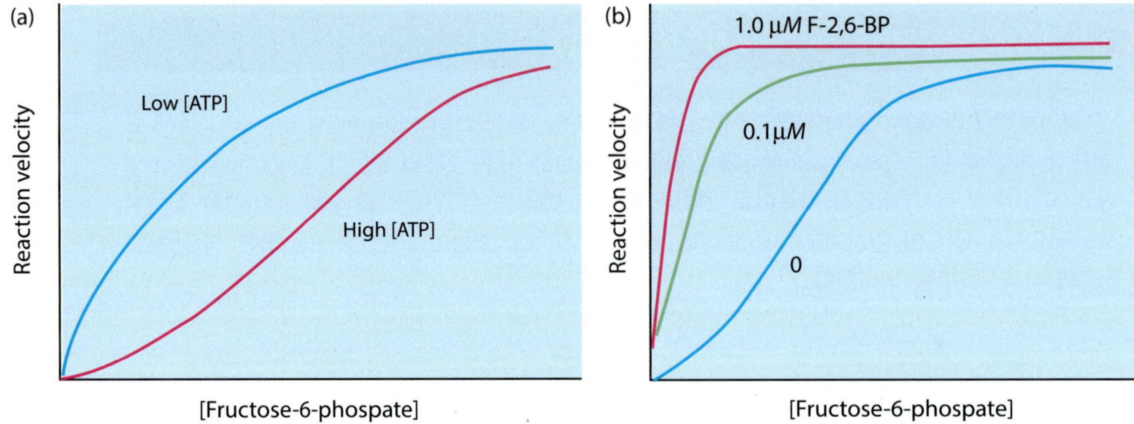

그림 5-8 Phosphofructokinase-I(PFK-I)의 알로스테릭 효과. (a) ATP의 농도가 높을 때, 포스포플락토카이네이스-I(PFK-I)은 협동적으로 행동하며 [플락토오스 6-인산(fructose 6-phosphate)]에 대한 효소 활성의 그래프는 시그모이드형(S-형)이 된다. 따라서 고농도의 ATP는 플락토오스 6-인산에 대한 효소의 친화력을 감소시켜 포스포플락토카이네이스-I의 활성을 저해한다. (b) 플락토오스 2,6-양인산(fructose 2,6-bisphosphate)은 플락토오스 6-인산에 대한 효소의 친화력을 증가시키고, 기질에 대한 효소 활성을 쌍곡선 모양으로 복구하여 포스포플락토카이네이스-I을 활성화시킨다.

농도가 증가하게 되고 차례로 글루코오스 6-인산(glucose 6-phosphate)의 수준(level)도 올라가게 된다. 그 이유는 글루코오스 6-인산이 플락토오스 6-인산과 평형을 이루고 있기 때문이다. 따라서 포스포플락토카이네이스-**1(PFK-1)**이 억제되면 자연스럽게 헥소카이네이스(**hexokinase**)의 억제를 유도하게 된다.

왜 해당작용의 속도 조절장치(**pacemaker**)가 헥소카이네이스(**hexokinase**)보다 오히려 포스포플락토카이네이스-**1(PFK-1)**이 되는가? 글루코오스 6-인산이 오로지 해당작용의 중간체만은 아니라는 것을 주목하면 그 이유가 분명해진다. 즉, 근육에서 글루코오스 6-인산은 글라이코젠(glycogen)으로 전환될 수도 있다. 이런 이유로 하여 해당 경로에서 유일한 첫 번째 비가역반응, 즉 개입단계(**first committed step**: is an effectively irreversible enzymatic reaction that occurs at a branch point during the biosynthesis of some molecules.)는 플락토오스 6-인산(fructose 6-phosphate)을 플락토오스 1,6-양인산(fructose 1,6-bisphosphate)으로 인산화하는 것이다. 따라서 포스포플락토카이네이스-1(PFK-1)이 해당작용에서 주된 조절부위(primary control site)가 되는 것은 극히 타당하다. 일반적으로 대사의 순차적 경로(metabolic sequential pathway)에서 개입단계(first committed step) 또는 속도-결정 단계(rate-determining step)를 촉매하는 효소는 경로에서 가장 중요한 조절 요소이다. 개입단계(**first committed step**)는 속도-제한 단계(**rate-determining step**)와 혼동되어져서는 안 된다. 속도-결정 단계(**rate-determining step**)

는 대사 경로에서 속도가 가장 느린 단계(the slowest step)이다. 그러나 때때로 개입단계가 속도-결정 단계인 경우도 있다. 포스포플락토카이네이스-1(PFK-1)에 의해 촉매되는 반응은 세포 내에서 본질적으로 비가역적이다. 실제로 포스포플락토카이네이스-1(PFK-1)에 의해 촉매되는 반응의 $\Delta G'^{\circ}$(반응의 표준 자유에너지 변화)는 −14.2 kJ/mol로서 발열반응(exergonic reaction: 자유에너지 감소반응)이다.

한편, 몇몇 세균을 포함하는 원생생물(protist)과 거의 모든 식물은 플락토오스 1,6-양인산(fructose 1,6-bisphosphate)의 합성에 ATP 대신 인산기 공여체(phosphoryl group donor)로서 무기 파이로인산(inorganic pyrophosphate, PP_i)을 이용하는 포스포플락토카이네이스(phosphofructokinase)를 가지고 있다.

$$\text{Fructose 6-phosphate} + PP_i \xrightarrow{Mg^{2+}} \text{Fructose 1,6-bisphosphate} + P_i$$
$$\Delta G'^{\circ} = -2.9 \text{ kJ/mol}$$

Fructose 1,6-bisphosphate aldolase(EC 4.1.2.13: Lyases): 간단하게 알돌레이스(aldolase)라고도 하는 이 효소의 이름은 역반응인 알돌 축합반응(aldol condensation)의 본질에서 유래한다. 알돌(**Aldol: aldehyde + alcohol**)은 베타-하이드록시 알데하이드(beta-hydroxy aldehyde) 또는 베타-하이드록시 케톤(beta-hydroxy ketone)을 일컫는다. 그리고 알돌 축합반응(**aldol condensation**)은 β-hydroxyaldehyde 또는 β-hydroxyketone을 생성하기 위하여 친핵성 엔올(enol: alkenes with a hydroxyl group) 또는 엔올산 음이온(enolate anion)이 카보닐 탄소(carbonyl carbon)를 공격함으로써 이루어진다. 이 반응에 뒤이어 conjugated enone(이중결합과 단일결합이 하나 건너서 배열하고 있는 불포화 화합물)을 생성하기 위하여 탈수반응(dehydration)이 일어난다(그림 5-9). 역반응인 알돌 절단(aldol cleavage) 반응은 베타-수산기(β-hydroxyl group)로부터 양성자를 제거함으로써 시작되고, 그 다음에 엔올산 음이온이 없어진다.

그림 5-10에서 보듯이 플락토오스 1,6-양인산(fructose 1,6-bisphosphate)은 플락토오스 1,6-양인산 알돌레이스(Fructose 1,6-bisphosphate aldolase)에 의해 3번과 4번 사이 탄소 사이가 절단되어 2종류의 삼탄당 인산(triose phosphate), 즉 알도오스(aldose)인 글리세르알데하이드 3-인산(glyceraldehyde 3-phosphate)과 케토오스(ketose)인 다이하이드록시아세톤포스페이트(dihydroxyacetone phosphate)가 생성된다. 플락토오스 1,6-양인산 알돌레이스에 의해 촉매되는 반응의 평형상수는 10^{-4}M이고, 이것은 대략 $\Delta G'^{\circ}$(반응의 표준 자유에너지 변화) = +23.8 kJ/mol에 해당한다. $\Delta G'^{\circ}$ 값만을 놓고

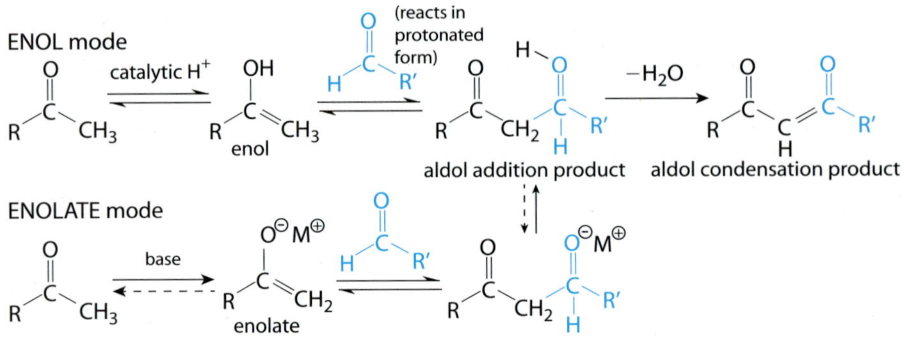

그림 5-9 알돌 축합(aldol condensation)

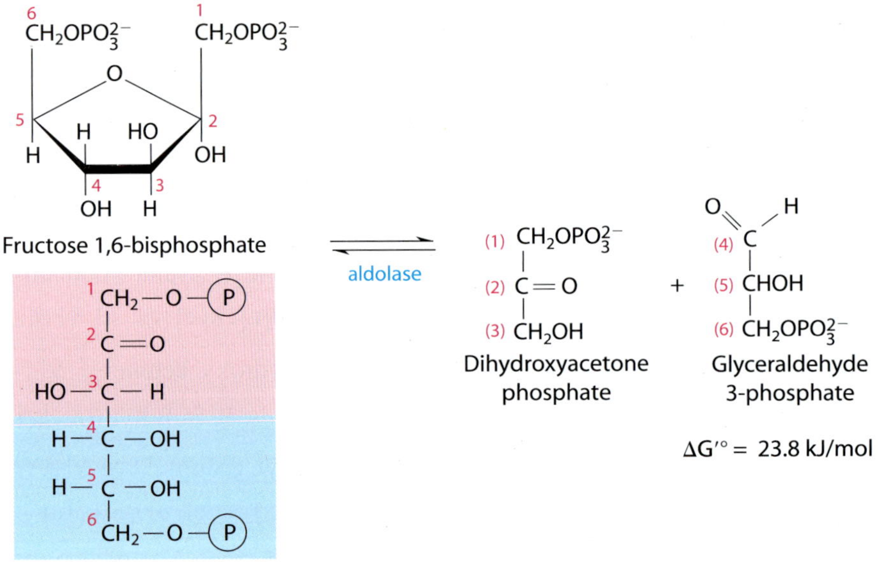

그림 5-10 플락토오스 1,6-양인산 알돌레이스에 의해 촉매되는 반응.

$\Delta G'^{\circ} = 23.8$ kJ/mol

보면, 플락토오스 1,6-양인산 알돌레이스에 의해 촉매되는 반응은 자발적으로 왼쪽에서 오른쪽으로 잘 진행되지 않음을 알 수 있다. 그러나 **한 가지 반응물로부터 두 가지 생성물이 생성되는 유형의 반응에서 평형은 반응물과 생성물의 농도에 크게 영향을 받는다.** 즉, 플락토오스 1,6-양인산(fructose 1,6-bisphosphate)의 초기 농도가 낮을 때 삼탄당으로의 전환율은 높아진다. 다음의 간단한 계산으로부터 이 사실을 쉽게 이해할 수 있을 것이다.

y = 소비되어지는 fructose 1,6-bisphosphate라 두면,
y = 생성되어지는 glyceraldehyde 3-phosphate 그리고
y = 생성되어지는 dihydroxy acetone phosphate로 된다.

따라서, (fructose 1,6-bisphosphat의 초기 농도 - y) = 반응하지 않고 남아있는 fructose 1,6-bisphosphate가 된다.

Fructose 1,6-bisphosphate aldolase 반응의 평행상수 K_{eq}는 10^{-4}M이고, 이것은 대략 $\Delta G'^{o}$ = +23.8 kJ/mol에 해당한다. Fructose 1,6-bisphosphate의 초기 농도가 0.1 M일 때, 평형상태에서 fructose 1,6-bisphosphate, glyceraldehyde 3-phosphate, dihydroxy acetone phosphate의 농도를 계산해 보자.

$$K_{eq} = \frac{(y)(y)}{0.1 - y} = 10^{-4}$$

먼저 y를 계산하면 소비되는 y가 초기 농도 0.1 M에 비해 작기 때문에 분모에서 무시될 수 있다. 따라서

$$K_{eq} = \frac{(y)(y)}{0.1} = 10^{-4}$$

$$y^2 = 10^{-5},\quad y = 31.6 \times 10^{-4}$$

그러므로 평형상태에서

[Dihydroxy acetone phosphate] = 31.6×10^{-4} M

[Glyceraldehyde 3-phosphate] = 31.6×10^{-4} M

[Fructose 1,6-bisphosphate] = 96.8×10^{-3} M

또한, 다음과 같이 2차방정식을 이용하여 계산할 수도 있다.

$$y^2 = (10^{-4})(0.1 - y) = 10^{-5} - 10^{-4}y,\quad y^2 + 10^{-4}y - 10^{-5} = 0$$

$$y = \frac{-b \pm \sqrt{b^2 - 4ac}}{2a}$$

$y^2 + 10^{-4}y - 10^{-5} = 0$로부터 a = 1, b = 10^{-4}, c = 10^{-5}이다.

$$y = \frac{-10^{-4} \pm \sqrt{(10^{-4})^2 - 4(1)(-10^{-5})}}{2}$$

$$y = \frac{-10^{-4} \pm \sqrt{10^{-8} + 4 \times 10^{-5}}}{2} = \frac{-10^{-4} \pm \sqrt{4.001 \times 10^{-5}}}{2}$$

$y = \dfrac{-10^{-4} \pm 63 \times 10^{-4}}{2}$ 로부터

$y = \dfrac{-10^{-4} + 63 \times 10^{-4}}{2}$ 과 $y = \dfrac{-10^{-4} - 63 \times 10^{-4}}{2}$ 를 얻을 수 있다.

음의 값은 적절치 못하기 때문에 $y = 31.6 \times 10^{-4}$ 이다. 평행상태에서,

[Dihydroxy acetone phosphate] = 31.6×10^{-4} M

[Glyceraldehyde 3-phosphate] = 31.6×10^{-4} M

[Fructose 1,6-bisphosphate] = 96.8×10^{-3} M

따라서, 플락토오스 1,6-양인산(fructose 1,6-bisphosphate)의 초기 농도가 0.1M일 때 약 97%가 반응하지 않고 남아있는 데도 평형에 도달하게 된다. 한편, 플락토오스 1,6-양인산의 초기 농도가 10^{-4}M일 때 평행상태에서 약 40%만이 미반응으로 남아 있게 된다. 이것으로부터 플락토오스 1,6-양인산의 초기 농도를 0.1M로부터 10^{-4}M로 낮춤에 따라 삼탄당으로의 전환율이 3%에서 60%로 높아짐을 알 수 있다.

자연계에는 두 가지 유형의 알돌레이스(aldolase)가 존재한다. 동물 및 식물 조직은 알돌레이스-I(Class I aldolase)을 생산하는데, 이것은 활성부위의 라이신 잔기(lysine residue)와 기질의 카보닐기를 공유결합으로 연결하여 쉬프 염기 중간체(Schiff base intermediate)를 형성하는 특징이 있다(그림 5-11 a). 알돌레이스-I(Class I aldolase)은 2가의 금속이온을 필요로 하지 않기 때문에 EDTA에 의해 저해되지 않는다. 그러나 기질의 존재하에 $NaBH_4$(sodium borohydride)에 의해 저해를 받는다. **사람에 있어서 해당작용에 관여하는 알돌레이스(aldolase)는 유전적으로 서로 다른 A, B, C 세 가지 유형의 동질효소(isozymes)로 이루어져 있다.** 알돌레이스-II(Class II aldolase)는 주로 세균이나 진균류(fungi)에서 발견되는데, 쉬프 염기 중간체(Schiff base intermediate)를 형성하지 않는다. 그 대신에 금속이온(보통 Zn^{2+})이 활성부위에서 카보닐 산소와 배위 상태로 자리를 잡는다(그림 5-11 b). Zn^{2+}가 친전자체로 행동하여 기질의 카보닐기(carbonyl group)를 극성을 띠게 되어 C−C 결합의 분해 단계에서 생성된 엔올산 중간체(enolate intermediate)를 안정화시킨다. 알돌레이스-II는 금속이온을 함유하고 있기 때문에

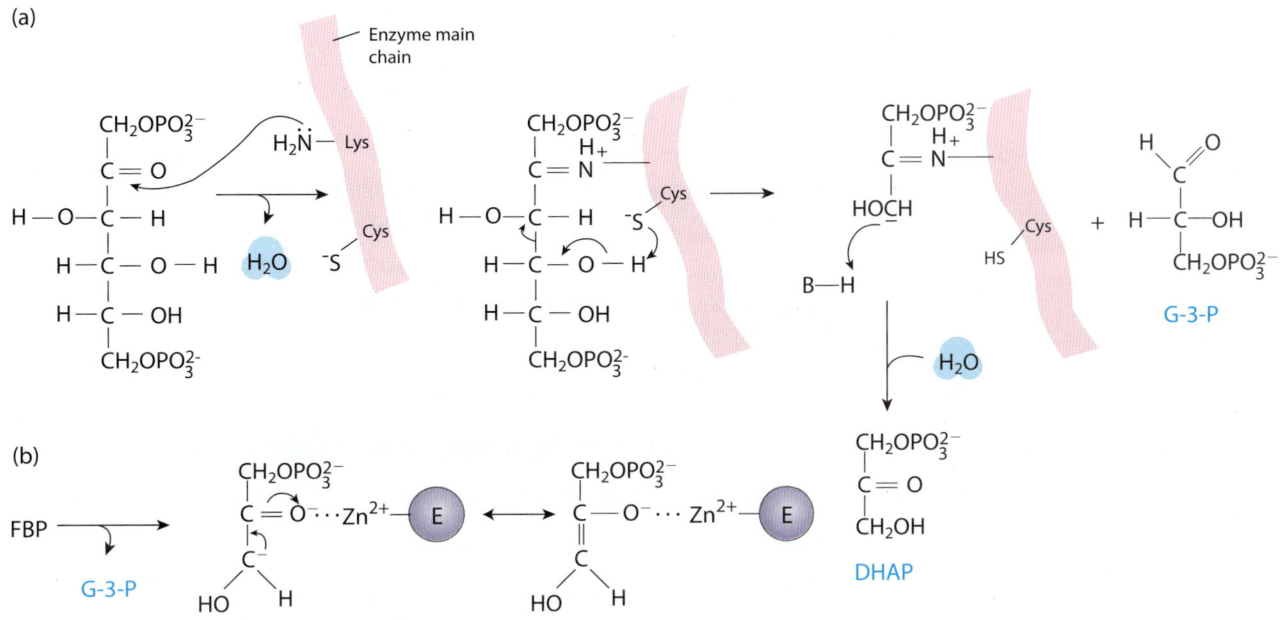

그림 5-11 플락토오스 1,6 양인산 알돌레이스의 반응 메커니즘. (a) 알돌레이스-I(Class I aldolase): 활성부위의 라이신 잔기(lysine residue)와 기질의 카보닐기 사이에 형성된 쉬프 염기(Schiff base)는 전자흡수체(electron sink: 전자의 진계에서 한 곳으로 전자가 빨려 들어가는 곳)로 작용하여, 베타-수산기(b-OH group)의 산성도를 높여서 그림에서 나타낸 바와 같이 절단을 촉진한다. (b) 알돌레이스-II(Class II aldolase): 활성부위에 존재하는 Zn^{2+}이 엔올산 중간체(enolate intermediate)를 안정화시켜서, 기질의 카보닐기를 극성을 띠게 한다.

EDTA에 의해 저해되지만, $NaBH_4$(sodium borohydride)에 의해 저해되지는 않는다. 사안세균(Cyanobacteria)과 몇몇 간단한 생물체들은 두 종류의 알돌레이스를 모두 가지고 있다.

Triose phosphate isomerase(EC 5.3.1.1: Isomerases): 알돌레이스(Aldolase)에 의해 생성된 두 분자의 삼탄당 인산(triose phosphate) 중 해당작용에 직접 이용되어질 수 있는 것은 글리세르알데하이드 3-인산(glyceraldehyde 3-phosphate) 한 분자뿐이다. 따라서 다이하이드록시아세톤 포스페이트(dihydroxyacetone phosphate)는 글리세르알데하이드 3-인산(glyceraldehyde 3-phosphate)으로 이성화되어져야 한다. 이 반응을 가역적으로 촉매하는 효소가 삼탄당 인산 이성화효소(triose phosphate isomerase)이다(그림 5-12). 삼탄당 인산 이성화효소(triose phosphate isomerase)는 확산 속도에 가까울 정도의 빠른 전환수(turnover number)를 갖는 『완벽한 촉매』 상태로 발전된 효소들 중

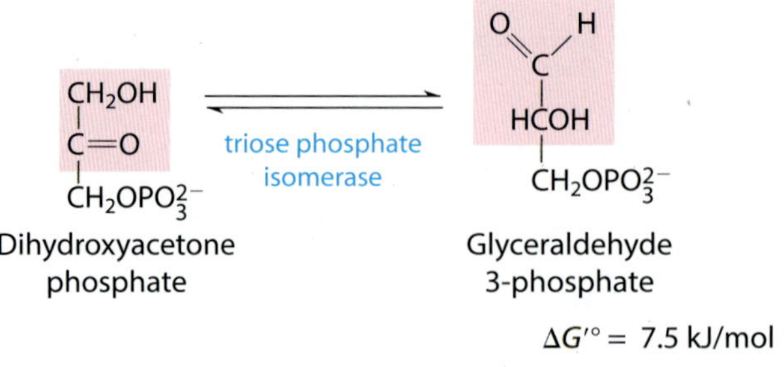

그림 5-12 삼탄당 인산 이성화효소에 의해 촉매되는 반응.

의 하나이다. 삼탄당 인산 이성화효소 반응에 의해 **1**분자의 글루코오스**(glucose)**로부터 **2**분자의 글리세르알데하이드 **3-**인산**(glyceraldehyde 3-phosphate)**이 생성되는 셈이 된다.

삼탄당 인산 이성화효소(Triose phosphate isomerase)는 균류(fungi), 식물, 세균뿐만 아니라 포유동물과 곤충 등의 동물을 포함하는 거의 모든 생물체에서 발견된다. 그러나 유레아플라즈마(ureaplasmas: is a genus of bacteria belonging to the family *Mycoplasmataceae*. As the name imples, ureaplasma is urease positive.)와 같은 해당작용을 수행하지 않는 세균은 삼탄당 인산 이성화효소를 함유하고 있지 않다. 사람에 있어서 삼탄당 인산 이성화효소(triose phosphate isomerase)가 결핍되면 심각한 신경학적 장애(severe neurological disorder)를 유발한다. 이러한 삼탄당 인산 이성화효소 결핍증(Triose phosphate isomerase deficiency)은 만성적 용혈성 빈혈(chronic hemolytic anemia)과 심근증(cardiomyopathy)에 의해 특징지워지는 해당작용의 효소병(glycolytic enzymopathy)이다. 이 질병에 걸리면 대부분의 경우 유년기에 사망한다.

그림 5-13은 해당작용의 제1단계를 요약하여 나타낸 그림이다. 앞서 설명한 바와 같이, 해당작용의 제1단계는 준비단계**(preparatory phase)**라고도 하며 5개의 효소 반응을 포함한다. 이들 중 첫 번째 효소인 육탄당인산화효소**(hexokinase,** 헥소카이네이스**)**와 세 번째 효소인 포스포플락토카이네이스**-I(phosphofructokinase-I)**이 촉매하는 반응에서 각각 1분자의 ATP를 소비한다. 따라서 제**1**단계에서 총 **2**분자의 **ATP**가 소비된다. 그리고 제1단계에서 글루코오스 1분자로부터 **2**분자의 글리세르알데하이드 **3-**인산**(glyceraldehyde 3-phosphate)**이 생성된다.

5-1-2 제2단계: 에너지 생성 단계

에너지 생성 단계**(Energy-yielding phase)**라고도 불려지는 제**2**단계에 관여하는 효소들

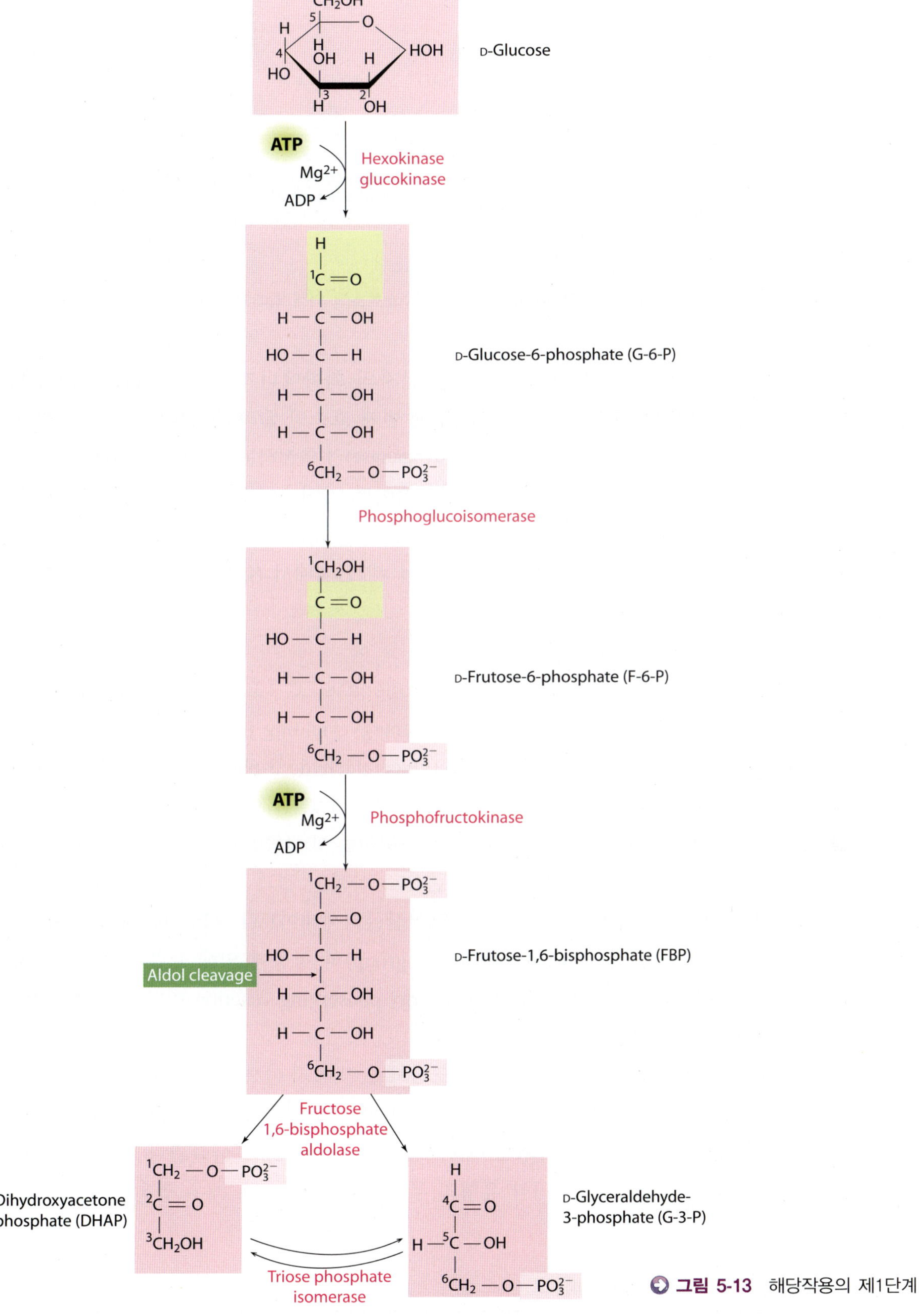

그림 5-13 해당작용의 제1단계

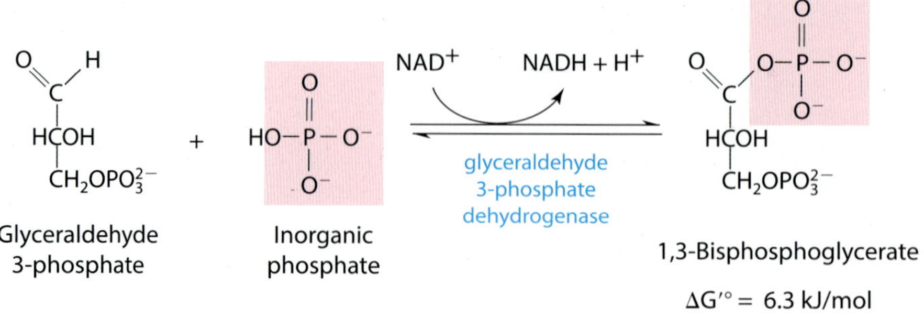

그림 5-14 글리세르알데하이드 3-인산 탈수소효소에 의해 촉매되는 반응.

은 5가지이다. 이 단계에서 글루코오스 분자의 화학에너지 일부가 ATP와 NADH의 형태로 보존된다. 제2단계의 효소들 중 첫 번째 효소인 글리세르알데하이드 **3-**인산 탈수소효소(**glyceraldehyde 3-phosphate dehydrogenase**)가 촉매하는 반응에서 **NADH**가 생성된다. 그리고 두 번째 효소인 포스포글리세레이트 카이네이스(phosphoglycerate kinase)와 다섯 번째 효소인 파이루베이트 카이네이스(pyruvate kinase)가 촉매하는 반응에서 각각 2분자의 ATP가 생성된다. 따라서 제**2**단계에서 총 **2**분자의 **NADH**와 **4**분자의 **ATP**가 생성된다.

Glyceraldehyde 3-phosphate dehydrogenase(EC 1.2.1.12: Oxidoreductases): 해당작용의 제2단계인 에너지 생성 단계(energy yielding phase)에서 첫 번째 효소인 글리세르알데하이드 3-인산 탈수소효소(glyceraldehyde 3-phosphate dehydrogenase)에 의해 촉매되는 반응은 해당작용에서 고에너지 인산화합물(**1,3-bisphosphoglycerate**)이 생성되는 첫 반응임과 동시에 산화-환원반응이 이루어지는 첫 반응이기도 하다(그림 **5-14**). 이 반응에서 알데하이드기가 카복실산의 수준으로 산화된 결과, 열로서 방출될 것으로 예상되었던 자유에너지의 대부분은 1,3-양인산글리세레이트(1,3-bisphosphoglycerate)의 C-1에 위치한 아실 인산기(acyl phosphate group)의 형성에 의해 보존된다. 이 반응은 해당작용에서 최초의 에너지-보존반응(energy-conserving reaction)이다. 여기에 관여하는 산화제는 NAD^+이다.

그림 5-14에서 보는 바와 같이, 글리세르알데하이드 3-인산(glyceraldehyde 3-phosphate)의 알데하이드기는 유리 카복실기로 산화되지 않고 인산(phosphoric acid)과 반응하여 카복실산 무수물(carboxylic acid anhydride)로 산화된다. 아실 인산(**Acyl phosphate**)이라고 부르는 이러한 유형의 무수물(anhydride)은 매우 높은 가수분해의 표

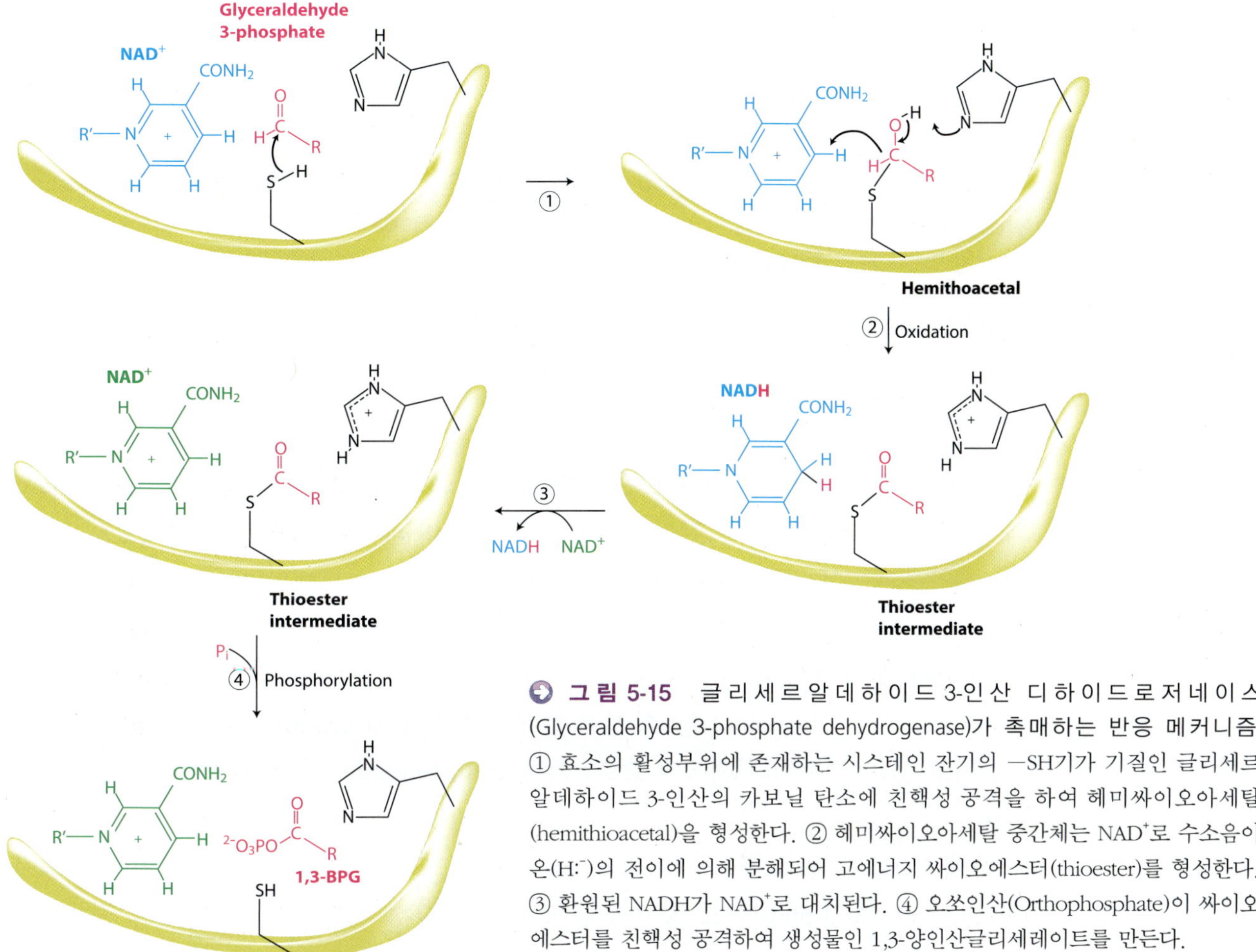

그림 5-15 글리세르알데하이드 3-인산 디하이드로저네이스(Glyceraldehyde 3-phosphate dehydrogenase)가 촉매하는 반응 메커니즘. ① 효소의 활성부위에 존재하는 시스테인 잔기의 −SH기가 기질인 글리세르알데하이드 3-인산의 카보닐 탄소에 친핵성 공격을 하여 헤미싸이오아세탈(hemithioacetal)을 형성한다. ② 헤미싸이오아세탈 중간체는 NAD^+로 수소음이온($H:^-$)의 전이에 의해 분해되어 고에너지 싸이오에스터(thioester)를 형성한다. ③ 환원된 NADH가 NAD^+로 대치된다. ④ 오쏘인산(Orthophosphate)이 싸이오에스터를 친핵성 공격하여 생성물인 1,3-양인산글리세레이트를 만든다.

준 자유에너지($\Delta G'^{\circ}$ = −49.3 kJ/mol)를 가진다. 세포 내에 존재하는 NAD^+의 양(=10^{-5}M)은 수분 내에 대사되는 글루코오스의 양보다 훨씬 적다. 따라서 글리세르알데하이드 3-인산 탈수소효소에 의해 촉매되는 반응에서 형성된 NADH는 계속 재산화되고 재활용되지 않으면 해당과정은 금방 중단되고 말 것이다. **이 반응에서 생성된 NADH는 젖산 탈수소효소(lactate dehydrogenase), 알코올 탈수소효소(alcohol dehydrogenase), 전자전달쇄(electron transport chain) 등의 기질로 재활용(recycle)된다.**

글리세르알데하이드 3-인산 탈수소효소(glyceraldehyde 3-phosphate dehygrogenase)가 촉매하는 반응에서 글리세르알데하이드 3-인산은 효소에 공유결합한다(그림 5-15). 즉, **글리세르알데하이드 3-인산(Glyceraldehyde 3-phosphate)의 알데하이드기(카보닐 탄소)**

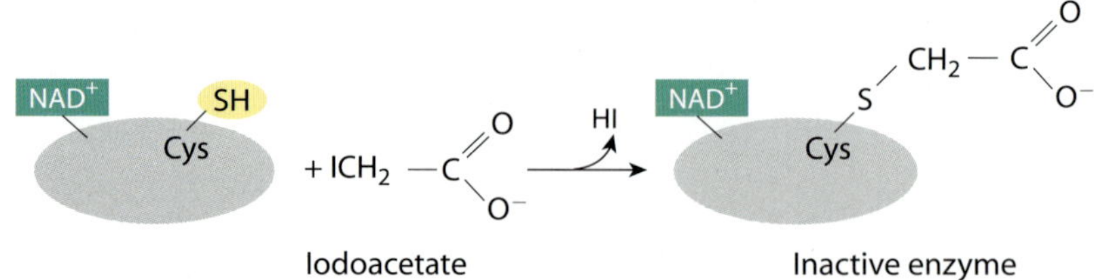

그림 5-16 요오드아세트산(iodoacetate)에 의한 글리세르알데하이드 3-인산 탈수소효소(glyceraldehyde 3-phosphate dehydrogenase)의 저해. 요오드아세트산(iodoacetate)은 glyceraldehyde 3-phosphate dehydrogenase의 활성부위에 존재하는 시스테인 잔기(cysteine residue)의 설프하이드릴기(sulfhydryl group: –SH)와 공유결합하여 효소의 기능을 봉쇄함으로써 불활성화시킨다.

는 글리세르알데하이드 3-인산 탈수소효소(glyceraldehyde 3-phosphate dehydrogenase)의 활성부위(active site)에 있는 시스테인 잔기**(cysteine residue)**의 설프하이드릴기**(–SH group)**와 반응하여 헤미아세탈(hemiacetal)과 유사한 싸이오헤미아세탈**(thiohemiacetal)**을 형성한다. 글리세르알데하이드 3-인산 탈수소효소의 반응 메커니즘은 그림 5-15에 상세히 설명되어 있다. 글리세르알데하이드 3-인산 탈수소효소(Glyceraldehyde 3-phosphate dehydrogenase)는 활성부위에 –SH기(thiol group or sulfhydryl group)를 함유하고 있기 때문에 저해제인 요오드아세트산**(iodoacetate)**에 의해 불활성화된다(그림 5-16).

앞에서 설명한 오랜 기간 확립된 글리세르알데하이드 3-인산 탈수소효소(glyceraldehyde 3-phosphate dehydrogenase)의 대사적 기능뿐만 아니라, 최근에는 전사 활성화(transcription activation), 세포자연사의 개시(initiation of apoptosis) 그리고 소포체로부터 골지체까지 소포 수송(vesicle trasport)을 포함하는 글리세르알데하이드 3-인산 탈수소효소의 비대사적 반응까지 밝혀지고 있다.

Phosphoglycerate kinase(EC 2.7.2.3 : Transferases): 포스포글리세레이트 카이네이스(phosphoglycerate kinase)에 의해 촉매되는 반응은 아실 인산(acyl phosphate)으로부터 고에너지 인산기를 ADP로 전달하여 **ATP를 생성하는** 해당작용의 첫 번째 기질 수준 인산화**(substrate-level phosphorylation)**이다(그림 5-17). 포스포글리세레이트 카이네이스 반응에서 아실 인산기(acyl phosphate group)의 가수분해 $\Delta G'^{\circ}$가 –49.3 kJ/mol이므로 ATP의 생성에 –30.5 kJ/mol을 이용하고 –18.5 kJ/mol을 열로서 방출한다. $\Delta G'^{\circ}$ 값만을 놓고 보면, 포스포글리세레이트 카이네이스에 의해 촉매되는 반응은

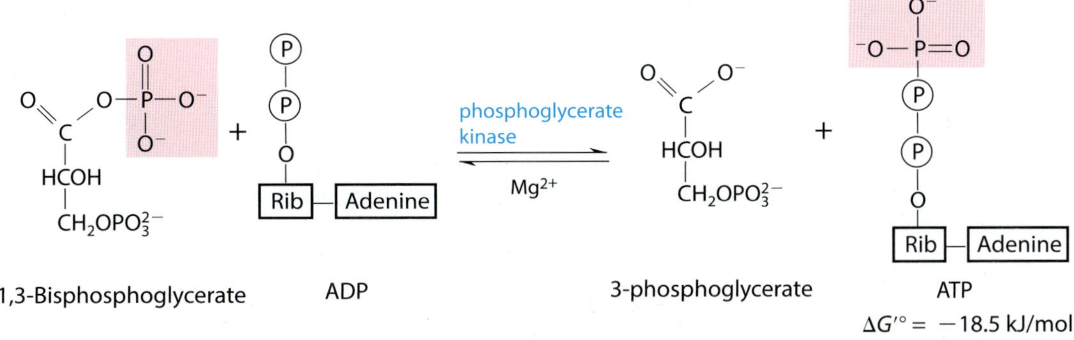

그림 5-17 포스포글리세레이트 카이네이스에 의해 촉매되는 반응

열역학적으로 ATP의 생성 방향쪽으로 유리하다. 그러나 ATP : ADP의 비가 10 : 1이고 3-phosphoglyceric acid : 1,3-bisphosphoglyceric acid의 비가 200 : 1을 초과하면, 이 반응은 역행할 수 있다. 또한, 글리세르알데하이드 3-인산 탈수소효소 반응의 $\Delta G'^{\circ}$ 값이 +6.3 kJ/mol이기 때문에 포스포글리세레이트 카이네이스 반응의 $\Delta G'^{\circ}$ 값인 −18.5 kJ/mol을 합하면 −12.6 kJ/mol이 된다. 이것 또한 포스포글리세레이트 카이네이스 반응의 역행을 유리하게 한다.

포스포글리세레이트 카이네이스 반응과 같이 고에너지 결합이 도입된 기질로부터 ATP 합성이 행해지는 생물 에너지 획득의 한 방법을 기질 수준 인산화(**substrate-level phosphorylation**)라고 부르는데, 해당작용에서 포스포글리세레이트 카이네이스(**phosphoglycerate kinase**)와 파이루베이트 카이네이스(**pyruvate kinase**)에 의해 촉매되는 반응과 크렙스 회로(Krebs cycle)의 숙시닐-**CoA** 합성효소(**succinyl-CoA synthetase**)에 의해 촉매되는 반응이 기질-수준 인산화의 예이다. 기질 수준 인산화와 구분하여 전자전달계의 산화환원 반응에 의해 유리되는 에너지를 이용하여 ADP와 무기인산으로부터 ATP를 합성하는 반응을 산화적 인산화(**oxidative phosphorylation** 또는 **respiration-linked phosphorylation**)라고 한다.

Phosphoglycerate mutase(EC 5.4.2.1 : Isomerases): 포스포글리세레이트 뮤테이스(Phosphoglycerate mutase)는 3-포스포글리세레이트(3-phosphoglycerate)와 2-포스포글리세레이트(2-phosphoglycerate) 간의 상호전환을 촉매하는 이성화효소(isomerase)이다(그림 5-18). 뮤테이스(**Mutase**)는 동일한 기질 분자 내에서 작용기의 위치이동을 촉매하는 이성화효소의 일종이다. 그림 5-18에서 보는 바와 같이, 포스포글리세레이

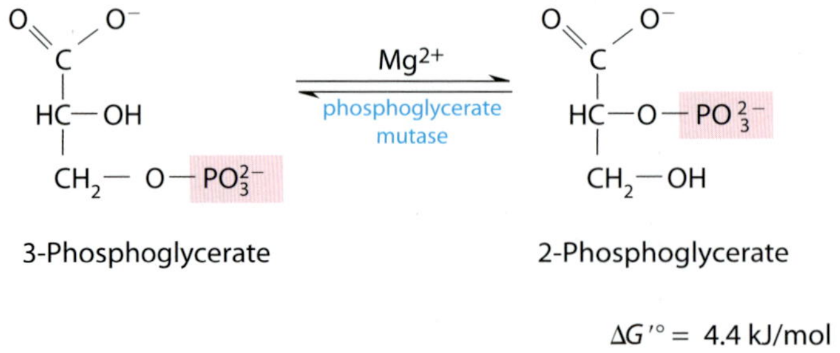

$$\text{3-Phosphoglycerate} \xrightleftharpoons[\text{phosphoglycerate mutase}]{Mg^{2+}} \text{2-Phosphoglycerate}$$

$\Delta G'^{\circ} = 4.4$ kJ/mol

그림 5-18 포스포글리세레이트 뮤테이스에 의해 촉매되는 반응

트 뮤테이스(Phosphoglycerate mutase)는 3-포스포글리세레이트(3-phosphoglycerate) 상에 존재하는 C-3 위치의 인산기를 C-2 위치로 이동시켜 2-포스포글리세레이트(2-phosphoglycerate)로 전환한다. 생리적 조건하에서 이 반응의 자유에너지 변화는 매우 적다.

포스포글리세레이트 뮤테이스(Phosphoglycerate mutase)는 생물체에 따라 몇 가지 다른 반응 메커니즘을 나타낸다. 즉, 포스포글리세레이트 뮤테이스(phosphoglycerate mutase)는 **보조인자(cofactor)로서 2,3-양인산글리세레이트(2,3-bisphosphoglycerate)** 의존적 효소와 비의존적 효소로 구분될 수 있다. 효모와 토끼의 근육으로부터 분리된 포스포글리세레이트 뮤테이스는 보조인자 의존적 효소(cofactor-dependent enzyme)이다. 이 효소는 반응이 진행되기 전에 먼저 **보조인자(cofactor)로서 소량의 2,3-양인산글리세레이트(2,3-bisphosphoglycerate)**를 이용하여 효소의 활성부위에 존재하는 히스티딘 잔기(histidine residue)의 인산화를 유도한다(그림 5-19). 히스티딘 잔기에 공유결합된 인산기는 기질인 3-포스포글리세레이트(3-phosphoglycerate)의 C-2 위치에 전달되어 일시적인 **2,3-양인산글리세레이트 중간체(2,3-bisphosphoglycerate intermediate)를 형성**한다. 그 다음에 이 중간체의 C-3 위치에 있는 인산기가 효소의 히스티딘 잔기로 전달되면서 최종 생성물인 2-포스포글리세레이트(2-phosphoglycerate)가 만들어진다.

밀의 배아(Wheat germ)에 존재하는 포스포글리세레이트 뮤테이스(phosphoglycerate mutase)는 다른 작용 메커니즘을 갖는다(그림 5-20). 이 반응에서 **2,3-양인산글리세레이트(2,3-bisphosphoglycerate)는 보조인자(cofactor)로 사용되지 않는다.** 그 대신에, 밀의 배아에 존재하는 포스포글리세레이트 뮤테이스(phosphoglycerate mutase)는 기질 분자 내에서 인산기의 전달 반응을 수행한다. 그림 5-20에서 보는 바와 같이, 3-포스포글리

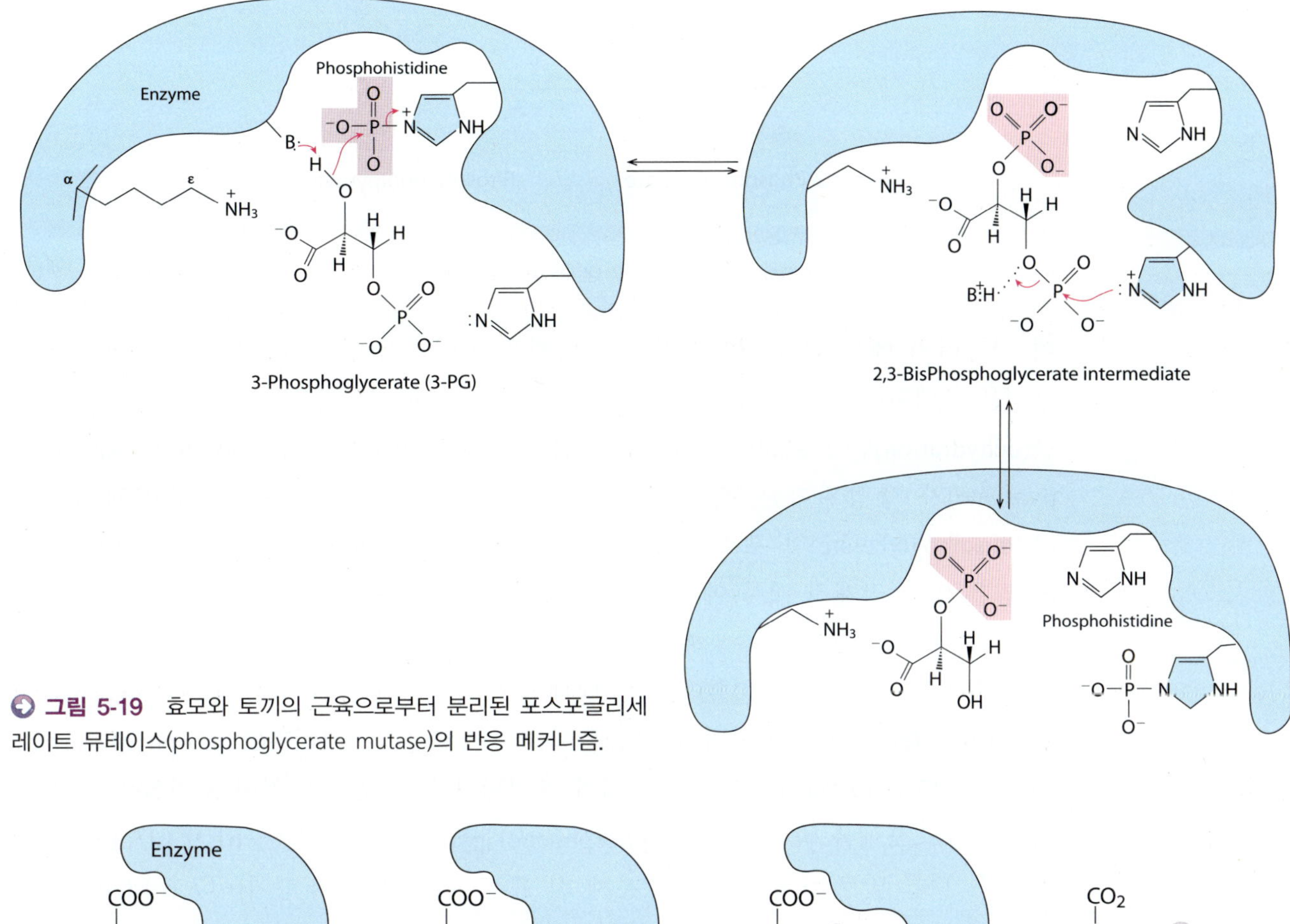

그림 5-19 효모와 토끼의 근육으로부터 분리된 포스포글리세레이트 뮤테이스(phosphoglycerate mutase)의 반응 메커니즘.

그림 5-20 밀의 배아에 존재하는 포스포글리세레이트 뮤테이스(phosphoglycerate mutase)의 반응 메커니즘

세레이트(3-phosphoglycerate)의 C-3 인산기가 효소의 활성부위로 이동된 후 다시 원래의 기질 분자의 C-2 위치로 전달되어 2-포스포글리세레이트가 만들어진다.

Enolase(EC 4.2.1.11 : Lyases): 이 반응은 해당작용에서 고에너지 인산화합물(**phosphoenol pyruvate**)이 생성되는 두 번째 반응이다. 포스포파이루베이트 디하이드라테이스(Phosphopyruvate dehydratase)라고도 알려진 엔올레이스(enolase)는 저에너지 인산 에스터인 2-포스포글리세레이트(2-phosphoglycerate)로부터 물 분자를 제거(탈수)하

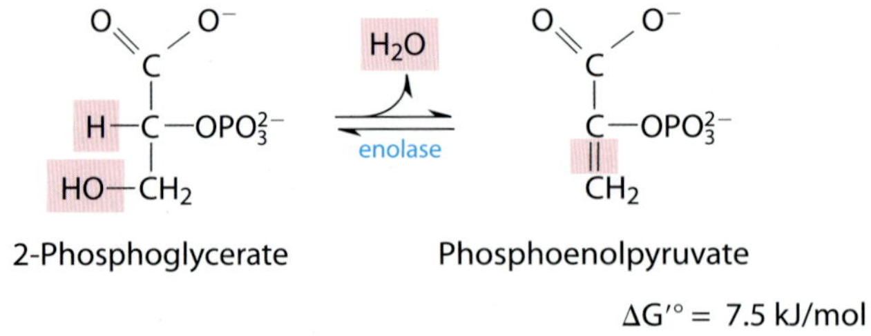

$$\text{2-Phosphoglycerate} \xrightleftharpoons[\text{enolase}]{H_2O} \text{Phosphoenolpyruvate}$$

$\Delta G'^{\circ}$ = 7.5 kJ/mol

그림 5-21 엔올레이스에 촉매되는 반응

여 고에너지 엔올 인산기를 가진 포스포엔올 파이루베이트(phosphoenol pyruvate)의 생성을 촉매한다(그림 5-21). 엔올레이스에 의해 촉매되는 반응과 같이 간단한 탈수반응(dehydration)만으로 고에너지 인산화합물인 포스포엔올 파이루베이트(phosphoenol pyruvate)가 생성된다는 것은 대단히 흥미로운 일이다. 2-포스포글리세레이트(2-Phosphoglycerate)와 포스포엔올 파이루베이트(phosphoenol pyruvate, PEP)는 거의 같은 양의 잠재적 대사 에너지(potential metabolic energy)를 함유하고 있다. 그러나 엔올레이스 반응은 가수분해 시 이러한 잠재적 대사 에너지가 보다 많이 방출될 수 있는 형태로 기질을 재배열한다. 즉, 상대적으로 낮은 인산기 전이 포텐셜(phosphoryl group transfer potential)을 가진 화합물인 2-포스포글리세레이트(2-phosphoglycerate: $\Delta G'^{\circ}$ = −17.6 kJ/mol)로부터 물 분자가 제거되면 높은 인산기 전이 포텐셜을 가진 화합물인 포스포엔올 파이루베이트(phosphoenol pyruvate: $\Delta G'^{\circ}$ = −61.9 kJ/mol)로 전환된다. 다른 말로 표현하면, 가수분해 시 표준 자유에너지의 증가(−17.6 kJ/mol에서 −61.9 kJ/mol)로 분자 내에서 에너지의 재분포가 일어난다. 엔올레이스(Enolase)의 활성부위에 보조인자(cofactor)로서 2개의 Mg^{2+}가 존재하는데, 이들은 기질의 음전하를 안정화하는 역할을 한다. 엔올레이스의 활성은 **플루오르화 이온(fluoride ion: F^-)**에 의해 강력히 저해를 받는다. **플루오르화 이온(Fluoride ion: F^-)**은 기질인 2-포스포글리세레이트(2-phosphoglycerate)의 경쟁적 저해제이다. F^-는 마그네슘(magnesium)과 인산(phosphate)을 포함하는 복합체의 일부로서 2-포스포글리세레이트(2-phosphoglycerate) 대신에 활성부위에 결합하여 기질의 결합을 저해한다. 따라서 플루오르화 이온(F^-)은 해당작용을 저해하는 저해제로서 2-포스포글리세레이트(2-phosphoglycerate)와 3-포스포글리세레이트(3-phosphoglycerate)의 축적을 유발한다. 불소(Fluorine)가 포함된 치약을 사용하면 구강 내에 서식하는 세균들이 사멸하게 되는데, 이것은 균체 내에 존재하는 엔올레이스의 활성이 저해되어 해당작용을 수행할 수 없기 때문이다.

엔올레이스(Enolase)는 1934년 독일의 K. 로만(K. Lohmann)과 오토 F. 마이어호프(Otto Fritz Meyerhof)에 의해 발견된 후, 사람의 근육과 적혈구를 포함한 다양한 조직으로부터 분리되어 왔다. 엔올레이스(Enolase)의 분자량은 82,000~100,000 Dalton 정도이며, α, β, γ 세 종류의 소단위 2개의 Mg^{2+} 체(subunit)가 엔올레이스의 구조 형성에 관여한다. α, β, γ 소단위체(subunit)의 각각은 서로 다른 유전자에 의해 암호화되며, 엔올레이스는 5가지의 동질효소(isoenzymes), 즉 αα, αβ, αγ, ββ, γγ의 형태로 존재한다. 효모의 엔올레이스는 분자량 93,316으로서 소단위체당 436개의 아미노산 잔기를 갖는 이합체(dimer)이다.

엔올레이스에 의해 촉매되는 반응은 두 단계에 걸쳐 진행된다(그림 5-22). 제1단계로서 엔올레이스의 Lys^{345}는 일반적 염기 촉매로 작용하여 2-포스포글리세레이트의 C-2로부터 양성자를 빼앗는다. 그 다음에 엔올레이스의 Glu^{211}은 제거되는 −OH기에 양성자를 부여하는 일반적 산 촉매로 작용한다. 2-포스포글리세레이트의 C-2에 있는 양성자는 크게 산성을 띠지 않기 때문에 쉽게 제거되지 않는다. 그러나 효소의 활성부위에서 2-포스포글리세레이트는 2개의 결합된 Mg^{2+} 이온과 강한 이온성 상호작용을 하게 되어, pKa를 낮추어 C-2의 양성자를 더욱 산성화시킨다. 이로 인하여 C-2의 양성

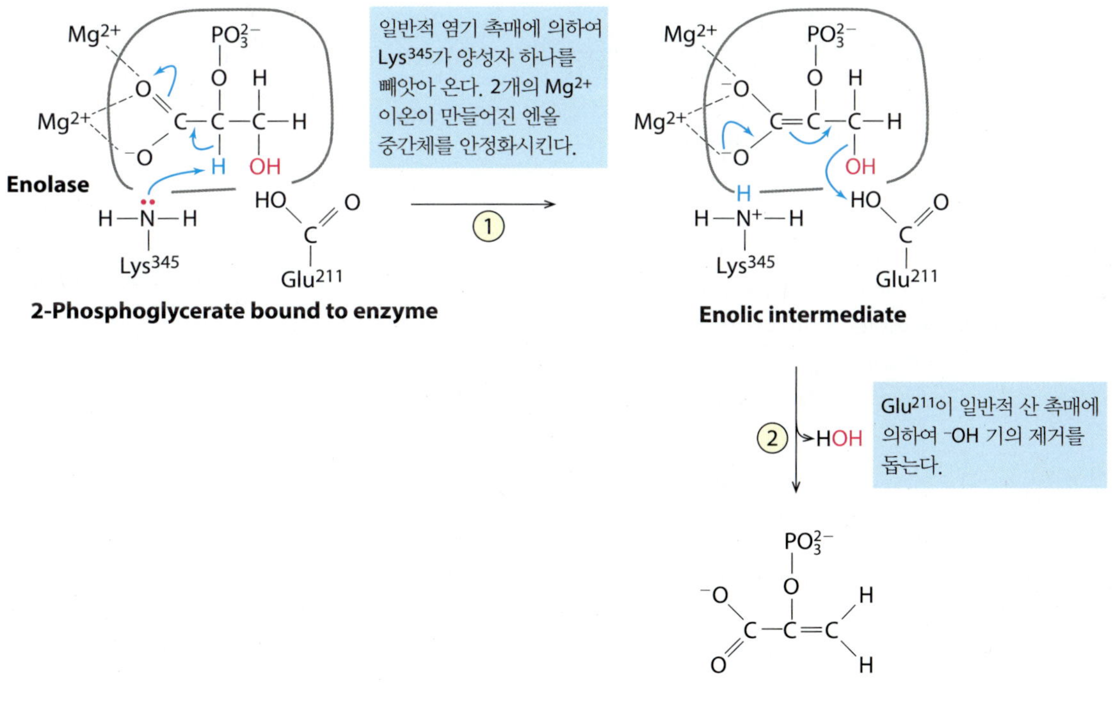

그림 5-22 엔올레이스에 의해 촉매되는 반응 메커니즘

자는 보다 쉽게 제거된다.

Pyruvate kinase(EC : 2.7.1.40 : Transferases): 파이루베이트 카이네이스(Pyruvate kinase)는 포스포엔올 파이루베이트(phosphoenol pyruvate, PEP)로부터 인산기를 ADP로 전달하여 **ATP**와 파이루베이트(pyruvate)를 생성하는 효소이다(그림 5-23). 이 반응은 해당작용에서 두 번째 기질 수준 인산화(**substrate-level phosphorylation**)에 해당한다. 파이루베이트 카이네이스 반응의 생성물인 파이루베이트(pyruvate)는 먼저 엔올형(enol form)으로 나타난 뒤 빠르게 케토형(keto form)으로 전환되는 소위 상호변환 이성질현상(tautomerization)이 일어난다(그림 5-24). 한편, 포스포엔올 파이루베이트(phosphoenol pyruvate)의 가수분해 $\Delta G'^{\circ}$가 −61.9 kJ/mol이기 때문에 ATP 합성에 −30.5 kJ/mol을 쓰고 나면 파이루베이트 카이네이스 반응의 $\Delta G'^{\circ}$는 −31.4 kJ/mol로 예상된다. 그러나 문헌에 보고된 K_{eq}는 3×10^4이기 때문에 $\Delta G'^{\circ}$는 −25.5 kJ/mol에 해당된다. 파이루베이트 카이네이스(**Pyruvate kinase**)에 의해 촉매되는 반응은 헥소카이네이

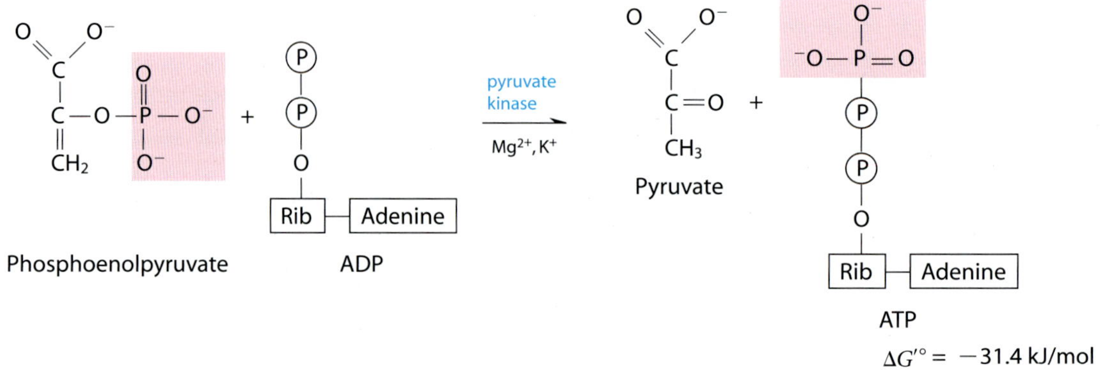

그림 5-23 파이루베이트 카이네이스에 의해 촉매되는 반응

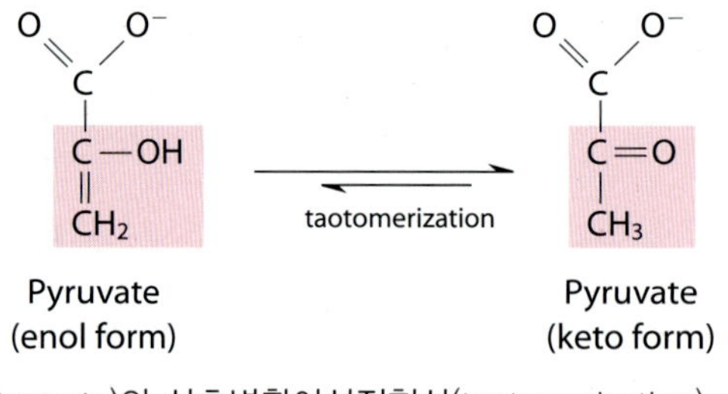

Pyruvate (enol form)
taotomerization
Pyruvate (keto form)

그림 5-24 파이루베이트(Pyruvate)의 상호변환이성질현상(tautomerization). 파이루베이트의 케토 상호변환이성질체(keto tautomer)는 엔올 상호변환이성질체(enol tautomer)보다 훨씬 더 안정하다. 따라서 파이루베이트 카이네이스(pyruvate kinase)에 의해 생성된 엔올 상호변환이성질체(enol tautomer)는 자발적으로 케토 상호변환이성질체(keto tautomer)로 전환된다.

스(hexokinase) 및 포스포플락토카이네이스-1(phosphofructokinase-1)에 의해 촉매되는 반응들과 함께 세포 내에서 비가역적이다.

파이루베이트 카이네이스(Pyruvate kinase)는 약 60kDa의 4개의 동일한 소단위체(subunit)로 이루어진 사합체 단백질(tetrameric protein)이며, 보조인자(cofactor)로서 Mg^{2+}(또는 Mn^{2+})를 필요로 하고 K^+를 비롯한 몇몇 1가 양이온에 의해 활성화된다. 포유동물의 파이루베이트 카이네이스(pyruvate kinase)는 M_1-형, M_2-형, L-형 그리고 R-형으로 명명되는 4가지 유형의 동질효소(isozymes)를 가지고 있다. M-형의 동질효소는 주로 근육과 뇌에 존재하는 반면, L형의 동질효소는 간에서 주된 효소(major isozymes)이지만 신장과 장에서도 소량(minor isozymes)으로 존재한다. R-형의 동질효소는 단지 적혈구 세포(erythroid cells)에서만 발현된다. 이들 동질효소는 동일한 유전자로부터 유래되지만, 발현의 조절뿐만 아니라 효소학적 성질에서 서로 다르다. L형과 R-형은 동일한 유전자에 의해 암호화되지만, 서로 다른 프로모터의 지배를 받는다. 반면에, M_1-형과 M_2-형도 동일한 유전자에 의해 암호화되지만, 서로 다른 RNA 잘라잇기(alternative RNA splicing)에 의해 생성된이다. M_1-형과 M_2-형의 동질효소들은 서로 21개의 아미노산 잔기가 다르다.

파이루베이트 카이네이스(pyruvate kinase)는 여러 가지 조절인자(modulator 또는 effector)에 의해 영향을 받는 알로스테릭 효소(allosteric enzyme)이다(그림 5-25). 고농도의 ATP, 아세틸-CoA(acetyl-CoA), 알라닌(alanine)은 파이루베이트 카이네이스

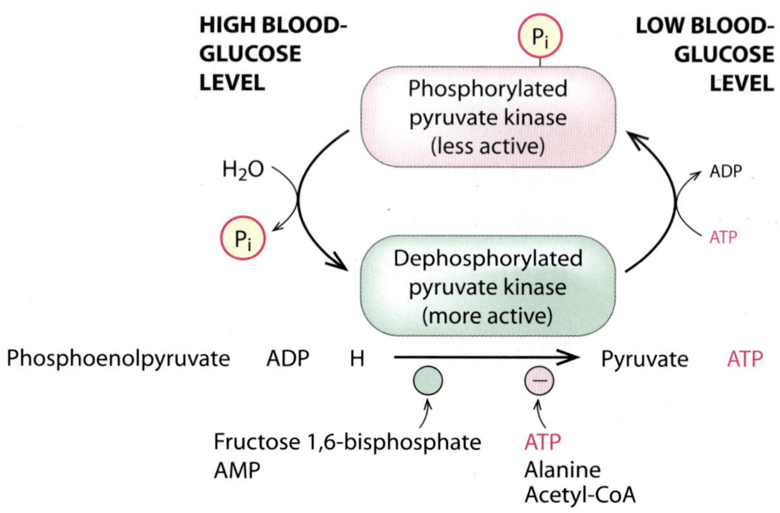

그림 5-25 파이루베이트 카이네이스(Pyruvate kinase)의 촉매 활성의 조절. 파이루베이트 카이네이스는 알로스테릭 조절인자들과 공유결합적 변형에 의해 조절된다.

(pyruvate kinase)의 활성을 저해하는 음(저해적)의 조절인자(**negative effector**)인 반면에, 플락토오스 1,6-비스포스페이트(fructose 1,6-bisphosphate)와 AMP는 활성을 촉진시키는 양의(촉진적) 조절인자(**positive modulator**)이다. 특히 간에 주로 존재하는 L-형 파이루베이트 카이네이스(L-type isozymes 또는 Liver pyruvate kinase)는 공유결합적 변형(covalent modification)에 의해서도 조절된다. 혈당 수준(blood-glucose level)이 낮을 때, 글루카곤(glucagon)은 이용가능한 글루코오스의 부재를 신호보낸다. 이러한 상황에서 글루카곤(glucagon)에 의해 유발되는 고리형 AMP 캐스케이드(glucagon-triggered cyclic AMP cascade)는 L-형 파이루베이트 카이네이스(L-type isozymes 또는 liver pyruvate kinase)의 인산화를 유도한다. 이것은 파이루베이트 카이네이스의 활성을 감소시킨다. 이러한 호르몬에 의해 유발되는 인산화(hormone-triggered phosphorylation)는 뇌와 근육이 글루코오스를 더 긴급히 필요로 할 때 간으로 하여금 글루코오스의 소비를 막는 역할을 한다. 혈당 수준이 증가하면 인슐린(insulin)의 분비가 유도된다. 인슐린은 인단백질인산가수분해효소I(phosphoprotein phosphatase는 어떤 인산화된 단백질의 탈인산화를 촉매하는 효소이다.)을 활성화시켜 파이루베이트 카이네이스의 탈인산화와 동시에 활성을 유도한다. 근육에 존재하는 M-형의 동질효소(Muscle pyruvate kinase)는 이러한 영향을 받지 않는다.

그림 5-26은 해당작용의 제2단계를 요약하여 나타낸 그림이다. 앞서 설명한 바와 같이, 해당작용의 제2단계는 에너지 생성 단계(**energy-yielding phase**)라고도 불려지며, 제1단계와 마찬가지로 5개의 효소 반응을 포함한다. 이들 중 첫 번째 효소인 글리세르알데하이드 3-포스페이트 디하이드라저네이스(glyceraldehyde 3-phosphate dehydrogenase)가 촉매하는 반응에서 1분자의 NADH가 생성된다. 그리고 포스포글리세레이트 카이네이스(phosphoglycerate kinase)와 파이루베이트 카이네이스(pyruvate kinase)에 의해 촉매되는 반응에서 각각 1분자의 ATP가 생성되어 총 2분자의 ATP가 생성된다. 해당작용의 제1단계에서 생성된 글리세르알데하이드 3-인산은 2분자이다. 따라서 글리세르알데하이드 3-인산은 제2단계에서 2분자가 동시에 반응하는 셈이 된다. 그러므로 제2단계에서 총 **2**분자의 **NADH**와 **4**분자의 **ATP**가 생성되는 셈이 된다.

해당작용에서 ATP의 수지 및 에너지 효율을 생각해 보면, 제1단계에서 헥소카이네이스(**hexokinase**) 반응과 포스포플락토카이네이스-**I**(**phosphofructokinase-I**) 반응에서 각각 1분자씩 총 **2**분자의 **ATP**가 소비되고 제2단계에서 포스포글리세레이트 카이네이스(**phosphoglycerate kinase**) 반응과 파이루베이트 카이네이스(**pyruvate kinase**) 반응에서 각각 2분자씩 총 **4**분자의 **ATP**가 생산된다. 따라서 생물은 해당작용에서 포도당 **1**분자를 분

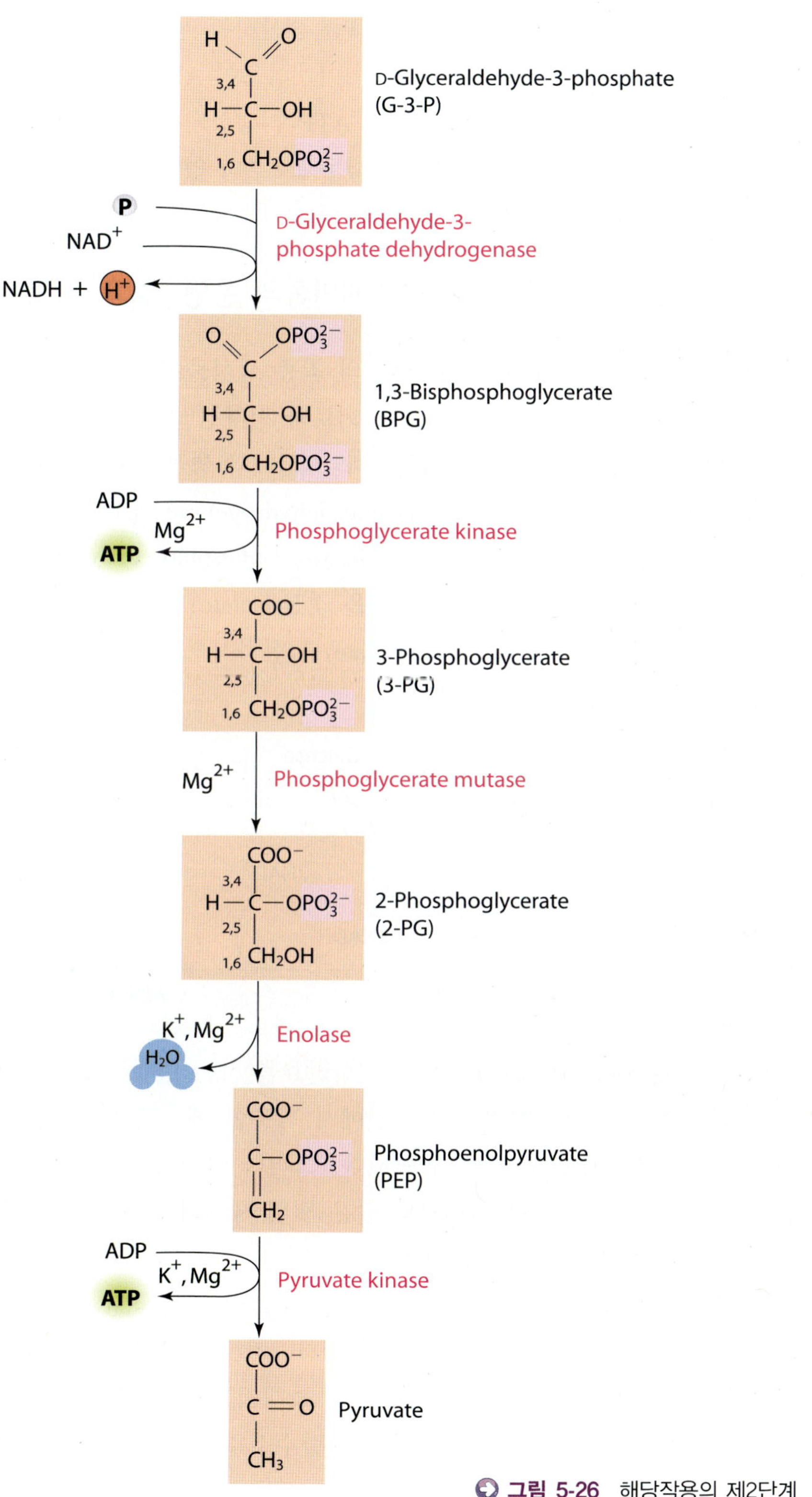

그림 5-26 해당작용의 제2단계

해하여 총 2분자의 NADH와 2분자의 ATP를 생산하는 셈이 된다. 해당작용의 전체적인 과정은 자유에너지 감소적(exergonic)이며, 더욱이 ATP의 생성이 없다면 해당작용은 더욱 자유에너지 감소적이 될 것이다. ATP가 생성되지 않으면, 글루코오스가 피루브산으로 변환될 때 방출되는 에너지는 생물체로부터 없어지고 열로 발산된다.

5-1-3 혐기적 상태에서 파이루베이트의 운명: 발효

파이루베이트(Pyruvate)는 해당작용의 최종 생성물이다. 호기성 생물에서 파이루베이트는 아세틸-CoA로 산화되어 TCA 회로와 전자전달쇄를 거쳐 CO_2와 H_2O로 완전히 산화된다. 그러나 혐기성 생물의 경우, 해당작용에서 생성된 파이루베이트는 다른 운명을 갖게 된다. 즉, 젖산 탈수소효소(lactate dehydrogenase, LDH)는 해당작용의 글리세르알데하이드 3-인산 탈수소효소(glyceraldehyde 3-phosphate dehydrogenase)에 의해 생성된 NADH를 이용하여 피루부산(pyruvate)을 젖산(lactate)으로 환원한다. 또한 효모를 비롯한 몇몇 미생물은 파이루베이트(pyruvate)를 혐기적으로 에탄올(ethanol)과 CO_2로 전환한다.

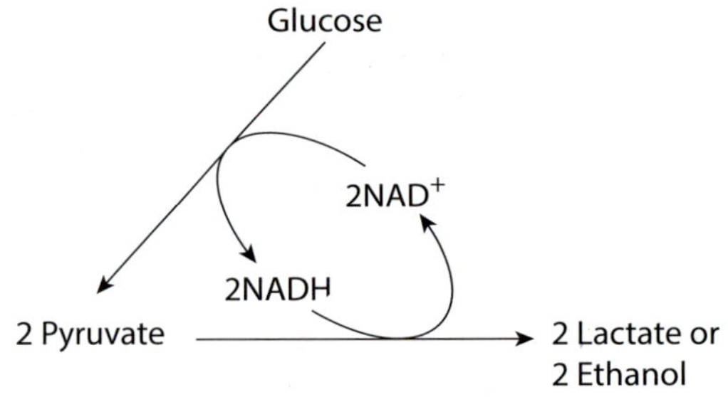

Lactate dehydrogenase(LDH): 젖산발효를 하는 미생물과 골격근(skeletal muscle) 같은 몇몇 동물조직이 혐기적인 조건에서 작용할 때, 해당작용에서 생성된 피루브산(pyruvate)은 젖산(lactate)으로 환원된다. 그러나 마이토콘드리아가 결여되어 피루브산을 CO_2로 산화할 수 없는 적혈구와 같은 몇몇 세포나 조직은 호기적인 조건에서 조차 글루코오스로부터 젖산을 생산한다.

제2장에서 언급한 바와 같이 젖산 탈수소효소(lactate dehydrogenase, LDH)는 다섯 가지의 동질효소(isozyme)로 이루어져 있다. 간, 근육, 백혈구, 뇌, 적혈구, 심장 등에서 LDH의 A와 B 소단위체(subunit)의 상대적 합성량을 조절함으로써 어떤 형태의 동질효소로 조합할 지를 결정한다. 젖산 탈수소효소(LDH)에 의해 촉매되는 반응의 평

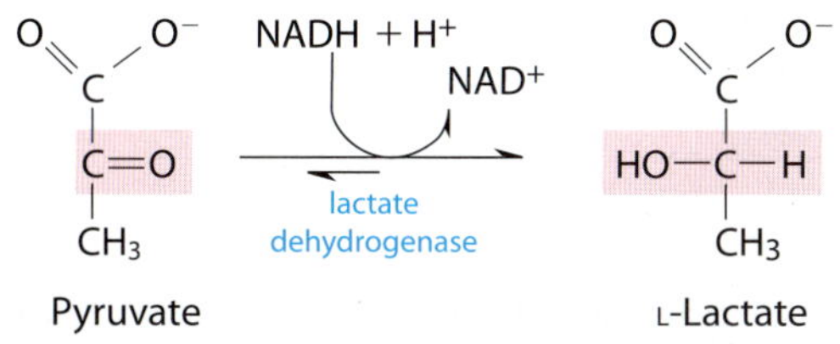

$$\text{Pyruvate} \xrightarrow[\text{lactate dehydrogenase}]{\text{NADH} + \text{H}^+ \rightarrow \text{NAD}^+} \text{L-Lactate} \qquad \Delta G'^{\circ} = -25.1 \text{ kJ/mol}$$

그림 5-27 젖산 탈수소효소에 의해 촉매되는 반응

형은 pH 7.0에서 오른쪽으로 크게 치우쳐져 있다(K_{eq} = 2.5×10^4). 그러나 니코틴아마이드 보조효소(**nicotinamide coenzyme**)가 관여하는 반응의 K_{eq}는 **pH**에 크게 의존하기 때문에 보다 높은 pH 8 또는 9에서 반응시키면 젖산 탈수소효소에 의해 촉매되는 반응은 역행될 수 있다.

척추동물의 활동적인 골격근에서 생성된 젖산은 혈액을 통하여 간으로 운반되어 글루코오스로 변환된다. 격렬한 운동을 하는 동안 젖산이 다량으로 생성되면, 근육이나 혈액에서 젖산의 이온화에 의한 산성화가 이루어져 통증의 원인이 되고 과격한 활동을 제한하게 된다. 락토바실러스(*Lactobacillus*)속과 스트렙토칵커스(*streptococcus*)속 미생물들은 젖(milk) 중의 유당(lactose)을 젖산(lactic acid)으로 발효한다. 발효 혼합액 중의 젖산(lactic acid)은 유산염(lactate)과 H^+으로 해리되어 용액의 pH를 낮추어 케이신(casein)과 그 밖의 유단백질(milk protein)을 변성시켜 침전시킨다. 적당한 조건하에서 침전 응고물은 치즈(cheese)와 요거트(yogurt)를 생산한다.

한 분자의 글루코오스로부터 2분자의 젖산이 생성되는 경우의 $\Delta G'^{\circ}$는 −184.5 kJ/mol이고, ADP가 ATP로 인산화될 때 저장된 에너지가 −61.0 kJ/mol이므로 젖산발효에서의 에너지 사용 효율은 (−61.0/−184.5) × 100 = 33, 즉 33%이다.

Pyruvate decarboxylase 및 alcohol dehydrogenase: 효모를 비롯한 몇몇 미생물은 해당작용에 의해 글루코오스로부터 형성된 피루브산(pyruvate)을 혐기적으로 에탄올(ethanol)과 CO_2로 전환한다. 이 반응을 촉매하는 효소가 피루브산탈카복실화효소(pyruvate decarboxylase)와 알코올탈수소효소(alcohol dehydrogenase)이다(그림 5-28). 피루브산탈카복실화효소(Pyruvate decarboxylase)는 보조인자(cofactor)로서 Mg^{2+}와 싸이아민 파이로포스페이트(thiamin pyrophosphate, TPP)를 필요로 하며, 이 반응은 완전한 발열반응(exergonic)이다. 따라서 알코올 반응의 최종산물인 에탄올과 CO_2는 글루코오스로 되돌아갈 수 없다. 피루브산탈카복실화효소(**Pyruvate decarboxylase**)는 동물

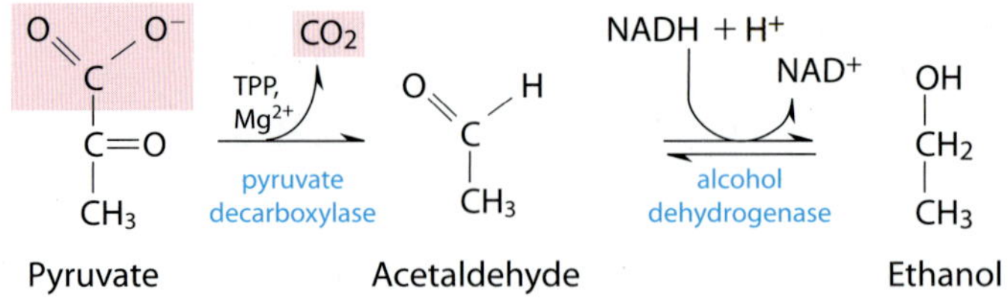

그림 5-28 피루브산탈카복실화효소와 알코올탈수소효소에 의해 촉매되는 반응들

조직에는 존재하지 않으며, 알코올 발효를 수행하는 효모(brewer's and baker's yeast)와 몇몇 미생물에서 특징적으로 존재한다. 양조 효모(brewer's yeast)의 피루브산탈카복실화효소(pyruvate decarboxylase)에 의해 생성된 CO_2는 샴페인의 특징적인 탄산이 되며, 빵을 만들 때 효모(baker's yeast)를 발효 재료의 당과 섞으면, 피루브산탈카복실화효소에 의해 생성되는 CO_2가 반죽의 빵을 부풀게 한다.

알코올탈수소효소(Alcohol dehydrogenase)는 1937년에 빵 효모인 사카로마이시즈 세러비시아이(*Saccharomyces cerevisiae*)로부터 분리 · 정제되었다. 이러한 알코올탈수소효소(alcohol dehydrogenase)는 알코올과 알데하이드(또는 케톤) 간의 상호전환을 촉매한다. 이 반응은 젖산 탈수소효소(lactate dehydrogenase)에 의해 촉매되는 반응과 같이 평형이 pH 7.0에서 오른쪽으로 크게 치우쳐져 있다. 그러나 니코틴아마이드 보조효소(**nicotinamide coenzyme**)가 관여하는 반응의 K_{eq}는 **pH**에 크게 의존하기 때문에 과량의 NAD^+가 존재할 때 알카리 조건(pH 9.5)에서 반응을 역행시킬 수 있다. 알코올탈수소효소 반응에 이용되는 **NADH**는 젖산 탈수소효소 반응에서와 같이 **glyceraldehyde 3-phosphate dehydrogenase** 반응에서 생성된 **NADH**를 이용한다. 알코올 탈수소효소(Alcohol dehydrogenase)는 동물의 간, 망막, 혈청, 및 고등식물의 종자와 잎, 그리고 효모를 포함한 많은 미생물에 존재하며 다량의 에탄올을 생산하는 조직에서만 한정되어 있는 것은 아니다.

5-1-4 파스퇴르 효과(Pasteur effect)

1857년 루이 파스퇴르(Louis Pasteur)는 효모에 의한 글루코오스의 발효를 연구하던 중 혐기적으로 글루코오스를 대사하는 효모의 배양액이 공기 중에 노출되면 글루코오스의 이용 속도가 급격하게 저하된다는 것을 발견하였다. 즉, 파스퇴르는 발효의 속도가 호기적인 조건에서 강하게 억제된다는 것을 처음 관찰하였다. 파스퇴르 효과란 글루코오스의 소비 속도와 총량이 호기적인 조건에서보다 혐기적인 조건에서 몇 배 더 큰 현상을 일컫는다. 혐기적인 조건에서 해당작용으로부터 생산되는 ATP의 양(1분자의 글루코오스로부터 2분자의 ATP)은 호기적인 조건에서 생산되는 ATP의 양(1분자의 글루코오스로부터 30~32분자의 ATP)에 비해 대단히 적다. 따라서 같은 양의 ATP를 생산하기 위해서는 혐기적인 조건에서 약 18배나 더 많은 글루코오스가 소비되지 않으면 안되는 것이다.

5-2 해당작용에서 글루코오스 이외의 탄수화물 이용

글루코오스 이외의 많은 탄수화물들은 해당작용의 중간체 중의 하나로 변형된 다음, 해당작용에서 대사된다. 이들 중 가장 중요한 탄수화물은 저장 다당류인 글라이코젠과 녹말, 이당류인 엿당(maltose), 유당(lactose), 설탕(sucrose), 트레할로오스(trehalose) 그리고 단당류인 과당(fructose), 만노오스(mannose), 갈락토오스(galactose)이다.

글루코오스 이외의 단당류의 대사: 과일 등에 존재하는 **과당(fructose)은 헥소카이네이스(hexokinase)에 의해 플락토오스 6-인산(fructose 6-phosphate)으로 전환**된 다음 포스포플락토카이네이스-I(phosphofructokinase-I)에 의한 반응을 받는다. 이 반응은 근육과 신장 등에서 과당(fructose)이 해당작용으로 들어가는 주요 경로이다.

$$\text{Fructose} + \text{ATP} \xrightarrow[\text{Hexokinase}]{Mg^{2+}} \text{Fructose 6-phosphate} + \text{ADP}$$

또한 **과당(fructose)은 간에 존재하는 플락토카이네이스(liver fructokinase)**에 의해 **플락토오스 1-인산(fructose 1-phosphate)으로 전환**되기도 한다.

$$\text{Fructose} + \text{ATP} \xrightarrow[\text{Liver fructokinase}]{Mg^{2+}} \text{Fructose 1-phosphate} + \text{ADP}$$

그림 5-29에 나타낸 바와 같이, **플락토오스 1-인산(Fructose 1-phosphate)은 플락토오스 1-인산 알도레이스(fructose 1-phosphate aldolase)**에 의해 글리세르알데하이드

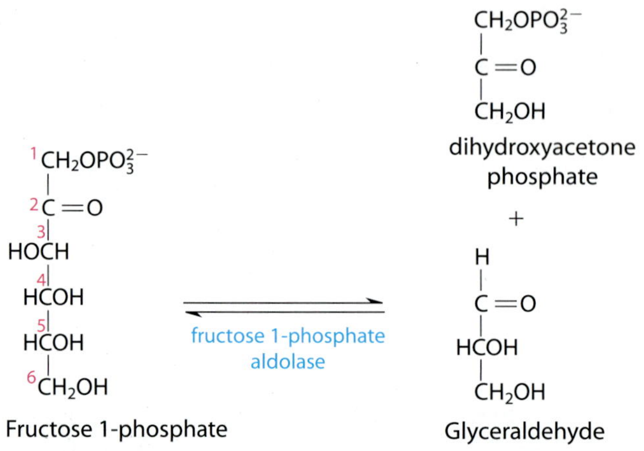

$$\begin{array}{l} ^{1}CH_2OPO_3^{2-} \\ \quad | \\ ^{2}C=O \\ \quad |^{3} \\ HOCH \\ \quad |^{4} \\ HCOH \\ \quad |^{5} \\ HCOH \\ \quad | \\ ^{6}CH_2OH \end{array} \underset{\text{fructose 1-phosphate aldolase}}{\rightleftharpoons} \begin{array}{c} CH_2OPO_3^{2-} \\ | \\ C=O \\ | \\ CH_2OH \end{array} + \begin{array}{c} H \\ | \\ C=O \\ | \\ HCOH \\ | \\ CH_2OH \end{array}$$

Fructose 1-phosphate → dihydroxyacetone phosphate + Glyceraldehyde

그림 5-29 플락토오스 1-인산 알도레이스(Fructose 1-phosphate aldolase)에 의해 촉매되는 반응.

(glyceraldehyde)와 다이하이드록시아세톤포스페이트**(dihydroxyacetone phosphate)**로 분해된다. 다이하이드록시아세톤포스페이트(Dihydroxyaceton phosphate)는 삼탄당 인산 이성화효소(triose phosphate isomerase)에 의해 글리세르알데하이드 3-인산(glyceraldehyde 3-phosphate)으로 전환되고, 글리세르알데하이드(glyceraldehyde)는 ATP와 글리세르알데하이드 카이네이스**(glyceraldehyde kinase** 또는 **triose kinase)**에 의해 글리세르알데하이드 3-인산(glyceraldehyde 3-phosphate)으로 인산화된 다음, 해당작용에서 대사된다.

$$\text{Glyceraldehyde} + \text{ATP} \xrightarrow[\text{Glyceraldehyde kinase (triose kinase)}]{Mg^{2+}} \text{Glyceraldehyde 3-phosphate} + \text{ADP}$$

만노오스**(Mannose)**는 헥소카이네이스(hexokinase)에 의해 만노오스 6-인산(mannose 6-phosphate)으로 인산화된 다음, 포스포만노오스 아이소머레이스**(phosphomannose isomerase)**에 의해 플락토오스 6-인산(fructose 6-phosphate)으로 전환된 다음, 해당작용에서 대사된다.

글리세롤의 대사: 트리아실글리세롤(Triacylglycerol)과 인지질(phospholipid)은 가수분해되어 하나의 생성물로서 글리세롤(glycerol)을 생산한다. 글리세롤(glycerol)은 세 가지 효소의 연속적인 작용에 의해 글리세르알데하이드 3-인산으로 전환된 후 해당작용의 경로로 들어간다(그림 5-30). 글리세롤(glycerol)은 글리세롤 카이네이스**(glycerol kinase)**의 작용에 의해 L-글리세롤 3-인산(L-glycerol 3-phosphate)으로 전환

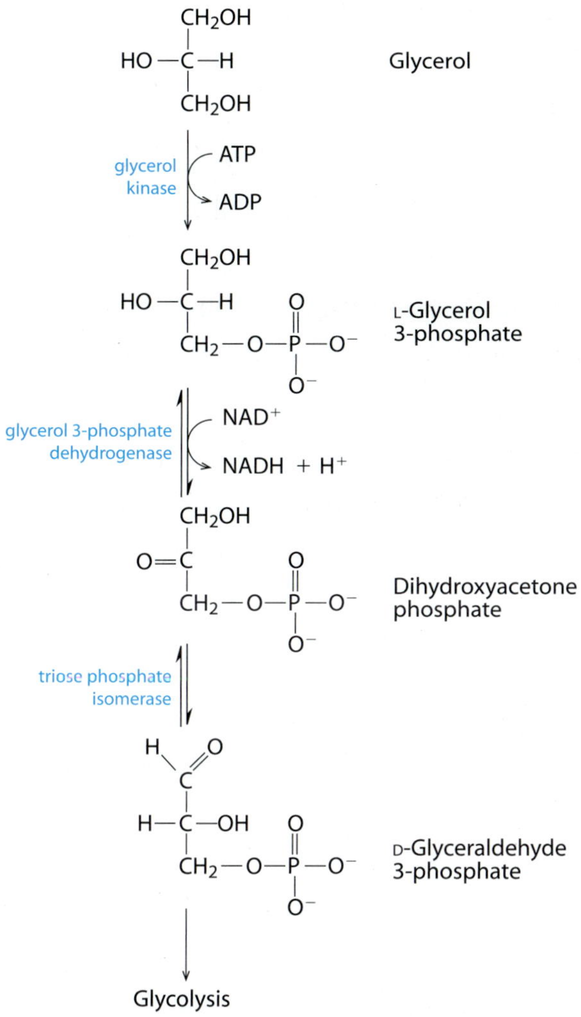

그림 5-30 글리세롤(Glycerol)이 해당작용 경로로 들어가는 과정.

된다. 글리세롤 카이네이스(Glycerol kinase)는 인산기전달효소(phosphotransferase)로서 ATP로부터 글리세롤(glycerol)로 인산기를 전달하여 L-글리세롤 3-인산(L-glycerol 3-phosphate)을 형성한다. 그 다음에 L-글리세롤 3-인산은 글리세롤 **3-**인산 탈수소효소 **(glycerol 3-phosphate dehydrogenase)**의 작용에 의해 해당작용의 중간체인 다이하이드록시아세톤포스페이트(dihydroxy acetone phosphate)로 전환된다. 다이하이드록시아세톤포스페이트는 삼탄당 인산 이성화효소**(triose phosphate isomerase)**에 의해 글리세르알데하이드 3-인산으로 전환된 후 해당작용의 경로로 들어가게 된다. 이와 같이 글리세롤 3-인산 탈수소효소(glycerol-3-phosphate dehydrogenase)는 탄수화물 대사(carbohydrate metabolism)와 지질 대사(lipid metabolism) 간에 주요 연결고리(major link)로 작용한다. 즉 글리세롤은 지질(lipids)을 구성하는 주성분이기 때문에 그림 5-30에 나타낸 반응들의 역반응들을 주목하면 쉽게 이해할 수 있을 것이다. 글리세롤 3-인산 탈수소효소(Glycerol 3-phosphate dehydrogenase)는 두 가지 유형으로 존재한다. 즉 보조인자(cofactor)로서 NAD^+/NADH를 이용하는 세포질의 글리세롤 3-인산 탈수소효소[Cytosolic Glycerol-3-phosphate dehydrogenase(GPD1)]와 보조인자(cofactor)로서 FAD^+/FADH를 이용하는 마이토콘드리아의 글리세롤 3-인산 탈수소효소[mitochondrial glycerol-3-phosphate dehydrogenase(GPD2)]가 있다(그림 5-31). 또한 글리세롤 3-인산 탈수소효소는 마이토콘드리아에서 전자전달쇄(electron transport chain)에 전자의 제공자 역할을 한다.

이당류의 대사: 이당류로서 식품에 가장 많이 존재하는 말토오스(maltose; 맥아당, 엿당), 락토오스(lactose: 젖당, 유당), 슈크로오스(sucrose: 설탕)는 소장(small

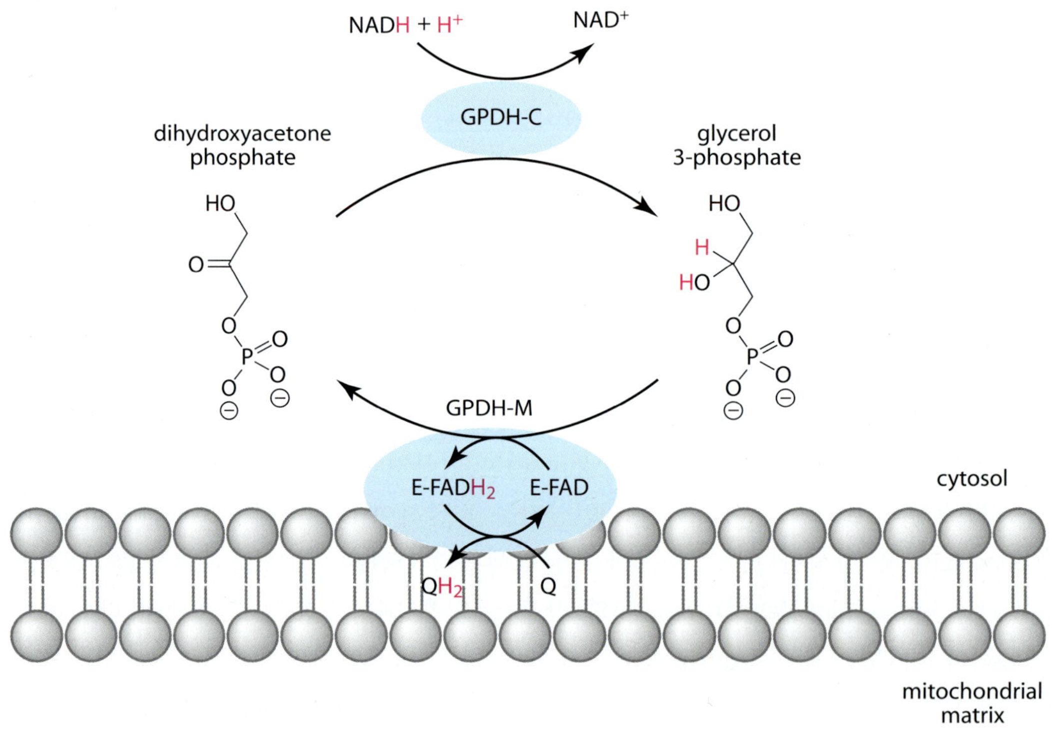

그림 5-31 글리세롤 3-인산 탈수소효소(Glycerol-3-phosphate dehydrogenase)의 세포질 형태(cytosolic form, GPDH-C)와 마이토콘드리아 형태(mitochondrial form, GPDH-M)에 의해 촉매되는 짝지은 반응들(Coupled reactions). GPDH-C와 GPDH-M은 전자 공여체(electron donor)로서 각각 NADH와 quinol(QH)을 이용한다. 더욱이 GPDH-M은 보조인자로서 FAD를 이용한다.

intestine)에 존재하는 효소에 의해 단당류로 가수분해 된 다음 대사된다. **슈크로오스(Sucrose)는** 동물의 소장(small intestine)에 존재하는 슈크레이스(sucrase 또는 invertase)에 의해 글루코오스(glucose)와 플락토오스(fructose)로 분해된 다음, 앞에서 설명된 방법에 의하여 글루코오스와 플락토오스는 해당작용에서 대사된다. 주로 젖(milk)에서 발견되는 **락토오스(lactose: 젖의 2~8%)는** 소장(small intestine)에 존재하는 락테이스(lactase)에 의해 글루코오스(glucose)와 갈락토오스(galactose)로 분해된 다음 글루코오스는 직접 해당작용에서 대사되고 **갈락토오스(galactose)는 르루아르 경로(Leloir pathway)를 통해 해당과정으로 들어간다(그림 5-32).** 갈락토오스를 글루코오스로 전환하는 르루아르 경로(Leloir pathway)는 총 4가지 효소의 작용으로 구성되어 있다. 과일, 채

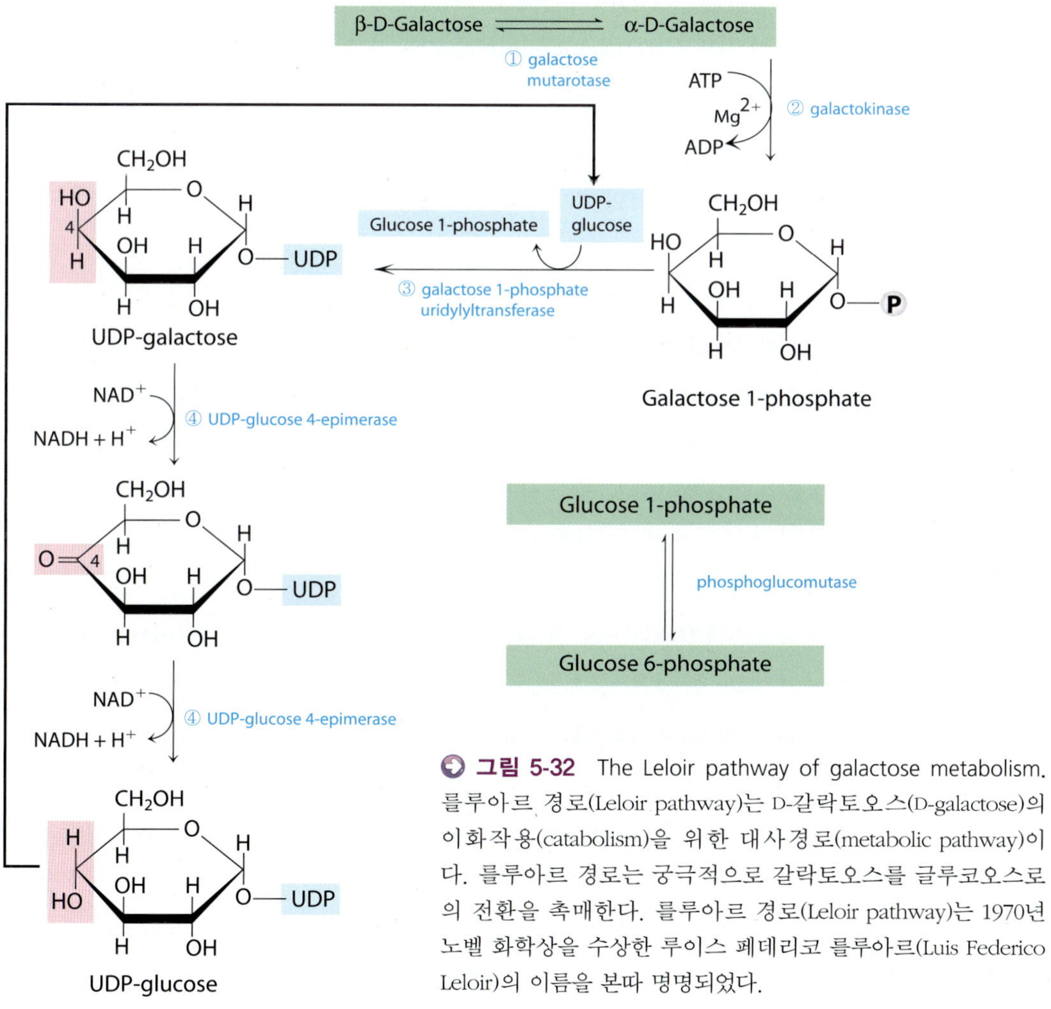

그림 5-32 The Leloir pathway of galactose metabolism. 르루아르 경로(Leloir pathway)는 D-갈락토오스(D-galactose)의 이화작용(catabolism)을 위한 대사경로(metabolic pathway)이다. 르루아르 경로는 궁극적으로 갈락토오스를 글루코오스로의 전환을 촉매한다. 르루아르 경로(Leloir pathway)는 1970년 노벨 화학상을 수상한 루이스 페데리코 르루아르(Luis Federico Leloir)의 이름을 본따 명명되었다.

소뿐만 아니라 유제품(dairy products)에서 발견되는 베타-**D**-갈락토오스(**β-D-galactose**)는 소장에서 흡수된 후 혈액을 통하여 간으로 전달되어 먼저 ① 갈락토오스 뮤타로테이스(**galactose mutarotase**)에 의해 알파-**D**-갈락토오스(**α-D-galactose**)로 이성화(epimerization)된다. 르루아르 경로(Leloir pathway)의 두 번째 단계에서 알파-D-갈락토오스(α-D-galactose)는 ② 갈락토카이네이스(**galactokinase**)에 의해 갈락토오스 1-인산(galactose 1-phosphate)으로 인산화된다. 세 번째 단계에서 갈락토오스 1-인산(Galactose 1-phosphate)은 ③ 갈락토오스 **1-**인산 유리딜릴트랜스퍼레이스(**galactose 1-phosphate uridylyltransferase**)에 의하여 glucose 1-phosphate로 된다. 갈락토오스 **1-**인산 유리딜릴트랜스퍼레이스(**Galactose 1-phosphate uridylyltransferase**)는 UDP-glucose로부터 갈락토오스 1-인산(galactose 1-phosphate)으로 UMP기(UMP group)의 전달을 촉매한다. 반응을 종결하기 위하여 생성물인 UDP-갈락토오스(UDP-galactose)는 NAD^+가 결합되어 있는 ④ **UDP-glucose(or UDP-galactose)-4-epimerase**에 의하여 UDP-글루코오스(UDP-glucose)로 전환된다. 르루아르 경로(Leloir pathway)의 반응 생성물인 글루코오스 **1-**인산(**glucose 1-phosphate**)은 최종적으로 포스포글루코뮤테이스(**phosphoglucomutase**)에 의해 글루코오스 **6-**인산(**glucose 6-phosphate**)으로 전환될 수 있기 때문에 해당작용에서 대사될 수 있다.

1950년에 루이스 페데리코 르루아르(Luis Federico Leloir)는 유리딘 이인산 글루코오스(uridine diphosphate glucose, UDPG)를 발견하여 그 생합성 메커니즘을 해명하였다. 유리딘 이인산 글루코오스(**UDPG**)는 동 · 식물 그리고 미생물 세포에 널리 분포하는 당 뉴클레오타이드(**nucleotide sugar**)의 일종으로 대사에서 글라이코실트랜스퍼레이스(**glycosyltransferase**) 반응에 관여한다. 즉, 글루코오스의 활성형인 유리딘 이인산 글루코오스(UDPG)는 글라이코실트랜스퍼레이스(glycosyltransferase)의 기질로서 당 뉴클레오타이드의 대사에 이용된다.

유리딘 이인산 글루코오스(**UDPG**)는 또한 글라이코젠(**glycogen**)의 전구체(**precursor**)이다(그림 5-33). 글라이코젠의 합성은 글루코오스 6-인산(glucose 6-phosphate)이 포스포글루코뮤테이스(phosphoglucomutase)에 의해 글루코오스 1-인산(glucose 1-phosphate)으로 전환됨으로써 시작된다. Glucose 6-phosphate $\rightleftharpoons$ Glucose 1-phosphate. 유리딘 이인산 글루코오스(uridine diphosphate glucose, UDPG)는 당의 생합성에 글루코오스 잔기의 공여체(glucose donor)로 작용한다. 이 반응에서 생성된 글루코오스 1-인산은 UTP와 함께 **UDP-**글루코오스 파이로포스포릴레이스(**UDP-glucose pyrophosphorylase**)에 의해 유리딘 이인산 글루코오스(**UDPG**) 즉, **UDP-**글루코오스(**UDP-glucose**)가 생성된다.

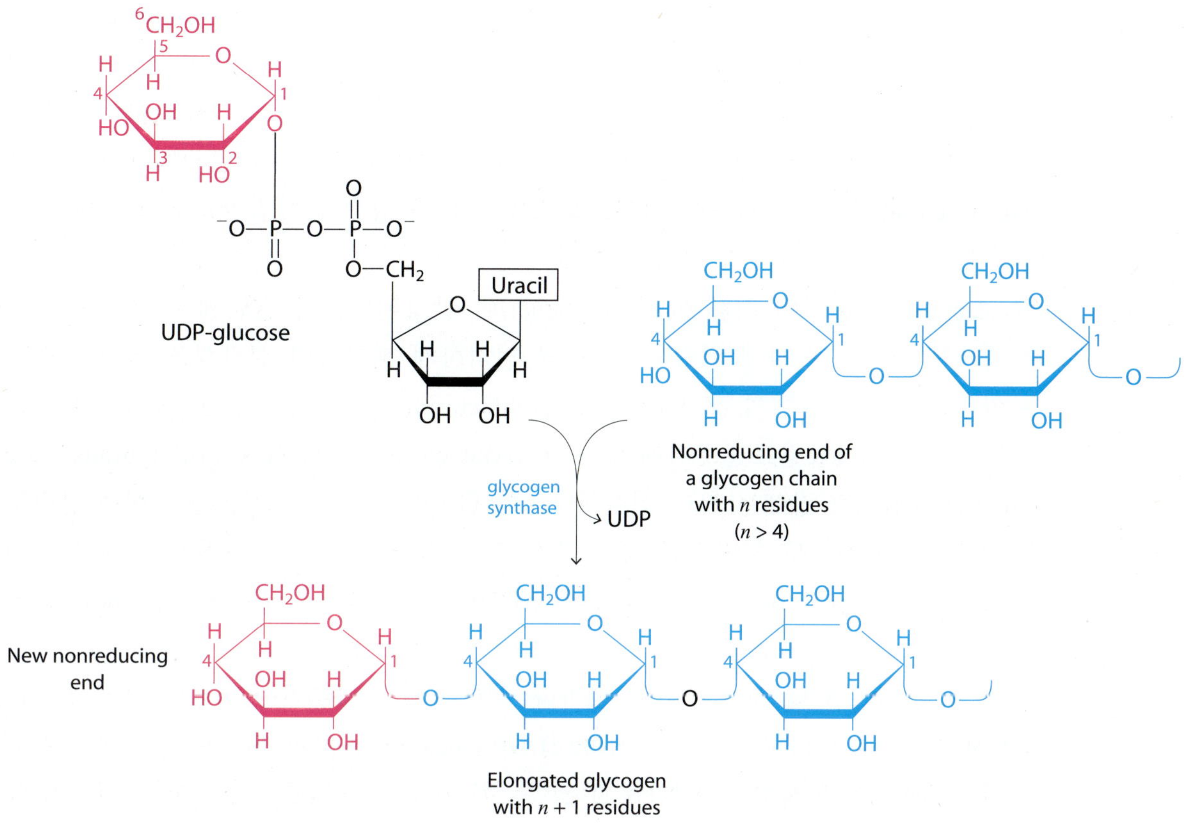

그림 5-33 글라이코젠 합성 메커니즘

Glucose 1-phosphate + UTP ⇌ UDP-Glucose + PPi. 이 반응에서 생성된 UDP-글루코오스는 글라이코젠 합성효소(glycogen synthase)에 의해 촉진되는 반응에서 글루코오스 잔기의 공여체(glucose donor) 역할을 한다. 또한 유리딘 이인산 글루코오스(UDPG)는 UDP-갈락토오스(UDP-galactose)와 UDP-글루쿠론산(UDP-glucuronic acid)으로 전환되어 이들을 포함하는 다당류를 합성하는 효소의 기질로 사용될 뿐만 아니라 리포다당류(lipopolysaccharides)와 당스핑고지질(glycosphingolipids)의 전구체로 이용되기도 한다.

릴루아르 경로(Leloir pathway)의 두 번째 단계를 촉매하는 갈락토카이네이스(galactokinase)는 포유동물의 간(mammalian liver)에서 처음 분리된 후, 효모, 고세균(hyperthermophilic archaeon인 *Pyrococcus furiosus*), 식물 그리고 동물에서 광범위하게 연구되어 왔다. 만약 릴루아르 경로(Leloir pathway)의 핵심 효소인 갈락토카이네이스(galactokinase), 갈락토오스 1-인산 유리딜릴트랜스퍼레이스(galactose 1-phosphate uridylyltransferase), UDP-글루코오스-4-에피머레이스(UDP-glucose-4-epimerase) 중 한 곳에 유전적 결손이 발생하면 갈락토오스 대사에 교란(metabolic disorder)이 일어나는 희귀 유전병(a rare genetic metabolic disorder)인 갈락토오스혈증(**galactosemia**)이 생긴다. 갈락토카이네이스 결핍(Galactokinase deficiency)에 의한 갈락토오스혈증(galactosemia)의 경우, 혈중에 갈락토오스의 농도가 상승되고 갈락토오스가 뇨로 분비된다. 이 병에 걸리게 되면 유아기에 수정체에 갈락토오스의 대사물질인 갈락티톨(galactitol)의 축적에 의해 백내장(cataract)이 발생된다. 이 질환에서 다른 증상들은 비교적 가볍고 식사에서 갈락토오스를 엄격하게 제한하면 심각성을 크게 개선할 수 있다. 세 가지 유형의 갈락토오스혈증(galactosemia) 중 가장 흔한 형태인 갈락토오스 1-인산 유리딜릴트랜스퍼레이스 결핍(Galactose 1-phosphate uridylyltransferase deficiency)에 의한 장애는 보다 심각하다. 이 질환에 걸린 어린이들은 음식에 갈락토오스를 제거할 때에도 치명적인 성장 부진, 정신적 장애, 간 손상 등의 증상을 보인다. UDP-글루코오스-4-에피머레이스 결핍(UDP-glucose-4-epimerase deficiency)에 의한 갈락토오스혈증(galactosemia)도 유사한 증상을 나타내지만, 식이 갈락토오스를 조심스럽게 조절하면 덜 심각해진다. 태아나 유아일 경우 사춘기에 이르면 간에 적당량의 **UDP-글루코오스 파이로포스포릴레이스(UDP-glucose pyrophosphorylase)**가 생기게 되어 갈락토오스의 독성이 덜 심각하게 된다. 이 효소는 글루코오스 1-인산 대신에 알파-D-갈락토오스 1-인산을 받아들여 UTP와 반응하여 UDP-갈락토오스(UDP-galactose)를 생성한다.

유당 과민증(**lactose intolerance**)은 락토오스 가수분해효소 결핍증(hypolactasia)이라 부르기도 하는데 소장 점막 상피세포에 존재하는 락토오스 가수분해효소(lactase)의 활성저하 또는 결여에 의한 질병이다. 락토오스(유당 또는 젖당)는 젖의 주요 탄수화물이므로 어린 포유동물의 에너지원이라는 점에서 대단히 중요하다. 유당은 혈액 중으로 직접 흡수되지 않고 소장(작은 창자) 내에 존재하는 유당 분해효소인 락테이스(lactase)에 의해 먼저 단당류인 글루코오스와 갈락토오스로 가수분해된 다음 흡수된다. 락테이스(**Lactase**)는 유아기(**nursing infants**)에는 풍부하지만 성장하면서 없어지는 경향이 있다. 북유럽인이나 일부 아프리카인은 성인이 되어도 락테이스(lactase)를 보유하고 있지만 대부분의 인종은 성인이 되면서 장내에 락테이스(lactase)의 활성이 저하되거나 사라지게 된다. 지중해 부근에 사는 사람과 동양인은 유당에 특히 과민성을 나타내는데, 이러한 사람의 경우 유당이 많이 함유되어 있는 음식을 섭취하게 되면 복부 경련이나 설사 증상이 따른다. 소장(작은 창자)에서 락토오스(유당 또는 젖당)가 분해되어 흡수되지 않으면, 락토오스는 결장(colon)에서 서식하는 세균의 좋은 에너지원이 된다. 따라서 결장에 서식하는 세균들은 락토오스를 젖산(lactic acid)으로 발효하여 메탄(CH_4)과 수소 기체(H_2)를 발생시킨다. 발생한 기체는 장 팽창(gut distension)에 의한 불쾌감(복부 경련)을 느끼게 한다. 그리고 세균에 의해 만들어진 젖산(lactic acid)은 삼투현상을 일으켜서 장(intestine) 안으로 물을 빨아들여 설사를 일으킨다.

참고 Luis Federico Leloir

(1906. 9. 6 ~ 1987. 12. 2)

루이스 페데리코 를루아르(Luis Federico Leloir)는 프랑스 태생 아르헨티나 생화학자이다. 그는 1970년에 『당 뉴클레오타이드(nucleotide sugar)의 발견과 탄수화물의 생합성에서 그 역할』에 관한 연구로 노벨 화학상을 수상하였다. 이로 인하여 그는 스페인어를 구사하는 최초의 노벨상 수상자가 되었다. 1906년 를루아르의 부모는 를루아르 아버지의 질병 치료를 목적으로 부에노스아이레스로부터 파리로 건너갔다. 그리나 를루아르의 아비지는 그헤 8월에 시망하고, 일주일 후 파리의 빅토르 위고 81번가(81 Víctor Hugo Road in Pari)에 있는 오래된 집에서 를루아르가 태어났다. 그의 가족들은 1908년에 다시 아르헨티나로 돌아왔다. 1932년에 부에노스아이레스대학(University of Buenos Aires)에서 의학 박사학위를 취득한 를루아르는 19434년부터 1935년까지 부에노스아이레스대학 생리학연구소에서 조교로 일을 했다. 1년 동안 케임브리지대학 생화학연구소에서 연구 생활을 한 뒤, 1937년에 생리학연구소로 돌아와서 지방산의 산화를 연구했다. 1944년에는 미국 세인트루이스에 있는 칼 F. 코리의 연구실(Carl F. Cori's laboratory in St. Louis)에서 연구 조교(Research Assistant)로 활동하였다. 그리고 1947년에는 자산가의 도움으로 부에노스아이레스에 생화학연구소를 설립하였다. 이곳에서 그는 락토오스의 생합성과 분해를 연구하여 탄수화물 대사의 과정을 밝혀 줄 당 뉴클레오타이드(nucleotide sugar)인 유리딘 이인산 글루코오스(uridine diphosphate glucose, UDPG)를 발견하였다. 이 기간 동안 를루아르와 그의 동료들은 오늘날 를루아르 경로(Leloir pathway)라고 불리는 락토오스의 성분인 갈락토오스 대사의 메커니즘(primary mechanism)을 규명하였다. UDPG는 트레할로오스(trehalose)와 슈크로오스(sucrose)와 같은 당의 생합성에 글루코오스 공여체(glucose donor)로 작용하는 것으로 밝혀졌다. 그는 또한 유리딘 이인산 아세틸글루코사민(uridine diphosphate acetylglucosamine)과 구아노신 이인산 만노오스(guanosine diphosphate mannose)와 같은 당 뉴클레오타이드의 분리에도 성공하였다. 연구에 박차를 가하여 그는 UDPG가 글라이코젠(glycogen)의 합성에 관여하며, 녹말(starch)의 합성에는 아데노신 이인산 글루코오스(adenosine diphosphate glucose, ADPG)가 관여한다는 것을 밝혔다. 1962년에 그는 부에노스아이레스대학의 교수가 되었다.

다당류의 대사: 생물은 과잉의 글루코오스를 중합체(polymer)의 형태로 저장한다. 척추동물과 많은 미생물은 글라이코젠의 형태로 그리고 식물은 녹말(전분)의 형태로 저장한다. 이러한 글라이코젠(Glycogen)과 녹말은 각각 글라이코젠 포스포릴레이스(glycogen phosphorylase)와 전분 가인산분해효소(starch phosphorylase)에 의해 가인산분해(phosphorolysis)되어 글루코오스 1-인산(glucose 1-phosphate)으로 전환된다. 척추동물에서 글라이코젠은 주로 간과 골격근에서 발견된다. 글라이코젠은 간 무게의 10%까지 그리고 근육 무게의 1~2%까지 차지한다. 근육에서 글라이코젠(Muscle glycogen)은 호기성 또는 혐기성 대사를 위하여 빠르게 에너지원을 공급한다. 격렬한 운동 중인 근육은 1시간 내에 글라이코젠을 고갈시킬 수 있다. 간에 존재하는 글라이코젠(Liver glycogen)은 식이 글루코오스를 이용할 수 없을 때 다른 조직을 위한 저장고 역할을 한다. 지방산을 연료로 사용할 수 없는 뇌 신경세포를 위해 특히 중요하다. 간 글라이코젠은 12~24시간 내에 고갈될 수 있다. 골격근과 간에서 글라이코젠의 가지사슬에 존재하는 글루코오스 단위들은 세 가지 효소, 즉 글라이코젠 포스포릴레이스(**glycogen phosphorylase**), 글라이코젠 가지제거효소(**glycogen debranching enzyme**) 그리고 포스포글루코뮤테이스(**phosphoglucomutase**)의 연속적인 작용에 의해 해당작용으로 들어간다. 제2장에서 상세히 설명한 바와 같이 골격근(Skeletal muscle), 간(liver) 그리고 뇌(brain)에서 동질효소(isozymes)의 형태로 존재하는 글라이코젠 가인산분해효소(glycogen phosphorylase)는 공유결합적 변형(covalent modification: phosphorylation)과 알로스테릭 조절(allosteric control) 모두에 의해 조절되는 대표적인 효소이다. 이러한 글라이코젠 포스포릴레이스(**glycogen phosphorylase**)는 다음과 같은 반응을 촉매한다.

$$\underset{\text{Glycogen}}{(\text{Glucose})_n} + P_i \longrightarrow \text{Glucose 1-phosphate} + \underset{\text{Shortened glycogen chain}}{(\text{Glucose})_{n-1}}$$

글라이코젠 포스포릴레이스(glycogen phosphorylase) 반응에 의해 생성된 글루코오스 1-인산(glucose 1-phosphate)은 근육에서는 **포스포글루코뮤테이스(phosphoglucomutase)**에 의해 글루코오스 6-인산(glucose 6-phosphate)으로 전환되어 해당작용에서 ATP 생성에 사용되지만, 간에서는 유리형의 포도당으로 전환된다. **피리독살 포스페이트(Pyridoxal phosphate)는** 글라이코젠 포스포릴레이스(glycogen phosphorylase)의 **보조인자(cofactor)**인데 이것의 인산기는 글라이코사이드결합(glycosidic bond)에 인산기(Pi)에 의한 공격을 촉진하는 일반적인 산 촉매(acid catalyst)로 작용한다.

글라이코젠 포스포릴레이스[Glycogen phosphorylase(또는 starch phosphorylase)]는 글라이코젠(또는 아밀로펙틴)의 가지 사슬의 비환원 말단 부위에 반복적으로 작용하여 **(α1→6) 가지점[(α1→6) branching point]으로부터 4개의 글루코오스 잔기가 남는 가지점까지 가수분해한다(그림 5-34).** 그리고 이 지점에서 글라이코젠 포스포릴레이스[glycogen phosphorylase(또는 starch phosphorylase)]의 촉매작용은 정지된다. 녹말의 아밀로펙틴(amylopectin) 또는 글라이코젠(glycogen)이 아밀레이스(amylase)나 글라이코젠 포스포릴레이스[glycogen phosphorylase(또는 starch phosphorylase)]의 작용을 받은 후 분해되지 않고 남아 있는 고도로 가지진 비분해잔여물을 **한계 덱스트린(limit dextrin)**이라고 부른다. 이와 같은 고도로 가지진 부분은 예전에 **oligo (α1→6) to (α1→4) glucantransferase**라고 불려졌던 **가지제거효소(debranching enzyme)**의 2회 연속적인 반응에 의해 완전히 제거된다(그림 5-34). 즉, (α1→6) 가지점[(α1→6) branching point] 부근에 남아 있는 4개의 글루코오스 잔기 중 3개의 글루코오스(trisaccharide)는 **가지제거효소(debranching enzyme)의 전이효소 활성(transferase activity)**에 의해 다른 다당류 사슬의 비환원 말단으로 전달되고, (α1→6) 가지점에 결합되어 있는 나머지 하나의 글루코오스는 **가지제거효소(debranching enzyme)의 (α1→6) 글루코시데이스 활성[(α1→6) glucosidase activity]**에 의해 완전히 제거된다.

5-3 오탄당 인산 경로(Pentose Phosphate Pathway)

해당작용의 저해제인 **아이오도아세테이트(iodoacetate: glyceraldehyde 3-phosphate dehydrogenase의 저해제)와 플루오라이드(fluoride: enolase의 저해제)**를 이용한 실험은 글루코오스의 대사에서 해당작용 이외에 다른 대사경로(alternate route)가 존재한다는 사

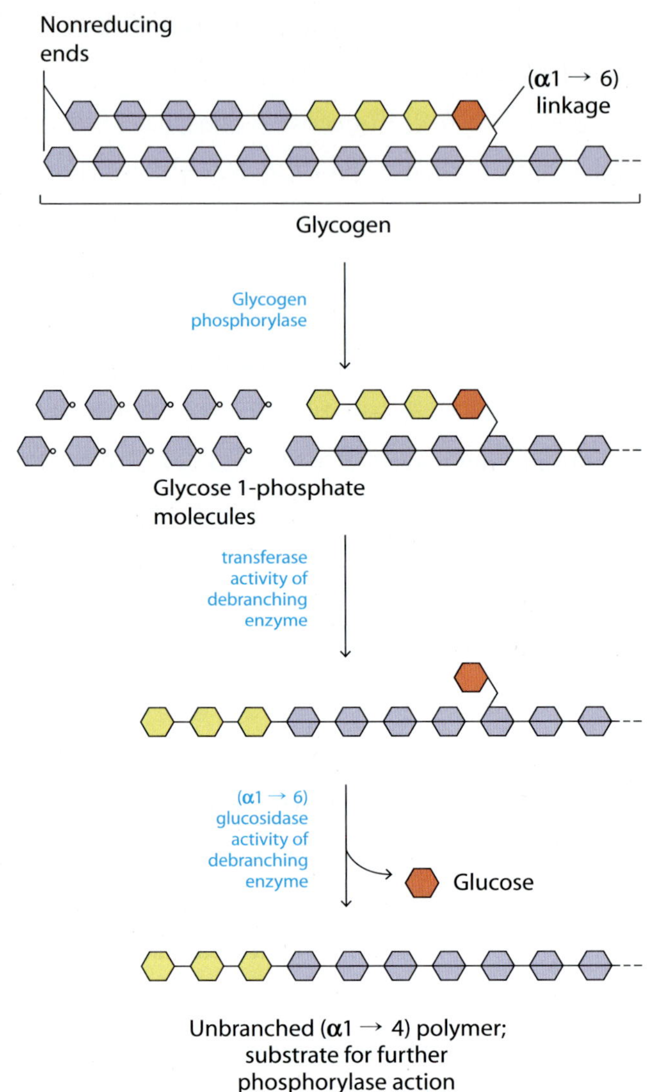

그림 5-34 (α1→6) 가지점[(α1→6) branching point] 부근에서 글라이코젠의 분해

실을 밝혔다. 즉 해당작용의 저해제를 어떤 조직에 가하였을 때 글루코오스의 소비에는 아무런 변화가 없다는 사실과 다른 몇 가지 실험적 결과로부터 해당작용과는 다른 글루코오스의 대사경로가 존재한다는 사실이 알려지게 되었다. 이렇게 알려진 글루코오스의 대사경로를 오탄당 인산 경로(**pentose phosphate pathway**), 포스포글루콘산 경로(**phosphogluconate pathway**) 또는 육탄당 일인산 분기회로(**hexose monophosphate shunt**)라고 부른다(그림 5-35). 해당작용(**Glycolysis**)은 포도당을 부분적으로 분해하여 세포

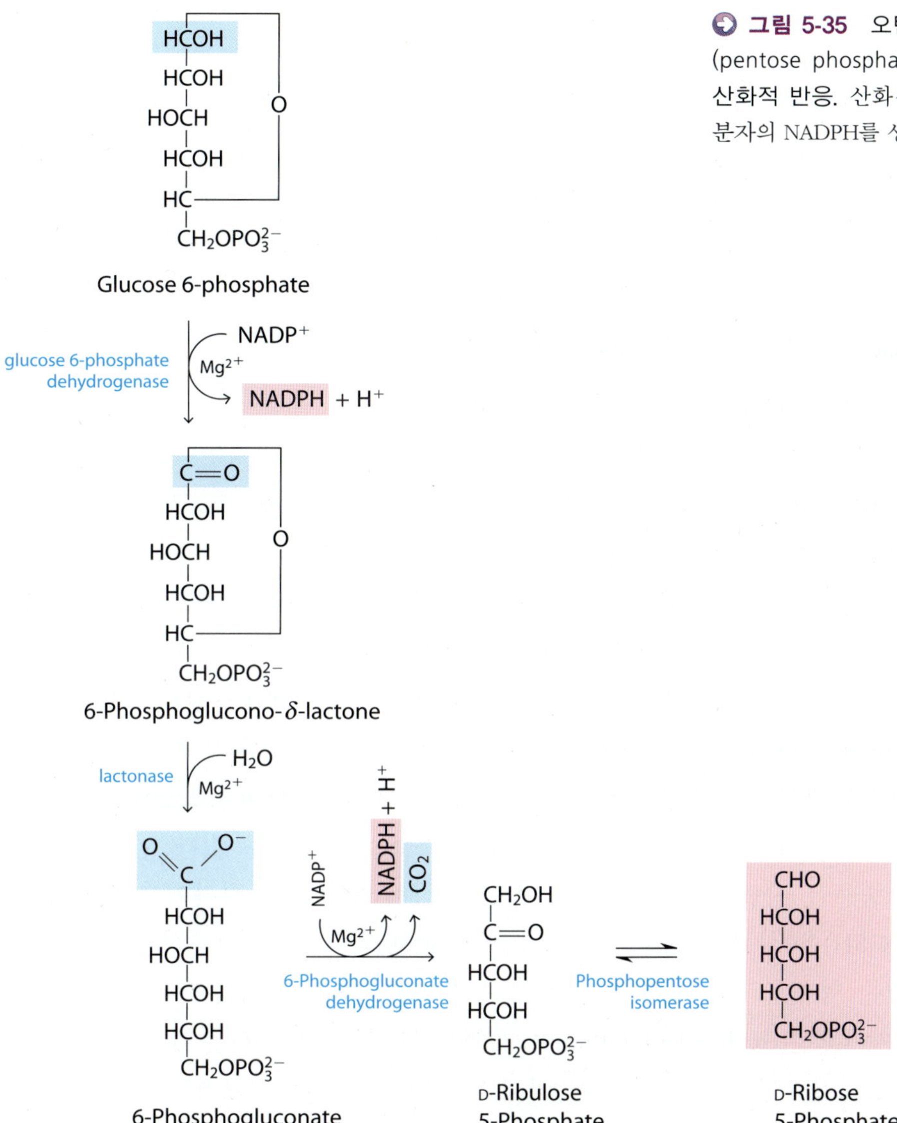

그림 5-35 오탄당 인산 경로(pentose phosphate pathway)의 산화적 반응. 산화적 반응에서 두 분자의 NADPH를 생성한다.

가 필요한 에너지를 **ATP**형으로 얻는 반응이지만, **5탄당 인산 경로(pentose phosphate pathway)**는 여러 가지 생합성 반응의 환원제로 이용되는 **NADPH**와 핵산의 생합성에 필요한 오탄당 라이보오스 **5-인산(ribose 5-phosphate)**을 생산하는 경로이다. 오탄당 인산 경로의 몇몇 대사물질들은 해당작용으로 들어가서 사용될 수도 있다. 오탄당 인산 경로는 유선(mammary gland), 부신피질(adrenal cortex), 간(liver), 지방조직(adipose tissue)과 같은 지방산**(fatty acid)**과 스테로이드**(steroid)**를 활발히 합성하는 조직에 존재하며 산화

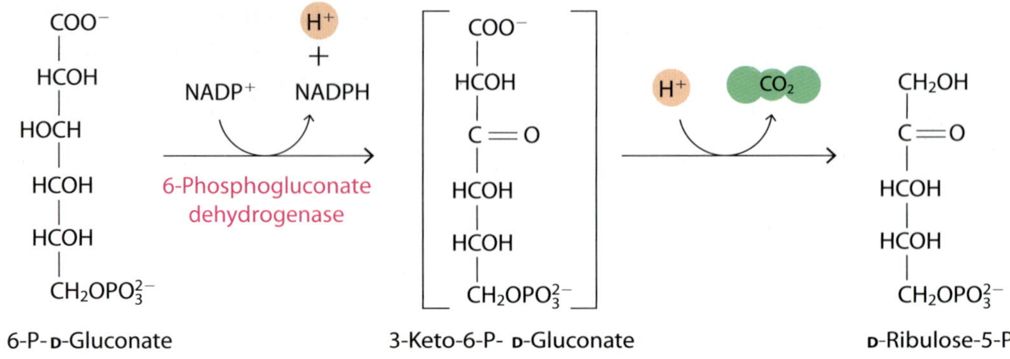

그림 5-36 6-포스포글루콘산 탈수소효소에 의해 촉매되는 반응.

적 반응(**oxidative reaction**)과 비산화적 반응(**nonoxidative reaction**)으로 구분된다. 산화적 반응의 첫 반응은 글루코오스 **6-**인산 탈수소효소(**glucose 6-phosphate dehydrogenase**)에 의해 글루코오스 6-인산(glucose 6-phosphate)이 탈수소화되어 6-포스포글루코노-델타-락톤(6-phosphoglucono-δ-lactone)의 형성을 촉매하는 반응이다. 이때 전자수용체로서 $NADP^+$가 관여하여 **NADPH**가 형성된다. 이때 형성된 **NADPH**는 글루터싸이오운 환원효소(**glutathione reductase**)에 의해 **GSSG**가 **2GSH**로 환원되는 반응에 이용되기도 한다. 산화적 대사에서 생성되는 반응성이 큰 산소종들(reactive oxygen species)은 모든 부류의 거대분자들에 해를 입히고 결국 세포를 죽음으로 유도할 수 있다. 실제로 반응성이 큰 산소종들은 사람의 많은 질병과 관련된다. 환원형 글루터싸이오운(Reduced glutathione, GSH)은 산화적 스트레스(oxidative stress)와 싸워서 반응성이 큰 산소종들을 해가 없는 형태로 환원시키는 데 필요하다. 임무를 마친 글루터싸이오운은 산화형 글루터싸이오운(oxidized glutathione, GSSG)이 되고, GSSG는 GSH로 다시 환원된다. 글루코오스 **6-**인산 탈수소효소에 의해 촉매되는 반응은 비가역적이며, **NADPH**와 지방산 생합성의 중간물질인 **coenzyme A**의 지방산 에스터(**fatty acid ester**)에 의해 저해되기 때문에 대사조절(metabolic control)을 받는다고 할 수 있다. 6-포스포글루코노-델타-락톤(6-Phosphoglucono-δ-lactone)은 락토네이스(**lactonase**)에 의해 6-포스포글루콘산(6-phosphogluconate)으로 전환된다. 일반적으로 6-포스포글루코노-델타-락톤(6-phosphoglucono-δ-lactone)은 가수분해에 불안정하며, 자발적으로 락톤의 고리-열림 반응을 쉽게 받는다. 그렇지만 락토네이스(lactonase)가 이 반응을 촉진시켜준다. 이 반응도 비가역적이다. **6-**포스포글루콘산 탈수소효소(**6-phosphogluconate dehydrogenase**)는 6-포스포글루콘산(6-Phosphogluconate)의 산화적 탈카복실화를 촉매하여 케토펜토

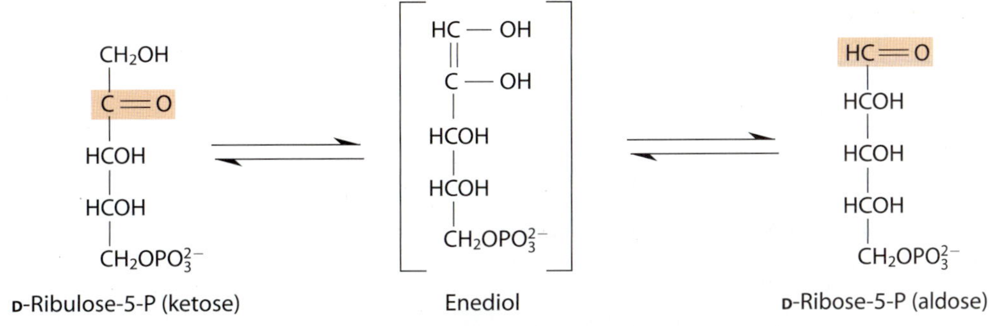

그림 5-37 인산오탄당 이성화효소에 의해 촉매되는 반응.

오스(ketopentose)인 D-리불로오스 5-인산(D-ribulose 5-phosphate)과 **NADPH를 생성한다.** 6-포스포글루콘산 탈수소효소에 의해 촉매되는 반응은 **비가역적이며,** 그림 5-36과 같이 두 단계로 일어난다. D-리불로오스 5-인산(D-Ribulose 5-phosphate)은 **인산오탄당 이성화효소(phosphopentose isomerase 또는 phosphoriboisomerase)**에 의해 엔다이올 중간물질[enediol intermediate: $-C(OH)=C(OH)-$]을 거쳐 D-라이보오스 5-인산(D-ribose 5-phosphate)으로 전환된다(그림 5-37). 몇몇 조직에서 오탄당 인산 경로는 인산오탄당 이성화효소(phosphopentose isomerase)에 의해 촉매되는 반응에서 종결된다. 인산오탄당 이성화효소에 의해 촉매되는 반응은 글루코오스 6-인산과 플락토오스 6-인산을 상호전환시키는 해당작용의 포스포글루코오스 이성화효소(phosphoglucose isomerase) 반응과 매우 유사하다. 이 반응에서 생성된 D-라이보오스 5-인산(D-ribose 5-phosphate)은 NADH, NADPH, FAD, 바이타민 B_{12}와 같은 보조인자(cofactor), 뉴클레오타이드, 핵산(DNA와 RNA) 등의 생합성에 이용된다.

한편, **D-라이보오스 5-인산(D-ribose 5-phosphate)보다 주로 NADPH를 필요로 하는 조직에서는 오탄당 인산(pentose phosphate)이 일련의 반응을 거쳐 글루코오스 6-인산(glucose 6-phosphate)으로 재순환(recycle)된다.** 이 과정을 오탄당 인산 경로의 비산화적 반응(nonoxidative reaction)이라고 부른다(그림 5-38). 산화적 반응에서 생성된 D-리불로오스 5-인산(D-Ribulose 5-phosphate)은 **② 인산오탄당 에피머레이스(phosphopentose epimerase)**에 의해 또 다른 케토오스(ketose)인 자일룰로오스 5-인산(xylulose 5-phosphate)으로 전환한다(그림 5-39). 이 반응도 엔다이올 중간체(enediol intermediate)에 의해 진행되지만, C-3에 결합되어 있는 OH기의 위치가 반대로 바뀐다. 이 반응에서 카보닐 탄소(carbonyl carbon)에 대해 알파-탄소(α-carbon)에 위치한 산성 양성자가 제거되어 엔다이올이 생성된 다음, 반대쪽에서 같은 탄소에 양성자가

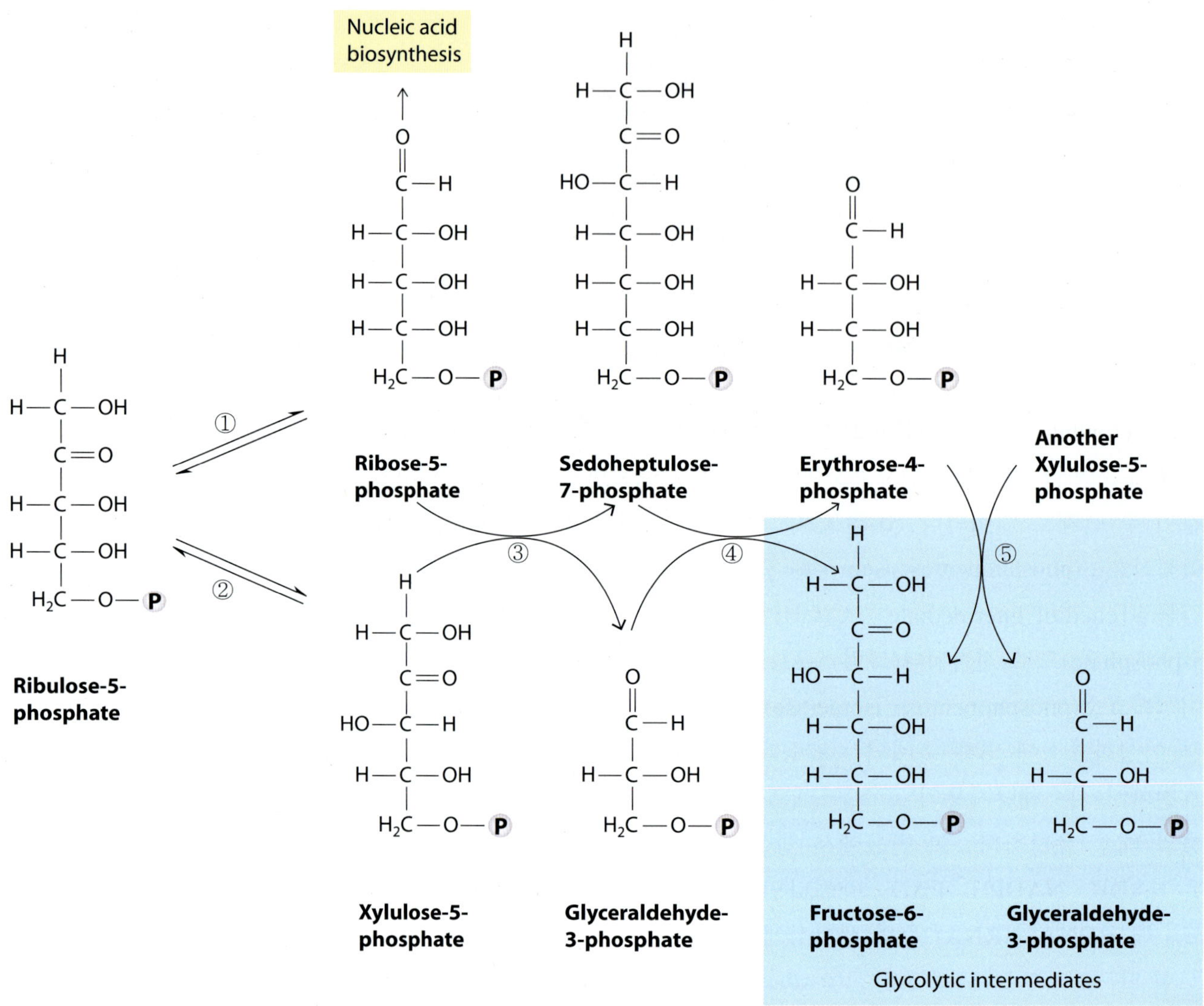

그림 5-38 오탄당 인산 경로의 비산화적 반응(nonoxidative reaction)

Phosphopentose epimerase

CH_2OH / C = O / H — COH / HCOH / $CH_2OPO_3^{2-}$ (E — B:)

Ribulose-5-P

[CH_2OH / C — O^- / ‖ / C — OH / HCOH / $CH_2OPO_3^{2-}$] HB^+ — E

Enediolate

CH_2OH / C = O / HO — C — H / HCOH / $CH_2OPO_3^{2-}$

Xylulose-5-P

그림 5-39 인산오탄당 에피머레이스에 의해 촉매되는 반응

다시 첨가된다. 여기서 에피머화와 이성화에 관하여 한 번 살펴보기로 하자. 에피머화(Epimerization)는 그림 5-39와 같이 하나의 탄소 원자상에서 기들(groups) 간의 상호교환을 뜻하는 반면에, 이성화(isomerization)는 그림 5-37과 같이 탄소 원자들 사이에 기들(groups)의 상호교환을 일컫는다.

트랜스케톨레이스(Transketolase, 케톨전달효소)는 오탄당 인산 경로의 비산화적 반응(nonoxidative reaction)에서 ③단계과 ⑤단계 반응을 촉매한다(그림 5-40과 그림 5-41). 두 경우 모두, 효소가 2탄소 단위체(two-carbon units)의 전달을 촉매한다. 이 반응에서 탄소를 제공하는 분자는 케토오스(ketose)이고 탄소를 받아들이는 것은 알도오스(aldose)이다.

③단계와 ⑤단계 반응에서 생성된 글리세르알데하이드 3-인산(glyceraldehyde 3-phosphate)과 플락토오스 6-인산(fructose 6-phosphate)은 해당작용의 기질로서 이용

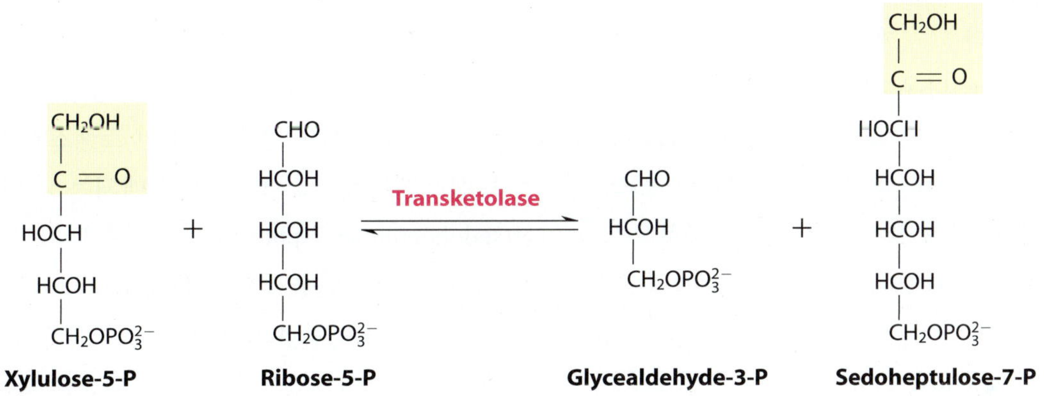

Xylulose-5-P + Ribose-5-P ⇌ (Transketolase) Glycealdehyde-3-P + Sedoheptulose-7-P

그림 5-40 오탄당 인산 경로의 비산화적 반응(nonoxidative reaction)에서 트랜스케톨레이스(Transketolase)에 의해 촉매되는 ③단계 반응

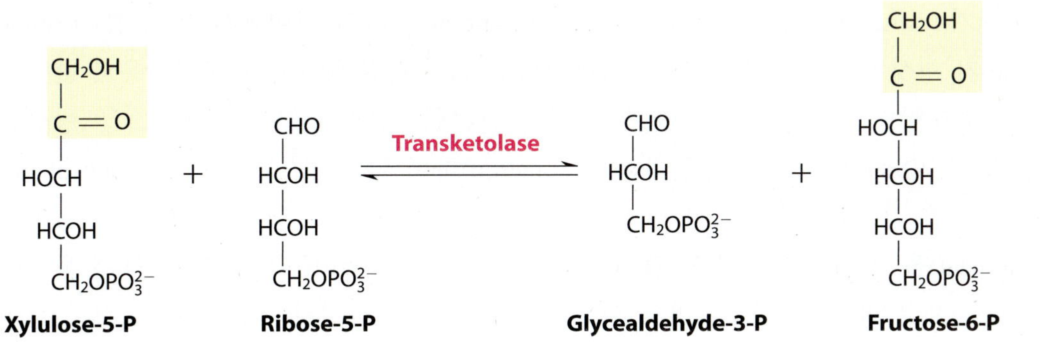

Xylulose-5-P + Ribose-5-P ⇌ (Transketolase) Glycealdehyde-3-P + Fructose-6-P

그림 5-41 오탄당 인산 경로의 비산화적 반응(nonoxidative reaction)에서 트랜스케톨레이스(Transketolase)에 의해 촉매되는 ⑤단계 반응

될 수 있다. 트랜스케톨레이스(Transketolase, 케톨전달효소)는 보결원자단(prosthetic group)으로서 단단하게 결합된 싸이아민 파이로포스페이트(thiamine pyrophosphate, TPP)를 함유하고 있으며, 그 메커니즘은 그림 5-42와 같다. 먼저, ① 효소에 결합된 싸이아민 파이로포스페이트(TPP)의 C-2 탄소 원자는 쉽게 이온화하여 카보음이온(carbanion: 음전하가 탄소에 위치하는 음이온)을 만든다. ② 반응성이 큰 음으로 하전된 탄소 원자(carbanion)는 케토오스 인산 기질의 카보닐기(carbonyl group)를 공격한다. 싸이아졸 고리에서 양으로 하전된 질소 원자는 전자 싱크(electron sink: An electron sink is an area surrounding the atom where the electrons delocalize.)로 작용한다. ③ 이 결과로 형성된 화합물은 탄소-탄소 결합의 절단으로 글리세르알데하이드 3-인산(glyceraldehyde 3-phosphate)을 방출시키고, TPP에 결합된 2탄소 단위체(two-carbon units)가 남는다. ④ 그 다음에 활성화된 2탄소 단위체는 적당한 알도오스 수용체(aldose acceptor)의 카보닐기와 축합하여 새로운 탄소-탄소 결합, 즉 케토오스를 형성한다. ⑤ 케토오스 생성물이 효소로부터 방출되고 다음 반응 사이클을 위하여 TPP가 풀려나온다. 트랜스케톨레이스(transketolase)는 이와 비슷한 방법으로 다양한 2-케토당 인산(2-keto sugar phosphate)을 만들 수 있다. ④단계 반응의 효소인 트랜스알돌레이스(**transaldolase,** 알돌전달효소)의 기능은 트랜스케톨레이스에 의해 촉매되는 ③단계 반응의 생성물인 세도헵툴로오스 7-인산(sedoheptulose 7-phosphate)으로부터 유용한 해당과정의 기질을 만드는 것이다(그림 5-43). 트랜스알돌레이스(Transaldolase)는 3탄소 다이하이드록시아세톤 단위체(three-carbon dihydroxyaceton unit)를 케토오스 공여체(ketose donor)로부터 알도오스 수용체(aldose acceptor)로 옮긴다. 트랜스알돌레이스는 보결원자단을 함유하고 있지 않다. 그 대신에 ① 케토오스 기질인 세도헵툴로오스 7-인산(sedoheptulose 7-phosphate)의 카보닐기와 효소의 활성부위에 존재하는 라이신 잔기(lysine residue)의 엡실론-아미노기(ε-amino group) 사이에서 쉬프 염기(Schiff base)가 형성된다. 이러한 유형의 공유결합성 효소-기질 중간체는 해당작용의 플락토오스 1,6-양인산 알돌레이스 반응에 의해 형성되는 것과 매우 유사하다. ② 형성된 쉬프 염기(Schiff base)는 양성자화(protonation)하여 알도오스(erythrose 4-phosphate)의 방출을 유도하고, 라이신 잔기(lysine residue)에 결합한 3탄소 단편(three-carbon fragment)을 남겨둔다. 쉬프 염기의 카보음이온(carbanion) 부분에 있는 음전하는 공명으로 안정화된다. 그리고 쉬프 염기의 양으로 하전된 질소 원자가 전자 싱크(electron sink: An electron sink is an area surrounding the atom where the electrons delocalize.)로서 작용한다. 양성자화한 쉬프 염기의 질소 원자는 트랜스케톨레이스에

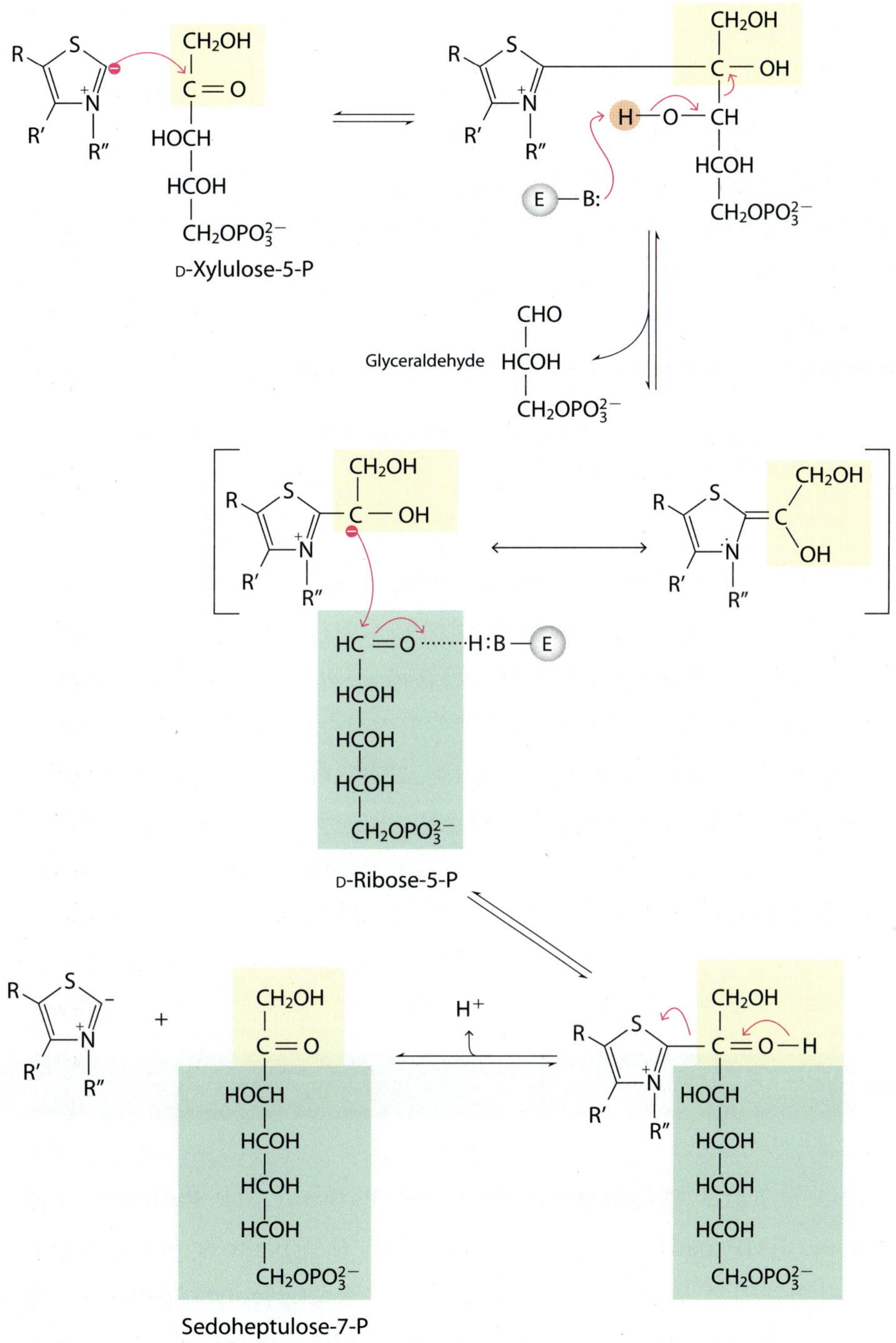

그림 5-42 TPP-의존성 트랜스케톨레이스에 의해 촉매되는 반응 메커니즘.

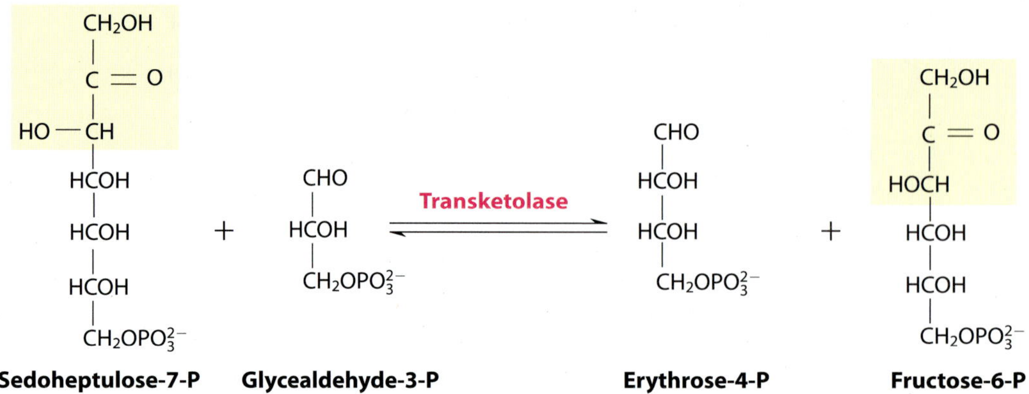

그림 5-43 오탄당 인산 경로의 비산화적 반응(nonoxidative reaction)에서 트랜스알돌레이스(transaldolase)에 의해 촉매되는 ④단계 반응.

결합되어 있는 싸이아졸-고리의 질소 원자가 하는 역할과 같다. ③ 반응성이 큰 3탄소 단편인 엔아민(enamine)은 글리세르알데하이드 3-인산의 알데하이드 탄소를 공격하여 새로운 탄소-탄소 결합을 형성한다. 그 다음에 ④ 탈양성자화(deprotonation)와 쉬프 염기(Schiff base)의 가수분해반응으로 라이신 곁사슬로부터 케토오스 생성물(fructose 6-phosphate)을 방출함으로써 반응 사이클이 완결된다. 각 효소에서, 중간체 내의 한 원자단(group)은 카보닐기를 공격하여 새로운 탄소-탄소 결합을 형성할 때 카보음이온(carbanion)처럼 반응한다. 트랜스케톨레이스와 트랜스알돌레이스에서 카보음이온 중간체(carbanion intermediate)의 전하는 공명으로 안정화된다(그림 5-45).

5-4 엔트너-도우도로프 경로

엔트너-도우도로프 경로(**Entner-Doudoroff Pathway, ED Pathway**)는 해당작용(glycolysis, EMP pathway)이나 오탄당 인산 경로(pentose phosphate pathway)와 함께 자연계에서 발견되는 세 가지 당분해 경로(glycolytic pathway) 중의 하나이다. 대부분의 세균은 해당작용(glycolysis, EMP pathway)과 오탄당 인산 경로(pentose phosphate pathway)를 이용한다. 그러나 1952년에 미국의 미생물학자 마이클 도우도로프(Michael Doudoroff)와 네이썬 엔트너(Nathan Entner)는 슈도모나

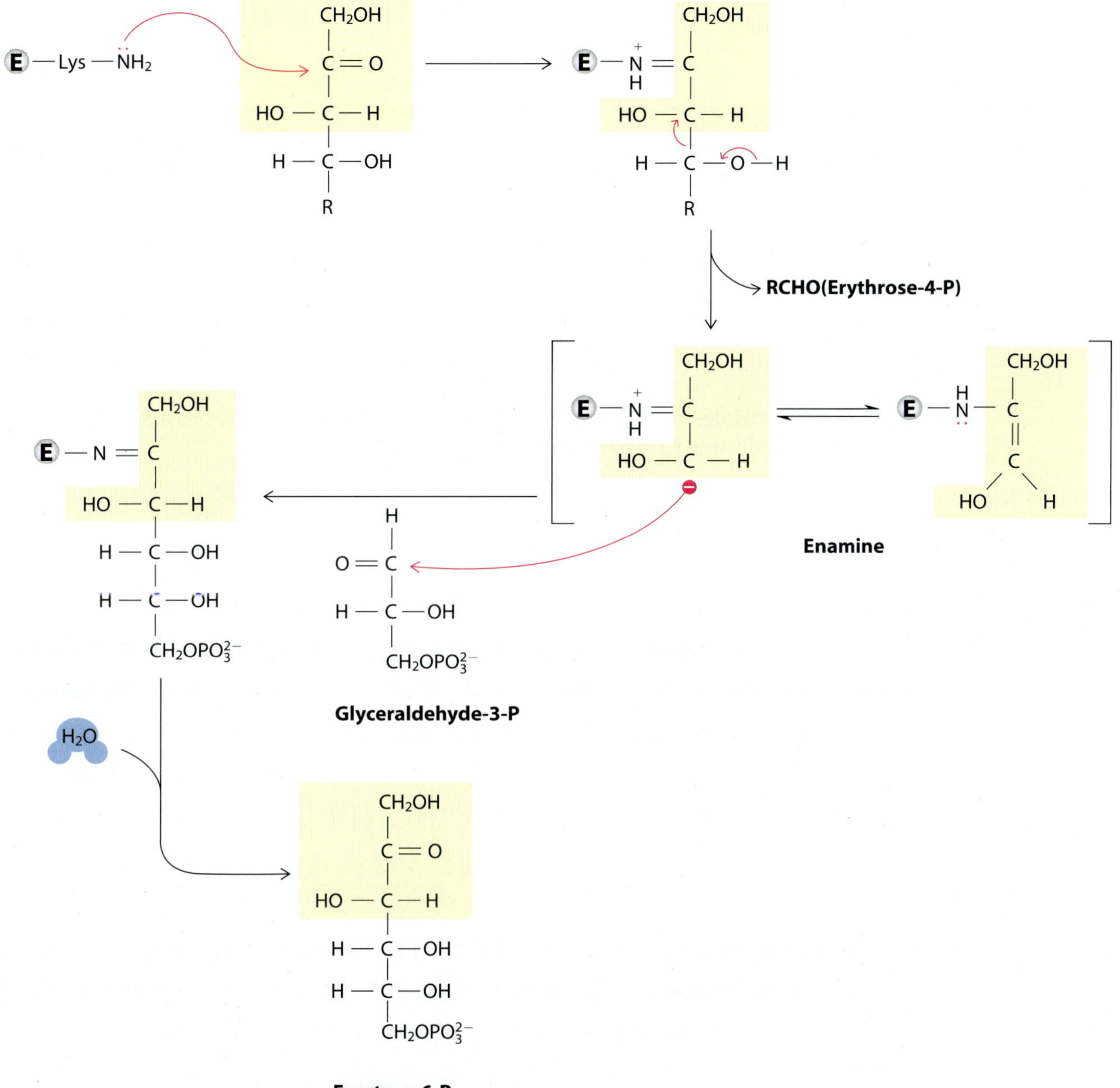

그림 5-44 트랜스알돌레이스에 의해 촉매되는 반응 메커니즘

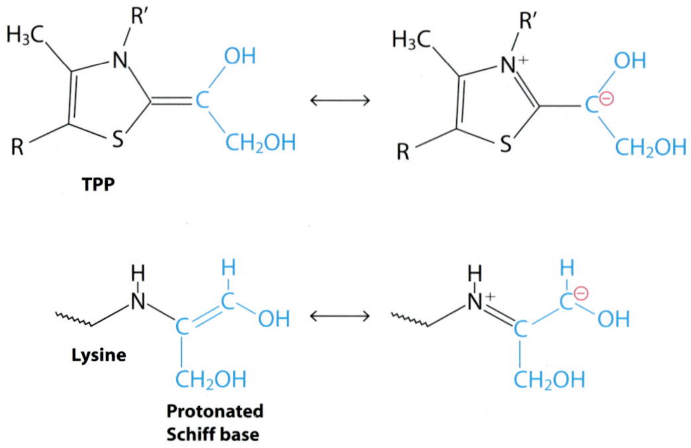

❶ 그림 5-45 카보음이온 중간체. 트랜스케톨레이스의 경우, TPP가 카보음이온 중간체를 안정화시킨다. 반면에 트랜스알돌레이스의 경우, 양성자화된 쉬프 염기가 이 역할을 한다.

스 사카로필리아(*Pseudomonas saccharophila*)로부터 해당작용(glycolysis, EMP pathway)이나 오탄당 인산 경로(pentose phosphate pathway)와는 다른 특별한 당분해 경로(glycolytic pathway)를 발견하였다. 이를 엔트너-도우도로프 경로(**Entner-Doudoroff Pathway, ED Pathway**)라고 부른다. ***Pseudomonas*속, *Azotobacter*속, *Rhizobium*속, *Agrobacterium*속, *Zymomonas mobilis*** 등의 그람-음성 세균과 매우 드물게 ***Enterococcus faecalis***와 같은 그람-양성 세균 그리고 몇몇 고세균(**Archaea**)이 엔트너-도우도로프 경로(**ED Pathway**)를 가지고 있다. 이와 같이 엔트너-도우도로프 경로(ED Pathway)는 원핵세포에만 존재하는 당분해 경로로 생각해 왔지만 최근(2016년)에 보리(*Hordeum vulgare*)도 엔트너-도우도로프 경로를 이용하고 있는 것으로 밝혀졌다. 엔트너-도우도로프 경로를 이용하는 세균은 포스포플락토카이네이스-I(**phosphofructokinase-I**)이 결여되어 있기 때문에 글루코오스를 분해하기 위한 전통적인 해당작용 경로를 이용하지 못한다. 따라서 ① 헥소카이네이스(hexokinase) 반응에서 형성된 글루코오스 6-인산(glucose-6-phosphate)은 ED 경로에서 ② 글루코오스 6-인산 탈수소효소(glucose 6-phosphate dehydrogenase)에 의해 6-포스포글루코노-델타-락톤(6-phosphoglucono-δ-lactone)으로 전환된다. 그 다음에 6-포스포글루코노-델타-락톤은 ③ 락토네이스(lactonase)에 의해 6-포스포글루코네이트(6-phosphogluconate)로 전환된다. 앞에서도 언급했지만 6-포스포글루코노-델타-락톤(6-phosphoglucono-δ-lactone)은 가수분해에 불안정하며, 자발적으로 락톤의 고리-열림 반응을 쉽게 받는

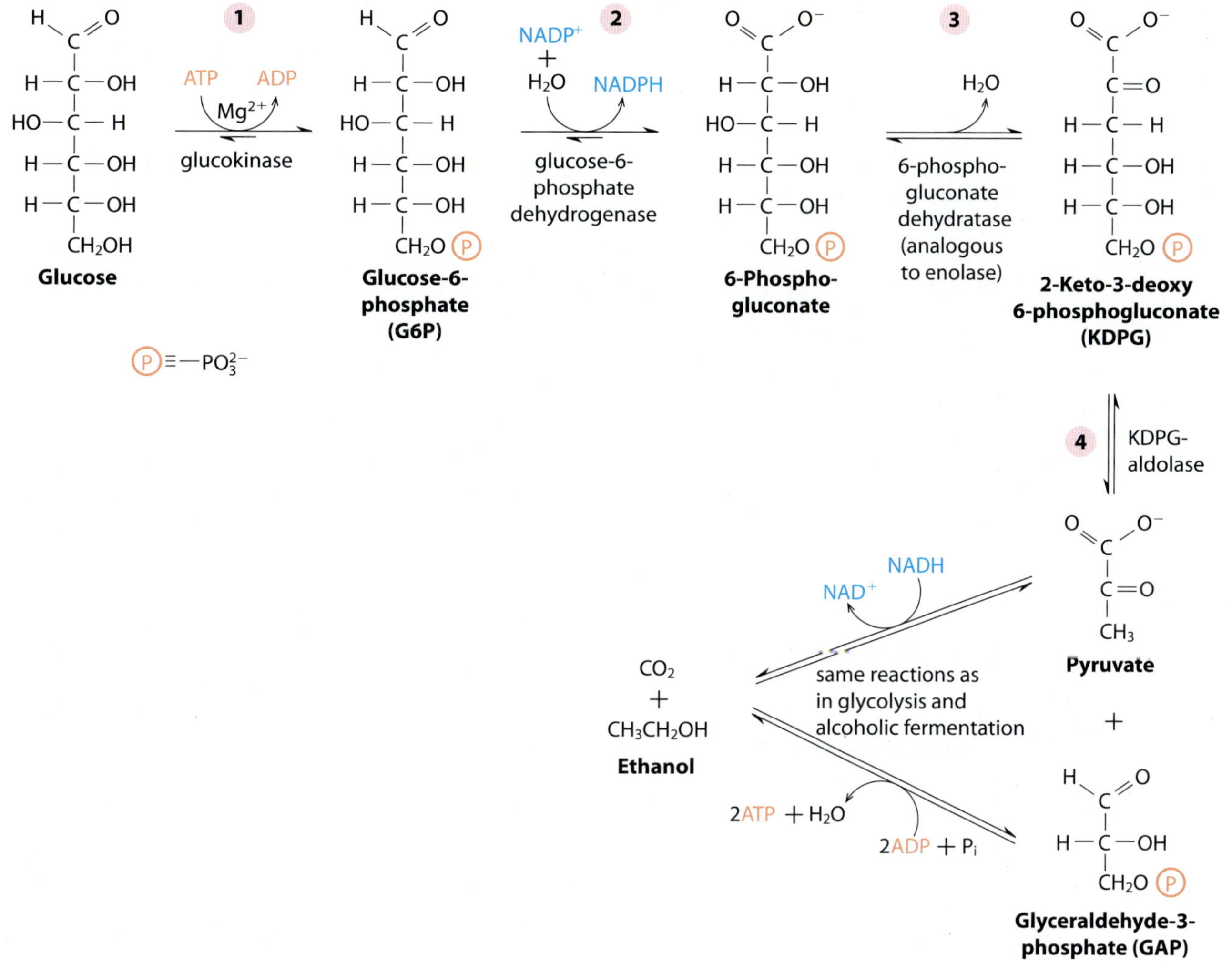

그림 5-46 엔트너-도우도로프 경로(Entner-Doudoroff Pathway)

다. 그렇지만 락토네이스(lactonase)가 이 반응을 촉진시켜준다. 이어서 6-포스포글루코네이트는 ④ 탈수효소(**dehydratase,** 디하이드라테이스)에 의해 탈수되어 2-케토-3-디옥시-6-포스포글루코네이트(2-keto-3-deoxy-6-phosphogluconate)로 전환되고 2-케토-3-디옥시-6-포스포글루코네이트(2-keto-3-deoxy-6-phosphogluconate)는 ⑤ 알돌레이스(**aldolase**)에 의해 파이루베이트(pyruvate)와 글리세르알데하이드 3-인산(glyceraldehyde 3-phosphate)으로 분해된다. 따라서 **ED 경로에서는 한 분자의 글루코오스로부터 한 분자의 ATP, 1NADPH, 1NADH가 생성된다.**

5-5 트리카복실산 회로

트리카복실산 회로(tricarboxylic acid cycle, TCA cycle) 또는 시트르산 회로(citrate cycle)의 성분과 반응들은 1930년대에 얼베르트 폰 센트-죄르지 너지르폴트(Albert Szent-Györgyi Nagyrapolt)와 한스 아돌프 크렙스(Hans Adolf Krebs)에 의해 확립되었다. 혐기성 생물과는 달리 호기성 생물의 경우, 해당작용에서 생성된 피루브산(pyruvate)은 아세틸-CoA(acetyl-CoA)로 전환되고, 이것은 트리카복실산 회로(tricarboxylic acid cycle, TCA cycle)에서 이산화탄소(CO_2)로 산화된다. 이 산화과정에서 유리된 전자들은 전자전달쇄(electron transport chain)를 통하여 NADH와 $FADH_2$를 거쳐 마지막 전자 수용체(electron acceptor)인 산소로 전달된다. 여기서 호흡(respiration)과 세포호흡(cellular respiration)이 무엇인지에 관하여 살펴보기로 하자. **호흡(respiration)**이란 생리학적 또는 거시적인 의미(macroscopic sense)에서 동물이 호흡기(폐, 아가미, 피부)로 산소를 흡입하여 CO_2를 방출하는 활동을 일컫는다. 반면에, 생화학자들이나 세포 생물학자들은 미시적인 의미(microscopic sense)에서 세포에 의한 O_2의 소비와 CO_2의 생성이라는 분자적 과정으로 해석하며 이를 특히 **세포 호흡(cellular respiration)**이라고 부른다. 세포 호흡은 3단계로 일어난다. 첫 번째 단계에서 글루코오스, 지방산 그리고 몇 가지 아미노산과 같은 유기 연료분자들이 산화되어 아세틸-CoA(acetyl-CoA)의 아세틸기(acetyl group)를 생성한다. 두 번째 단계에서 아세틸기는 TCA 회로로 들어가며, TCA 회로는 이들을 효소작용에 의해 CO_2로 산화한다. 이 산화과정에서 방출되는 에너지는 환원형 전자 운반체인 NADH와 $FADH_2$로 보존된다. 호흡의 세 번째 단계에서 NADH와 $FADH_2$가 호흡쇄(respiratory chain)에서 산화되어 전자(electron)와 H^+을 생성한다. 전자는 O_2로 전달되어 H_2O로 환원되며, H^+에 의한 전기화학적 에너지(H^+ electrochemical potential)는 산화적 인산화라 불리는 과정에 의해 ATP의 형태로 보존된다. 호흡은 해당작용보다 더 복잡하며, 진화학적으로 사이아노박테리아(cyanobacteria)가 출현한 뒤에 발생한 것으로 추정된다.

해당과정에서 생성된 파이루베이트(pyruvate)는 TCA 회로에 필요한 아세틸-CoA(acetyl CoA)를 만드는 중요한 재료이다. 원핵세포와 진핵세포의 해당과정은 양쪽 모두 세포질에서 일어난다. 그러나 진핵세포의 경우, TCA 회로와 그 이후에 일어나는 모든 호기성 대사는 마이토콘드리아에서 일어난다. 따라서 진핵세포의 세포질에서 생성된 파이루베이트(pyruvate)는 마이토콘드리아 내로 이동되어져야 한다. 진핵세포에

$$CH_3-\underset{\underset{O}{\|}}{C}-COOH + CoA-SH + NAD^+ \xrightarrow[\text{TPP, FAD}]{\text{Lipoic acid, }Mg^{2+}} CH_3-\underset{\underset{O}{\|}}{C}-S-CoA + NADH + H^+ + CO_2$$

그림 5-47 Pyruvate dehydrogenase complex가 촉매하는 반응. 이 반응에 세 가지 효소(enzyme)와 6개의 보조인자가 관여한다. 세 가지 효소(enzyme): pyruvate dehydrogenase(E_1), dihydrolipoyl transacetylase(E_2), dihydrolipoyl dehydrogenase(E_3). 6개의 보조인자(cofactor): CoA-SH, NAD^+, thiamin pyrophosphate(TPP), lipoate, FAD, Mg^{2+}.

서 TCA 회로의 모든 반응들이 마이토콘드리아에서 일어난다는 것은 1948년에 미국의 유진 케네디(Eugene P. Kennedy)와 앨버트 레닌저(Albert L. Lehninger)에 의해 밝혀졌다. 파이루베이트(**Pyruvate**)가 산화적 탈카복실화반응(**oxidative decarboxylation**)에 의해 아세틸-**CoA**로 전환되는 과정은 해당과정과 **TCA** 회로를 연결시켜주는 고리이다.

그림 5-47와 그림 5-48에 나타낸 바와 같이 파이루베이트(pyruvate)가 아세틸-CoA로 산화되는 반응은 피루브산 탈수소효소 복합체(**pyruvate dehydrogenase complex**)라고 불리는 다효소 복합체(multienzyme complex)에 의해 촉매된다. 이 반응은 세 가지 주효소와 **6**개의 보조인자(**cofactors**)가 관여한다. 대장균(*Escherichia coli*)에서 피루브산 탈수소효소 복합체(pyruvate dehydrogenase complex)는 3개의 효소 ① 파이루베이트 디하이드로저네이스(**pyruvate dehydrogenase, E_1**), ② 다이하이드로리포일 트랜스아세틸레이스(**dihydrolipoyl transacetylase, E_2**), ③ 다이하이드로리포일 디하이드로저네이스(**dihydrolipoyl dehydrogenase, E_3**)로 구성되어 있다. 보조인자(Cofactor)인 **CoA-SH**와 **NAD^+**는 피루브산 탈수소효소 복합체로부터 쉽게 해리되는 보조기질(**cosubstrate, dissociable coenzyme**)이며, **thiamin pyrophosphate(TPP)**는 pyruvate dehydrogenase(E_1)에 느슨하게 결합되어 있는 보조효소(**coenzyme**)이다. 그러나 리포산(**lipoate**)은 dihydrolipoyl transacetylase(E_2)에 **FAD**는 dihydrolipoyl dehydrogenase(E_3)에 단단히 결합되어 있는 보결원자단(**prosthetic group**)이다. R-(+)-리포산은 또한 두 가지 다른 마이토콘드리아 효소 2-옥소산 탈수소효소[2-oxoacid dehydrogenases(α-ketoglutarate dehydrogenase complex와 branched chain oxoacid dehydrogenase complex)]의 반응에서 아실기(acyl group)의 전달에 관여한다. 옥소산(Oxoacid)은 카보닐기와 카복실기가 동일분자 내에 존재하는 유기화합물이다. R-(+)-리포산은 아실기(acyl group)의 전달반응뿐만 아니라 글라이신 분해 복합체(glycine cleavage complexe)의 반응에서 메틸아민기(methylamine group)의 전달에도 관여한다. 이외에도 R-(+)-리포산은 몇몇 세균에서 유일한 탄소원으로 이용되는 아세토인(acetoin : 3-hydroxy-2-butanone)을 아세트알데하이드(acetaldehyde)와 아세틸 코엔자임 A(acetyl coenzyme A)로의 전환을 촉매하는 아세토인 탈수소효소 복합체(**acetoin dehydrogenase complex**)의 보조인자로 역할하기도 한다.

그림 5-48은 파이루베이트 디하이드로저네이스 복합체(pyruvate dehydrogenase complex)가 파이루베이트의 탈카복실화(decarboxylation)와 탈수소(dehydrogenation)에서 5가지의 연속적인 반응을 어떻게 촉매하는 지를 도식적으로 나타낸 것이다. 제1단계(①)에서 파이루베이트의 C-1은 CO_2로 방출되고, 파이루베이트에서 알데하이드의 산화 상태를 가지고 있던 C-2는 하이드록시에틸기(hydroxyethyl group)로서 파이

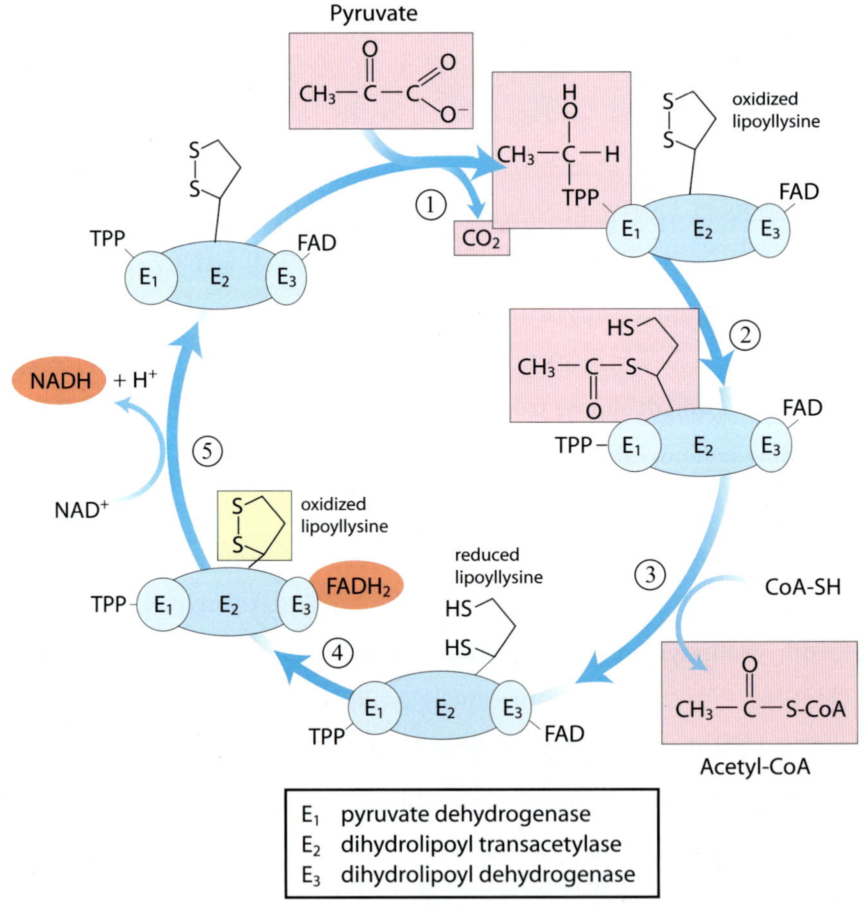

그림 5-48 Pyruvate dehydrogenase complex에 의해 촉매되는 파이루베이트가 아세틸-CoA로 전환되는 산화적 탈카복실화(oxidative decarboxylation). 파이루베이트의 운명은 핑크색으로 표시되어 있다.

루베이트 디하이드로제네이스(pyruvate dehydrogenase, E_1)에 결합되어 있는 싸이아민 파이로포스페이트(TPP)에 결합한다. 제2단계(②)에서 하이드록시에틸기(hydroxyethyl group)가 아세트산으로 산화된다. 이 산화반응에서 제거되는 2개의 전자들은 다이하이드로리포일 트랜스아세틸레이스(dihydrolipoyl transacetylase, E_2)의 보조인자인 리포산(lipoate)의 –S–S–를 싸이올기(thiol group: –SH)로 환원한다. 즉, 2개의 전자와 아세틸기를 TPP로부터 E_2의 산화형 리포일기(lipoyl group)에 전달하고 환원형 리포일기의 아세틸 싸이오에스터(acetyl thioester)를 형성한다. 제3단계(③)에서 E_2의 리포일기에 에스터결합되어 있는 아세틸기는 CoA의 –SH기로 에스터전달(transesterification)되어 아세틸-CoA와 환원된 형의 리포일기를 생성한다. 제4단계(④)에서 다이하이드로리포일 디하이드로제네이스(dihydrolipoyl dehydrogenase, E_3)가 E_2의 환원형 리포일기로부터 2원자의 수소를 E_3의 보결원자단인 FAD로 전달하는 것을 촉진한다. 그리고 E_2의 산화형 리포일기(–S–S–)가 재생된다. 마지막 제5단계(⑤)에서 E_3의 환원형 $FADH_2$가 수소음이온(hydride ion: H^-)을 NAD^+로 전달하여 NADH를 형성한다. 이렇게 하여 피루브산 탈수소효소 복합체(pyruvate dehydrogenase complex)는 다시 촉매 회로(catalytic cycle)에 재사용될 수 있는 상태로 전환된다.

트리카복실산 회로[tricarboxylic acid cycle(TCA cycle), 시트르산 회로 또는 크랩스 회로]는 아세틸-CoA(acetyl-CoA)의 아세틸 부분이 CO_2로 산화되는 과정으로서 **8단계로 진행**된다. 진핵생물의 경우 해당작용에서 생성된 파이루베이트(pyruvate)는 마이토콘드리아 내로 들어간 후에 아세틸-CoA로 산화된다. 반면에, 대장균과 같은 원핵생물의 경우 마이토콘드리아가 존재하지 않기 때문에 파이루베이트가 세포질 내에서 아세틸-CoA로 산화된다. TCA 회로는 ① 아세틸-CoA의 아세틸기를 4-탄소 화합물인 옥살로아세트산(oxaloacetate)에 부여하여 **6-탄소 화합물**인 **시트르산(citrate)**을 생성하는 것으로부터 시작한다. 이런 이유로 하여 TCA 회로를 시트르산 회로(citrate cycle)라고도 한다. 트리카복실산 회로(Tricarboxylic acid cycle, TCA cycle)는 TCA 회로의 최초 생성물인 시트르산(citric acid)이 트리카복실산이기 때문에 붙여진 이름이다. ② 시트르산(Citrate)은 그 다음에 **6-탄소 화합물**인 **아이소시트르산(isocitrate)**으로 변형된다. ③ 아이소시트르산(Isocitrate)은 **CO_2의 소실**과 함께 탈수소화되어 **5-탄소 화합물**인 **알파-케토글루타레이트(α-ketoglutarate)**로 전환된다. 이 단계에서 **NADH가 형성**된다. ④ 알파-케토글루타레이트(α-Ketoglutarate)는 **CO_2의 소실**과 함께 **4-탄소화합물**인 **삭시닐-CoA(succinyl-CoA)**로 전환된다. 이 단계에서도 **NADH가 형성**된다. ⑤ 삭시닐-CoA(Succinyl-CoA)는 **4-탄소화합물**인 **삭신산(succinate)**으로 전환되면서 **GTP**를 생성한다. ⑥ 삭신산

(Succinate)은 **4-탄소화합물인 푸마르산(fumarate)**으로 전환되면서 **$FADH_2$**를 생성한다. ⑦ 푸마르산(Fumarate)은 수화되어 **4-탄소화합물인 말산(malate)**으로 전환된다. ⑧ 말산(Malate)은 탈수소화되어 **4-탄소화합물인 옥살로아세트산(oxaloacetate)**으로 전환된다. 이 단계에서도 **NADH가 형성**된다. TCA 회로가 1회전할 때마다 아세틸기 1개(2-탄소)

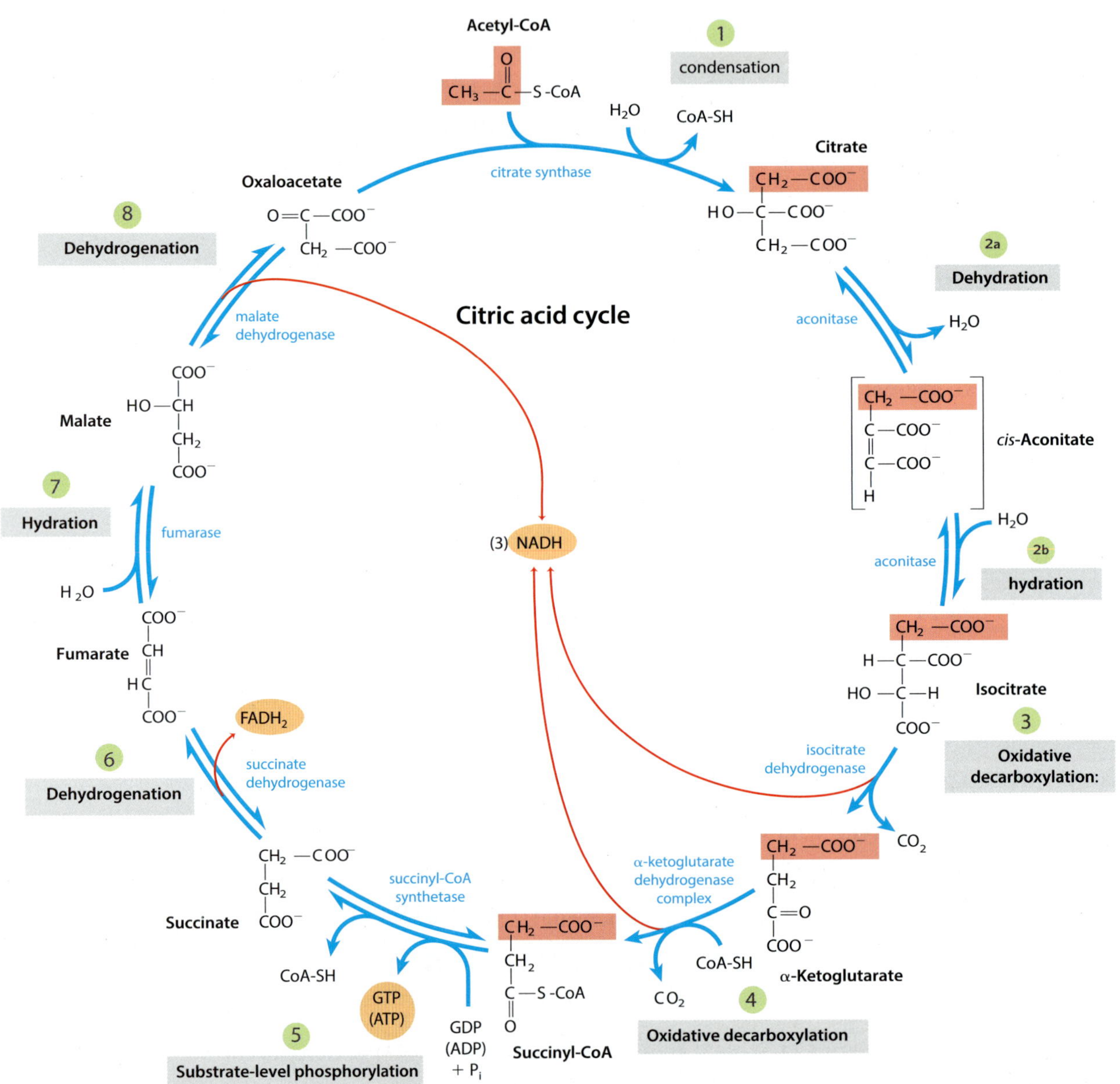

그림 5-49 TCA 회로의 각 반응(D. L. Nelson and M. M. Cox. 2013. Lehninger Principles of Biochemistry, 6th ed., W. H. Freeman and Company. 인용)

참고 Hans Adolf Krebs

(1900. 8. 25 ~ 1981. 11. 22)

한스 아돌프 크렙스(Hans Adolf Krebs)는 유태계 독일태생 영국의 내과의 사이자 생화학자였다. 크렙스(Krebs)의 여러 업적 중에서 동물의 간에서 일어나는 요소 회로(urea cycle, also known as the ornithine cycle)와 마이토콘드리아에서 일어나는 TCA 회로(시트르산 회로)의 발견은 특히 유명하다. 요소 회로(urea cycle)는 1932년에 한스 크렙스와 쿠르트 헨셀라이트(Hans Krebs와 Kurt Henseleit)에 의해 발견된 최초의 대사 회로(metabolic cycle)이다. 한스 아돌프 크렙스(Hans Adolf Krebs)는 1937년에 세포의 유기물 산화 과정인 TCA 회로(1937년)를 밝힌 공로로 1953년에 노벨생리 · 의학상을 수상하였다. 1953년의 노벨생리 · 의학상은 한스 크렙스와 함께 독일계 미국 과학자인 프리츠 알베르트 리프먼(Fritz Albert Lipmann)이 공동 수상하였다. 프리츠 리프먼(Fritz Lipmann)은 1945년에 효모와 간으로부터 아세틸화 반응에 필요한 보조인자 coenzyme A를 분리 · 정제하여 그 구조를 결정한 공로로 노벨 생리 · 의학상을 수상하였다.

크렙스(Krebs)는 독일의 힐데스하임(Hildesheim)에서 출생하였으며, 그의 아버지는 이비인후과 의사(otolaryngologist)였다. 1918년부터 1923년까지 괴팅겐대학(University of Göttingen)과 프라이부르크대학(University of Freiburg)에서 의학을 공부하였으며, 1925년에 함부르크대학(University of Hamburg)에서 박사학위를 취득하였다. 1926년부터 1930년까지 그는 카이저 빌헬름연구소에서 노벨상 수상자인 오토 하인리히 바르부르크(Otto Heinrich Warburg)의 조수로서 일하였다. 그 후 크렙스(Krebs)는 몇몇 대학병원에서 조수로 일하다가 1933년에 나치스의 박해를 피해 영국으로 이주하였다. 영국으로 이주한 크렙스는 1935년까지 케임브리지대학에서 연구하였으며, 이후 1954년까지 요크셔에 있는 셰필드대학에서 연구하였다. 1954년부터 1967년까지 옥스퍼드대학 교수로 재직하였다.

가 아세틸-CoA로서 들어오고 **2 분자의 CO_2가 떠나간다.** TCA 회로에서 **8단계의 과정 중에 4단계가 산화 과정**이고, 여기서 생성된 산화 에너지는 환원형 보조인자(cofactor)인 NADH와 $FADH_2$의 형태로 아주 효율적으로 보존된다. 이러한 방법으로 TCA 회로가 작용하고 있는 동안 옥살로아세트산은 실제적으로 제거되지 않는다. 이론적으로 한 분자의 옥살로아세트산(oxaloacetate)은 수없이 많은 아세틸기의 산화를 유도할 수 있으며, 실제로 **옥살로아세트산(oxaloacetate)은 세포 내에서 매우 낮은 농도로 존재한다.**

TCA 회로는 두 가지 주된 기능을 소유하고 있다. 첫째, 상기에서 설명한 바와 같이 아세틸-CoA와 아세틸-CoA로 전환되는 화합물(지방산과 아미노산)을 TCA 회로에서 CO_2로 산화시키면서 산화적 인산화(oxidative phosphorylation)에서 ATP 생산을 위한 환원력(NADH와 $FADH_2$)을 제공한다. 둘째, 생합성에 필요한 탄소 골격을 제공하는

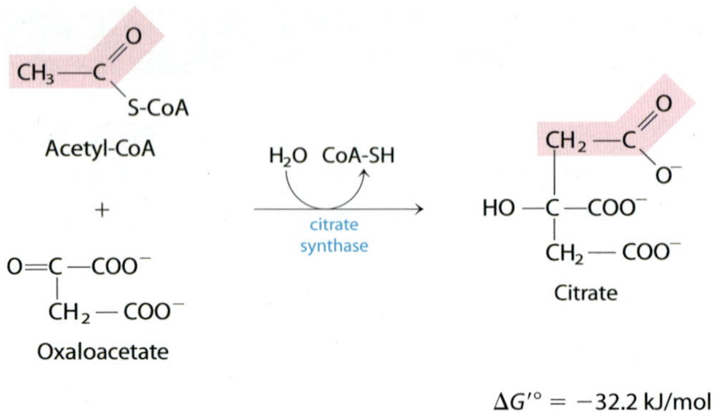

$\Delta G'^{\circ} = -32.2$ kJ/mol

Acetyl-CoA + oxaloacetate + H_2O → citrate + CoA-SH

그림 5-50 시트르산 생성효소(citrate synthase)가 촉매하는 반응.

동화작용의 활성(anabolic activity)을 가지고 있다. 이러한 기능을 갖는 TCA 회로의 반응들은 다음과 같다.

Citrate synthase[EC 2.3.3.1(previously 4.1.3.7): Acyltransferases]: 시트르산 생성효소(Citrate synthase)는 아세틸-CoA의 2탄소 아세트산 잔기(two-carbon acetate residue)와 4탄소 옥살로아세트산(four-carbon oxaloacetate)의 축합(condensation)에 의해 6탄소 시트르산(citrate)의 생성을 촉매한다(그림 5-50). 원핵생물과 달리 진핵생물의 경우, 시트르산 생성효소(citrate synthase)는 마이토콘드리아 기질(mitochondrial matrix) 내에 존재한다. 이 효소는 핵 내에 존재하는 DNA(nuclear DNA)에 의해 암호화되기 때문에 세포질 내의 라이보솜 상에서 합성된 후 마이토콘드리아로 수송되어져야 한다. **이 효소는 TCA 회로의 첫 단계에서 속도를 조절하는 효소(pace-making enzyme)로서 ATP, NADH, 아세틸-CoA 그리고 생성물 저해(product inhibition)의 예로서 숙시닐-CoA(succinyl-CoA)와 시트르산(citrate)에 의해 저해를 받는다.** 포유동물의 시트르산 생성효소(citrate synthase)는 49kD의 소단위체(subunit) 2개로 이루어진 동종 이량체(homogeneous dimer)이다. 그리고 두 소단위체 사이에 활성부위를 함유하고 있는 갈라진 틈(cleft)이 존재한다(그림 5-51). 이곳에 기질을 위한 2개의 결합부위가 있다. 한 곳은 옥살로아세트산을 위한 부위이고, 다른 부위는 Coenzyme A를 위한 부위이다. 시트르산 생성효소(Citrate synthase)의 활성부위는 His^{274}, His^{320} 그리고 Asp^{375}와 같은 3개의 주요 잔기를 함유하고 있으며, 이들은 기질과의 상호작용에서 매우 선택적이다. 효소에 결합하는 최초의 기질인 옥살로아세트산은 큰 입체형태의 변화를 유발

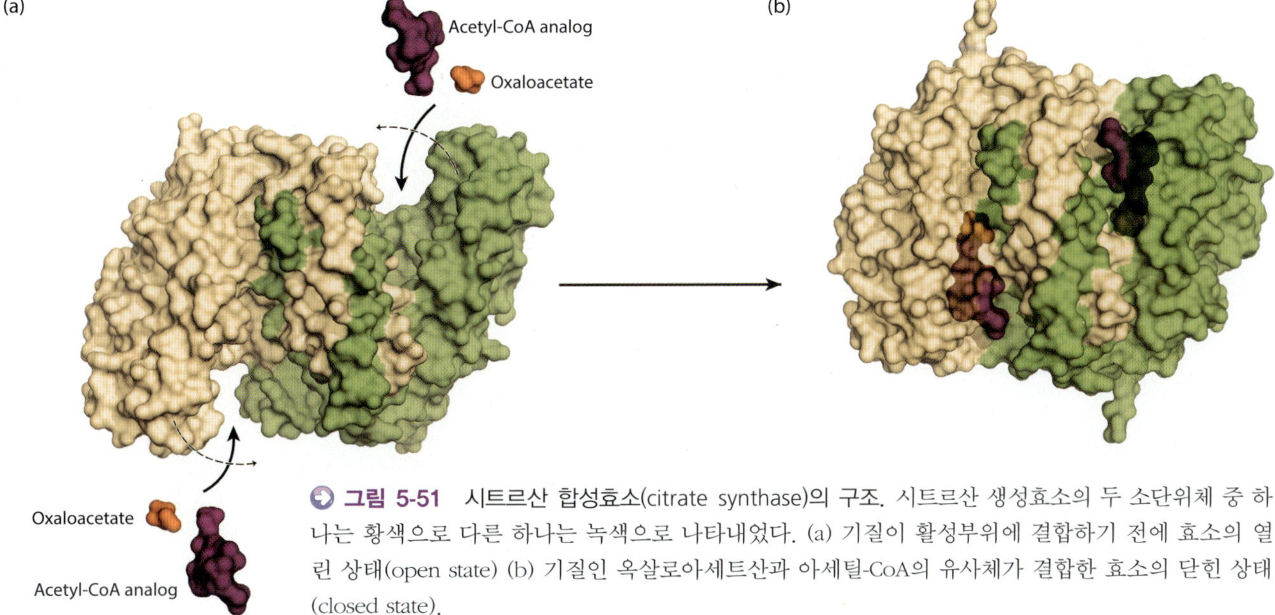

그림 5-51 시트르산 합성효소(citrate synthase)의 구조. 시트르산 생성효소의 두 소단위체 중 하나는 황색으로 다른 하나는 녹색으로 나타내었다. (a) 기질이 활성부위에 결합하기 전에 효소의 열린 상태(open state) (b) 기질인 옥살로아세트산과 아세틸-CoA의 유사체가 결합한 효소의 닫힌 상태(closed state).

하여 두 번째 기질인 아세틸-CoA에 대한 결합부위를 만들어 낸다. 그림 5-52에 나타낸 바와 같이 시트르산 생성효소(citrate synthase)가 촉매하는 반응의 작용기작을 설명하면 다음과 같다. ① 아세틸-CoA의 싸이오에스터결합(thioester linkage)이 메틸기의 수소를 활성화시키고 Asp^{375}가 메틸기로부터 양성자를 탈취하여 엔올산 중간체(enolate intermediate)를 형성한다. 엔올산 중간체는 His^{274}와 수소결합에 의해 안정화된다. ② 엔올산 중간체는 옥살로아세트산의 카보닐 탄소를 공격하기 위하여 재정렬한다. 동시에 His^{274}는 이전에 제공했던 프로톤을 다시 탈취하기 위하여 적당한 장소에 자리를 잡는다. 이때 His^{320}은 일반적인 산으로 작용한다. 이러한 축합에 의해 Citroyl-CoA는 효소의 활성자리에서 생성되는 일시적인 중간체인데, 유리 상태의 CoA와 citrate로 빠르게 가수분해되어 활성자리로부터 방출된다. 고에너지 thioester 중간체인 citroyl-CoA는 가수분해시 큰 자유에너지 감소적인(exergonic)인 전진반응(forward reaction)을 만든다.

시트로일-**CoA(citroyl CoA)**가 형성된다. 그 다음에 ③ 싸이오에스터가 가수분해되어 CoA-SH가 재생되고 시트르산이 생성된다. 기질과 반응 중간체에 대한 효소의 유도적합**(induced fit)**은 아세틸-CoA의 싸이오에스터결합이 조기에 그리고 비생산적으로 절단될 가능성을 감소시킨다. 시트르산 생성효소**(citrate synthase)**가 촉매하는 반응은 이기질**(bisubstrate)**의 순차적 메커니즘**(ordered mechanism)**과 일치한다.

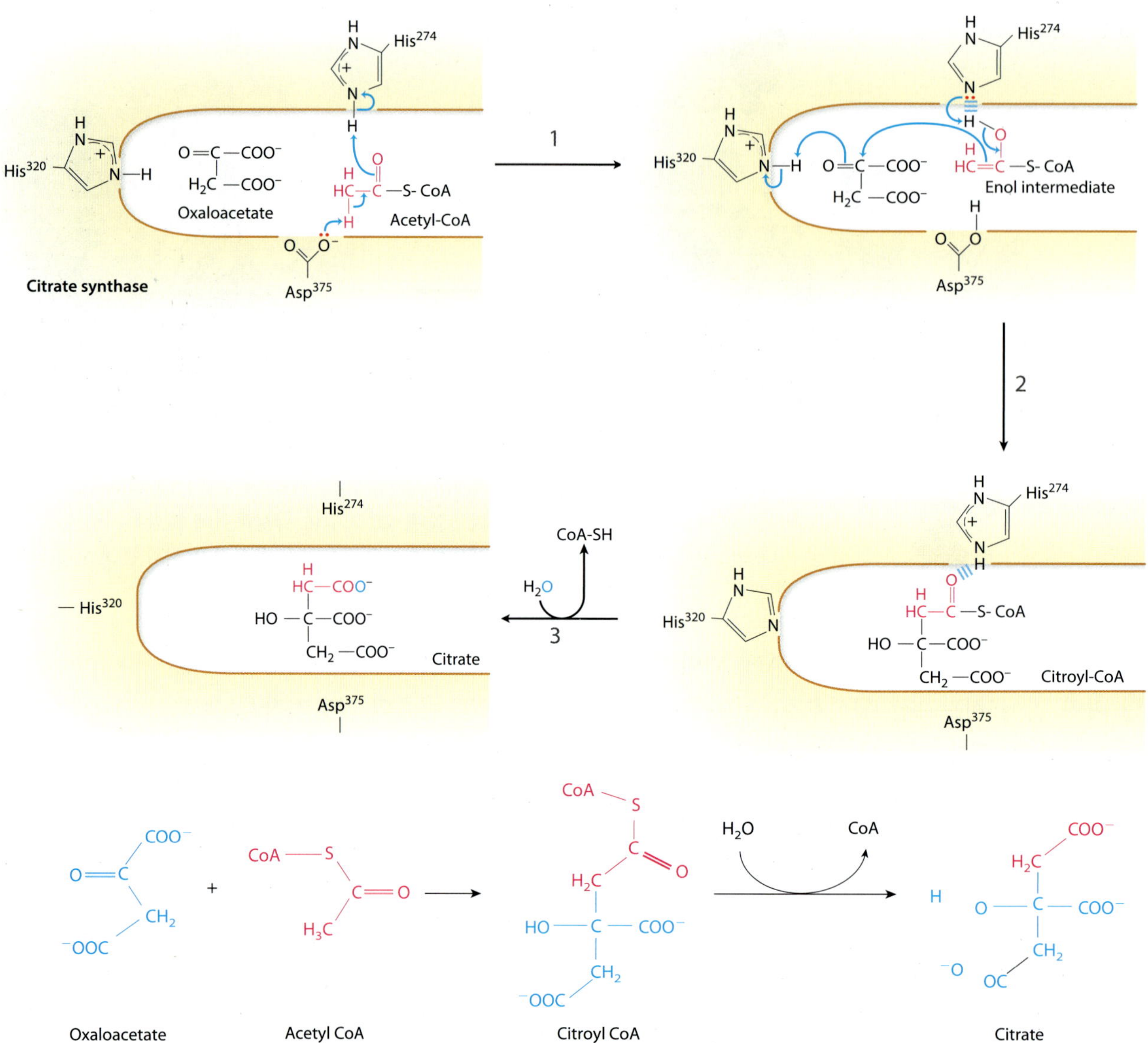

그림 5-52 시트르산 생성효소(citrate synthase)의 작용 메커니즘. Citroyl-CoA는 효소의 활성자리에서 생성되는 일시적인 중간체인데, 유리 상태의 CoA와 citrate로 빠르게 가수분해되어 활성자리로부터 방출된다. 고에너지 thioester 중간체인 citroyl-CoA는 가수분해시 큰 자유에너지 감소적인(exergonic)인 전진반응(forward reaction)을 만든다. (D. L. Nelson and M. M. Cox. 2013. Lehninger Principles of Biochemistry, 6th ed., W. H. Freeman and Company. 인용)

Aconitase(EC 4.2.1.3: Lyases): 계통명(systematic name)이 『citrate(isocitrate) hydro-lyase』인 어코니테이스(aconitase)는 아코니트산 수화효소(**Aconitate hydratase,** 어코니테이트 하이드러테이스)로 불려지기도 한다. 어코니테이스(Aconitase)는 시트르산(citrate), 시스-아코니트산(*cis*-aconitate), 아이소시트르산(isocitrate) 간의 가역적인 상호변환

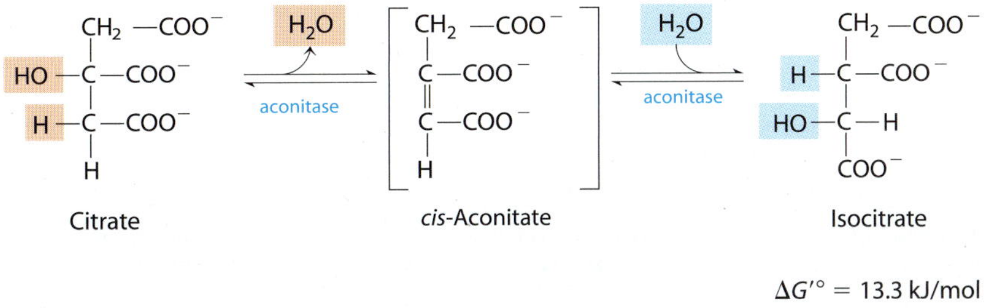

$$CH_2-COO^- \\ HO-C-COO^- \\ H-C-COO^- \\ H \quad \underset{\text{aconitase}}{\overset{H_2O}{\rightleftharpoons}} \quad \left[CH_2-COO^- \\ C-COO^- \\ C-COO^- \\ H \right] \quad \underset{\text{aconitase}}{\overset{H_2O}{\rightleftharpoons}} \quad CH_2-COO^- \\ H-C-COO^- \\ HO-C-H \\ COO^-$$

Citrate · *cis*-Aconitate · Isocitrate

$\Delta G'^\circ = 13.3$ kJ/mol

그림 5-53 어코니테이스(Aconitase)가 촉매하는 반응. 이 반응에서 시스-아코니트산(cis-aconitate)이 효소의 활성자리에서 중간체로 형성된다.(D. L. Nelson and M. M. Cox. 2013. Lehninger Principles of Biochemistry, 6th ed., W. H. Freeman and Company. 인용)

을 촉매한다(그림 5-53). pH 7.4, 25℃에서 평형 혼합물은 약 90% 시트르산, 4% 시스-아코니트산, 6% 아이소시트르산을 함유하고 있다. 비록 세포 내에서 아이소시트르산(isocitrate)의 농도는 낮지만 아이소시트르산이 회로의 다음 단계에서 재빨리 소비되기 때문에 그것의 정상상태(steady-state)의 농도가 낮아지게 된다. 이로 인하여 반응은 우측으로 진행된다. 어코니테이스(Aconitase)는 3개의 철 원자와 4개의 황 원자가 입방체 배열로 구성되어 있는 철-황 중심(iron-sulfur center)으로 불리는 비헴성 철(nonheme iron)과 산에 불안정한 황(acid-labile sulfur)을 함유하고 있다. 이것은 활성자리에서 기질의 결합과 H_2O의 부가 또는 제거의 촉매반응에 작용한다. 쥐약(rat poison)으로 이용되어져 온 식물 유래의 **플루오로아세테이트(fluoroacetate)**는 시트르산 생성효소(citrate synthase)를 경유하여 **어코니테이스(aconitase)의 강력한 저해제인 플루오로사이트레이트(fluorocitrate)로 전환되어 TCA 회로를 방해한다**. 플루오로아세테이트(Fluoroacetate)는 아세틸-CoA 신써테이스(acetyl-CoA synthetase)에 의해 CoA-SH와 반응하여 플루오로아세틸-CoA(fluoroacetyl-CoA)로 전환되고, 이것은 다시 시트르산 생성효소(citrate synthase)에 의하여 플루오로사이트레이트(fluorocitrate)로 전환된다. 이 플루오로사이트레이트(fluorocitrate)가 어코니테이스(aconitase)의 기질로 이용될 수 없기 때문에 TCA 회로를 방해하는 것이다.

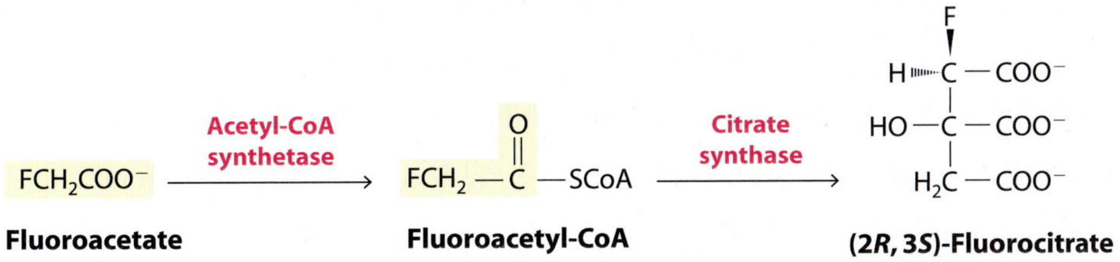

$$FCH_2COO^- \xrightarrow{\text{Acetyl-CoA synthetase}} FCH_2-\overset{O}{\overset{\|}{C}}-SCoA \xrightarrow{\text{Citrate synthase}} \begin{matrix} F \\ H-C-COO^- \\ HO-C-COO^- \\ H_2C-COO^- \end{matrix}$$

Fluoroacetate · **Fluoroacetyl-CoA** · **(2*R*, 3*S*)-Fluorocitrate**

그림 5-54 플루오로아세테이트(fluoroacetate)의 플루오로사이트레이트(fluorocitrate)로의 전환

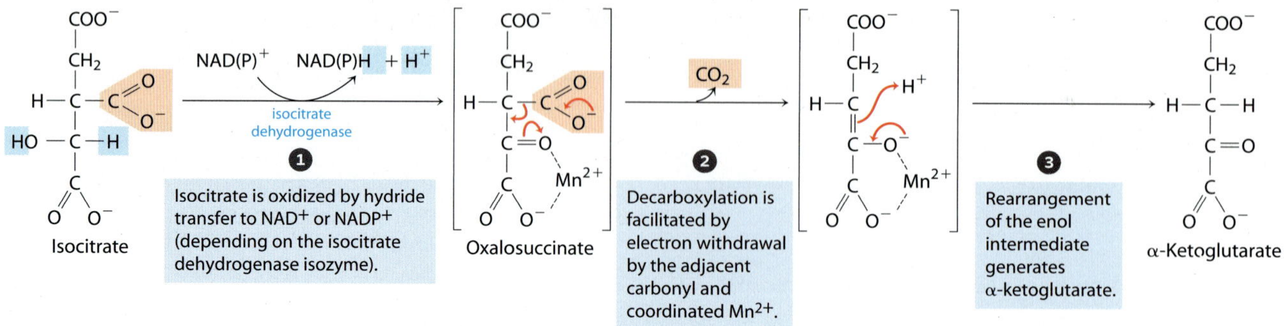

그림 5-55 아이소시트르산 탈수소효소(Isocitrate dehydrogenase)가 촉매하는 반응.

Isocitrate dehydrogenase(EC 1.1.1.42 : Oxidoreductases): 아이소시트르산 탈수소효소(Isocitrate dehydrogenase)는 2가 양이온(Mg^{2+} 또는 Mn^{2+})의 존재하에서 아이소시트르산(isocitrate)을 산화적 탈카르복실화(oxidative β-decarboxylation)하여 알파-케토글루타르산(α-ketoglutarate)과 CO_2를 생성하는 반응을 촉매한다(그림 5-55). 이 반응은 두 단계 과정으로 진행된다. 첫 단계에서 아이소시트르산(isocitrate)이 옥살로삭신산(oxalosuccinate)으로 산화된다. 효소의 활성부위에서 일시적인 중간체인 옥살로삭신산(oxalosuccinate)의 카보닐기는 Mn^{2+}와 상호작용한다. 두 번째 단계에서 중간체인 옥살로삭신산의 탈카복실화에 의해 알파-케토글루타르산(α-ketoglutarate)이 생성된다. 대부분의 세균의 경우 $NADP^+$가 아이소시트르산 탈수소효소(isocitrate dehydrogenase) 반응의 전자전달체로 작용하지만, 진핵생물의 **NAD^+-의존적 아이소시트르산 탈수소효소(NAD^+-dependent isocitrate dehydrogenase)**는 마이토콘드리아의 기질에 존재하며 TCA 회로에서 작용한다. 반면에 마이토콘드리아의 기질과 세포질 양쪽 모두에 존재하는 **$NADP^+$-의존적 아이소시트르산 탈수소효소($NADP^+$-dependent isocitrate dehydrogenase)**는 NADPH를 생산하는 반응과 연관된다. NAD^+-의존적 아이소시트르산 탈수소효소는 3개의 소단위체(subunit)로 구성되어 있으며, 활성을 위하여 Mg^{2+} 또는 Mn^{2+}를 필요로 하는 알로스테릭 효소이다. **NAD^+-dependent isocitrate dehydrogenase는 ADP에 의해 활성화되고 ATP(competitive feedback inhibition)와 NADH 또는 NADPH(product inhibition)에 의해 억제된다.** ADP는 알로스테릭 활성제(allosteric activator)로서 아이소시트르산(isocitrate)에 대한 K_m을 1/10 정도로 낮춘다. ADP가 존재하지 않을 경우, 이 효소는 사실상 활성이 없다.

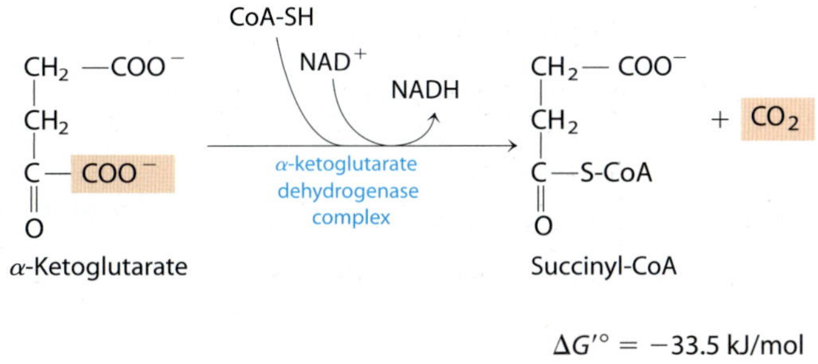

$$CH_2COO^- - CH_2 - C(=O) - COO^- \ (\alpha\text{-Ketoglutarate}) + CoA\text{-}SH + NAD^+ \xrightarrow{\alpha\text{-ketoglutarate dehydrogenase complex}} CH_2COO^- - CH_2 - C(=O) - S\text{-}CoA \ (\text{Succinyl-CoA}) + NADH + CO_2$$

$\Delta G'^{\circ} = -33.5$ kJ/mol

그림 5-56 α-ketoglutarate dehydrogenase complex가 촉매하는 반응.

α-Ketoglutarate dehydrogenase complex: 이 효소는 알파-케토글루타르산(α-ketoglutarate)의 산화적 탈카복실화(oxidative α-decarboxylation)에 의한 삭시닐-CoA(succinyl-CoA)의 생성 반응을 촉매한다(그림 5-56).

알파-케토글루타르산 복합체(**α-ketoglutarate dehydrogenase complex**)는 피루브산 탈수소효소 복합체(pyruvate dehydrogenase complex)와 유사한 세 가지 종류의 효소(**oxoglutarate dehydrogenase, dihydrolipoyl succinyltransferase, dihydrolipoyl dehydrogenase**)로 이루어져 있으며 보조인자(cofactor)로서 coenzyme A, NAD^+, TPP, Mg^{2+}, lipoate, FAD를 필요로 한다. 따라서 알파-케토글루타르산 복합체(α-ketoglutarate dehydrogenase complex)의 반응은 피루브산 탈수소효소 복합체(pyruvate dehydrogenase complex)의 반응 메카니즘과 유사하다. 한편, 혐기성 세균 등 일부 세균들은 알파-케토글루타르산 복합체(**α-ketoglutarate dehydrogenase complex**)를 합성하지 못한다. 이러한 세균들은 생체 합성에 필요한 탄소 골격을 얻기 위하여 불완전 **TCA** 경로를 갖는다. 이 반응은 큰 음의 ΔG 값을 가지며 비가역적이다. 그리고 이 반응에서 고에너지 화합물인 삭시닐-**CoA(succinyl-CoA)**와 **NADH**는 저해제로 작용하는 반면에, **ADP**와 칼슘 이온은 활성제로 작용한다.

표 5-1 α-ketoglutarate dehydrogenase complex와 보조인자

Enzyme	EC number	Cofactor
Oxoglutarate dehydrogenase	EC 1.2.4.2	thiamine pyrophosphate
Dihydrolipoyl succinyltransferase	EC 2.3.1.61	lipoic acid
Dihydrolipoyl dehydrogenase	EC 1.8.1.4	FAD

GTP-specific succinyl-CoA synthetase(EC 6.2.1.4 : Ligases): 삭시네이트 싸이오카이네이스(Succinate thiokinase: A thiokinase is a ligase that synthesizes CoA thioesters.)라고 부르기도 하는 삭시닐-CoA 신써테이스(succinyl-CoA synthetase)가 촉매하는 반응은 **기질 수준 인산화(substrate level phosphorylation)의 한 유형이다.** 즉, 삭시닐-CoA 신써테이스(succinyl-CoA synthetase)는 삭시닐-CoA(succinyl-CoA)를 삭신산(succinate)으로 전환함과 동시에 뉴클레오사이드 트리포스페이트(nucleoside triphosphate: GTP 또는 ATP)의 생성을 촉매하는 효소이다(그림 5-57). 포유동물의 삭시닐-CoA 신써테이스(succinyl-CoA synthetase)는 2종류의 동질효소(isozymes)를 가지고 있다. 하나(GTP-specific succinyl-CoA synthetase: EC 6.2.1.4)는 고에너지 화합물인 GTP를 생성하는 반면에, 다른 하나(ATP-specific succinyl-CoA synthetase: EC 6.2.1.5)는 ATP를 직접 생성한다. GTP-specific succinyl-CoA synthetase(EC 6.2.1.4)는 주로 동물세포에 존재하는 반면에, ATP-specific succinyl-CoA synthetase(EC 6.2.1.5)는 주로 식물과 세균세포에서 발견된다. GTP-특이적 삭시닐-CoA 신써테이스에 의해 생성된 GTP는 **뉴클레오사이드 다이포스포카이네이스(nucleoside diphosphokinase)**에 의해 궁극적으로 ATP로 전환된다.

$$GTP + ADP \xrightarrow{\text{nucleoside diphosphokinase}} GDP + ATP$$

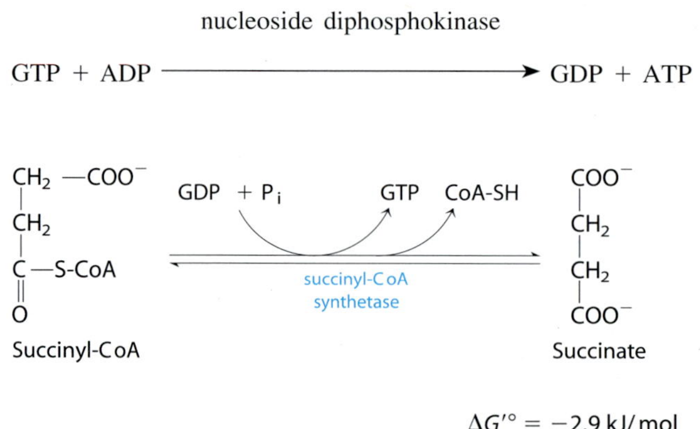

그림 5-57 Succinyl-CoA synthetase가 촉매하는 반응.

Succinate dehydrogenase(EC 1.3.5.1, systematic name : succinate : ubiquinone oxidoreductase): 플라보단백질(Flavoprotein)인 삭신산 탈수소효소(Succinate dehydrogenase)는 푸마르산(fumarate)으로 삭신산(succinate)의 산화를 촉매하는 효소이다(그림 5-58). 이때 전자전달쇄(electron transport chain)에 존재하는 유비퀴논(ubiquinone)이 유비퀴놀(ubiquinol)으로 환원된다. 삭신산(succinate)의 유사체

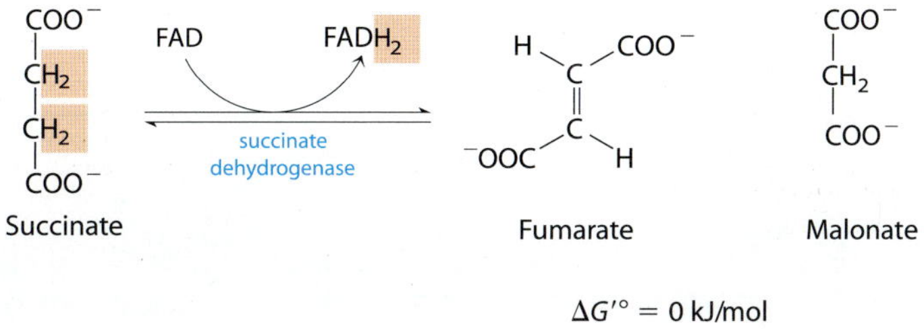

Succinate ($^{-}OOC-CH_2-CH_2-COO^{-}$) + FAD ⇌ (succinate dehydrogenase) Fumarate ($^{-}OOC-CH=CH-COO^{-}$) + $FADH_2$

Malonate ($^{-}OOC-CH_2-COO^{-}$)

$\Delta G'^{\circ} = 0$ kJ/mol

그림 5-58 삭신산 탈수소효소(Succinate dehydrogenase)가 촉매하는 반응과 삭신산(succinate)의 유사체(analogue)인 말론산(malonate)의 구조.

(analogue)인 **말론산(malonate)**은 삭신산 디하이드로저네이스(succinate dehydrogenase)의 강력한 경쟁적 억제제로서, 이것을 마이토콘드리아에 첨가하면 TCA 회로의 활성이 저해된다. TCA 회로의 효소들은 대부분 마이토콘드리아 기질(mitochondrial matrix) 또는 세포질(cytosol) 내에 존재하는 수용성 단백질이지만 삭신산 탈수소효소 복합체(succinate dehydrogenase complex)는 막 내에 단단히 결합되어 있는 내재성 막단백질(integral membrane protein)이다. 진핵세포의 경우 이 효소 복합체는 마이토콘드리아 내막에 삽입되어져 있는 반면에, 원핵세포의 경우 세포질막에 단단히 삽입되어져 전자전달계와 상호작용하여 재산화된다. 즉, 삭신산 탈수소효소 복합체는 TCA 회로와 전자전달쇄(electron transport chain) 양쪽 모두 참여하는 유일한 효소이다. 포유동물의 마이토콘드리아 내막에 존재하는 삭신산 탈수소효소 복합체(succinate dehydrogenase complex 또는 mitochondrial complex II)와 많은 세균의 세포질막에 존재하는 삭신산 탈수소효소 복합체는 4개의 소단위체(subnit)로 구성되어 있다. 2개는 친수성(hydrophilic)이고 다른 2개는 소수성(hydrophobic)이다. 플라보단백질(flavoprotein, SdhA)과 Fe-S 단백질(iron-sulfur protein, SdhB)은 친수성이고, SdhC와 SdhD는 막에 걸쳐 있는 소수성 막단백질이다. 플라보단백질인 SdhA는 보결원자단(prosthetic group)으로서 단단하게 공유결합되어 있는 플라빈 아데닌 다이뉴클레오타이드(flavin adenine dinucleotide, FAD)와 삭신산 결합부위(succinate binding site)를 함유하고 있다. SdhB는 [2Fe-2S], [4Fe-4S] 그리고 [3Fe-4S]으로 구성된 3개의 Fe-S 뭉치(three iron-sulfur clusters)를 함유하고 있다.

삭신산 탈수소효소 복합체(succinate dehydrogenase complex 또는 mitochondrial complex II)는 삭신산 탈수소효소의 효소작용에서 중간체(intermediate)로서 작용한다. SDHA는 TCA 회로의 일부로서 삭신산(succinate)을 푸마르산(fumarate)으로의 전

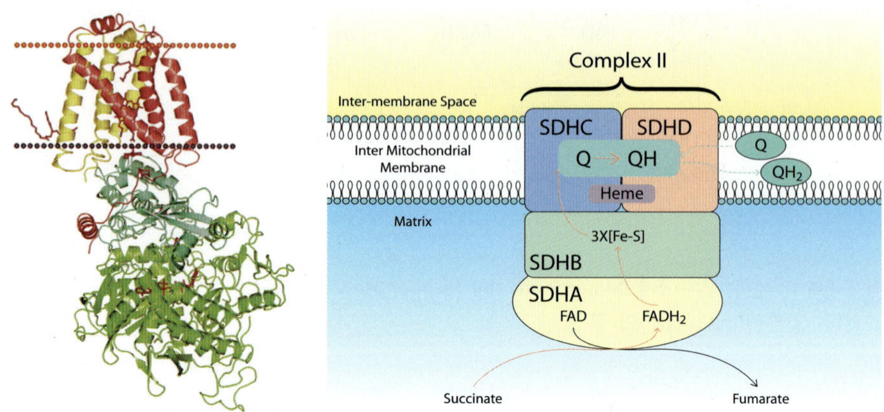

그림 5-59 막 내에서 삭신산 탈수소효소 복합체의 구조. SdhA, SdhB, SdhC and SdhD.(SdhA is green, SdhB is teal, SdhC is fuchsia, and SdhD is yellow.)

환을 촉매함과 동시에, FAD를 $FADH_2$로 전환한다(그림 5-59). $FADH_2$로부터 전자는 SDHB의 Fe-S 뭉치(three iron-sulfur clusters)로 전달된다. 이 기능은 호흡쇄의 일부이다. 마지막으로 전자는 SDHC/SDHD 소단위체를 경유하여 유비퀴논(Ubiquinone, Q)으로 전달된다.

Fumarase(EC 4.2.1.2 : Systematic name, (*S*)-malate hydro-lyase): 푸마르산 수화효소(fumarate hydratase)라고도 불려지는 이 효소는 푸마르산(fumarate)의 트랜스 이중결합에 H_2O(Hydration)를 첨가하여 L-말산(L-Malate)의 생성을 촉매한다. 이 효소는 입체 특이성이 높아서 푸마르산의 시스 이성질체인 말레산(maleate)과는 반응하지 않는다. 푸머레이스(Fumarase)는 역반응도 촉매하기 때문에 이 효소가 촉매하는 반응은 가역적이다.

Malate dehydrogenase(EC 1.1.1.37 : oxidoreductases): TCA 회로는 말산 탈수소효소(malate dehydrogenase)에 의해 촉매되는 NAD^+-의존 탈수소화(NAD^+-dependent dehydrogenation) 반응과 함께 종결된다. 말산 탈수소화효소(Malate dehydrogenase)는 L-말산(L-malate)이 옥살로아세트산(oxaloacetate)으로 산화되는 것을 촉매한다. **말산 디하이드로저네이스(Malate dehydrogenase)는 말산효소(malic enzyme)와 혼돈해서는 안 된다.** 말산효소(Malic enzyme)는 NAD^+ 또는 $NADP^+$ 존재하에 말산을 피루브산으로의 전환을 촉매하는 효소이다. 말산 탈수소효소에 의해 촉매되는 반응

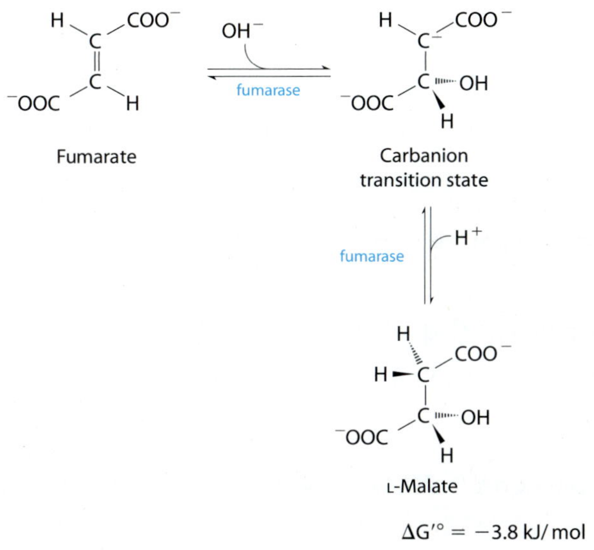

H, COO^-, C=C, ^-OOC, H — OH^- → fumarase ⇌ — H, COO^-, C, C, OH, ^-OOC, H

Fumarate → Carbanion transition state

fumarase ⇌ H^+

H, COO^-, H—C, C, OH, ^-OOC, H

L-Malate

$\Delta G'^{\circ} = -3.8$ kJ/mol

그림 5-60 푸머레이스(Fumarase)가 촉매하는 반응(D. L. Nelson and M. M. Cox. 2013. Lehninger Principles of Biochemistry, 6th ed., W. H. Freeman and Company. 인용)

COO^-, HO—C—H, CH_2, COO^- — NAD^+ → NADH + H^+, L-malate dehydrogenase ⇌ — COO^-, O=C, CH_2, COO^-

L-Malate → Oxaloacetate

$\Delta G'^{\circ} = 29.7$ kJ/mol

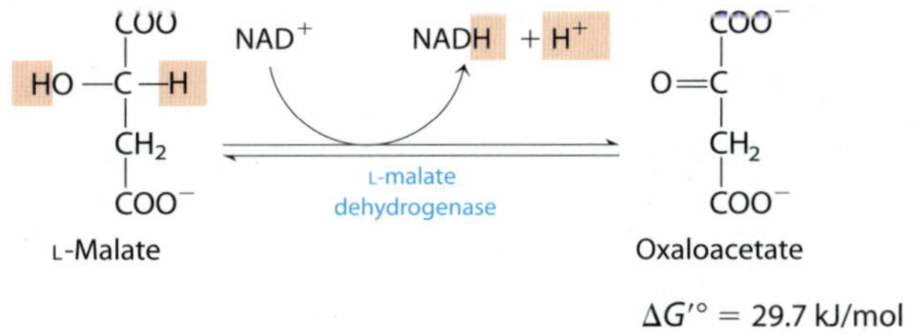

그림 5-61 말산 탈수소효소(malate dehydrogenase)가 촉매하는 반응(D. L. Nelson and M. M. Cox. 2013. Lehninger Principles of Biochemistry, 6th ed., W. H. Freeman and Company. 인용)

은 많은 자유에너지를 흡수하는데(endergonic), $\Delta G^{o\prime}$ 값이 +29.7kJ/mol이다. 따라서 이 반응의 평형은 왼쪽으로 훨씬 치우쳐져 있다. 그러나 옥살로아세트산은 생체 내에서 매우 큰 자유에너지의 감소를 수반($\Delta G^{o\prime}$ 값이 −32.2kJ/mol)하는 시트르산 생성효소(citrate synthase)가 촉매하는 반응에 의해 끊임없이 제거된다. 이러한 이유로 인하여 **세포 내에서 옥살로아세트산의 농도(10^{-6}M)는 매우 낮게 유지된다. 따라서 말산 탈수소효소(malate dehydrogenase)가 촉매하는 반응은 옥살로아세트산을 생성하는 방향으로 진행된다.**

말산 디하이드로저네이스(malate dehydrogenase)는 몇 가지 동질효소(isozymes)로 존재하는데, 진핵생물에서는 두 가지 형태의 동질효소가 있다. 하나는 마이토콘드리아 기질 내에서 발견되며 말산(malate)의 산화를 촉매하는 TCA 회로의 주요 효소이다.

다른 하나는 세포질 내에 존재하며 말산-아스파트산 왕복체(malate-aspartate shuttle)를 보조하는 역할을 한다. 말산 탈수소효소(malate dehydrogenase)는 또한 NAD^+-의존 효소와 $NADP^+$-의존 효소(엽록체에서만 존재)로 구분되기도 한다.

5-5-1 TCA 회로의 산화 에너지는 효율적으로 보존된다.

지금까지 TCA 회로의 1회전에 관하여 공부하였다. TCA 회로에서 아세틸-CoA (acetyl-CoA)가 산화되는 전체 반응식은 다음과 같다.

$$\text{Acetyl-CoA} + \mathbf{2H_2O} + 3NAD^+ + FAD + GDP + Pi$$
$$\mathbf{2CO_2} + \mathbf{3NADH} + 3H^+ + \mathbf{FADH_2} + \text{CoA-SH} + \mathbf{GTP}$$
$$\Delta G^{o\prime} = -40\text{kJ/mol}$$

2개의 탄소 원자를 가지고 있는 아세틸기는 TCA 회로에서 옥살로아세트산과 합쳐진 후 산화반응을 받게 된다. 시트르산 생성효소(Citrate synthase)와 푸머레이스(fumarase) 반응에서 각각 한 분자의 H_2O가 직접 소비되어지며, 아이소시트르산 탈수소효소(isocitrate dehydrogenase)와 알파-케토글루타르산 탈수소효소(α-ketoglutarate dehydrogenase) 반응에서 각각 1몰의 CO_2가 생성된다. TCA 회로의 1회전을 통해 산화에 의해 유리되는 에너지는 3분자의 NAD^+와 1분자의 FAD^+를 환원시키고, 1분자의 GTP를 생산하는 것으로 보존된다. TCA 회로는 1회전을 경유하여 직접적으로 1분자의 ATP(GTP로부터)를 생성하지만, 4곳의 산화단계는 전자를 NADH와 $FADH_2$를 경유하여 호흡쇄에 유입시켜 최종적으로 산화적 인산화를 통하여 많은 ATP 분자를 생성한다. 에너지 방출성(exergonic)인 TCA 회로는 회로가 1회전 할 때 $\Delta G^{o\prime}$ 값이 -40kJ/mol이 된다.

5-5-2 TCA 회로의 조절

대사 경로의 주요 효소들은 알로스테릭 조절인자(allosteric modulator)와 공유결합적 변형(covalent modification)을 통해 조절된다. 이것은 세포가 안정적인 상태를 유지하는 데 필요한 속도로 중간체를 만들고 낭비적인 과잉생산이 일어나지 않도록 한다. 해당작용에서 생성된 피루브산의 탄소 원자가 TCA 회로로 유입되는 과정은 2단계의 엄밀한 조절을 받는다(그림 5-62). 즉 피루브산을 TCA 회로의 출발물질인 아세틸-CoA로 전환시키는 피루브산 탈수소효소 복합체(**pyruvate dehydrogenase complex**)와 아세틸-CoA를 TCA 회로로 유입시키는 시트르산 생성효소(**citrate synthase**)의 반응들이 조절을 받는다. 피루브산 탈수소효소 복합체(**pyruvate dehydrogenase complex**)는 아세틸-CoA, NADH와 같은 생성물에 의해 저해되며, 더 나아가서 ATP와 같은 뉴클레오타이드 및 긴 사슬 지방산에 의해 강하게 억제된다. 알로스테릭 활성제인 AMP, CoA 그리고 NAD^+는 피루브산 탈수소효소 복합체의 활성을 촉진시킨다. 피루브산 탈수소효소 복합체(pyruvate dehydrogenase complex)는 세포의 에너지 준위에 민감하다. 즉

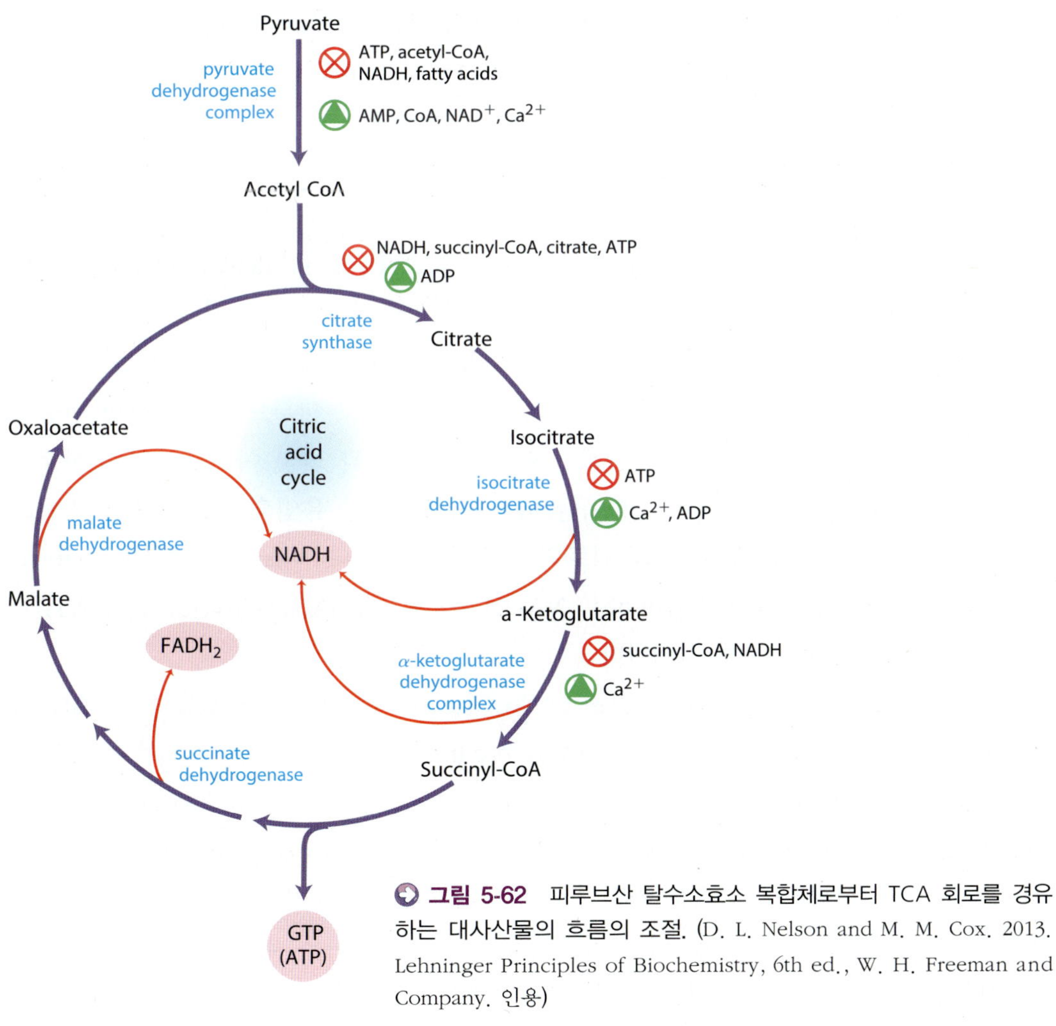

그림 5-62 피루브산 탈수소효소 복합체로부터 TCA 회로를 경유하는 대사산물의 흐름의 조절. (D. L. Nelson and M. M. Cox. 2013. Lehninger Principles of Biochemistry, 6th ed., W. H. Freeman and Company. 인용)

AMP는 피루브산 탈수소효소 복합체를 활성화시키는 반면에 ATP와 GTP는 저해한다. AMP의 농도가 높으면 세포의 에너지가 부족한 상태임을 나타낸다. 이러한 조건하에서 피루브산 탈수소효소가 활성화된다는 것은 피루브산으로부터 에너지가 생산되도록 한다는 것이다. 한편, 포유동물의 피루브산 탈수소효소 복합체의 활성은 알로스테릭 조절인자(allosteric modulator)에 의한 조절뿐만 아니라 공유결합적 변형(covalent modification), 즉 인산화와 탈인산화에 의해 조절된다. 포유동물의 피루브산 탈수소효소 복합체는 E_1, E_2, E_3뿐만 아니라 2개의 조절 단백질, 즉 **단백질 카이네이스(protein kinase: pyruvate dehydrogenase kinase)**와 **인산단백질 포스패테이스(phosphoprotein phosphatase: pyruvate dehydrogenase phosphatase)**를 더 가지고 있다. Mg^{2+}-의존성 피루브산 탈수소효소 카이네이스(Mg^{2+}-dependent pyruvate dehydrogenase kinase)는 ATP, NADH 그리고 아세틸-CoA에 의해 알로스테릭 활성화 작용을 받는다. 그래서 마이토콘드리아 내에 ATP, NADH 그리고 아세틸-CoA의 농도가 높아지면 단백질 카이네이스(protein kinase)가 피루브산 탈수소효소(E_1)상에 존재하는 세린 잔기의 인산화를 촉진하여 피루브산의 탈카복실화를 억제한다. 반면에 $NADH/NAD^+$의 비가 낮고 아세틸-CoA의 농도가 낮을 때 피루브산 탈수소효소 인산가수분해효소(pyruvate dehydrogenase phosphatase)는 피루브산 탈수소효소(Pyruvate dehydrogenase, E_1)의 소단위체상에 존재하는 포스포세린 부분을 가수분해(탈인산화)하여 E_1을 활성화한다. 피루브산 탈수소효소 인산가수분해효소(pyruvate dehydrogenase phosphatase)는 인슐린과 Ca^{2+}에 의해 활성화되어 탈인산화를 촉진한다. 그리고 피루브산은 인산화 반응을 저해한다. 대부분의 세포는 피루브산뿐만 아니라 지방산과 몇몇 아미노산의 산화로부터 아세틸-CoA를 생산한다. 따라서 이들 다른 경로로부터 유입되는 중간체의 이용도는 피루브산의 산화의 조절과 TCA 회로의 조절에 중요하다. **시트르산 생성효소(citrate synthase)는** 생성물인 시트르산(citrate), NADH, 삭시닐-CoA(succinyl-CoA)와 ATP와 같은 뉴클레오타이드에 의해 저해된다.

TCA 회로는 세 가지 자유에너지 감소 단계(exergonic step)에서 조절되고 있다. ΔG 값이 큰 음의 값을 나타내는 시트르산 생성효소(citrate synthase), 아이소시트르산 탈수소효소(isocitrate dehydrogenase) 그리고 α-케토글루타르산 탈수소효소(α-ketoglutarate dehydrogenase)의 반응들은 강력한 자유에너지 감소 단계들(exergonic steps)이다. 이들 각각은 어떤 상황하에서 속도 제한 단계(rate-limiting step)가 될 수 있다. 시트르산 생성효소의 기질인 아세틸-CoA와 옥살로아세트산의 이용도는 세포의 대사 상태에 따라 변화되고, 때로는 시트르산의 생성 속도를 제한하기도 한다. 아이소시트르산과 α-

케토글루타르산이 산화될 때 생성되는 NADH는 어떤 조건하에서 축적된다. 이로 인하여 [NADH]/[NAD$^+$]의 비가 커지게 되면 두 탈수소효소의 반응은 심각하게 저해된다. **[NADH]/[NAD$^+$]의 비가 높을 때, 옥살로아세트산의 농도는 낮아지며, TCA 회로에서 첫 단계의 속도도 늦어지게 된다.**

생성물의 축적은 TCA 회로의 세 가지 제한 단계를 모두 저해한다. 삭시닐-CoA는 α-케토글루타르산 탈수소효소와 시트르산 생성효소를 저해하고, 시트르산은 시트르산 생성효소를 저해하며, 최종산물인 ATP는 시트르산 생성효소와 이소시트르산 탈수소효소 모두를 저해한다. 피루브산 탈수소효소 복합체와 마찬가지로, 칼슘 이온은 아이소시트르산 탈수소효소와 α-케토글루타르산 탈수소효소의 양쪽을 활성화한다.

5-6 보충반응(Anaplerotic Reaction)

지금까지 TCA 회로의 역할 중 이화작용(catabolism)과 에너지 생성이란 측면을 공부해 왔다. 즉, TCA 회로는 아세틸-CoA와 아세틸-CoA로 전환되는 화합물을 산화시키면서 산화적 인산화에서 ATP 생산을 위한 환원력을 제공하는 역할을 한다. 지금부터는 TCA 회로의 동화작용(anabolism)의 측면을 공부해 보기로 하자. TCA 회로의 대사 중간물질인 알파-케토글루타르산(α-ketoglutarate), 삭시닐-CoA(succinyl-CoA), 옥살로아세트산(oxaloacetate) 등은 생합성에 필요한 탄소 골격을 제공하는 전구체(precursor)로 이용된다. 즉, 삭시닐-CoA(succinyl-CoA)는 헴(heme)과 포피린(porphyrin)의 합성에, 옥살로아세트산(oxaloacetate)과 알파-케토글루타르산(α-ketoglutarate)은 아미노기 전달반응(transamination reaction)에 의해 아스파트산(aspartate), 글루탐산(glutamate) 및 다른 아미노산의 생합성에 이용되어진다. 몇몇 조직에서, 시트르산(citrate)은 지방산 생합성에 이용되어진다. 만약 이들 TCA 회로의 중간물질이 생합성에 이용되고 보충되지 않으면 옥살로아세트산(oxaloacetate)의 농도가 낮아져서 시트르산(citrate)의 합성이 잘 이루어지지 않을 것이다. 따라서 생합성에 이용된 중간물질을 보충하여 TCA 회로를 계속 유지하기 위한 일련의 반응이 관련되어진다. 이들을 **보충반응(anaplerotic reaction)**이라고 한다. 『Anaplerotic』이라는 용어는 『up』을 뜻하는 그리스어 『*Ana*』와 『fill』을 뜻하는 『Plerotikos』로부터 유래되었다. 『Anaplerotic』이라는 용어는 『filling up』이라는 뜻으로 독일계 영국의 생화학자 한스 콘버그(Hans Leo Kornberg)에 의해 제안되어졌다. 당을 기질로 미생물을 생육할 때, 미생물은 피루브산(pyruvate) 또는 포스포엔올피루브산(phosphoenolpyruvate)으로부터 옥살로아세트산(oxaloacetate)을 합성할 수 있다. 그림 5-63은 보충반응(anaplerotic reaction)을 촉매하는 효소들을 설명하고 있다.

Pyruvate carboxylase(EC 6.4.1.1): 피루브산카복실화효소(Pyruvate carboxylase)는 피루브산의 비가역적인 카복실화를 유도하여 옥살로아세트산의 생성을 촉매하는 효소(ligase)이다. 피루브산카복실화효소는 자신의 활성을 위하여 보결원자단(prosthetic group)인 바이오틴(biotin)과 아세틸-CoA, Mg^{2+}(또는 Mn^{2+})를 필요로 한다. 1959년에 처음 발견된 피루브산카복실화효소(pyruvate carboxylase)는 동일한 4개의 소단위체로 이루어진 사합체(tetramer)로서 세균, 균류, 동물, 식물에 널리 분포되어 있다. 포유동물의 경우, 마이토콘드리아 기질에 존재하는 피루브산카복실화효소는 글루코오스신생합성(gluconeogenesis), 지질생합성(lipogenesis), 신경전달물질(neurotransmitters)의 생합성 등에서 결정적인 역할을 한다. 피루브산카복실화효소에 의해 생성된 옥살로아세트산(oxaloacetate)은 생합성 경로에서 이용되는 중요한 중간물질이다.

$$\text{Pyruvate} + H_2O + CO_2 + \text{ATP} \xrightarrow[\text{Mg}^{2+}\ \text{Biotin}]{\text{Acetyl-CoA}} \text{Oxaloacetate} + \text{ADP} + H_3PO_4$$

Phosphoenol pyruvate carboxylase(EC 4.1.1.31): 포스포에놀피루브산카복실화효소(Phosphoenol pyruvate carboxylase)는 포스포에놀피루브산(Phosphoenol pyruvate, PEP)에 중탄산염(bicarbonate, HCO_3^-)의 첨가를 비가역적으로 촉매하여 옥살로아세트산을 생성하는 카복시-라이에이스(carboxy-lyases)이다. 카복시-라이에이스(Carboxy-lyases)는 유기화합물로부터 카복실기를 첨가하거나 제거하는 탄소-탄소 라이에이스(carbon-carbon lyases)이다. 이 효소는 고등식물과 몇몇 세균에서 발견되고 있지만, 동물과 균류에서는 아직 발견되지 않고 있다.

$$\text{Phosphoenol pyruvate} + CO_2 + H_2O \rightarrow \text{Oxaloacetate} + H_3PO_4$$

Malic enzyme(EC 1.1.1.39): 말산효소(Malic enzyme)는 피루브산(pyruvate)과 CO_2로부터 L-말산(L-Malate)을 생성하는 반응을 촉매한다.

$$\text{Pyruvate} + CO_2 + \text{NADPH} + H^+ \rightleftharpoons \text{L-Malate} + \text{NADP}^+$$

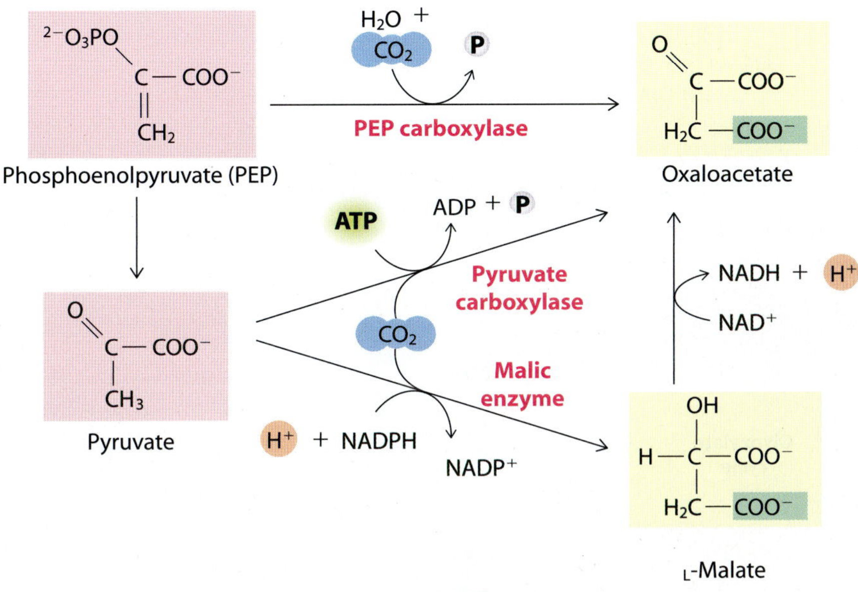

그림 5-63 보충반응을 촉매하는 효소들.

5-7 글라이옥실산 회로(Glyoxylate cycle)

피루브산(Pyruvate)이나 포스포에놀피루브산(phosphoenol pyruvate)을 경유하지 않고 아세틸-CoA로 대사되는 탄소원을 이용하는 생물은 보충반응(anaplerotic reaction)으로부터 TCA 회로의 중간산물을 보충하지 못한다. 이러한 문제점은 한스 콘버그(Hans Leo Kornberg: 1928. 1. 14~) 등이 글라이옥실산 회로(glyoxylate cycle)를 발견하여 설명 가능하게 되었다. 글라이옥실산 회로(glyoxylate cycle)는 세균, 균류, 원생동물, 조류와 같은 여러 미생물 및 생활환의 어떤 단계에서 몇몇 고등식물에서 발견된다. 미생물이 피루브산이나 포스포에놀피루브산(PEP)를 경유하지 않고 TCA 회로로 들어가는 탄소원인 아세트산(acetate)을 유일한 탄소원으로 하여 생육되어질 때, 아이소시트르산 분해효소(isocitrate lyase)와 말산 생성효소(malate synthase)가 TCA 회로의 효소들과 함께 글라이옥실산 회로에 참여하여 아세틸-CoA로부터 TCA 회로의 중간산물을 보충하게 된다. **글라이옥실산 회로(Glyoxylate cycle)는 아세틸-CoA를 완전히 산화시키는 TCA 회로와는 달리 2몰의 아세틸-CoA로부터 1몰의 말산(malate)을 합성한다(그림 5-64).**

Acetate thiokinase: 아세트산(Acetate)은 먼저 아세트산 싸이오카이네이스(acetate thiokinase)에 의해 아세틸-CoA로 전환된다.

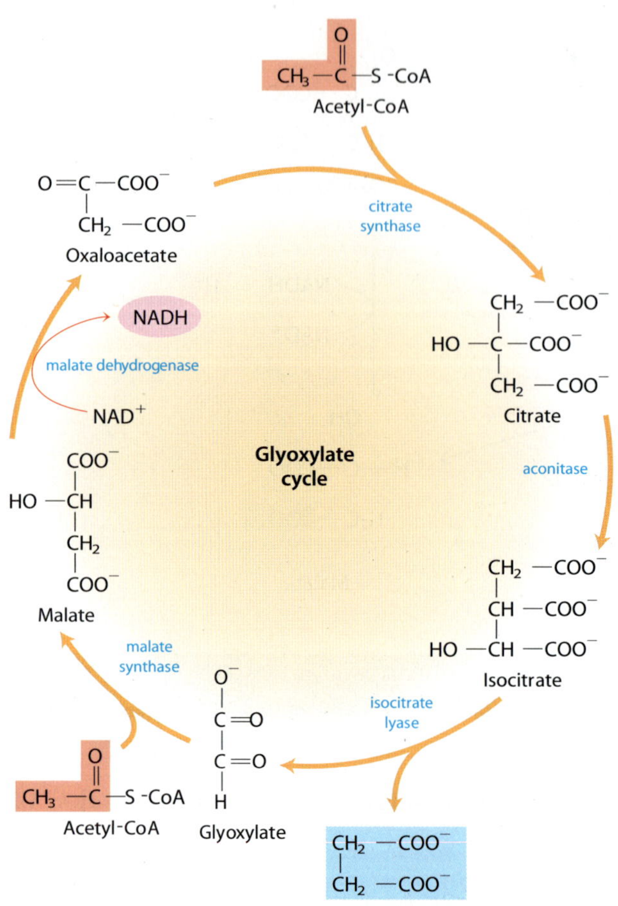

그림 5-64 글라이옥실산 회로(glyoxylate cycle). 글라이옥실산 회로는 한스 아돌프 크렙스(Hans Adolf Krebs)의 실험실에서 한스 콘버그(Hans Leo Kornberg)와 닐 매드슨(Neil Madsen)에 의해 밝혀졌다.

$$\text{Acetate} + \text{CoA-SH} + \text{ATP} \rightarrow \text{Acetyl-CoA} + \text{AMP} + \text{PPi}$$

그 다음에 옥살로아세트산(oxaloacetate)과 아세틸-CoA가 TCA 회로의 시트르산 생성효소(citrate synthase)와 어코너테이스(aconitase)의 작용으로 시트르산(citrate)을 통해 아이소시트르산(isocitrate)으로 대사된다.

Isocitrate lyase: 아이소시트르산(Isocitrate)은 아이소시트르산 분해효소(isocitrate lyase)에 의해 삭신산(succinate)과 글라이옥실산(glyoxylate)으로 분해된다.

Malate synthase: 삭신산(Succinate)은 TCA 회로를 통해 대사되고 글라이옥실산(glyoxylate)은 말산 생성효소(malate synthase)에 의해 아세틸-CoA와 결합하여 말산(malate)의 합성에 이용된다.

5-8 호흡쇄에서 전자전달과 산화적 인산화

생세포(Living cells)는 주로 지방(fats)과 탄수화물의 형태로 대사 에너지를 저장한다. 이 에너지는 최종적으로 ATP의 형태로 전환되어 생합성, 막수송 그리고 운동을 위해 소비된다. 당이 해당반응과 TCA 회로를 경유하여 산화되는 과정에서 생성되는 전자들은 $NAD(P)^+$, FAD 등과 같은 보조인자(cofactor)를 환원한다. 이들은 호흡쇄(respiratory chain), 즉 전자전달쇄(electron transport chain)에서 O_2에 의해 재산화된다. 이때 발생되는 자유에너지는 양성자 구동력(H^+ motive force)의 형태로 보존되고, 이들은 ATP 합성에 이용된다. 해당작용과 TCA 회로에서 생성된 ATP는 기질 수준 인산화**(substrate level phosphorylation)**에 의한 것이지만, NADH-의존성 ATP 합성은 산화적 인산화**(oxidative phosphorylation)**의 결과이다. 전자전달과 산화적 인산화 반응은 막(membrane)과 연계되어 일어난다. 원핵세포의 산화적 인산화는 세포질막에 존재하는 호흡쇄에서 일어나지만, 진핵세포의 산화적 인산화는 마이토콘드리아의 내막에 존재하는 호흡쇄에서 일어난다. 그리고 고등식물의 광인산화**(photophosphorylation)**는 엽록체의 싸이러코이드막(thylakoid membrane)에서 일어난다. 마이토콘드리아와 엽록체의 ATP 합성에 대한 현재의 이해는 1961년 피터 미첼(Peter Mitchell)에 의해 제창된 화학삼투설(chemiosmotic theory)에 기초를 두고 있다. 화학삼투설**(Chemiosmotic theory)**에 의하면 마이토콘드리아, 엽록체 또는 세균의 호흡쇄는 에너지 변환막을 사이에 두고 생긴 양성자 농도차(differences in proton concentration, H^+ electrochemical gradient)에 의해 ATP 합성과 공역(coupling)하고 있다.

여기서 TCA 회로와 산화적 인산화 반응이 일어나며『세포의 발전소(cellular power plants)』라고도 불리는 진핵세포의 마이토콘드리아에 관하여 알아보도록 하자. 대부분의 진핵세포에서 마이토콘드리아(단수 mitochondrion, 복수 mitochondria)는 막으로 둘러싸인 세포내 소기관(membrane-enclosed organelle)이다. 이들 세포내 소기관들은 직경이 0.5~1.0μm이고, 길이가 0.5~수 μm(several micrometer)에 이른다. 포유류는 세포당 800~2,500개의 마이토콘드리아를 가지고 있는 반면에, 다른 유형의 세포들은 적게는 1개에서 많게는 50만개의 마이토콘드리아를 가지고 있다. 트리파노솜(Trypanosomes)은 단 1개의 마이토콘드리아를 가지며, 글루코오스 억제하의(under glucose repression) 효모세포는 세포당 1~2개의 마이토콘드리아를 가지고 있다. 인간의 적혈구 세포는 핵과 마이토콘드리아 등을 가지고 있지 않다. 마이토콘드리아는 간

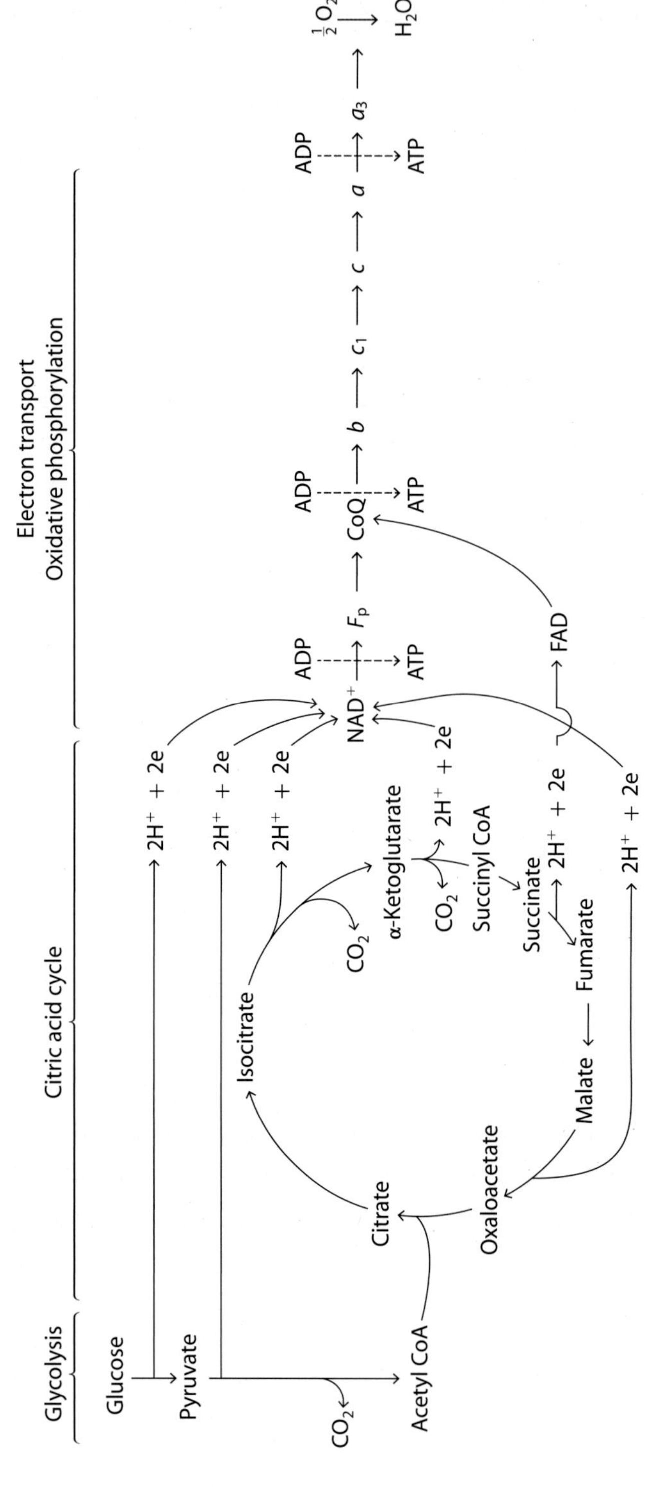

그림 5-65 탄수화물의 이화작용, 전자전달 그리고 산화적 인산화.

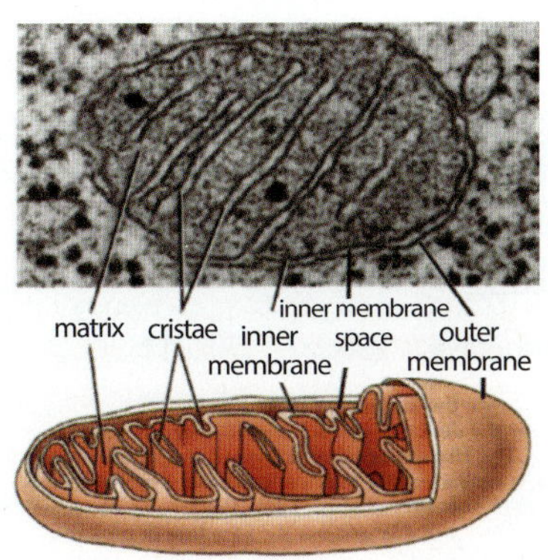

그림 5-66 마이토콘드리아의 생화학적 해부. 1개의 간 마이토콘드리아(a single liver mitochondrion)의 내막은 10,000 세트 이상의 전자전달계(호흡쇄)와 막 표면 전반에 걸쳐 분포된 ATP 합성효소(ATPase, ATP synthase)를 가지고 있다. 생물체 간에 마이토콘드리아들은 형태는 유사하지만, 크기와 내막의 주름진 정도는 다양하다.

단한 외막(outer membrane)과 조금 더 복잡한 내막(inner membrane)으로 둘러싸여 있다(그림 5-66). 내막과 내막 사이의 공간을 막간 공간(intermembrane space)이라고 부른다. 크레아틴 인산화효소(Creatine kinase)와 아데닐산 인산화효소(adenylate kinase)와 같은 ATP를 이용하는 몇몇 효소들은 막간 공간(intermembrane space)에 존재한다. 외막(Outer membrane)은 지질 30~40%, 단백질 60~70%로 이루어져 있으며 비교적 고농도의 포스패티딜이노시톨(phosphatidylinositol)을 함유하고 있다. 외막은 포린(porin)이라고 불리는 물질의 통로(channel) 역할을 하는 단백질을 상당량 함유하고 있다. 이들은 β-주름진 판(β-pleated sheet) 구조가 풍부한 막횡단 단백질로서 분자량 1000정도 이하의 물질들을 자유롭게 확산시킨다. 내막(Inner membrane)은 단백질이 많이 밀집되어 있고 이것이 내막 무게의 거의 80%를 차지하고 있다. 마이토콘드리아 내막을 통과해야 하는 물질들은 막에 존재하는 특정 수송단백질에 의해 운반된다. 이러한 내막은 **크리스티(cristae)**라는 주름으로 인해 작은 부피 안에서도 넓은 표면적을 갖게 된다. 전자전달계, 즉 호흡쇄는 내막에 위치해 있다. 마이토콘드리아 내막의 안쪽 공간은 **매트릭스 또는 기질(matrix)**이라고 하며, 이곳에 TCA 회로와 지방산 산화 효소들 대부분이 포함되어 있다. 예외적으로 TCA 회로의 삭신산 탈수소효소(succinate dehydrogenase)는 내막에 위치해 있으며 전자전달계와 연계되어 있다. 마이토콘드리아의 유전체는 환형 DNA(circular DNA)로서 일부 마이토콘드리아 단백질들을 암호화한다. 그리고 이들 단백질을 합성하는 데 필요한 효소 및 라이보솜 등도 매트릭스 내에 함유되어 있다. 그러나 대부분 마이토콘드리아 단백질들은 핵 내에 위치한 DNA에 의

표 5–2 마이토콘드리아의 호흡쇄(전자전달쇄)에 존재하는 4가지 복합체

Enzyme complex/protein	Mass(kDa)	Number of subunits*	Prosthetic group(s)
I NADH : ubiquinone oxidoreductase	850	45(14)	FMN, Fe-S
II Succinate : ubiquinone oxidoreductase	140	4	FAD, Fe-S
III Ubiquinol : cytochrome *c* oxidoreductase	250	11	Hemes, Fe-S
Cytochrome *c***	13	1	Heme
IV Cyctochrome *c* oxidase	162	13(3-4)	Hemes ; CuA, CuB

*괄호 안의 수는 세균에 있어서 소단위체의 수이다.

**사이토크롬 c(Cytochrome c)는 효소 복합체의 일부분이 아니라, 수용성 단백질로서 복합체 III과 IV 사이를 자유롭게 이동할 수 있다.

해 암호화되며 세포질 내에 있는 라이보솜에서 합성된다.

포유동물의 마이토콘드리아에서 호흡쇄(전자전달쇄)는 4가지 복합체 즉, 복합체 I (complex I, NADH: ubiquinone oxidoreductase), 복합체 II(complex II, Succinate: ubiquinone oxidoreductase), 복합체 III(complex III, Ubiquinol: cytochrome c oxidoreductase), 복합체 IV(complex IV, Cytochrome c oxidase)로 구성되어 있다.

Complex I(NADH:ubiquinone oxidoreductase): NADH:유비퀴논 산화환원효소(NADH:ubiquinone oxidoreductase)라고도 불리는 복합체 I(complex I)은 한 쌍의 전자를 NADH로부터 유비퀴논으로 전달한다. 이 효소는 전자전달계에서 가장 크고 복잡한 효소이다.

$$NADH + H^+ + UQ + 4\ H^+_{in} \rightarrow NAD^+ + UQH_2 + 4\ H^+_{out}$$

즉 이 효소 복합체는 보결원자단(prosthetic group)으로서 1개의 플라빈 모노뉴클레오타이드(flavin mononucleotide, FMN)와 8~9개의 철-황 중심부[iron-sulfur(Fe-S) center]를 포함하는 최소한 45개의 폴리펩타이드 사슬(subunit)로 구성되어 있다. 포유동물의 NADH:유비퀴논 산화환원효소는 보결원자단인 FMN과 8개의 철-황 중심부를 포함하는 45개의 폴리펩타이드 사슬로 이루어져 있다. 45개의 폴리펩타이드 사슬 중에 7개는 마이콘드리아 게놈에 의해 암호화된다. ATP 합성과 공역(coupling)하고 있는 **복합체 I의 부위는 4개의 양성자(H^+)를 매트릭스(matrix)로부터 막사이공간(intermembrane**

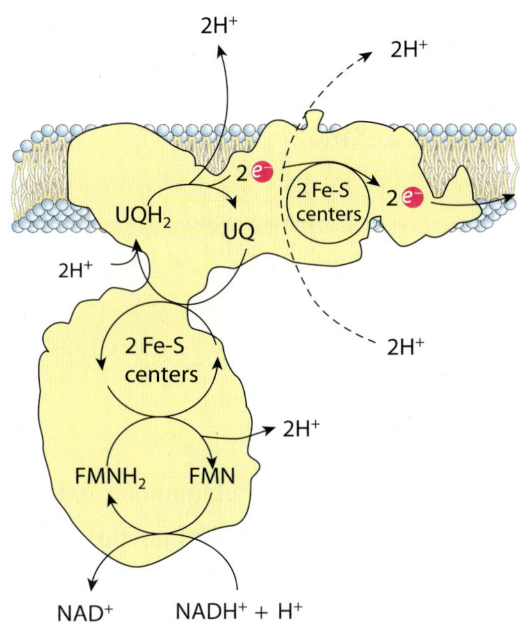

그림 5-67 포유동물의 호흡쇄에 존재하는 복합체 I의 구조 및 전자의 흐름.

space)으로 배출하지만 아직 정확한 메커니즘은 완전히 규명되지 않고 있다(그림 5-67). 고해상도의 전자현미경 분석에 의하면 복합체 I은 L-모양을 하고 있는데 L-모양의 한 부분은 막에 묻혀 있고 다른 부분은 매트릭스(기질) 쪽에 노출되어 있다(그림 5-67). 복합체 I에서 전자의 흐름은 먼저 마이토콘드리아의 매트릭스 쪽에 위치해 있는 효소 부위에 NADH가 결합하고, NADH로부터 FMN으로 전자가 전달된다. 그 다음에 환원된 $FMNH_2$부터 일련의 Fe-S 단백질들로 전자가 전달된다. NADH는 2개의 전자를 제공하는 물질(two-electron donor)인데 반해 Fe-S 단백질은 하나의 전자를 운반하는 물질(one-electron transfer agent)이다. FMN의 플라빈은 산화된 상태(oxidized state), 세미퀴논 상태(semiquinone state), 환원된 상태(reduced state)의 세 가지 산화환원 상태(three redox state)를 가진다. 이것은 1-전자 운반체(one-electron transfer agent) 또는 2-전자 운반체(two-electron transfer agent)로도 작용할 수 있기 때문에 NADH와 Fe-S 단백질 사이를 연결해 주는 중요한 연결고리로서 작용할 수 있다. 반응의 마지막 단계에서 2개의 전자가 철-황 집합체(Fe-S cluster)로부터 유비퀴논으로 전달된다. 이동성 전자 운반체(**mobile electron carrier**)인 유비퀴논(**ubiquinone**)은 소수성이 매우 강하여 마이토콘드리아 내막을 자유롭게 확산할 수 있기 때문에 유비퀴논은 복합체I과 II로부터 복합체 III으로 전자를 전달하며 왕복한다.

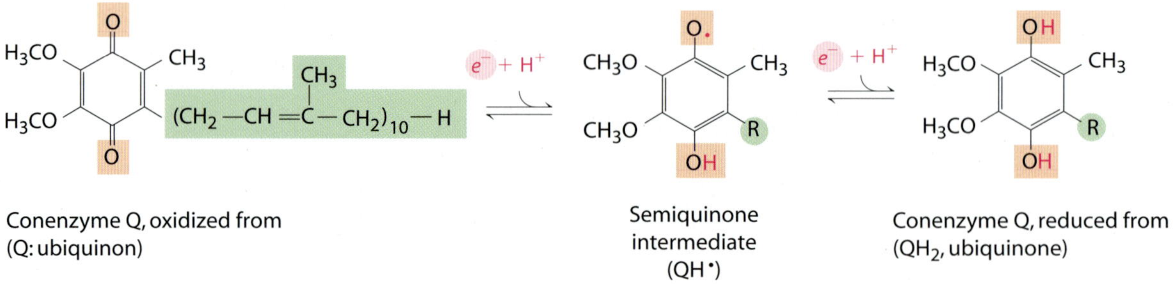

Conenzyme Q, oxidized from
(Q: ubiquinon)

Semiquinone
intermediate
($QH^{\bullet}$)

Conenzyme Q, reduced from
(QH_2, ubiquinone)

그림 5-68 유비퀴논(Ubiquinone)의 세 가지 산화 상태(D. L. Nelson and M. M. Cox. 2013. Lehninger Principles of Biochemistry, 6th ed., W. H. Freeman and Company. 인용)

NADH : 유비퀴논 산화환원효소(NADH : ubiquinone oxidoreductase)는 로테논 **(rotenone:** 흔히 살충제로 사용되는 식물성 물질**),** 아미탈**(amytal:** 바비튜레이트 물질) 그리고 피에리시딘**(piericidin A:** 항생제)에 의해 저해된다. 이들 저해제는 복합체 I의 철-황 중심부로부터 유비퀴논으로의 전자 흐름을 억제함으로써 전체 산화인산화 반응을 차단한다. 표 5-3은 산화적 인산화 반응을 차단하는 저해제(inhibitors)의 종류와 작용부위를 나타내고 있다.

유비퀴논(Ubiquinone)으로 전자를 전달하는 기질로서 NADH뿐만 아니라 삭신산(succinate), 글리세롤 3-인산(glycerol 3-phosphate) 그리고 지방산 아실-CoA(fatty acyl-CoA)가 있다(그림 5-69).

복합체**I**과 **II**는 각각 NADH와 삭신산(succinate)으로부터 유비퀴논으로 전자의 전달을 촉매한다. 마이토콘드리아의 내막 중 외부 표면에 존재하는 글리세롤 **3-**인산 탈수소효소**(glycerol 3-phosphate dehydrogenase)**는 글리세롤 3-인산(glycerol 3-phosphate)으로부터 유비퀴논으로 전자의 전달을 촉매한다. 아실**-CoA** 탈수소효소**(Acyl-CoA dehydrogenase)**는 지방산 아실-CoA(fatty acyl-CoA)로부터 전자 전달 플라보단백질(Electron-transferring-flavoprotein, ETF)로 전자를 전달하고, ETF로 전달된 전자는 ETF:Q 산화환원효소를 경유하여 유비퀴논으로 전달된다.

Complex II(Succinate : ubiquinone oxidoreductase): 삭신산 : 유비퀴논 산화환원효소(Succinate : ubiqinone oxidoreductase)라고도 불리는 복합체II(complex II)는 삭신산(succinate)으로부터 유비퀴논으로 전자의 전달을 촉매한다. 삭신산 : 유비퀴논 산화환원효소는 TCA 회로의 효소들 중 유일한 막 결합 효소로서 5개의 보결원자단(prosthetic group)과 4개의 소단위체(subunit)로 구성되어 있다.

표 5–3 산화적 인산화를 저해하는 저해제들.

Type of interference	Compound*	Target/mode of action
Inhibition of electron transfers	Cyanide Carbon monoxide	Inhibit cytochrome oxidase
	Antimycin A	Blocks electron transfer from cytochrome *b* to cytochrome c_1
	Myxothiazol Rotenone Amytalr Piercidim A	Prevent electron transfer from Fe-S center to ubiquinone
	DCMU	Competes with Q_B for binding site in PSII
Inhibition of ATP synthase	Aurovertin	Inhibits F_1
	Oligomycin Venturicidin	Inhibits F_0 and CF_0
	DCCD	Blocks proton flow through F0 and CF_0
Uncoupling of phosphorylation from electron transfer	FCCP DNP	Hydrophobic proton carriers
	Valinomycin	K^+ ionophore
	Thermogenin	In brown adipose tissue, forms proton-conducting pores in inner mitochondiral membrane
Inhibition of ATP-ADP exchange	Atractyloside	Inhibits adenine nucleotide translocase

$$\text{Succinate} + \text{UQ(Ubiquinone)} \rightarrow \text{Fumarate} + \text{UQH}_2\text{(Ubiqinol)}$$

4개의 소단위체(subunit) 중 2개는 친수성(hydrophilic)이고 다른 2개는 소수성(hydrophobic)이다. 플라보단백질(flavoprotein, SdhA)과 Fe-S 단백질(iron-sulfur protein, SdhB)은 친수성이고, SdhC와 SdhD는 막에 걸쳐 있는 소수성 막단백질이다. 플라보단백질인 SdhA는 보결원자단(prosthetic group)으로서 단단하게 공유결합되어 있는 플라빈 아데닌 다이뉴클레오타이드(flavin adenine dinucleotide, FAD)와 기질인 삭신산의 결합부위(succinate binding site)를 함유하고 있다. SdhB는 [2Fe-2S], [4Fe-4S] 그리고 [3Fe-4S]으로 구성된 3개의 Fe-S 뭉치(three iron-sulfur clusters)를 함유하고 있다. 내재성 막단백질인 SdhC와 SdhD 사이에 헴 *b*(heme *b*)가 끼워져 있으며, 이 헴 *b*(heme *b*)는 복합체 II에서 전자수용체(electron acceptor)로 작용하는 유비퀴논에 대한 결합부위를 함유하고 있다. 복합체 II의 헴 *b*(heme *b*)는 전자 전달의 직

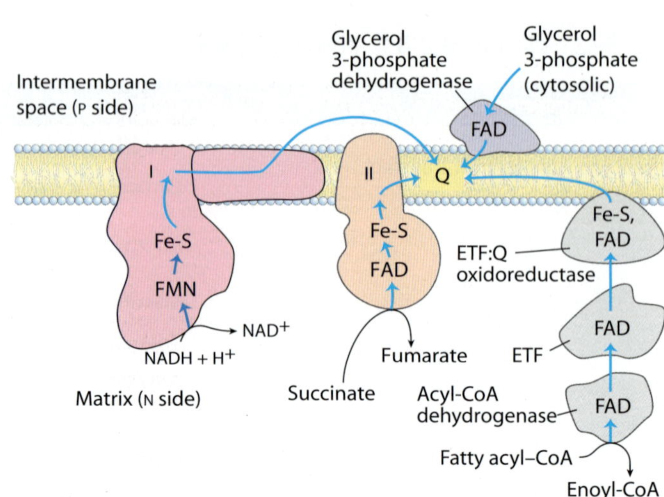

그림 5-69 NADH, 삭신산, 지방산 아실-CoA, 3-인산 글리세롤로부터 유비퀴논으로 전자 전달의 경로. (D. L. Nelson and M. M. Cox, 2013, Lehninger Principles of Biochemistry, 6th ed., W. H. Freeman and Company, 인용)

접 경로는 아니다. 그러나 복합체 II의 헴 *b*(heme *b*)는 전자가 계(system) 밖으로 누출되어 반응성 산소종(reactive oxygen species)인 과산화수소(H_2O_2)와 초과산화물 라디칼(superoxide radical, $^{\bullet}O_2^-$)을 생성하는 삭신산으로부터 산소 분자로 이동하는 빈도를 감소시키는 역할을 할 것으로 여겨진다.

Complex III(Ubiquinol : cytochrome *c* oxidoreductase): 유비퀴놀 : 사이토크롬 *c* 산화환원효소(Ubiquinol : cytochrome *c* oxidoreductase)라고도 불리는 복합체 III(complex III)는 2개의 *b*형 사이토크롬(cytochrome b_{562}와 b_{566})과 1개의 *c*형 사이토크롬(cytochrome c_1) 그리고 Fe-S 중심부(Fe-S center)로 이루어져 있다. 1995~1998년 사이에 이루어진 X-선 결정학(X-ray crystallography)에 의한 복합체 III과 IV의 완전한 구조 결정은 마이토콘드리아의 전자전달 연구에 획기적인 사건이었다. 복합체 III의 기능 단위(functional unit)는 각각 11개의 소단위체(subunit)로 이루어진 동일한 단량체(monomer)의 이합체(dimer)이다. 이 효소는 유비퀴놀(ubiquinol)이 Q 회로(Q cycle)라고 알려진 독특한 산화환원 반응 경로를 거쳐 사이토크롬 *c*로 전자를 전달한다(그림 5-70). UQ와 UQH_2의 대형 풀(pool: 어떤 물질이 서로 다른 형태로 존재하며 이들 전체가 이루고 있는 계)이 마이토콘드리아 내막에 존재한다. 이 풀에서 나온 UQH_2 분자가 복합체 III의 Q 부위(세포막의 세포질 쪽 면)로 확산될 때 Q 회로가 시작된다. 이러한 UQH_2의 산화는 2단계로 일어난다. 먼저 UQH_2에서 나온 전자는 리스케 단백질(Rieske protein: Fe-S 단백질의 하나로 발견자의 이름을 따서 붙임.)로 이동된 다음 사이토크롬 c_1으로 전달된다. 이때 세포질로 2개의 양성자(H^+)가 방출되고, UQ의 세

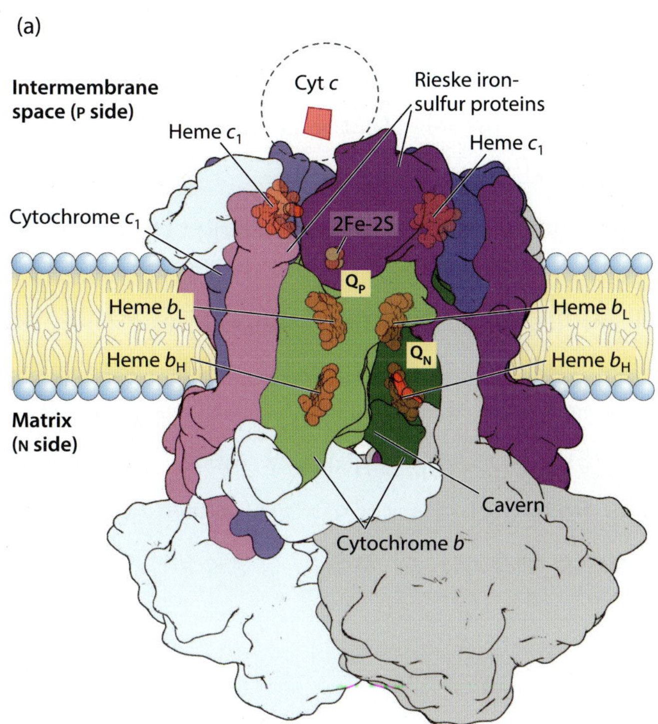

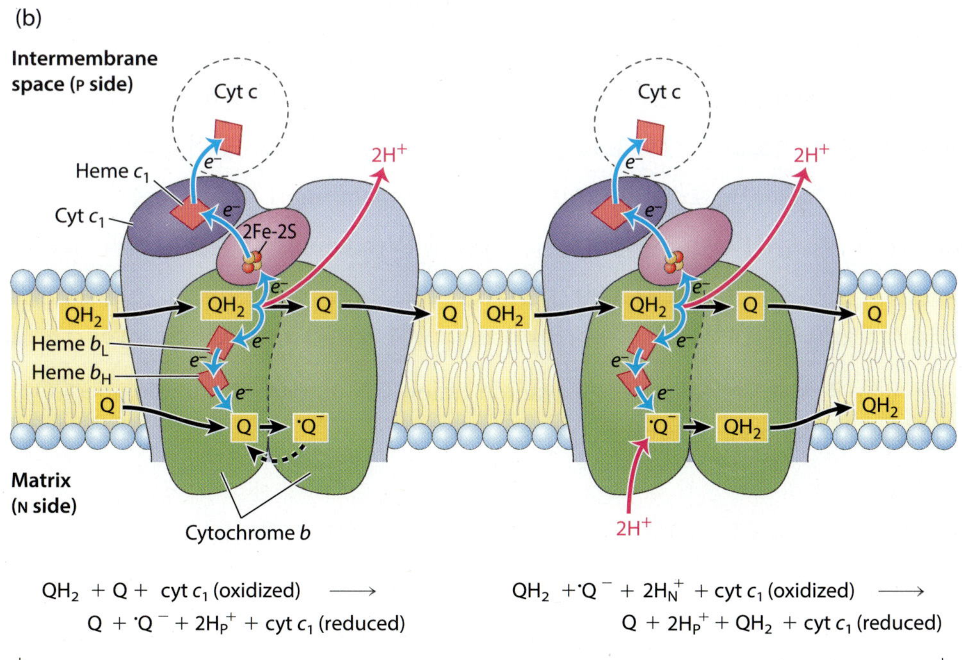

그림 5-70 (a) 사이토크롬 bc_1 복합체(복합체 Ⅲ)의 구조와 (b) 2단계로 나타낸 회로(Q cycle). (D. L. Nelson and M. M. Cox. 2013. Lehninger Principles of Biochemistry, 6th ed., W. H. Freeman and Company. 인용)

미퀴논 라디칼 음이온(semiquinone radical anion)인 $UQ^{\bullet-}$가 발생된다. 두 번째 단계에서 두 번째 전자가 b_L 헴(heme b_L)으로 전달되면서 $UQ^{\bullet-}$가 UQH_2로 전환된다. 복합체 III를 지나는 전자는 사이토크롬 c_1을 거쳐 사이토크롬 *c*(cytochrome *c*)로 전달된다. Q 회로에서 UQH_2가 UQ로 산화되고 2분자의 사이토크롬 *c*가 환원된다. 사이토크롬 *c*(Cytochrome *c*)는 막사이공간(intermembrane space)에 존재하는 수용성 단백질이다. 이 단백질은 구형로서 세포질 쪽 막사이공간 내에 존재하며 마이토콘드리아 내막에 느슨하게 결합되어 있다. 사이토크롬 ***c***는 유비퀴논과 같이 이동성 전자 운반체 **(mobile electron carrier)**이다. 요약해서 설명하면, Q 회로는 2개의 전자를 전달하는 운반체(two-electron carrier)인 유비퀴논과 1개의 전자를 전달하는 운반체(two-electron carrier)인 사이토크롬 b_{562}, b_{566}, c_1 그리고 *c* 사이의 스위치를 조절한다. 그리고 복합체 **III**를 통해 사이토크롬 ***c***로 전달되는 **1**쌍의 전자 당 **4**개의 양성자가 매트릭스**(matrix)**로부터 막사이공간**(intermembrane space)**으로 배출된다. 이 부위는 항생물질인 안티마이신 **A(antimycin A)**에 의해 억제된다.

$$UQH_2(\text{Ubiqinol}) + 2\ \text{cyt}\ c(Fe^{3+}) + 2\ H^+_{in} \rightarrow UQ(\text{Ubiquinone}) + 2\ \text{cyt}\ c(Fe^{2+}) + 4\ H^+_{out}$$

Complex IV(Cytochrome c oxidase): 사이토크롬 *a*와 a_3를 함유하고 있는 복합체 IV(complex IV)는 사이토크롬 산화효소**(cytochrome oxidase)**라고도 불린다. 이 효소는 모든 호기성 세포의 최종 산화효소로서 사이토크롬 *c*(cytochrome *c*)로부터 전자를 산소분자(O_2)로 전달하여 물(H_2O)로 환원시킨다. 복합체 IV(complex IV)는 13개의 소단위체(subunit)를 가지며 분자량이 204,000이나 되는 마이토콘드리아 내막에 존재하는 거대 효소이다. 전자를 막 내부에서 4개의 양성자(H^+)를 소비하면서 산소를 환원시키며 전자전달을 마무리짓는다. 이 부위는 cyanide anion(CN^-), carbon monooxide(CO), sodium azide(NaN_3)에 의해 저해된다.

$$4\text{cyt}\ c(Fe^{2+}) + 8H^+ + O_2 \rightarrow 4\text{cyt}\ c(Fe^{3+}) + 4H^+ + 2H_2O$$

Ubiquinone: 코엔자임 Q(Coenzyme Q)라고도 불리는 유비퀴논(ubiquinone)은 긴 아이소프린 측쇄(isoprene side chain)를 가진 지용성 벤조퀴논(benzoquinone)이다. 코엔자임 Q를 유비퀴논(ubiquinone)으로 부르는 이유는 생물계 내에 널리 분포되어(ubiquitous) 있기 때문에 그렇게 명명되고 있다. 유비퀴논 내에 아이소프린 단위(isoprene unit)의 수는 종에 따라 다르며 포유동물의 호흡쇄에서 일반적인 아이소프린 단위의 수는 10개이다. 따라서 이것을 Q_{10}으로 나타낸다.

퀴논(Quinone)은 세균의 분류에도 중요하게 활용되고 있다. 그람-양성 세균의 호흡쇄는 유비퀴논(ubiquinone) 대신에 주로 메나퀴논(menaquinone)을 함유하고 있으며 그람-음성 세균은 유비퀴논(ubiquinone)과 메나퀴논(menaquinone) 양쪽 모두를 가지고 있다. 그람-양성 세균인 바실러스(*Bacillus*)속에서 발견되는 주된 퀴논형(main quinone type)은 7개의 아이소프레노이드 단위체(isoprenoid unit)를 가진 메나퀴논-7(menaquinone-7, MK-7)이다. 그리고 종에 따라 minor quinone(from MK-2 to MK-11)을 함유하고 있는 것도 있다.

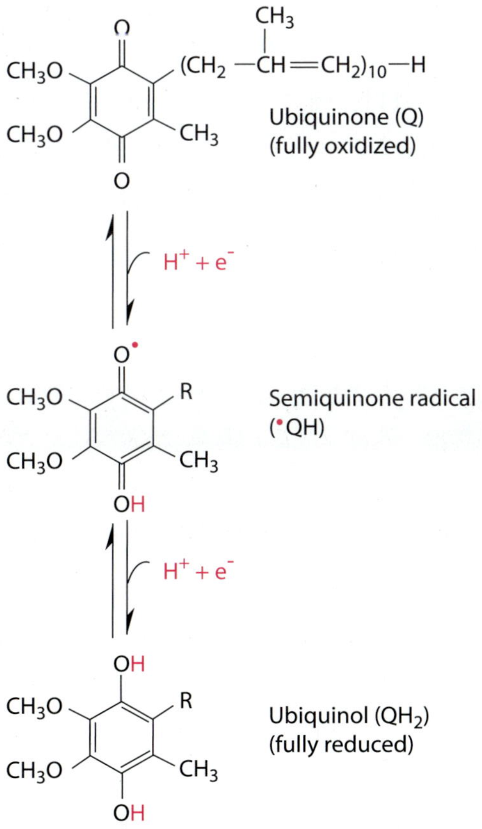

Ubiquinone (Q)
(fully oxidized)

$H^+ + e^-$

Semiquinone radical
($^{\bullet}QH$)

$H^+ + e^-$

Ubiquinol (QH_2)
(fully reduced)

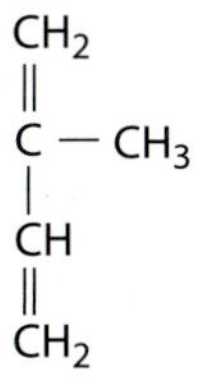

Isoprene unit

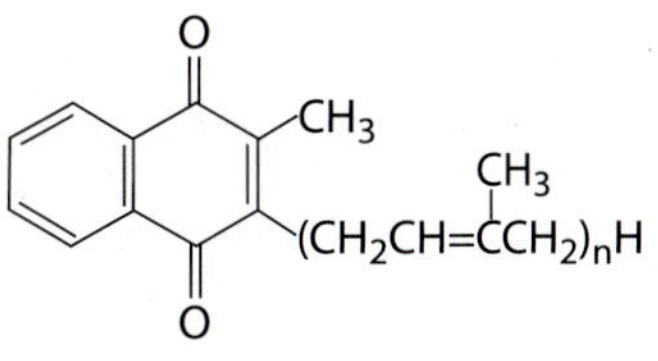

menaquinone

Cytochrome: 사이토크롬(Cytochrome)은 생물체내에 존재하는 헴(heme) 단백질 중 생리적으로 헴(heme)이 Fe^{2+}(ferrous) $\rightleftharpoons$ Fe^{3+}(ferric) + e^-의 반응을 일으키는 전자전달계의 구성성분이 되는 일군(一群)의 단백질이다. 사이토크롬(Cytochrome)은 보결분자단(prosthetic group)의 유형과 광학적 성질에 따라 *a*, *b*, *c*, *d* 등으로 구분되어진다. 사이토크롬(cytochrome)은 환원시 γ(Soret), β, α-band(장파장)의 순으로 특유의 흡광을 나타내는 파장에 의해 구분되어진다. 1939년 D. Keilin과 E. F. Hartree는 사이토크롬(cytochrome)은 환원 시 동일한 모양의 흡수대(absorption band) 즉 γ(Soret), β, α-band를 갖는다는 것을 발견하고 장파장에 α-band가 있는 것부터 *a*, *b*, *c*라는 이름을 붙여 사이토크롬(cytochrome)을 구분하였다. 사이토크롬 *a*(Cytochrome *a*) 중 일산화탄소 존재 하에 발견되는 590nm의 α-band를 갖는 것을 cytochrome a_3라 한다. 일반적으로 사이토크롬(cytochrome)은 보결분자단(prosthetic group)의 유형을 제외하면 different spectrum(reduced-*minus* oxidized spectrum)에서 long wavelength band(*a*-band)의 최대 흡광의 파장에 따라 *c*-type, *b*-type, *a*-type, *d*-type 등으로 구분한다. 즉 ~550nm(*c*-type), ~560(*b*-type), ~600(*a*-type), ~630(*d*-type or a_2 in the older literature)로 구분한다. 그러나 이러한 광학적 성질만으로 사이토크롬(cytochrome)의 이름을 결정하는 것은 불충분하다. 예를 들면, 대장균의 세포질막에 존재하는 cytochrome a_1은 different spectrum에서 595nm 부근에서 최대 흡광을 나타낸다. 그러나 cytochrome $\mathrm{a_1}$의 보결분자단은 heme a가 아니라 protoheme IX(heme b)로 알려져 있다. 지금 cytochrome $\mathrm{a_1}$은 cytochrome $\mathrm{b_{595}}$로 재분류되어져 있다.

5-9 화학삼투압설과 호흡쇄에서 전자 및 H^+ 이동 메카니즘

생체막을 사이에 두고 일어나는 양성자 전기화학전위(H^+ electrochemical potential 또는 H^+ motive force, p)는 생물의 에너지 공역반응(共役反應)에 있어서 중심적인 역할을 한다. 1966년 피터 미첼(Peter Dennis Mitchell, 1920-1992)에 의해 제안된 화학삼투압설(원형은 1961년)은 미토콘드리아, 엽록체, 또는 세균의 호흡쇄는 에너지 변환막을 사이에 두고서 양성자 전기화학전위(**H^+ electrochemical potential**)에 의해 **ATP**합성과 공역한다는 내용이다. 양성자 전기화학전위(H^+ electrochemical potential)는 전기적 성분[electrical component, 즉 membrane potential(ΔΨ)]과 화학적 성분

참고

Heme(美), Haem(英): 4개의 pyrrole ring이 "—CH=" bridge로 결합된 iron porphyrin을 heme이라 한다. Heme은 측쇄의 유형에 따라 heme a, heme b (일명 protoheme), heme c, heme d로 구분된다.

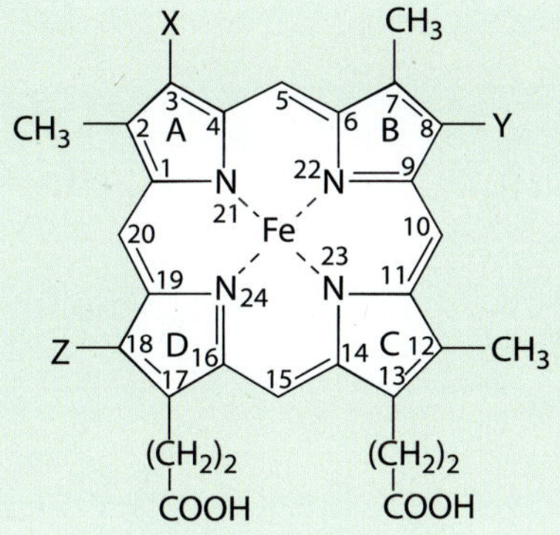

Heme의 일반구조

Heme a: Cytochrome oxidase(cytochrome a, cytochrome aa_3)의 보결분자단 Protoheme Ⅸ (heme b): 철을 함유하고 있는 protoporphyrin Ⅸ로 protoporphyrin에는 15종의 구조이성질체가 가능하지만 천연적으로는 Ⅸ형만이 존재한다.

Heme c: 철을 함유하고 있는 porphyrin c로 c형 cytochrome의 보결분자단이다.

Heme d: Heme d는 이전에 cytochrome a_2로 불려졌던 cytochrome d의 보결분자단으로 전형적인 heme과는 달리 porphyrin의 D환이 17, 18 위치에서 환원되어진 dihydroporphyrin 즉 철을 함유하고 있는 chlorin의 유도체이다.

참고

Porphyrin: Porphyrin은 cyclic tetrapyrolle로서 4개의 pyrrole(A~D)이 4개의 —CH=기에 의해 결합된 화합물이다. Porphyrin은 측쇄에 methyl, ethyl, vinyl, propionic acid 등의 기가 치환하는 것에 의하여 여러 가지 porphyrin이 생성된다.

Pyrrole: C_4H_5N, 분자량 67.09. 특유의 냄새를 갖는 무색 액체로서 시간이 지남에 따라 갈변한다.

(계속)

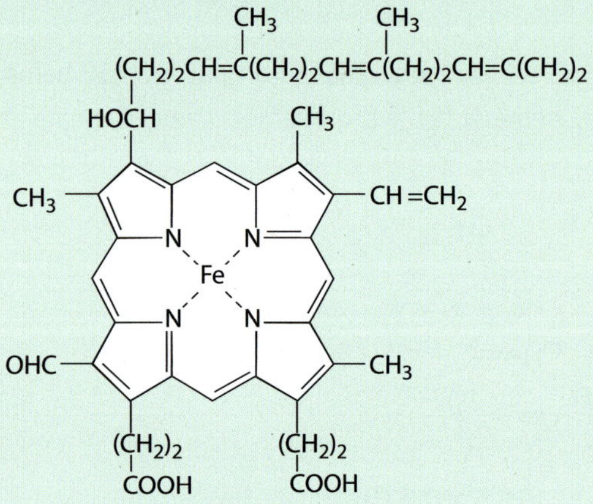

Heme a

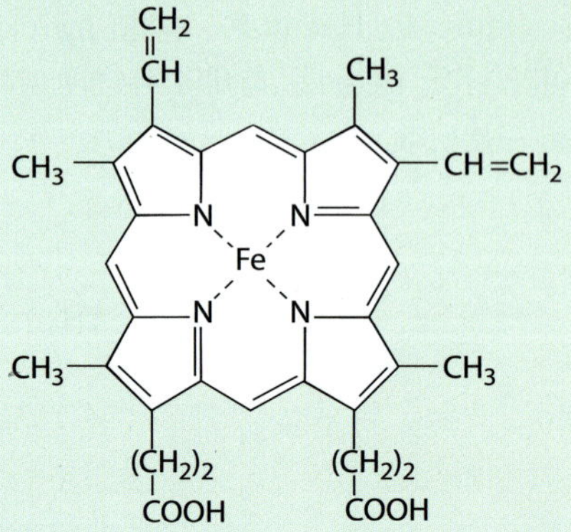

Protoheme IX (Heme b)

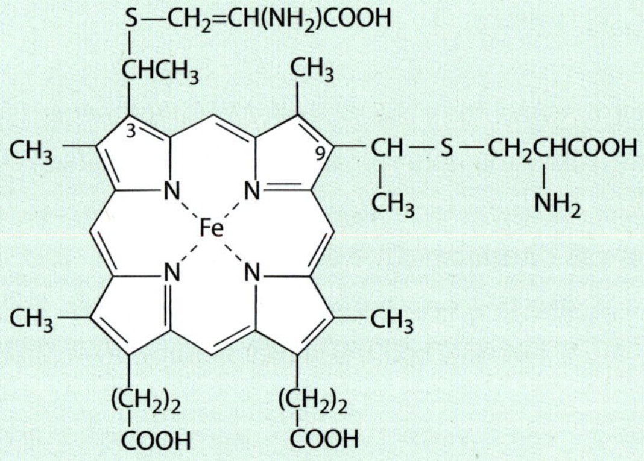

Heme c

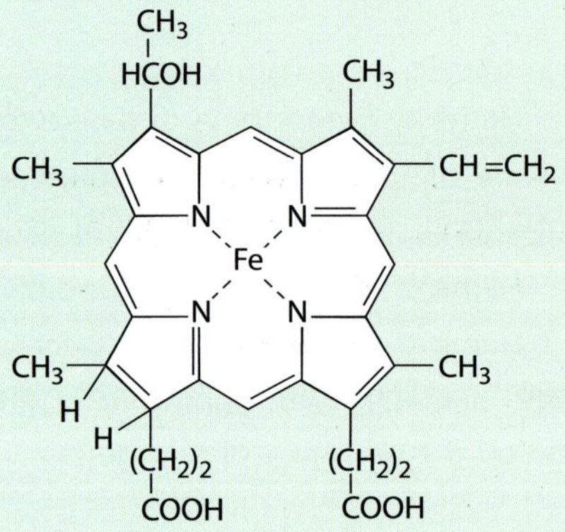

Heme d

Heme protein: Heme을 구성성분으로 하는 단백질로서 기능적으로 ① catalase, cytochrome *c* oxidase 등의 산화환원효소, ② cytochrome *b*, cytochrome *c* 등의 전자전달체, ③ hemoglobin, myoglobin 등의 산소운반체 3종류로 분류되어진다.

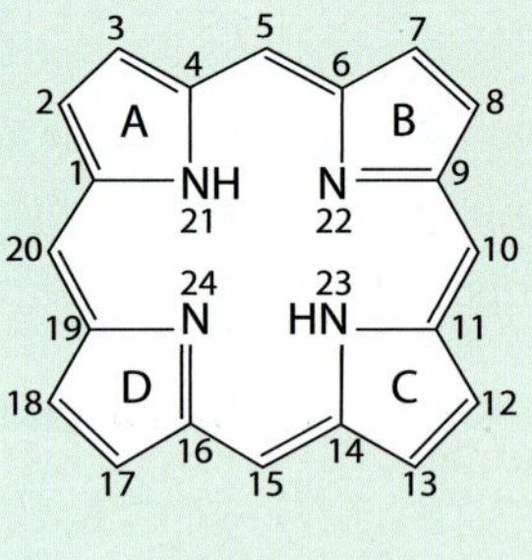

Porphyrin

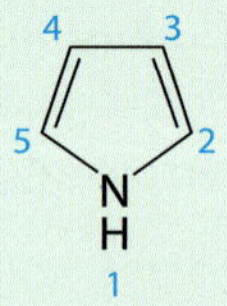

Pyrrole

[chemical component(ΔpH)]으로 구성되어 있으며 수식화된 양성자 전기화학전위[H^+ electrochemical potential($\Delta\mu_{H+}$ 즉 H^+ motive force)]는 다음과 같다.

$$p = \Delta\mu_{H+}/F = \Delta\Psi - (2.3\ RT/\ F)\Delta pH$$

F는 패러데이(Faraday) 상수, 상온에서 2.3 RT/F는 59 mV이다. T는 절대온도, ΔpH는 pHin - pHout를 나타낸다.

세균의 막계에 있어서 에너지 변환반응은 호흡쇄, ATPase, 박테리오로돕신(bacteriorhodopsin) 등에 의해 촉매되어지는 반응으로서 화학(또는 광) 에너지를 이온의 전기화학전위(electrochemical potential)로 변환시킨다. 이렇게 하여 형성된 이온의 전기화학전위(electrochemical potential)는 물질수송, 편모운동, ATP 합성과 같은 에너지 소비반응을 구동하기 위하여 세포에 의해 이용되어진다. 1966년 미첼(Mitchell)은 화학삼투압설에서 호흡쇄 내의 전자 및 H^+ 이동(H^+ translocation)을 설명하기 위하여 『루프(loop)』설을 제안하였다.

즉, 미첼(Mitchell)은 FMN, 유비퀴논(ubiquinone)과 같은 수소 전달체 (hydrogen carrier)와 철-황 중심체(iron-sulfur center), 사이토크롬(cytochrome) 같은 전자 전달체(electron carrier)가 호흡쇄 내에서 3개의 루프(loop)를 형성하기 위하여 막의 안과 밖으로 교대로 배열되어 있다고 주장하였다. 각 루프에서는 2개의 H^+이 막 안에서 밖으로 배출되어져 ATP 한 분자를 합성하게 된다. 그러나 그림 5-72에서 보는 바와 같이 『루프(loop)』설은 사이토크롬 *c* 산화효소(cytochrome *c* oxidase) 부근에서 적당한 수소 전달체를 발견하지 못하였을 뿐만 아니라 Wikström 등에 의해 사이토크롬 c 산화효소(cytochrome *c* oxidase)가 양성자 펌프(H^+ pump)라는 것이 입증되어 『루프(loop)』설은 궁지에 몰리게 되었다. 이에 미첼(Mitchell)은 1975년에 『루프(loop)』설의 대안으로 『큐 사이클(Q cycle)』을 발표하였다. 『큐 사이클(Q cycle)』에서 보듯이 전자전달체로서 유비퀴논(ubiquinone)은 2개의 전자를 전달하나 이로부터 전자를 받는 사이토크롬 *b*(cytochrome *b*)를 비롯한 모든 사이토크롬(cytochrome)의 $Fe^{2+} \rightarrow Fe^{3+}$ 산화 · 환원 반응은 1개의 전자만을 전달할 수 있다. 『큐 사이클(Q cycle)』은 이론적으로는 아무런 문제가 없지만 상기에서 언급한 바와 같이 사이토크롬 c 산화효소(cytochrome *c* oxidase)가 양성자 펌프(H^+ pump)라는 것이 밝혀짐에 따라 논쟁의 여지를 남겨두고 있다. 한편, Wikström 등에 의해 사이토크롬 c 산화효소(cytochrome *c* oxidase)가 『양성자 펌프(H^+ pump)』라는 것이 그리고 토쿠다(Tokuda) 등에 의해 해양 호염성 세균 *Vibrio*

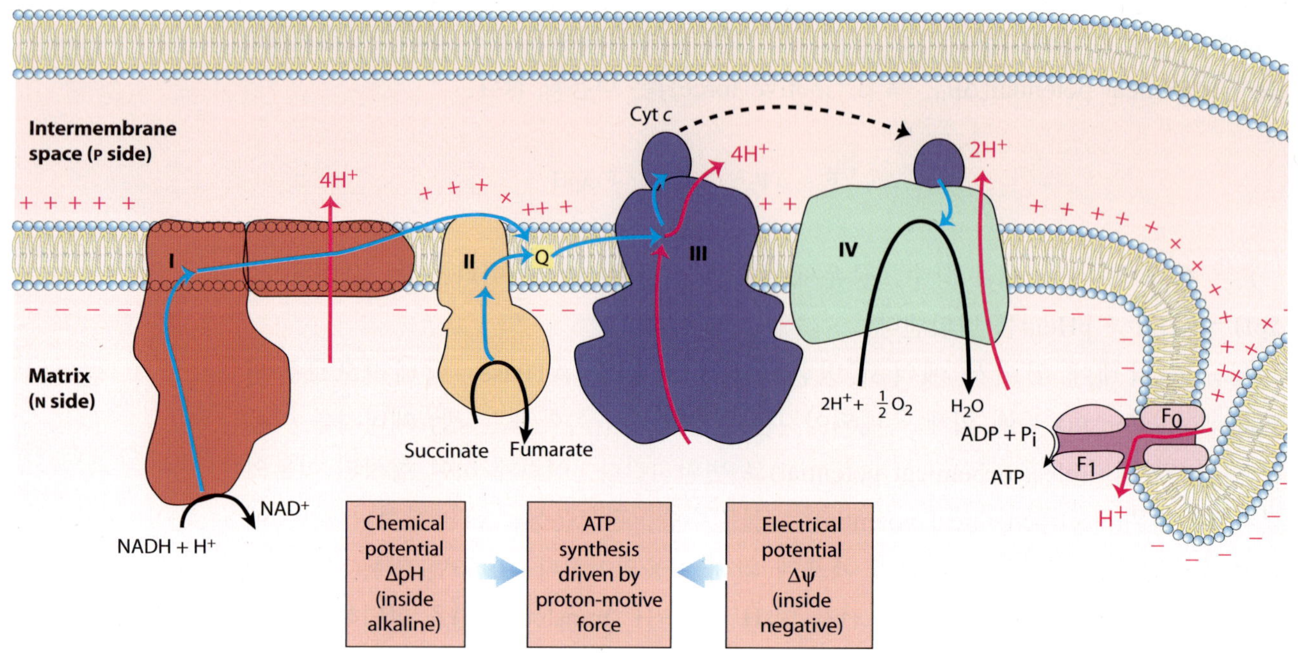

그림 5-71 화학삼투 모델. 마이토콘드리아에 적용된 화학삼투 이론의 간단한 그림에서 NADH와 다른 산화할 수 있는 기질로부터 전자는 내막 내에 비대칭적으로 배열된 운반체 사슬을 통해 이동한다. (D. L. Nelson and M. M. Cox. 2013. Lehninger Principles of Biochemistry, 6th ed., W. H. Freeman and Company. 인용)

*alginolyticus*의 NADH:ubiquinone oxidoreductase가 『나트륨 펌프(Na^+ pump)』라는 것이 입증된 뒤 학자들은 호흡쇄에서 H^+의 이동은 『루프 메카니즘(loop mechanism)』에 의하지 않고 『펌프 메카니즘(pump mechanism)』에 의하여 이루어진다고 생각하게 되었다. 그러나 유비퀴논(ubiquinone) 부근에서 H^+의 이동은 『큐 사이클(Q cycle)』 메카니즘을 받아들이고 있는 추세이다. 지금까지 설명한 호흡쇄에서 전자 및 H^+의 이동 메카니즘에 관한 논쟁뿐만 아니라 $H^+/O(H^+/2e^-)$ 비(比)도 논쟁되고 있다.

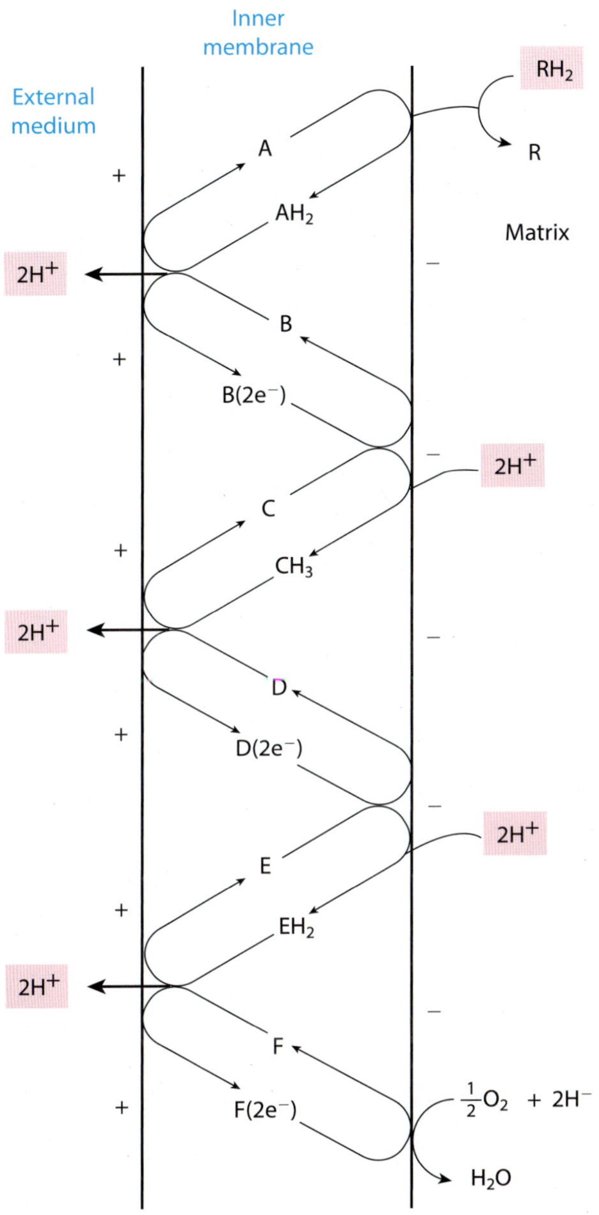

그림 5-72 미첼(Mitchell)이 제안한 루프 모델(loop model).

REFERENCE

참고문헌

▮서적

Nicholas C. Price and Lewis Stevens. 1999. Fundamentals of enzymology, 3rd ed., Oxford University Press.

D. L. Nelson and M. M. Cox. 2013. Lehninger Principles of Biochemistry, 6th ed., W. H. Freeman and Company.

R. H. Garrett and C. M. Grisham. 2005. Biochemistry, 3rd ed., Books/Cole, a division of Thomson Learning, Inc.

J. M. Berg, J. L. Tymoczko, and L. Stryer. 2007. Biochemistry, 6th ed., W. H. Freeman and Company.

T. W. G. Solomons and C. B. Fryhle. 2008. Organic Chemistry, 9th ed., John Wiley & Sons, Inc.

김영재. 2012. 생화학-생체분자의 세계-. 월드사이언스.

▮논문

T. Alber, D. W. Banner. 1981. On the three-dimensional structure and catalytic mechanism of triose phosphate isomerase. *Phil. Trans. R. Soc.* **293(1063):** 159-171.

T. Baranowski, B. Illingworth, D. H. Brown, C. F. Cori. 1957. The isolation of pyridoxal-5-phosphate from crystalline muscle phosphorylase. *Biochim Biophys Acta.* 25(1): 16-21.

E. Bayer, B. Bauer, and H. Eggerer. 1981. Evidence from Inhibitor Studies for Conformational Changes of Citrate Synthase. *Eur J Biochem.* **120:** 155-160.

M. A. Boas. 1927. The effect of desiccation upon the nutritive properties of egg-white. *Bioehem. J.* **11:** 712-724.

E. Bustamante, P. Pedersen 1977. High aerobic glycolysis of rat hepatoma cells in culture: role of mitochondrial hexokinase. *Proc Natl Acad Sci USA.* **74(9):** 3735-9.

T. R. Cech, A. J. Zaug and P. J. Grabowski. 1981. In vitro splicing of the ribosomal RNA precusor of *Tetrahymena*: involvement of a guanosine nucleotide in the excision of the intervening sequence. *Cell* **27:** 487-496.

E. A. Doherty and J. A. Doudna. 2000. Ribozyme structures and mechanisms *Annu. Rev. Biochem.* **69:** 597-615.

G. A. Dunaway, T. P. Kasten, T. Sebo, R. Trapp. 1988. Analysis of the phosphofructokinase subunits and isoenzymes in human tissues. *Biochem. J.* **251(3):** 677-683.

N. Entner and M. Doudoroff. 1952. Glucose and gluconic acid oxidation of *Pseudomonas saccharophila*. *J. Biol. Chem.* **196:** 853-862.

R. C. Esienberg and W. J. Dobrogosz. 1967. Gluconate metabolism in *Escherichia coli*. *J. Bacteriol.* **93:** 941-949.

P. S. Freemont, B. Dunbar, L. A. Fothergill-Gilmore. 1988. The complete amino acid sequence of human skeletal-muscle fructose-bisphosphate aldolase. *Biochem. J.* **249(3):** 779-88.

P. A. Frey. 1996. The Leloir pathway: a mechanistic imperative for three enzymes to change the stereochemical configuration of a single carbon in galactose. *FASEB J.* **10(4):** 461-470.

S. J. Gamblin, G. J. Davies, J. M. Grimes, R. M. Jackson, J. A. Littlechild, H. C. Watson. 1991. Activity and specificity of human aldolases. *J. Mol. Biol.* **219(4):** 573-6.

R. B. Gennis. 1987. The cytochromes of *Escherichia coli*. FEMS *Microbiol. Rev.* **46:** 387-399.

C. Guerrier-Takada, K. Gardiner, T. Marsh, N. Pace and S. Altman. 1983. The RNA moiety of ribonuclease P is the catalytic subunit of the enzyme. *Cell* **35:** 849-857.

L. M. Hallcher, W. R. Sherman. 1980. The effects of lithium ion and other agents on the activity of myo-inositol-1-phosphatase from bovine brain. *J. Biol. Chem.* **255:** 10896-10901.

A. Hartley, S. E. Glynn, V. Barynin, P. J. Baker, S. E. Sedelnikova, C. Verhees, D. de Geus, J. van der Oost, D. J. Timson, R. J. Reece, D. W. Rice. 2004. Substrate specificity and mechanism from the structure of *Pyrococcus furiosus* galactokinase. *J. Mol. Biol.* **337(2):** 387-398.

A. J. Harwood. 2005. Lithium and biopolar mood disorder: the inositol-depletion hypothesis revisited. *Molecular Psychiatry* **10:** 117-126.

H. N. Holden, I. Rayment, J. B. Thoden. 2003. Structure and function of enzymes of the Leloir pathway for galactose metabolism. *J. Biol. Chem.* **278(45):** 43885-43888.

R. K. Hoorn, J. P. Flickweert, G. E. Staal. 1974. Purification and properties of enolase of human erythroctyes. *Int J Biochem* **5:** 845-852.

M. L. Huggins. 1957. The structure of alpha-keratin. *Proc. Natl. Acad. Sci. U S A.* **43(2):** 204-209.

H. Inagaki, H. Haimoto, S. Hosoda, K. Kato. 1988. Aldolase C is localized in neuroendocrine cells. *Experientia* **44(9):** 749-51.

L. N. Johnson. 2009. The regulation of protein phosphorylation. *Biochem. Soc. Trans.* **37:** 627-641.

L. N. Johnson. 1992. Glycogen phosphorylase: control by phosphorylation and allosteric effectors. *FASEB J.* **6**: 2271-2282.

L. N. Johnson and D. Barford. 1993. The effect of phosphorylation on the structure and function of proteins. *Annu. Rev. Biophys. Biomol. Struct.* **22:** 199-232.

J. D. Johnson, J. G. Mehus, K. Tews, B. I. Milavetz, D. O. Lambeth. 1998. Genetic evidence for the expression of ATP- and GTP-specific succinyl-CoA synthetases in multicellular eucaryotes. *J. Biol. Chem.* **273 (42):** 27580-27586.

V. S. Kamanna and M. L. Kashyap. 2008. Mechanism of action of niacin. *Amr. J. Cardiol.* **101:** 20B-26B.

L. A. Kirsebom. 2007. RNase P RNA mediated cleavage: Substrate recognition and catalysis. *Biochimie* **89:** 1183-1194.

H. L. Kornberg and H. A Krebs. 1957. Synthesis of Cell Constituents from C2-Units by a Modified Tricarboxylic Acid Cycle. *Nature* **179:** 988-991.

K. Kruger, P. J. Grabowski, A. J. Zaug, J. Sands, D. E. Gottschling and T. R. Cech. 1982. Self-splicing RNA: autoexcision and autocyclization of the ribosomal RNA intervening sequence of Tetrahymena. *Cell* **31(1):** 147-157.

N. J. Kruger, A. von Schaewen. 2003. The oxidative pentose phosphate pathway: structure and organisation. *Curr. Opin. Plant Biol.* **6(3):** 236~246.

T. Mukai, Y. Arai, H. Yatsuki, K. Joh, and K. Hori. 1991. An additional promoter unctions in the human aldolase A gene, but not in rat. *Eur. J. Biochem.* **195(3):** 781-7.

T. Mukai, H. Yatsuki, Y. Arai, K. Joh, S. Matsuhashi, and K. Hori. 1988. Human aldolase B gene: characterization of the genomic aldolase B gene and analysis of sequences required for multiple polyadenylations. *J. Biochem.* **102(5):** 1043-51.

T. Noguchi, H. Inoue, T. Tanaka. 1986. The M1- and M2-type isozymes of rat pyruvate kinase are produced from the same gene by alternative RNA splicing. *J. Biol Chem.*

261(29): 13807-13812.

T. Noguchi, K. Yamada, H. Inoue, T. Matsuda, T. Tanaka T. 1987. The L- and R-type isozymes of rat pyruvate kinase are produced from a single gene by use of different promoters. *J Biol Chem*. **262(29):** 14366-14371.

L. Norlén and A. Al-Amoudi. 2004. Stratum corneum keratin structure, function, and formation: The cubic rod-packing and membrane templating model. *Journal of investigative dermatology* **123:** 715-732.

J. Ovádi, I. R. Mohamed Osman, J. Batke. 1983. Interaction of the dissociable glycerol-3-phosphate dehydrogenase and fructose-1,6-bisphosphate aldolase. Quantitative analysis by an extrinsic fluorescence probe. *Eur. J. Biochem*. **133(2):** 433-7.

N. Peekhaus and T. Conway. 1998. What's for dinner?: Entner-Doudoroff metabolism in *Escherichia coli*. *J. Bacteriol*. **180(14):** 3495-3502.

T. Rademacher, R. Parekh, R. Dwek R. 1988. Glycobiology. *Annu. Rev. Biochem*. **57:** 785-838.

D. J. Rigden, I. Bagyan, E. Lamani, P. Setlow, M. J. Jedrzejas. 2001. A cofactor-dependent phosphoglycerate mutase homolog from Bacillus stearothermophilus is actually a broad specificity phosphatase. *Protein Sci*. **10(9):** 1835-1846.

L. H. Robinson, A. Landy. 1977. HindII, HindIII, and HpaI restriction fragment maps of bacteriophage lambda DNA. *Gene*. **12(1):** 1-31.

Z. B. Rose and S. Dube. 1978. Phosphoglycerate mutase. *J. Biol. Chem*. **253:** 8583-8592.

M. A. Schell, D. B. Wilson. 1979. Purification of galactokinase mRNA from *Saccharomyces cerevisiae* by indirect immunoprecipitation. *J. Biol. Chem*. **254(9):** 3531-3536.

P. A. Sharp. 1994. Split genes and RNA splicing. *Cell* **77:** 805-815.

P. A. Sharp. 1987. Splicing of messenger RNA precursors. *Science* **235:** 766-771.

Y. Shirakihara, P. R. Evans. 1988. Crystal structure of the complex of phosphofructokinase from *Escherichia coli* with its reaction products. *J. Mol. Biol*. **204(4):** 973-994.

E. T. Stiller, S. A. Harris, J. Finklestein, J. C. Keresztesy, and K. Folkers. 1940. The total synthesis of pantothenic acid. *J. Am. Chem. Soc* **62:** 1785-1790.

F. Strasser, P. D. Pelton, and A. J. Ganzhorn. 1995. Kinetic characterization of enzyme forms involved in metal ion activation and inhibition of myo-inositol monophosphatase. *Biochem. J*. **307:** 585-593.

M. K. Swan, T. Hansen, P. Schonheit, C. Davies. 2004. A novel phosphoglucose isomerase (PGI)/phosphomannose isomerase from the crenarchaeon Pyrobaculum aerophilum is a member of the PGI superfamily: structural evidence at 1.16-A resolution. *J. Biol. Chem.* **279 (38):** 39838-39845.

J. Sygusch, N. B. Madsen, P. J. Kasvinsky, and R. J. Fletterick. 1977. Location of pyridoxal phosphate in glycogen phosphorylase a. *Proc Natl Acad Sci* U S A. **74(11):** 4757-4761.

N. K. Tanner. 1999. Ribozymes: the characteristics and properties of catalytic RNAs. *FEMS Microbiol. Rev.* **23:** 257-275.

D. R. Tolan, E. E. Penhoet. 1986. Characterization of the human aldolase B gene. *Mol. Biol. Med.* **3(3):** 245-64.

J. R. Warner, P. M. Knopf, A. Rich. 1963. A multiple ribosomal structure in protein synthesis. *Proc. Natl. Acad. Sci. U.S.A.* **49:** 122-129.

INDEX

찾아보기

ㄱ

가수분해 / 109
가수분해효소 / 51
가역적 저해 / 89
가인산분해 / 109
가인산분해효소 카이네이스 / 111, 112
가지-사슬 알파-케토산 탈수소효소 / 139
가지절단효소 / 187
가지제거효소 / 251
각기병 / 134, 135
각막염 / 143
갈락토오스 / 245
갈락토오스 1-인산 유리딜릴트랜스퍼레이스 / 246
갈락토오스 뮤타로테이스 / 246
갈락토오스혈증 / 248
갈락토카이네이스 / 246
감마-아미노부티르산 / 5
개입단계 / 218
거대적아구성 빈혈 / 134, 161
게르티 테레사 코리 / 114
게르하르트 도마크 / 164
결막염 / 143
결손효소 / 123, 124
결합 에너지 / 58
경장애 / 134
경쟁적 저해 / 91, 92
경쟁적 저해제 / 89
곁사슬 / 4
공유결합적 변형 / 99
과당 / 191
과산화효소 / 49, 50
파일을 먹는 박쥐 / 132, 180
광선공포증 / 143
광인산화 / 287
괴혈병 / 134, 178, 180
구각염 / 143
구강-눈-생식기 증후군 / 143
구상 단백질 / 2
구순염 / 143
구스타프 게오르그 엠덴 / 209
구아니디늄기 / 11
그라미시딘-S / 6
그룹 특이성 / 46
글라이신 / 4, 22, 26
글라이옥실산 회로 / 285, 286
글라이코시데이스 / 52
글라이코젠 / 246
글라이코젠 가인산분해효소 / 85, 109, 112, 158
글라이코젠 가인산분해효소 a / 110
글라이코젠 가인산분해효소 b / 110
글라이코젠 가지제거효소 / 250
글라이코젠 결합부위 / 110
글라이코젠 포스포릴레이스 / 250, 251
글라이코젠 합성효소 / 114
글라이코젠 합성효소 카이네이스 3 / 114
글루카곤 / 110, 113
글루코아밀레이스 / 187, 188, 189
글루코오스 1-인산 / 116, 246
글루코오스 6-인산 / 113, 116, 210, 246
글루코오스 6-인산 탈수소효소 / 254
글루코오스 6-포스패테이스 / 109
글루코오스 6-포스페이트 아이소머레이스 / 215
글루코오스 신생합성 / 118, 172
글루코카이네이스 / 211, 214, 215
글루탐산 / 12
글리세롤 3-인산 탈수소효소 / 243, 292

글리세롤 카이네이스 / 242
글리세르알데하이드 / 241
글리세르알데하이드 3-인산 / 227
글리세르알데하이드 3-인산 탈수소효소 / 226
글리세르알데하이드 카이네이스 / 242
기니피그 / 132, 178, 180
기저상태 / 55
기질 / 106, 289
기질 농도가 더 높은 곳 / 66
기질 수준 인산화 / 228, 229, 234, 276, 287
기질 특이성 / 42
기질 포화 곡선 / 66, 104

ㄴ

나이아신 / 146
나트륨 펌프 / 302
난백 / 172
난백장애증 / 171
난황 / 172
네메씨 / 105
네이썬 엔트너 / 260
노쓰롭 / 193
노옥시저네이스 / 51
눈충혈 / 143
뉴클레오사이드 다이포스포카이네이스 / 276
니코틴산 / 132, 146, 147
니코틴아마이드 / 147
니코틴아마이드 보조효소 / 240

ㄷ

다기질 효소계 / 83
다니엘 코쉬랜드 / 39, 44, 105
다이싸이오쓰레이톨 / 31
다이옥시저네이스 / 51
다이하이드로리포일 디하이드로저네이스 / 265
다이하이드로리포일 트랜스아세틸레이스 / 265
다이하이드로프테로에이트 신쎄이스 / 164
다이하이드록시아세톤 포스페이트 / 242
다합체 / 29
다합체 단백질 / 29
다효소 반응계 / 99
단백질 / 2
단백질 복합체 / 28
단백질분해 / 119
단백질분해효소 / 52, 191
단백질의 1차구조 / 14
단백질의 2차구조 / 15
단백질의 3차구조 / 27
단백질의 4차구조 / 28
단백질 카이네이스 / 282
단분자 반응 / 61
당 뉴클레오타이드 / 117, 246
당화 / 188, 189
당화형 / 187
대니얼 네이선스 / 202
대립유전자 / 121
대사 / 206
데이비드 차일턴 필립스 / 39
덱스트린 / 187, 189
도로씨 크로우풋 호쥐킨 / 165
동적평형 상태 / 72
동종 4차구조 / 29
동종성 알로스테릭 효소 / 100, 103
동질효소 / 46, 120, 121, 211, 214, 279
동화작용 / 206
되먹임 저해 / 106
두 가닥 말단 / 201
등전위형 / 7
디하이드라테이스 / 52
디하이드레이스 / 263

ㄹ

라세미화반응 / 157
라이너스 폴링 / 17, 20, 39
라이보오스 5-인산 / 253
라이보자임 / 125
라이보플라빈 5′-인산 / 142
라이보플라빈 결핍증 / 143
라이소자임 / 197
라이신 / 11
라이페이스 / 52, 196
라인위버-버크 방정식 / 77, 78
라인위버-버크 플롯 / 78
락테이스 / 248
락토네이스 / 254
락토오스 / 245
락토플라빈 / 140
랑게르한스섬 / 113
레닌 / 37, 186
레닛 / 186
레오노르 미하엘리스 / 68
로버터 L. 훈터 / 120

로버트 B. 코리 / 21
로버트 번스 우드워드 / 167, 168
로버트 윌리엄 홀리 / 152
로버트 코리 / 17
로저 J. 윌리엄스 / 150
루시 윌스 / 159
루이스 플루아르 / 116, 117, 249
루이 파스퇴르 / 38
루프 메카니즘 / 302
루프 모델 / 303
루프설 / 301
플루아르 경로 / 245
리보핵산 가수분해효소 A / 31
리세롤 3-인산 탈수소효소 / 244
리처드 마이넛 / 165
리토나비르 / 87
리포산 / 175
리포일-단백질 복합체 / 177
리하르트 빌슈테터 / 38
리하르트 요한 쿤 / 140, 141

ㅁ

마닐레 이데 / 171
마셜 워런 니런버그 / 152
마이오글로빈 / 28
마이클 도우도로프 / 260
만노오스 / 242
말로닐-CoA 카복실기전달효소 / 175
말론산 / 92, 277
말산 / 268
말산 디하이드로저네이스 / 278
말산 탈수소효소 / 279
말산효소 / 278, 284
말토트리오스 / 187
매트릭스 / 289
메나퀴논 / 297
메싸이오닌 / 9
메카니즘-의존 불활성화 물질 / 89
메탈로 프로티에이스 / 192
메틸말로닐-CoA / 170
메틸말로닐 코엔자임 A 뮤테이스 / 170
메틸코발라민 / 167
메틸크로토닐-CoA 카복실화효소 / 174
모노옥시저네이스 / 51
모드 멘텐 / 68
무경쟁적 저해제 / 89, 95
무기 보조인자 / 123
무순차적 메커니즘 / 83, 84
무지개송어 / 132, 180
뮤테이스 / 229
미하엘리스-멘텐 방정식 / 69, 75, 77
미하엘리스-멘텐 속도론 / 39, 69, 75
미하엘리스 상수 / 74, 75

ㅂ

바닥상태 / 54
기저상태 / 55
바비튜레이트 물질 / 292
바이오사이틴 / 173, 177
바이오스 / 171
바이오틴 / 133, 284
바이오틴-의존성 카복실화효소 / 172, 173
바이오틴 카복실기 운반단백질 / 175
바이오틴 카복실화효소 / 174, 175
바이타민 / 132
바이타민 B_1 / 133, 135
바이타민 B_2 / 133, 139
바이타민 B_3 / 133, 146
바이타민 B_5 / 133, 150, 152
바이타민 B_6 / 133, 154
바이타민 B_9 / 133, 159, 162
바이타민 B_{12} / 133, 164, 169
바이타민 C / 132, 133, 178, 181
바이타민 D / 132
바이타민 H / 171
반응 속도 계수 / 61
반응 속도론 / 59
발육불량 / 134
밥 스톡스태드 / 160
베노 퇴니스 / 171
베르나르도 알베르토 우사이 / 114, 117
베르너 아르버 / 198, 202
베르셀리우스 / 2
베타-D-갈락토오스 / 246
베타-굽은 구조 / 26
베타-세포 / 113
베타-아밀레이스 / 187
베타-알라닌 / 5
베타-주름진 판 / 15, 23, 24
베타-회전 / 26
변성 / 30
보결원자단 / 124, 125, 145, 146, 154, 156, 173, 265
보조기질 / 84, 124, 265

보조인자 / 123, 265
보조효소 / 42, 84, 124, 125
보충반응 / 283
복합체 I / 290
복합체 II / 290
복합체 III / 290
복합체 IV / 290
분자활성 / 79
분해효소 / 52
브릭스 / 72
브릭스-홀데인 방정식 / 75
브릭스-홀데인 유도법 / 75
비가역적 저해제 / 88
비경쟁적 저해 / 93, 94
비경쟁적 저해제 / 89, 92
비대칭탄소원자 / 4
비틀림각 / 16
비활성 / 80
빅토르 앙리 / 39
빈센트 뒤 비뇨 / 172
빌헬름 퀴네 / 38

ㅅ

사무엘 렙코프스키 / 155
사이아노코발라민 / 167
사이토크롬 / 298
사이토크롬 산화효소 / 296
사퀴나비르 / 87
삭시네이트 싸이오카이네이스 / 276
삭시닐-CoA / 267
삭시닐-CoA 신써테이스 / 276
삭신산 / 267
삭신산 탈수소효소 / 276
산성 아미노산 / 12
산소 에스터 / 153
산화적 스트레스 / 182
산화적 인산화 / 229, 287
산화적 탈카복실화반응 / 265
산화환원효소 / 49
산화효소 / 49, 50
삼탄당 인산 이성화효소 / 243
상대적 그룹 특이성 / 46
생화학적 표준 자유에너지 변화 / 56
샤를-아돌프 뷔르츠 / 55
석시닐-CoA / 170
설파닐아마이드 / 164
설파제 / 164
설폰아마이드계 / 164
설프하이드릴기 / 10, 88, 154
섬유상 단백질 / 2
섭틸러신 / 119
세린 프로티에이스 / 119, 191, 192
세포 호흡 / 264
소단위체 / 28
소의 췌장의 트립신 저해제 / 119
소중합체 단백질 / 29
속도-결정 단계 / 99
속도론 / 59
속도 방정식 / 60, 70
속도 법칙 / 60
속도-제한 단계 / 69, 218
쇠와 자물쇠 이론 / 43
수용성 바이타민 / 133
숙신산 탈수소효소 / 92, 145, 146
순수 무경쟁적 저해 / 95, 96
순차적 메커니즘 / 83, 271
순차적 모델 / 100, 105
쉬프 염기 / 160
슈만 / 193
슈크로오스 / 245
스반테 아레니우스 / 54
스탠턴 A. 해리스 / 155, 172
스텐퍼드 무어 / 33
시드니 올트먼 / 126, 129
시스 배열 / 14
시스테인 / 9
시스테인 프로티에이스 / 191
시스틴 / 11
시트로일-CoA / 271
시트르산 / 270
시트르산 생성효소 / 270, 281, 282
시트르산 회로 / 264
신경관결손 / 134, 161
신경장애 / 155
신써테이스 / 53
신쎄이스 / 52
싸이아민 다이포스포카이네이스 / 137
싸이아민 모노포스페이트 / 137
싸이아민 파이로포스페이트 / 137, 139
싸이오에스터 / 153
싸이오카이네이스 / 285
싸이오헤미아세탈 / 228
쌍극성이온 / 7
쌍기질 반응 / 82
쓰롬빈 / 119

ㅇ

아데노신 싸이아민 다이포스페이트 / 138
아데노신 싸이아민 트리포스페

이트 / 137
아드레날린 / 111
아레니우스 방정식 / 62, 63
아마이드 / 10
아미노기 전달반응 / 157
아미탈 / 292
아밀레이스 / 52, 186, 187
아밀로펙틴 / 187
아비딘 / 172
아세토인 탈수소효소 복합체 / 266
아세틸-CoA / 153, 175
아세틸-CoA 신써테이스 / 273
아세틸-CoA 카복실레이스 / 86
아세틸-CoA 카복실화효소 / 174
아스코베이트 퍼옥시데이스 / 182
아스코브산 / 132, 178
아스파탐 / 195
아스파트산 / 12
아스파틱 프로티에이스 / 191
아실-CoA 탈수소효소 / 292
아실기 운반단백질 / 154
아실기 운반체 단백질 / 5, 152
아이소시트르산 / 267
아이소시트르산 탈수소효소 / 274
아이소아밀레이스 / 187
아이소자임 / 46, 120
아이소프레노이드 / 133
아이소프린 / 133
아이오도아세테이트 / 251
아저닌 / 11
아코니트산 수화효소 / 272
악성 빈혈 / 164, 165, 169
알도오스-케토오스 이성화 반응 / 215
알돌 / 219
알돌레이스 / 52, 222, 263
알돌레이스-I / 222
알돌레이스-II / 222
알돌반응 / 157
알돌전달효소 / 258
알돌 축합 / 220
알돌 축합반응 / 219
알디민 / 160
알로스테릭 부위 / 110
알로스테릭 이펙터 / 99
알로스테릭 저해 / 107
알로스테릭 조절인자 / 99
알로스테릭 효소 / 99, 212, 217, 235
알로자임 / 120, 121
알코올 탈수소효소 / 84, 227, 239
알파-D-갈락토오스 / 246
알파-나선 / 15
알파-아미노산 / 4
알파-아밀레이스 / 187
알파-케토글루타레이트 / 267
알파-케토글루타레이트 탈수소효소 / 139
알파-케토글루타르산 복합체 / / 275
알파-하이드록시파이태노일-CoA 분해효소 / 139
알파-헬릭스 / 17, 18, 23
액티노마이신-D / 6
액화 / 188, 189
액화형 / 187
앨리그잰더 R. 토드 / 165
양성자 전기화학전위 / 298
양성자 펌프 / 301
양의 동종성 조절인자 / 103, 110
양의 이종성 조절인자 / 104, 110
양의(촉진적) 조절인자 / 217, 236
양인산 / 217
양쪽성 물질 / 7
양쪽성 전해질 / 7
어코니테이스 / 272
어코니테이트 하이드러테이스 / 272
얼베르트 폰 센트-죄르지 / 183
얼베르트 폰 센트-죄르지 너지르폴트 / 178
에너지 장벽 / 54
에두아르트 부흐너 / 38, 40
에드먼드 허스트 / 179
에밀 피셔 / 39, 42
에스터가수분해효소 / 52
에스터레이스 / 52
에즈먼드 에머선 스넬 / 155
에피네프린 / 110, 111, 112
엑소-말토트리오하이드로레이스 / 187
엑소펩티데이스 / 191
엔도펩티데이스 / 191
엔트너-도우도로프 경로 / 60, 262, 263
엠덴-마이어호프-파르나스 경로 / 206
엡시론-아미노기 / 11
엡실론-*N*-리포일-L-라이신 / 177
역반복서열 / 200
역전사 효소 / 87
역평행 베타-주름진 판 / 24, 25
역회전 / 26

연결효소 / 53
열쇠와 자물쇠 이론 / 39
염기성 아미노산 / 11
염산 구아니딘 / 30
엽산 / 133
오른손 감기 / 18
오른손 감기 나선 / 20
오른손 감기 알파-헬릭스 / 18
오보플라빈 / 140
오탄당 인산 경로 / 251, 252
오토 F. 마이어호프 / 232
오토 룀 / 186
오토 바르부르크 / 142
오토 프리츠 마이어호프 / 209
옥살로아세트산 / 268, 269
옥시저네이스 / 49, 51
옥탄산 / 176
올리고머 단백질 / 29
완전효소 / 123, 124
외가닥 말단 / 201
외젠 월디에 / 171
왼손 감기 / 18
왼손 감기 나선 / 20
요소가수분해효소 / 38
요오드 아세트산 / 88, 228
요제프 L. 슈비르베이 / 178
원자단들 / 14
월리스 클릴랜드 / 83
월터 노먼 호어스 / 179
웬델 M. 스탠리 / 39
Wendell M. Stanley / 41
위축성 설염 / 134, 155
윌리엄 애스트베리 / 18
윌리엄 패리 머피 / 165, 166
윌리엄 하워드 스테인 / 33
윌 인자 / 159
유기 보조인자 / 123
유당 과민증 / 248
유도적합 이론 / 39, 42, 43, 44, 105, 213
유레이도 / 171
유리딘 이인산 글루코오스 / 246
유비퀴논 / 291, 296
육탄당인산화효소 / 211
육탄당 일인산 분기회로 / 252
은연어 / 132, 180
음낭 피부염 / 143
음의 이종성 조절인자 / 104
음(저해적)의 조절인자 / 217, 236
이노시톨 포스페이트 / 94
이동성 전자 운반체 / 291
이동성 카복실기 운반체 / 172
이미노산 / 9
이미다졸기 / 11
이미드 / 16
이미드기 / 19
이분자 반응 / 61
이성화효소 / 53
이온투과담체 / 6
이인산 / 217
이종 4차구조 / 29
이종성 알로스테릭 저해 / 107
이종성 알로스테릭 효소 / 100, 103, 104
이종성 조절인자 / 103
이중 역수 도표 / 78
이중치환 메커니즘 / 85
이화작용 / 206
이황화결합 / 11, 31
인돌 고리 / 9
인디나비르 / 87
인산기전달효소 / 51
인산기전이효소 / 211
인산단백질 포스패테이스 / 282
인산오탄당 에피머레이스 / 255
인산오탄당 이성화효소 / 255
인슐린 / 110, 113
인후염 / 143
일래스테이스 / 119
입체특이성 / 44
잉어 / 132, 180

ㅈ

자살 기질 / 88
자살 불활성화 물질 / 88
자이모젠 / 119
자일룰로오스 5-인산 / 255
잔기 / 3
재생 / 31
잭 홀데인 / 76
자크 모노 / 101
장 피에르 샹줴 / 101
전구체 / 246
전구효소 / 119
전분분해효소 / 52
전이상태 / 42, 54, 57
전이효소 / 51, 211
전자전달쇄 / 227
전-정상상태 / 72
전환수 / 79
절대적 그룹 특이성 / 46
정상 상태 / 72, 73, 75
정상 상태 가정 / 72
정상상태 속도론 / 72
젖산 발효 / 210

젖산 탈수소효소 / 121, 122, 227, 238
제임스 B. 섬너 / 38, 39, 40
제프리 와이먼 / 101
제한메틸화효소 / 198, 199, 203
제한-수사계 / 198
제한엔도뉴클리에이스 / 199
제한효소 / 198
조오지 리처즈 미노 / 166
조오지 호이트 휘플 / 164, 166
조우저프 골드버그 / 147
조절 / 36
조절부위 / 100, 103
조절 효소 / 99, 106
존 H. 노쓰럽 / 39
존 노쓰럽 / 39
중탄산염 / 173
지루성 피부염 / 134, 155
지용성 바이타민 / 133
찌마제 / 38

ㅊ

찰스 글렌 킹 / 178
철-황 중심부 / 290
초기 속도 / 65
촉매력 / 36
촉매부위 / 100
최대 속도 / 66
추출물 / 37
축합반응 / 3
췌장 리보핵산 가수분해효소 / / 32

ㅋ

카보닐기 / 15, 18, 19
카복실기전달효소 / 173, 174
카복실화 반응 / 172
카복실화효소 I / 174
카복실화효소 II / 174
카이네이스 / 51, 211, 213
카이모신 / 37, 186
카이모트립신 / 119
카탈 / 79
칼 A. 폴커스 / 165
칼 페르디난트 코리 / 114
칼 폴커스 / 155
캐시미어 풍크 / 132, 136
케톨전달효소 / 257, 258
코리 부부 / 110
코리 사이클 / 118
코리 에스터 / 116
코쉬랜드 / 105
코엔자임 A / 5, 151, 152, 154
코지 / 37
콘래드 엘버헴 / 147
콜라겐 / 181
큐 사이클 / 301
크리스천 베이머 앤핀슨 / 31, 33
크리스티 / 289
크리스티안 에이크만 / 135, 136
크리스티안 한센 / 186
클레먼트 L. 마커트 / 120
키랄성 분자 / 4

ㅌ

타데우스 라이히슈타인 / 179
타이로시딘 / 6
타이로신 카이네이스 수용체 / 114
타카디아스테이스 / 37, 186
타카미네 / 37, 186
타카하시 / 190
탈수소효소 / 49
탈수효소 / 263
탈카복실화 / 139, 140
탈카복실화반응 / 157
탈카복실화효소 / 52, 139
터피노이드 / 133
터핀 / 133
테트라하이드로싸이어핀 / 171
테트라하이드로폴산 / 162, 163, 164
토머스 로버트 체크 / 126, 129
트랜스 배열 / 14
트랜스알돌레이스 / 258
트랜스케ㅌ레이스 / 139, 257, 258
트로이목마 기질 / 89
트리카복실산 회로 / 264, 267
트립신 / 119
트립토판 / 9, 132, 148
특이성 / 36, 42
특이성 상수 / 81

ㅍ

파라-아미노벤조산 / 164
파스퇴르 효과 / 240
파울 죄르지 / 154, 171
파이로인산 / 217
파이로캐터케이스 / 51

파이루베이트 디하이드로저네이스 / 265
파이루베이트 카이네이스 / 229, 234, 235
파이 헬릭스 / 23
팬토쎈산 / 5, 150, 151
펌프 메카니즘 / 302
펠라그라 / 146
펩신 / 39
펩타이드가수분해효소 / 52
펩타이드결합 / 3
펩타이드 이미드기 / 18
펩타이드 이미드 질소 / 16
펩타이드 항생제 / 6
펩티데이스 / 52
평면구조 / 15
평행 베타-주름진 판 / 24, 25
포도당 이성화효소 / 190
포스포글루코뮤테이스 / 109, 116, 246, 250, 251
포스포글루코오스 아이소머레이스 / 215
포스포글루콘산 경로 / 252
포스포글리세레이트 뮤테이스 / 230, 231
포스포글리세레이트 카이네이스 / 229
포스포만노오스 아이소머레이스 / 242
포스포에놀피루브산카복실화효소 / 284
포스포플락토카이네이스-1 / 216, 262
포스포헥소오스 아이소머레이스 / 215
폴리키타이드 / 154
폴산 / 133, 159, 161
표준 자유에너지 변화 / 56
푸마르산 / 268
푸마르산 수화효소 / 278
풀루라네이스 / 187
프레더릭 홉킨스 / 135, 136
프로테인 카이네이스 / 108, 114
프로테인 카이네이스 A / 112
프로테인 포스패테이스 / 108
프로토머 / 29
프로티에이스 / 52, 191
프로피오닐-CoA 카복실화효소 / 174
프롤린 / 22, 26
프리츠 리프먼 / 151, 154
프리츠 쾨글 / 171, 172
플라보단백질 / 145, 276
플라빈 모노뉴클레오타이드 / 142, 143, 290
플라빈 아데닌 다이뉴클레오타이드 / 143
플라스민 / 119
플락토오스 1,6-양인산 / 216
플락토오스 1-인산 / 241
플락토오스 1-인산 알도레이스 / 241
플락토오스 2,6-양인산 / 217
플락토오스 6-인산 / 241, 242
플락토카이네이스 / 241
플루오라이드 / 251
플루오로사이트레이트 / 273
플루오로아세테이트 / 273
플루오로아세틸-CoA / 273
플루오르화 이온 / 232
피드백 저해제 / 113
피루브산 / 206
피루브산 카복실화효소 / 174, 284
피루브산 탈수소효소 / 138
피루브산 탈수소효소 복합체 / 281
피루브산 탈카복시화효소 / 139
피리독사민 / 155
피리독살 / 155
피리독살 5-인산 / 156, 157, 158, 159
피리독살 포스페이트 / 110, 251
피리독신 / 155, 157
피루브산탈카복실화효소 / 239
피루브산 탈수소효소 복합체 / 125, 177, 265
피부염 / 134, 143
피에리시딘 / 292
피터 미첼 / 298
필머 / 105
핑퐁 메커니즘 / 83, 85, 86

ㅎ

하르 고빈드 코라나 / 151
하이드록소코발라민 / 167
하이드록실기 / 10
한계 덱스트린 / 251
한스 아돌프 크렙스 / 269
항괴혈병 인자 / 178
항난백장애인자 / 172
항레트로바이러스 약제 / 87
항세균성 효소 / 197
해당과정 / 118
해당작용 / 206
향미강화제 / 195
향미증진제 / 195

헤모글로빈 / 29
헤미아세탈 / 228
헤밀턴 오써널 스미스 / 199, 202
헥소카이네이스 / 211, 215, 241
헥수론산 / 178, 180
협조성-대칭 모델 / 100, 101, 102
협조성-대칭 모델에서 이종성 알로스테릭 효과 / 106
호모시스테인 / 170
호흡 / 264
혼합형 무경쟁적 저해 / 95, 96
홀데인 / 39, 72
화학 반응의 속도 / 60
화학삼투설 / 287
화학삼투압설 / 298
화학 속도론 / 59
화학양론 계수 / 61
활성부위 / 103
활성인자 / 103
활성화 에너지 / 54, 57, 58
회문 구조 / 200
효소-기질 복합체 / 39, 54, 55, 69, 70
효소 단위 / 80
효소 반응의 속도론 / 64
효소의 기질 특이성 / 43
효소의 보조인자 / 42
효소 저해제 / 87
휴고 바이델 / 147
흑설병 / 146
히스티딘 / 11

A

α-amino acid / 4
α-amylas / 187
absolute group specificity / 46
acetate thiokinase / 285
acetoin dehydrogenase complex / 266
acetyl-CoA / 153, 175
Acetyl-CoA carboxylase / 86, 174
acetyl-CoA carboxylase I / 174
acetyl-CoA carboxylase II / 174
acetyl-CoA synthetase / 273
acidic protease / 192
Aconitate hydratase / 272
ACP / 152, 154
activation energy / 54, 57
activator / 103, 104
active site / 103
acyl-carrier protein / 5, 152, 154
Acyl-CoA dehydrogenase / 292
adenosine thiamine diphosphate / 138
α-D-galactos / 246
AdoMet / 200
adrenalin / 112
α-helix / 15, 17, 18, 23
α-hydroxyphytanoyl-CoA lyase / 139
α-ketoglutarate dehydrogenase complex / 275
α-ketoglutarate dehydrogenase / 139
α-ketoglutarate / 267
Albert von Szent-Györgyi Nagyrapolt / 178, 183
alcohol dehydrogenase / 84, 227, 239
Aldol / 219
aldolase / 52, 222, 263
aldol condensation / 219, 220
aldol reaction / 157
aldose-ketose isomerization reaction / 215
Alexander R. Todd / 165
Alexander Wynter Blyth / 140
alkaline metallo-protease / 192
alkaline protease / 192
allele / 121
allosteric effector / 99
allosteric enzyme / 99, 212, 217, 235
allosteric enzymes / 99
allosteric inhibition / 107, 212
allosteric inhibitor / 103, 104
allosteric modulator / 99
allosteric site / 100, 110
amide group / 10
ampholytes / 7
amphoteric substance / 7
a multimeric or oligomeric protein / 28
amylase / 52, 186, 187
amylopectin / 187
amytal / 292
anabolism / 206
anaplerotic reaction / 283

anti-egg white injury factor / 172
antimicrobial enzyme / 197
Antiparallel β-pleated sheet / 24, 25
antiretroviral drug / 87
antiscorbutic factor / 178
apoenzyme / 123, 124
arginine / 11
ariboflavinosis / 143
Arrhenius equation / 62, 63
ascorbate peroxidase / 182
ascorbic acid / 132-134, 178, 180, 181
a sore throat / 143
aspartic acid / 12
Aspartic protease / 192
asymmetric carbon atom / 4
ATDP / 138
atrophic glossitis / 134, 155
ATTP / 138
avidin / 172
A. W. 블라이스 / 140
azidothymidine / 87
α-아밀레이스 / 189

B

β-alanine / 5
β-amylase / 187
Barend Coenraad Petrus Jansen / 136
basic amino acids / 11
β-bend / 26
BCCP / 175
β-cell / 113
B. C. P. 잔센 / 136
β-D-galactose / 246
Benno Tönnis / 171
beriberi / 134, 135
Bernardo Alberto Houssay / 114, 117
Berzelius / 2
bicarbonate / 173
B. Illingworth / 156
bimolecular reaction / 61
binding energy / 58
biocytin / 173, 177
Bios / 171
biotin / 284
Biotin / 134
biotin carboxylase / 174, 175
biotin carboxyl carrier protein / 134, 175
Biotin-dependent carboxylase / 172, 173
Bisphosphate / 217
bisubstrate reaction / 82
blacktongue / 146
bloodshot eyes / 143
blunt end / 201
Bob Stokstad / 160
Bovine pancreatic trypsin inhibitor / 119
β-pleated sheet / 15, 23, 24
branched-chain α-keto acid dehydrogenase / 139
Briggs-Haldane derivation / 75
β-turn / 26
bulky groups / 14
B. 일링워쓰 / 156

C

Caprylic acid / 176
carbonyl group / 15, 18, 19
carboxylation reaction / 172
carboxyltransferase / 174
carboxypeptidase A / 193
carboxypeptidase B / 193
Carl Ferdinand Cori / 110, 114
carp / 132, 180
Casimir Funk / 132, 136
catalytic power / 36
catalytic site / 100
cellular respiration / 264
C. F. Cori / 156
Charles-Adolphe Wurtz / 55
Charles Glen King / 178
Chemical kinetics / 59
Chemiosmotic theory / 287
chiral molecule / 4
Christiaan Eijkman / 135, 136
Christian Boehmer Anfinsen / 31, 33
Christian Hansen / 186
chymosin / 37, 186
chymotrypsin / 119
cis configuration / 14
citrate cycle / 264
citrate synthase / 270, 281, 282
citroyl CoA / 271
Class I aldolase / 222
Class II aldolase / 222
Clement L. Markert / 120
CoA / 125, 152

CoA-SH / 152
cobalamin / 133, 164, 167
coenzyme / 42, 84, 124, 125
coenzyme A / 5, 125, 134, 152, 154
Coenzyme B_{12} / 134
cofactor / 42, 123, 265
cohesive end / 201
Coho salmon / 132, 180
collagen / 181
competitive inhibition / 91, 92
competitive inhibitor / 89
Complex I / 290
Complex II / 292
Complex III / 294
Complex IV / 296
concerted-symmetry model / 100, 101, 102
Condensation reaction / 3
Conrad Elvehjem / 147
Cori cycle / 118
Cori ester / 116
cosubstrate / 84, 124, 125, 265
Covalently regulated enzymes / 107
covalent modification / 99
cracked and red lips / 143
cracks at the corners of the mouth / 143
cristae / 289
cyanocobalamin / 167
cysteine / 9
cysteine proteases / 191, 192
cystine / 11
Cytochrome / 298
cytochrome oxidase / 296

D

D-alanine / 6
Daniel Koshland / 39, 44, 105
Daniel Nathans / 202
David Chilton Phillips / 39
debranching enzyme / 187, 251
decarboxylase / 139
decarboxylation / 140, 157
dehydrase / 263
dehydratase / 52
dehydrogenase / 49
denaturation / 30
dermatitis / 134, 143
dextrin / 187, 189
D-glucuronolactone / 180
D. H. Brown / 156
dihydrolipoyl dehydrogenase / 125, 265, 275
dihydrolipoyl succinyltransferase / 275
dihydrolipoyl transacetylase / 125, 265
dihydropteroate synthase / 164
dihydroxyaceton phosphate / 242
dioxygenase / 51
Diphosphate / 217
dipolar ion / 7
dissociable coenzyme / 125, 265
disulfide linkage / 11, 31
dithiothreitol / 31
Dorothy Crowfoot Hodgkin / 165
double displacement mechanism / 85
double reciprocal plot / 78
D-phenylalanine / 6
D-ribose 5-phosphate / 255
DTT / 31
D-valine / 6
D-글루쿠로노락톤 / 180
D-글루탐산 / 6
D-라이보오스 5-인산 / 255
D-배린 / 6
D-알라닌 / 6
D-페닐알라닌 / 6

E

Edmund Hirst / 179
ED Pathway / 260, 262
Eduard Büchner / 38, 40
ε(epsilon)-amino group / 11
E. E. 스넬 / 160
egg white / 172
egg white injury syndrome / 171
egg yolk / 172
elastase / 119
electron transport chain / 227
Embden-Meyerhof-Parnas pathway / 206
Emil Fischer / 39, 42
EMP pathway / 206

ε-N-biotinyl-L-lysine / 177
endopeptidase / 191
energy barrier / 54
ε-N-lipoyl-L-lysine / 177
enolase의 저해제 / 251
Entner-Doudoroff Pathway / 260, 262, 263
enzyme inhibitors / 87
enzyme kinetics / 64
enzyme-substrate complex / 54, 55
enzyme unit / 80
Epimerization / 257
epinephrine / 110, 111, 112
ES complex / 39, 54, 55, 69, 70
Esmond Emerson Snell / 155, 160
esterase / 52
Eugène Wildiers / 171
exo-maltotriohydrolase / 187
exopeptidase / 191

F

FAD / 125, 134, 143-145
fat soluble vitamins / 133
feedback inhibition / 107, 113
fibrous protein / 2
Filmer / 105
first committed step / 218
first-order kinetics / 66
first-order reactions / 62
flavin adenine dinucleotide / 125, 134, 143, 144
flavin mononucleotide / 134, 142, 143, 290
flavoprotein / 145
flavor enhancer / 195
flavor intensifier / 195
fluoride / 251
Fluoride ion / 232
fluoroacetate / 273
fluoroacetyl-CoA / 273
fluorocitrate / 273
flush end / 201
FMN / 134, 142-145
folate / 159, 162
folic acid / 133, 134, 159, 162
Frederick Hopkins / 136
Fritz Kögl / 171, 172
Fritz Lipmann / 151, 154
fructose 1,6-bisphosphate / 216
fructose 1,6-bisphosphate aldolase / 219
fructose 1-phosphate / 241
fructose 1-phosphate aldolase / 241
fructose 2,6-bisphosphate / 217
fructose 6-phosphate / 241
fruit-eating bats / 132, 180
fruit sugar / 191
fumarate / 268

G

galactokinase / 246
galactose / 245
galactose 1-phosphate uridylyltransferase / 246
galactosemia / 248
galactose mutarotase / 246
γ-aminobutyric acid / 5
George E. Briggs / 72
George Hoyt Whipple / 164, 166
George Richards Minot / 165, 166
Gerhard Domagk / 164
Gerty Theresa Cori / 110, 114
globular protein / 2
glucagon / 110, 113
glucoamylase / 187, 188, 189
glucokinase / 211, 215
gluconeogenesis / 118, 172
glucose 1-phosphate / 116, 246
glucose 6-phosphatase / 109
glucose 6-phosphate / 113, 116, 210, 246
glucose 6-phosphate dehydrogenase / 254
glucose 6-phosphate isomerase / 215
glucose isomerase / 190
glutamic acid / 12
glyceraldehyde / 242
glyceraldehyde 3-phosphate / 227
glyceraldehyde 3-phosphate dehydrogenase / 226
glyceraldehyde 3-phosphate dehydrogenase / 226
glyceraldehyde 3-phosphate dehydrogenase의 저해제 / 251

glyceraldehyde 3-phosphate dehydrogenase / 226
glyceraldehyde kinase / 242
glycerol 3-phosphate dehydrogenase / 243, 244, 292
glycerol kinase / 242
glycine / 4, 22, 26
glycogen / 246
glycogen binding site / 110
glycogen debranching enzyme / 250
glycogen phosphorylase / 85, 109, 111, 112, 158, 250
glycogen phosphorylase a / 110
glycogen phosphorylase b / 110
glycogen synthase / 114, 118
glycogen synthase kinase 3 / 114
glycolysis / 118, 206
glycosidase / 52
glyoxylate cycle / 285, 286
gramicidin-S / 6
Gramicidin Soviet / 6
ground state / 54
group specificity / 46
guanidinium group / 11
guinea pig / 132, 178, 180
Gustav Georg Embden / 209

H

H_4F / 162, 163, 164
Haem / 299
Hamilton Othanel Smith / 199, 202
Hans Adolf Krebs / 269
Har Gobind Khorana / 151
H^+ electrochemical potential / 298
Heme / 299
Heme a / 299
Heme c / 299
Heme d / 299
Heme protein / 300
hemiacetal / 228
hemoglobin / 29
Herschel K. Mitchell / 160
heterogeneous quaternary structure / 29
heterotropic allosteric enzyme / 100, 103, 104
heterotropic allosteric inhibition / 107
heterotropic modulator / 103
hexokinase / 211, 241
Hexokinase I / 215
Hexokinase I/A / 214
Hexokinase II/B / 214
Hexokinase III/C / 214
hexokinase IV / 211
hexose monophosphate shunt / 252
hexuronic acid / 178, 180
hiamine pyrophosphate / 125
histidine / 11
HIV protease inhibitors / 87
HIV 단백질분해효소 저해제 / 87
H. K. 미첼 / 160
holoenzyme / 123, 124
homotropic allosteric enzyme / 103
homocysteine / 170
homogeneous quaternary structure / 29
homotropic allosteric enzyme / 100
H^+ pump / 301
Hugo Weidel / 147
Hydrolase / 51
hydrolysis / 109
hydroxocobalamin / 167, 169
hydroxyl group(-OH) / 10

I

imidazole group / 11
imide / 16
imide group / 19
imino acid / 9
impaired growth / 134
indinavir / 87
indole ring / 9
induced-fit theory / 39, 42, 43, 44, 105, 213
initial rate / 65
initial velocity / 65
inorganic cofactor / 123
inositol phosphate / 94
insulin / 110, 113
inverted repeat / 200
iodoacetate / 88, 228, 251
ionophore / 6
iron-sulfur(Fe-S) / 290
irreversible inhibitor / 88
islets of Langerhans / 113
isoamylase / 187
isocitrate / 267

isoelectric form / 7
isoenzymes / 120
Isomerase / 53
Isomerases / 223
isoprene / 133
isoprenoid / 133
isozymes / 120, 211, 214, 279

J

Jack Haldane / 76
Jacques Monod / 101
James B. Sumner / 38, 39, 40
J. B. S. Haldane / 72
Jean-Pierre Changeux / 101
Jeffries Wyman / 101
John Burdon Sanderson Haldane / 39, 76
John H. Northrop / 39
Joseph Goldberger / 147
Joseph L. Svirbely / 178

K

$K_{0.5}$ / 100
Karl A. Folkers / 165
Karl Folkers / 155
kat / 79
katal / 79
k_{cat} / 80
kinase / 51, 211
Kinetics / 59
K. Lohmann / 232
K_m 값 / 100
KNF model / 100, 105
Koji / 37
K. 로만 / 232

L

lactase / 248
lactate dehydrogenase / 121, 122, 227
Lactate dehydrogenase / 238
lactic acid fermentation / 210
lactoflavin / 140
lactonase / 254
lactose / 245
lactose intolerance / 248
L-alanine / 8
L-asparagine / 10
L-aspartyl-L-phenylalanine-methylester / 195
L-cysteine / 9
LDH / 121, 238
left-handed / 18
left-handed helix / 20
Leloir pathway / 245
Leonor Michaelis / 68
L-glutamine / 9
L-glycine / 9
L-gulono-1,4-lactone / 180
L-gulonolactone oxidase / 180
Ligase / 53
limit dextrin / 251
Lineweaver-Burk equation / 78
Lineweaver-Burk plot / 78
Linus Carl Pauling / 20
Linus pauling / 17, 39
lipase / 52, 196
Lipoamide / 134
lipoate / 125
lipoic acid / 125, 134, 175
lipoyl-protein complex / 177
liquefaction / 188
liquefying-type / 187
L-isoleucine / 8
liver fructokinase / 241
L-leucine / 8
L-methionine / 8
lock and key theory / 39, 43
loop mechanism / 302
loop model / 303
L-ornithine / 6
Louis Pasteur / 38
L-phenylalanine / 8
L-prolin / 8
L-serine / 9
L-tryptophan / 8
L-tyrosine / 9
Lucy Wills / 159
Luis Federico Leloir / 249
Luis F Leloir / 116, 117
L-valine / 8
L-xylo-hex-3-gulonolactone / 180
Lysozyme / 197
L-글라이신 / 9
L-글루타민 / 9
L-루신 / 8
L-메싸이오닌 / 8
L-배린 / 8
L-세린 / 9
L-시스테인 / 9
L-쓰레오닌 / 9
L-아스파라진 / 10

L-아이소루신 / 8
L-알라닌 / 8
L-오르니씬 / 6
L-자이로-헥스-3-굴로노락톤 / 180
L-타이로신 / 9
L-트립토판 / 8
L-페닐알라닌 / 8
L-프롤린 / 8

M

malate / 268
malate dehydrogenase / 278, 279
malic enzyme / 278, 284
malonate / 277
malonic acid / 92
malonyl-CoA transcarboxylase / 175
maltotriose / 187
mammalian hexokinase D / 214
Manile Ide / 171
Mannose / 242
Margaret Averil Boas / 171
Marshall Warren Nirenberg / 152
matrix / 289
Maud Menten / 68
maximum velocity / 66
M. A. 보애스 / 171
mechanism-based inactivator / 89
megaloblastic anemia / 134
Megaloblastic anemia / 161
menaquinone / 297
metabolism / 206
Metallo-protease / 192
Methionine / 9
methylcobalamin / 167
methylcrotonyl-CoA carboxylase / 174
methylmalonyl-CoA / 170
methylmalonyl Coenzyme A mutase / 170
Michael Doudoroff / 260
Michaelis constant / 74
Michaelis-Menten equation / 69, 75, 77
Michaelis-Menten kinetics / 39,69, 75
mixed noncompetitive nhibition / 95, 96
mobile carboxyl group carrier / 172
mobile electron carrier / 291
molecular activity / 79
monooxygenase / 51
monosodium glutamate / 195
MSG / 195
multienzyme system / 99
multimer / 29
multimeric protein / 29
multisubstrate enzyme system / 83
Muscle glycogen phosphorylase b / 110
Mutase / 229
MWC model / 100, 101, 102
Myoglobin / 28
myo-inositol monophosphatase / 94

N

NAD^+-dependent isocitrate dehydrogenase / 274
$NADP^+$-dependent isocitrate dehydrogenase / 274
NADPH / 253
$NADP^+$ / 134, 148
$NADP^+$-의존적 아이소시트르산 탈수소효소 / 274
NAD^+ / 125, 134, 148
NAD^+-의존적 아이소시트르산 탈수소효소 / 274
Na^+ pump / 302
Nathan Entner / 260
negative effector / 217, 236
negative heterotropic modulator / 103, 104
Nemethy / 105
neural tube defects / 134, 161
neuropathy / 134, 155
Neutral metallo-protease / 192
neutral protease / 192
niacin / 132, 146, 147
niacinamide / 147
nicotinamide / 147
nicotinamide adenine dinucleotide / 125, 134, 148
nicotinamide adenine dinucleotide phosphate / 134, 148
nicotinamide coenzyme / 240
nicotine / 147
nicotinic acid / 132, 146, 147

Noncompetitive inhibition / 96
Noncompetitive inhibitor / 89
noncovalently regulated enzyme / 99
noncovalent ternary complex / 83
n-order reaction / 60
Northrop / 193
nucleoside diphosphokinase / 276
nucleotide sugar / 246
n차반응 / 60

O

Octanoic acid / 176
oligomeric protein / 29
One International Unit / 79
oral-ocular-genital syndrome / 143
ordered mechanism / 83, 271
organic cofactor / 123
Otto Fritz Meyerhof / 209, 233
Otto Rohm / 186
Otto Warburg / 142
ovoflavin / 140
oxaloacetate / 268, 269
oxidase / 49, 50
oxidative decarboxylation / 139, 265
oxidative phosphorylation / 229, 287
oxidative stress / 182
Oxidoreductase / 49
oxoglutarate dehydrogenase / 275
oxygenase / 49, 51
oxygen ester / 153

P

PABA / 164
pace-making enzyme / 270
Pancreatic ribonuclease / 32
pantothenic acid / 5, 133, 150, 151
Pantothenic acid / 134, 152
parallel β-pleated sheet / 24, 25
Pasteur effect / 240
Paul György / 154, 171
pellagra / 146
pentose phosphate pathway / 251, 252
pepsin / 39
peptidase / 52
Peptide antibiotic / 6
peptide hydrolase / 191
peptide imide group / 18
peptide imide nitrogen / 16
pernicious anemia / 164, 165, 169
peroxidase / 49, 50
Peter Dennis Mitchell / 298
π helix / 23
Phosphoenol pyruvate carboxylase / 284
phosphofructokinase-2 / 216
phosphofructokinase-1 / 262
phosphoglucomutase / 109, 116, 246, 250
phosphogluconate pathway / 252
Phosphoglucose isomerase / 215
phosphoglycerate kinase / 229
Phosphoglycerate mutase / 230
Phosphohexose isomerase / 215
phosphopentose epimerase / 255
phosphopentose isomerase / 255
phosphoprotein phosphatase / 282
phosphoriboisomerase / 255
phosphorolysis / 109
phosphorylase kinase / 111, 112
phosphotransferase / 51, 211
photophobia / 143
photophosphorylation / 287
ping-pong mechanism / 83, 85, 86
planar structure / 15
plasmin / 119
polyketide / 154
Porphyrin / 299
positive heterotropic modulator / 103, 104, 110
stimulatory homotropic modulator / 103
positive modulator / 217, 236
precursor / 246
Pre-steady state / 72
primary structure / 14
proenzyme / 119
proline / 22, 26
propionyl-CoA carboxylase / 174
prosthetic group / 124, 125,

145, 146, 154, 156, 173, 265
protease / 52, 191
Protein / 2
proteinase / 191
protein kinase / 108, 282
protein kinase A / 112
protein phosphatase / 108
Protein phosphatase 1 / 114
proteolysis / 119
protomer / 29
pullulanase / 187
pump mechanism / 302
pure noncompetitive inhibition / 95, 96
Pyridine / 147
pyridoxal / 155
pyridoxal 5-phosphate / 156-159
pyridoxal phosphate / 110, 134, 251
pyridoxamine / 133, 155
pyridoxine / 134, 154, 155, 157
pyrocatechase / 51
Pyrophosphate / 217
Pyrrole / 299
pyruvate / 206
pyruvate carboxylase / 174
pyruvate decarboxylase / 139, 239
pyruvate dehydrogenase / 125, 139, 265
pyruvate dehydrogenase complex / 125, 178, 265, 281
pyruvate dehydrogenase kinase / 282
pyruvate dehydrogenase phosphatase / 282
pyruvate kinase / 229, 234, 235

R

racemization / 157
rainbow trout / 132, 180
ρ-aminobenzoic acid / 164
random mechanism / 83, 84
Rapid equilibrium approach / 70
rate-determining step / 99, 218
rate equation / 60
rate law / 60
rate-limiting step / 69
reaction kinetics / 59
Reaction rate coefficient / 61
regulation / 36
regulatory enzyme / 99, 106
regulatory site / 100, 103
relative group specificity / 46
renaturation / 31
rennet / 37, 186
rennin / 37, 186
Residue / 3
respiration / 264
respiration-linked phosphorylation / 229
restriction endonuclease / 198, 199
Restriction enzyme / 198
restriction methylas / 198, 199, 203
restriction-modification system / 198
reverse transcriptase / 87
reversible inhibition / 89
reversing bend / 26
reversing turn / 26
R group / 4
riboflavin / 133, 134
riboflavin 5′-phosphate / 142, 144
riboflavin deficiency / 143
ribonuclease A / 32
Ribonuclease P / 126
ribose 5-phosphate / 253
ribozyme / 125
Richard Johann Kuhn / 140, 141
Richard Willstätter / 38
right-handed / 18
right-handed α-helix / 18
right-handed helix / 20
ritonavir / 87
RNase A / 31, 32
RNase P / 126
Robert Brainard Corey / 20, 21
Robert Burns Woodward / 167, 168
Robert Corey / 17
Robert L. Hunter / 120
Robert Runnels Williams / 136
Robert William Holley / 152
Roger John Williams / 150
R 그룹 / 4

S

saccharification / 188
saccharifying-type / 187
S-adenosylmethionine / 200
Samuel Lepkovsky / 155
saquinavir / 87
Schiff base / 160
Schwann / 193
scrotal dermatitis / 143
scurvy / 134, 178, 180
seborrheic dermatitis / 134, 155
secondary structure / 15
second-order reactions / 62
sequential model / 100, 105
Serine protease / 191, 192
side group / 4
Sidney Altman / 126, 129
sigmoid curve / 100, 103
slowest step / 99
specific activity / 80
specificity / 36, 42
specificity constant / 81
S-shaped curve / 100
Stanford Moore / 33
Stanton A. Harris / 155, 172
starch phosphorylase / 251
steady state / 73,75
Steady-state approach / 72
steady-state assumption / 72
steady state kinetics / 72
stereospecificity / 44
stoichiometric coefficients / 61
Substrate / 106
substrate-level zhosphorylation / 228, 229, 234, 276, 287
substrate saturation curve / 66, 104
subtilisin / 119
subunit / 28
succinate / 267
succinate dehydrogenase / 92, 276
Succinate thiokinase / 276
succinic dehydrogenase / 145, 146
succinyl-CoA / 170, 267
succinyl-CoA synthetase / 229, 276
Sucrose / 245
sugar nucleotides / 117
suicide inactivitator / 88
suicide substrate / 88
sulfanilamide / 164
sulfhydryl group / 10, 88, 154
sulfonamide / 164
Svante Arrhenius / 54
synthase / 52
synthetase / 53
S-아데노실메싸이오닌 / 199
S자형 곡선 / 100, 103

T

Tadeus Reichstein / 179
Takadiastase / 37, 186
Takahashi / 190
Takamine / 37, 186
T. Baranowski / 156
TCA cycle / 264, 267
terpene / 133
terpenoid / 133
tertiary structure / 27
Tetrahydrofolate / 163, 164
tetrahydrofolic acid / 134, 162
tetrahydroimidizalone / 171
tetrahydrothiophene / 171
Tetrahymena thermophila / 126
The Leloir pathway of galactose metabolism / 245
thiamine / 133-135
thiamine diphosphokinase / 137
thiamine monophosphate / 137
thiamine pyrophosphate / 137, 139
TTP / 265
Thiamin pyrophosphate / 134
thioester / 153
thiohemiacetal / 228
thiol group / 88
Thomas Robert Cech / 126, 129
thrombin / 119
TMP / 137
torsion angle / 16
TPP / 137, 139
TPP synthetase / 137
transaldolase / 258
transamination / 157
transcarboxylase / 173, 174
trans configuration / 14
Transferase / 51, 211
transition state / 42, 54, 57
transketolase / 139, 257, 258
tricarboxylic acid cycle /

264, 267
triose kinase / 242
triose phosphate isomerase / 223, 243
Trojan horse substrate / 89
Trypsin / 119
tryptophan / 9, 148
turnover number / 79
tyrocidin / 6
tyrosine kinase receptor / 114
T. 바라노프스키 / 156

U

ubiquinone / 291, 296
UDP-galactose / 246
UDP-glucose / 117, 246, 247
UDP-glucose-glycogen / 118
UDP-glucose pyrophosphorylase / 246, 248
UDP-글루코오스 / 246
UDP-글루코오스 파이로포스포릴레이스 / 246, 248
uncompetitive inhibition / 94
uncompetitive inhibitor / 89, 92
unimolecular reaction / 61
urease / 38
ureido / 171

V

V8 protease / 193
velocity equation / 70
velocity / 60
Victor Henri / 39
Vincent du Vigneaud / 172
vitamin / 132
vitamin B_1 / 134
vitamin B_2 / 134
vitamin B_3 / 134
vitamin B_5 / 134
vitamin B_6 / 134
vitamin B_9 / 134
vitamin B_{12} / 134, 167
vitamin C / 132
vitamin D / 132

W

Wallace Cleland / 83
Walter Norman Haworth / 179
water soluble vitamins / 133
Wendell M. Stanley / 39
Werner Arber / 198, 202
W. F. 도너쓰 / 136
Wilhelm Friedrich Kühne / 38
Will's factor / 160
Willem Frederik Donath / 136
William Howard Stein / 33
William Parry Murphy / 165, 166
William Thomas Astbury / 18

X

xylulose 5-phosphate / 255

Z

zero-order kinetics / 66
zero-order reactions / 62
Zidovudine / 87
Zwitterion / 7
zymase / 38
zymogen / 119

기호

$[S]_{0.5}$ / 100
0차반응 / 62
0차 속도론 / 66
1,3-bisphosphoglycerate / 226
1,3-양인산글리세레이트 / 226
1국제단위 / 79
1차반응 / 62
1차 속도론 / 66
2,3-bisphosphoglycerate / 230
2,3-양인산글리세레이트 / 230
2-keto-gulono-gamma-lactone / 180
2-mercaptoethanol / 31
2-머캡토에탄올 / 31
2차반응 / 62
3성분 복합체 / 83

4-pyridoxic acid / 156
4-피리독신산 / 156
5-메틸테트라하이드로폴레이트-호모시스테인 메틸트랜스퍼레이스 / 170
6M guanidine hydrochloride / 30
6-phosphogluconate dehydrogenase / 254
6-phosphoglucono-δ-lactone / 254
6-포스포글루코노-델타-락톤 / 254
6-포스포글루콘산 탈수소효소 / 254
8M urea / 30
8M 요소 / 30
2_7 ribbon / 23
2_7 리본 / 23
4′-phosphopantetheine / 154
4′-포스포팬테쎄인 / 154
5′-deoxyadenosylcobalamin / 167, 170
5′-디옥시아데노실코발라민 / 167, 170